职业教育课程改革系列教材

计算机平面设计案例教程

（Photoshop CS5+CorelDRAW X5）

沈大林　张　伦　主　编

关　莹　王爱赪　等编著

U0217803

电子工业出版社

Publishing House of Electronics Industry

北京 · BEIJING

内 容 简 介

Photoshop 是 Adobe 公司开发的图像处理软件，CorelDRAW 是 Corel 公司开发的图形图像制作与设计的软件，它们都是众多矢量绘图和图像处理软件中的佼佼者，广泛应用于网页设计、包装装潢设计、商业展示、服饰设计、广告宣传、徽标和营销手册设计、建筑及环境艺术设计、多媒体画面制作、插画设计、海报制作，以及印刷出版物等各方面。

本书共分为 14 章，较全面地介绍了中文 Photoshop CS5 和中文 CorelDRAW X5 的基本使用方法和技巧。本书采用案例驱动的教学方式，其特点是知识与实例制作相结合、结构合理、条理清楚、通俗易懂、便于初学者学习，以及信息含量高。

本书可以作为职业院校相关专业教材使用，也可以作为初学者自学读物。

图书在版编目（CIP）数据

计算机平面设计案例教程：Photoshop CS5+CorelDRAW X5 / 沈大林，张伦主编. —北京：电子工业出版社，2014.7

职业教育课程改革系列教材

ISBN 978-7-121-23552-8

Ⅰ．①计… Ⅱ．①沈… ②张… Ⅲ．①图象处理软件—中等专业学校—教材 Ⅳ．①TP391.41

中国版本图书馆 CIP 数据核字（2014）第 132147 号

策划编辑：杨　波
责任编辑：郝黎明
印　　刷：涿州市般润文化传播有限公司
装　　订：涿州市般润文化传播有限公司
出版发行：电子工业出版社
　　　　　北京市海淀区万寿路 173 信箱　邮编　100036
开　　本：787×1 092　1/16　印张：21.75　字数：556.8 千字
版　　次：2014 年 7 月第 1 版
印　　次：2023 年 9 月第 5 次印刷
定　　价：39.80 元

Photoshop 是 Adobe 公司开发的图像处理软件，是计算机美术设计中不可缺少的图像设计软件，具有强大的图像处理功能；CorelDRAW 是 Corel 公司推出的一款功能强大且易学易用的图形图像制作与设计的软件，具有非常强大的矢量图形处理功能，可以制作和编辑矢量图形，可以编辑和处理位图图像，可以绘制出各种形状复杂、色彩丰富的专业级图像。Photoshop 与 CorelDRAW 已经成为众多矢量绘图和图像处理软件中的佼佼者，它们已经广泛地应用于网页设计、包装装潢设计、商业展示、服饰设计、广告宣传、徽标和营销手册设计、建筑及环境艺术设计、多媒体画面制作、插画设计、海报制作，以及印刷出版物等各方面。

本书共分为 14 章，前 8 章通过学习 27 个实例的制作方法和相关知识，较全面地介绍了中文 Photoshop CS5 的基本使用方法和使用技巧；后 6 章通过学习 17 个实例的制作方法和相关知识，较全面地介绍了中文 CorelDRAW X5 的基本使用方法和技巧。本书的特点是知识与实例制作相结合、结构合理、条理清楚、通俗易懂、信息含量高，以及便于初学者学习。

本书采用案例驱动的教学方式，融通俗性、实用性和技巧性于一身。本书除第 1 章和第 9 章外，其他各章均以节（相当于 1～4 课时）为一个教学单元，对知识点进行了细致的取舍和编排，按节细化了知识点，以细化的知识为核心，配有主要应用这些知识的实例，通过实例的制作带动相关知识的学习，使知识和实例相结合。每一个教学单元都由 4 部分组成。在【案例效果】栏目中介绍了实例效果和要求及制作该实例所应用的知识简介；在【制作方法】栏目中介绍了制作实例的方法和操作步骤；在【链接知识】栏目中较详细地介绍了与制作本实例所有的知识，这些知识具有相对的系统性；在【思考练习】栏目中给出与本教学单元的实例和相关知识有关的思考与练习题，基本都是操作性练习题。

本书的作者是学校的计算机教师和公司的图形图像创作人员，他们通过长期的教学与实践，总结出一套理论联系实际的案例驱动的教学方法。学生在计算机前一边看书中实例的操作步骤，一边进行操作，一边学习知识，逐步提高灵活应用能力和创造能力。采用这种方法学习的学生，掌握知识的速度快、学习效果好。此方法可以用较短的时间，引导学生快速步入中文 Photoshop CS5 和中文 CorelDRAW X5 的殿堂。

本书由沈大林、张伦担任主编，参加本书编写工作的主要人员有郑淑晖、许崇、罗红霞、郑原、郑瑜、杨红、于建海、毕凌云、丰金兰、王小兵、郭海、陶宁、靳轲、沈昕、郑鹤、王玥、卢贺、张秋等。

本书可以作为职业院校相关专业教材使用，也可以作为初学者自学的读物。

由于作者水平有限，加上编著、出版时间仓促，书中难免有疏漏和不妥之处，恳请广大读者批评指正。

编 者

Contents 目　录

第 1 章　中文 Photoshop CS5 基础

第 2 章　选区的创建、编辑、填充和描边

第 3 章　图层、图层复合和文字

第 4 章 滤镜

第 5 章　绘制和调整图像

第 6 章　通道和蒙版

第 7 章　路径、动作与切片

第 8 章　3D 模型

第 9 章 中文 CorelDRAW X5 基础

第 10 章 绘制基本图形

第11章　编辑文字和对象变换

第12章　图形的填充和透明处理

第 13 章 图形的交互式处理

第 14 章 位图图像处理

第1章

中文 Photoshop CS5 基础

本章提要

通过本章学习，可以了解 Photoshop CS5 工作区，初步掌握文档和图像的基本操作，了解图像的基本概念和图像着色方法，为全书的学习奠定基础。

1.1 Photoshop CS5 工作区简介

双击 Windows 桌面上的 Photoshop CS5 启动图标，启动 Photoshop CS5。然后，打开一幅"建筑.jpg"图像文件，中文 Photoshop CS5 工作区如图 1-1-1 所示。它主要由应用程序栏、菜单栏、选项栏、工具箱（"工具"面板）、各种面板和文档窗口（画布窗口）等组成。

菜单栏是标准的 Windows 菜单栏，它有 11 个主命令。单击主命令，会打开其子菜单。单击菜单之外的任何地方或按 Esc 键（Alt 键或 F10 键），可以关闭已打开的菜单。单击"窗口"→"工具"命令，可以显示或隐藏工具箱；单击"窗口"→"选项"命令，可以显示或隐藏选项栏；单击"窗口"→"××"命令（"××"是"窗口"菜单内第 2 栏中的命令名称），可以显示或隐藏相应的面板。

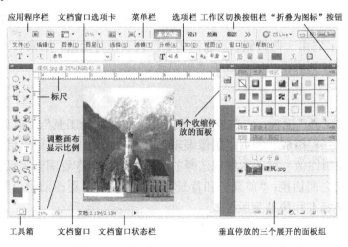

图 1-1-1　中文 Photoshop CS5 工作界面

1.1.1 选项栏、工具箱和面板

1. 选项栏

在选择工具箱内的大部分工具后，选项栏会随之发生变化。在其内可以进行工具参数的设置。例如，"画笔工具"选项栏如图 1-1-2 所示，它由以下几部分组成。

（1）头部区：它在选项栏的最左边，拖曳它可以调整选项栏的位置。当选项栏紧靠在菜单栏的下边时，头部区呈一条虚竖线状；当它被移出时，头部区呈黑色矩形状。

图 1-1-2 "画笔工具"的选项栏

（2）工具图标：它在头部区的右边，单击它可以打开"工具预设"面板，利用它可以选择和预设相应的工具参数、保存工具的参数设置等。例如，单击"画笔工具"按钮，后，再单击工具图标，打开的"工具预设"面板如图 1-1-3 所示。

◎ 单击"工具预设"面板中的工具名称或图标，可以选中相应的工具（包括相应的参数设置），同时关闭"工具预设"面板。单击该面板外部也可以关闭该面板。

◎ 如果选中"工具预设"面板内的"仅限当前工具"复选框，则"工具预设"面板内只显示与选中工具有关的工具参数设置选项。

◎ 右击工具名称或图标，打开其菜单，如图 1-1-4 所示，利用其内的命令可以进行工具预设的一些操作。单击"工具预设"面板右上角的按钮，可以打开"工具预设"面板，利用它可以更换、添加、删除和管理各种工具。

◎ 单击该面板的按钮 与单击"新建工具预设"命令的作用一样，可以打开"新建工具预设"对话框，如图 1-1-5 所示。在"名称"文本框中输入工具的名称，再单击"确定"按钮，即可将当前选择的工具和设置的参数保存在"工具预设"面板内。

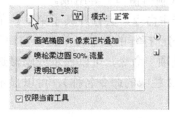

图 1-1-3 "工具预设"面板　　图 1-1-4 "工具预设"菜单　　图 1-1-5 "新建工具预设"对话框

（3）参数设置区：它由一些按钮、复选框和下拉列表框等组成，用来设置工具的各种参数。例如，在"模式"下拉列表框内可以设置笔触模式。

2. 工具箱

工具箱又称为"工具"面板，它在屏幕左侧，由"图像编辑工具"、"前景色和背景色工具"和"切换模式工具"三栏组成。利用"图像编辑工具"栏内的工具，可以进行输入文字、创建选区、绘制图像、编辑图像、移动图像或选择的选区、注释和查看图像等操作。按 Tab 键可以在关闭和隐藏工具箱之间切换；"前景色和背景色工具"栏可以更改前景色和背景色；"切换模式工具"栏可以切换标准和快速蒙版模式。

（1）移动工具箱：拖曳工具箱顶部的黑色矩形条或水平虚线条，到其他位置。

（2）工具组内工具的切换：工具箱内一些工具图标的右下角有小黑三角，表示这是一个按

钮组，存在待用工具。单击或右击工具组按钮（其右下角有黑色小箭头），稍等片刻，可以打开工具组内所有工具按钮，再单击其中一个按钮，即可完成工具组内工具的切换。例如，单击工具箱内第 3 行第 2 列按钮，稍等片刻，即可打开该工具组内所有工具图标，如图 1-1-6 所示。另外，按住 Alt 键并单击"工具组"按钮，或者按住 Shift 键并按工具的快捷键，也可完成工具组内大部分工具的切换。例如，按 Shift+T 组合键，可以切换图 1-1-6 所示的文字工具组中的工具。

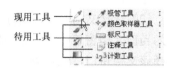

图 1-1-6　文字工具

（3）选择工具：单击工具箱内的"工具"按钮，即可选择该工具。

3．面板和面板组

面板具有随着调整即可看到效果的特点。面板可以方便地拆分、组合和移动，几个面板可以组合成一个面板组，单击其内的面板标签可以切换面板。"图层"面板如图 1-1-7 所示。

（1）面板菜单：面板的右上角均有一个按钮，单击该按钮可以打开该面板的菜单（称为面板菜单），利用该菜单可以扩充面板的功能。

（2）"停放"区使用：单击"停放"区内的"折叠为图标"按钮，可收缩"停放"区内所有的面板和面板组，形成由这些面板的图标和名称组成的列表，如图 1-1-8 所示。单击"展开停放"按钮，可将所有面板和面板组展开。单击图标或面板的名称，可以打开相应的面板。例如，单击"导航器"按钮，打开"导航器"面板，如图 1-1-9 所示。

图 1-1-7　"图层"面板　　　图 1-1-8　"停放"区　　　图 1-1-9　"导航器"面板

（3）面板和面板组操作：拖曳面板或面板组顶部的水平虚线条，可将它们移出"停放"区域。例如，将"样式、图层和颜色"面板组拖曳到其他位置，如图 1-1-7 所示。单击面板或面板组顶部的"折叠为图标"按钮，可使面板或面板组收缩，如图 1-1-8 所示；单击面板或面板组顶部的"展开面板"按钮，可以展开面板和面板组。拖曳面板标签（例如，"样式"标签）到面板组外边，可以使该面板独立。拖曳面板的标签（例如，"样式"标签）到其他面板或面板组（例如，"样式、图层和颜色"面板）的标签处，可将该面板与其他面板或面板组组合在一起，如图 1-1-10 所示。在图 1-1-8 和图 1-1-10 所示面板组内，上下或水平拖曳面板标签或图标，也可以改变面板图标的相对位置。

图 1-1-10　面板重新组合

1.1.2　文档窗口和状态栏

1．文档窗口

文档窗口又称为画布窗口，用来显示、绘制和编辑图像。可以同时打开多个文档窗口。文档窗口标题栏内显示当前图像文件的名称、显示比例和彩色模式等信息。它是一个标准的 Windows 窗口，对它可以移动、调大小、最大化、最小化和关闭操作。

（1）建立文档窗口：在新建一个图像文件（单击"文件"→"新建"命令），可新建一个文档窗口。单击"文件"→"打开"命令，打开一个图像文件后，可以打开一个新文档窗口。

（2）选择文档窗口：当打开多个文档窗口时，只能在一个文档窗口内进行操作，这个窗口称为当前文档窗口，它的标题栏呈高亮度显示状态。单击文档标签、窗口内部或标题栏，即可选择该文档窗口，使它成为当前文档窗口。

（3）调整文档窗口的大小：拖曳文档窗口的选项卡标签，可移出文档窗口，使它浮动。将鼠标指针移到文档窗口的边缘处，鼠标指针会呈双箭头状，拖曳鼠标即可调整文档窗口大小。如果文档窗口小于其内的图像，在文档窗口内右边和下边会出现滚动条。拖曳浮动的文档窗口标题栏到选项栏下边处，可恢复到图 1-1-1 所示的选项卡状态。

（4）多个文档窗口相对位置的调整：单击"窗口"→"排列"命令，打开其菜单，该菜单内第 1 栏中有"层叠"、"平铺"、"在窗口浮动"、"使所有内容在窗口中浮动"和"使所有内容合并到选项卡中"5 个命令，用来进行不同方式的文档窗口排列。

（5）在两个文档窗口打开同一幅图像：例如，在已经打开"建筑.jpg"图像的情况下，单击"窗口"→"排列"→"为'建筑.jpg'新建窗口"命令，可在两个文档窗口内都打开"建筑.jpg"图像。在其中一个窗口内的操作，会在另一个文档窗口内产生相同效果。

2．状态栏

状态栏位于每个文档窗口的底部，它由三部分组成，如图 1-1-1 所示，主要用来显示当前图像的有关信息。状态栏中从左到右三部分的作用介绍如下。

（1）第 1 部分：是图像显示比例的文本框。该文本框内显示的是当前画布窗口内图像的显示百分比例数。可以单击该文本框内部，然后输入图像的显示比例数。

（2）第 2 部分：显示当前画布窗口内图像文件的大小（图 1-1-11）、虚拟内存大小、效率或当前使用工具等信息。单击第 2 部分，不松开鼠标左键，可以打开一个信息框，给出图像的宽度、高度、通道数、颜色模式和分辨率等信息，如图 1-1-12 所示。

（3）第 3 部分：单击下拉菜单按钮 ▶，可以打开状态栏选项的下拉菜单，如图 1-1-13 所示。单击其中的命令，可设置第 2 部分显示的信息内容。部分命令含义如下。

	宽度:1129 像素(29.87 厘米)	Adobe Drive　　暂存盘大小
	高度:815 像素(21.56 厘米)	✓ 文档大小　　　效率
	通道:3(RGB 颜色, 8bpc)	文档配置文件　计时
文档:2.63M/4.63M	分辨率:96 像素/英寸	文档尺寸　　　当前工具
		测量比例　　▶　32 位曝光

图 1-1-11　文件大小 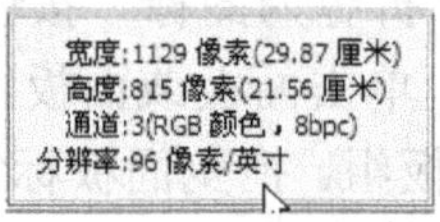　　　　图 1-1-12　状态栏的图像信息 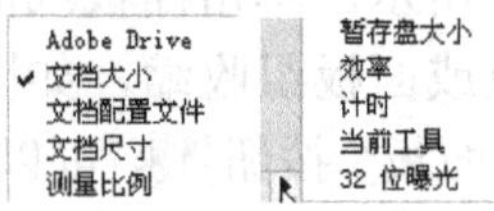　　　　图 1-1-13　状态栏选项下拉菜单

◎ "文档大小"命令：显示图像文件的大小信息，左边数字表示图像的打印大小，它近似于以 Adobe Photoshop 格式拼合并存储的文件大小，不含任何图层和通道等时的大小；右边数字表示文件的近似大小，其中包括图层和通道。数字的单位是字节。

◎"文档配置文件"命令：显示图像所使用颜色配置文件的名称。

◎"文档尺寸"命令：显示图像文件的尺寸。

◎"暂存盘大小"命令：显示处理图像的 RAM 量和暂存盘的信息。左边数字表示当前所有打开图像的内存量；右边数字表示可用于处理图像的 RAM 总量。单位是字节。

◎"效率"命令：以百分数的形式显示 Photoshop CS5 的工作效率，是执行操作所花时间的百分比，而非读/写暂存盘所花时间的百分比。

◎ "计时"命令：显示前一次操作到目前操作所用的时间。

◎ "当前工具"命令：显示当前工具的名称。

1.1.3 屏幕模式和工作区

1．屏幕模式切换

（1）单击"视图"→"屏幕模式"命令，打开它的"屏幕模式"菜单，单击该菜单内的命令，可以切换到不同的屏幕模式。例如，单击"屏幕模式"菜单内的"标准屏幕模式"命令，可以切换到默认的"标准"屏幕模式，菜单栏位于顶部，滚动条位于侧面。

（2）单击应用程序栏上的"屏幕模式"按钮 ▣ ▼，打开它的菜单，单击该菜单内的命令，也可以切换到相应的屏幕模式。

2．新建工作区和切换工作区

单击"窗口"→"工作区"命令，打开"工作区"菜单，单击其内的命令，可切换到不同的工作区。单击"窗口"→"工作区"→"新建工作区"命令，打开"新建工作区"对话框，在"名称"文本框中输入工作区的名称，如图 1-1-14 所示。单击"存储"按钮，即可将当前工作区保存。以后单击"窗口"→"工作区"→"××"（工作区名称）命令，即可恢复指定的工作区。在该对话框中有 2 个复选框，用来确定是否保存工作区内建立的快捷键和菜单。

图 1-1-14 "新建工作区"对话框

另外，在工作区内右上角有一些工作区类型切换按钮，单击它们，可快速切换到相应状态的工作区。单击 ≫ 按钮，可打开"工作区"菜单。

1.2 文档的基本操作

1.2.1 新建和打开文档

1．新建文档

单击"文件"→"新建"命令，打开"新建"对话框，如图 1-2-1 所示。该对话框内各选项的作用如下。设置完后，单击"确定"按钮，即可增加一个新画布窗口。

（1）"名称"文本框：用来输入图像文件的名称（例如，输入"图像 1"）。

（2）"预设"下拉列表框：用来选择预设的图像文件的参数。

（3）"宽度"和"高度"栏：设置图像的尺寸大小，单位有像素、厘米等。

（4）"分辨率"栏：用来设置图像的分辨率，单位有"像素/英寸"等。

（5）"颜色模式"栏：用来设置图像的模式（有 5 种）和位数（有 8 位和 16 位等）。

（6）"背景内容"下拉列表框：用来设置画布的背景颜色为白色、背景色或透明。

（7）"存储预设"按钮：在修改了参数后，单击该按钮，可打开"存储预设"对话框，利用该对话框可以将设置保存。在"预设"下拉列表框中可以选择保存的设置。

（8）"删除预设"按钮：在"预设"下拉列表框中选择一种设置后，单击"删除预设"按钮，可在"预设"下拉列表框中删除选中预设。

2. 打开文件

（1）打开一个文件：单击"文件"→"打开"命令，打开"打开"对话框，如图 1-2-2 所示。在"查找范围"下拉列表框中选择文件夹，在"文件类型"下拉列表框中选择文件类型，在文件列表框中选中文件，再单击"打开"按钮。

图 1-2-1 "新建"对话框

图 1-2-2 "打开"对话框

（2）单击"打开"对话框右上角的"收藏夹"按钮，打开一个菜单，如图 1-2-3 所示。单击该菜单中的"添加到收藏夹"命令，即可将当前的文件夹保存。以后再单击"收藏夹"按钮时可以看到打开的菜单中已经添加了保存的文件夹路径命令，单击该命令，可以切换到该文件夹，有利于迅速找到要打开的文件。可以添加多个文件夹路径命令。单击菜单中的"移去收藏夹"命令，可打开"从收藏夹中移去文件夹"对话框，在其内的"文件夹"下拉列表框中选中一个文件夹名称，再单击"移去"按钮，可将选中的文件夹路径命令删除。

（3）按照上述操作打开多个文件后，单击"文件"→"最近打开文件"命令，它的下一级菜单如图 1-2-4 所示，给出了最近打开的图像文件名称。单击这些图像文件名，即可打开相应的文件。单击"清除最近"命令，可以清除这些命令。

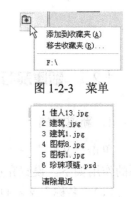

图 1-2-3 菜单

图 1-2-4 下一级菜单

（4）单击"文件"→"打开为"命令，打开"打开为"对话框，它与图 1-2-1 所示对话框基本一样，利用该对话框也可以打开图像文件，只是该对话框的右上角没有"收藏夹"按钮。该对话框的使用方法与"打开"对话框的使用方法基本一样。

（5）打开多个文件：如果同时打开多个连续的文件，则选中第 1 个文件，再按住 Shift 键，选中最后一个文件，再单击"打开"按钮；如果同时打开多个不连续的文件，则按住 Ctrl 键，选中要打开的各个文件名，再单击"打开"按钮。

1.2.2 改变画布大小和画布旋转

1. 改变画布大小

单击"图像"→"画布大小"命令，打开"画布大小"对话框，如图 1-2-5 所示。利用该对话框可以改变画布大小，同时对图像进行裁剪。其中各选项的作用如下。

（1）"宽度"和"高度"栏：用来确定画布大小和单位。如果选中"相对"复选框，则输入的数据是相对于原图像的宽和高，输入正数表示扩大，负数表示缩小和裁剪图像。

（2）"定位"栏：通过单击其中的按钮，可以选择图像裁剪的起始位置。

（3）"画布扩展颜色"栏：用来设置画布扩展部分的颜色。设置完后，单击"确定"按钮，即可完成画布大小的调整。如果设置的新画布比原画布小，会打开一个提示框，单击该提示框内的"继续"按钮，即可完成画布大小的调整和图像的裁剪。

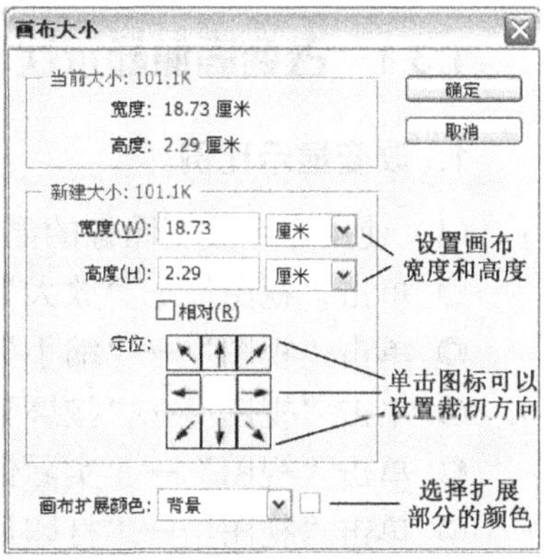

2．旋转画布

（1）单击"图像"→"图像旋转"→"××"命令，即可按选定的方式旋转画布。其中，"××"是"图像旋转"（旋转画布）菜单的子命令，如图 1-2-6 所示。

（2）单击"图像"→"图像旋转"→"任意角度"命令，打开"旋转画布"对话框，如图 1-2-7 所示，设置旋转角度和旋转方向，单击"确定"按钮即可旋转图像。

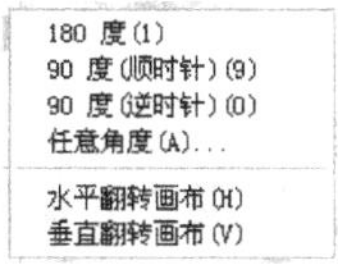

图 1-2-5　"画布大小"对话框

图 1-2-6　菜单

图 1-2-7　"旋转画布"对话框

1.2.3　存储和关闭图像文件

1．存储文件

（1）单击"文件"→"存储为"命令，打开"存储为"对话框。利用该对话框，选择文件类型、选择文件夹和输入文件名等。单击"保存"按钮，即可打开相应于图像格式的对话框，设置有关参数，单击"确定"按钮，即可保存图像。

（2）单击"文件"→"存储"命令。如果是存储新建的图像文件，则会打开"存储"对话框，它与"存储为"对话框基本一样，操作方法也一样。如果不是存储新建的图像文件或存储没有修改的打开的图像文件，则不会打开"存储"对话框，直接进行存储。

2．关闭画布窗口

（1）单击当前画布窗口内图像标签的 ⊠ 按钮，也可以将当前的画布窗口关闭。

（2）单击"文件"→"关闭"命令或按 Ctrl+W 组合键，即可将当前的画布窗口关闭。如果在修改图像后没有存储图像，则会打开一个提示框，提示用户是否保存图像。单击该提示框中的"是"按钮，即可将图像保存，然后关闭当前的画布窗口。

（3）单击"文件"→"关闭全部"命令，可以将所有画布窗口关闭。

1.3 图像基本操作

1.3.1 改变图像显示比例和显示部位

1. 改变显示比例

（1）使用命令改变图像的显示比例。

◎ 单击"视图"→"放大"命令，可以使图像显示比例放大。

◎ 单击"视图"→"缩小"命令，可以使图像显示比例缩小。

◎ 单击"视图"→"按屏幕大小缩放"命令，可以使图像以文档窗口大小显示。

◎ 单击"视图"→"实际像素"命令，可以使图像以100%比例显示。

◎ 单击"视图"→"打印尺寸"命令，可以使图像以实际的打印尺寸显示。

（2）使用工具箱的缩放镜工具：单击工具箱的"缩放镜工具"按钮 🔍 。此时的选项栏如图 1-3-1 所示。单击 🔍 或 🔍 按钮，确定放大或缩小，确定是否选中复选框，再单击画布窗口内部，即可调整图像的显示比例。如果单击选项栏中的不同按钮，可以实现不同的图像显示。按住 Alt 键，再单击画布窗口内部，可将图像显示比例缩小。

拖曳选中图像的一部分，即可使该部分图像布满整个画布窗口。

图 1-3-1 "缩放镜工具"的选项栏

（3）使用"导航器"面板：打开一幅图像，如图 1-3-2 所示。拖曳"导航器"面板内的滑块或改变文本框内的数据，可以改变图像的显示比例；当图像放大得比画布窗口大时，拖曳"导航器"面板内的红色矩形框，可以调整图像的显示区域。只有在红框内的图像才会在画布窗口内显示。单击"导航器"面板菜单中的"面板选项"命令，可以打开"面板选项"对话框，利用它可以改变"导航器"面板内红色矩形框的颜色。

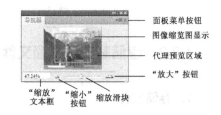

图 1-3-2 "导航器"面板

2. 改变显示部位

只有在图像大于画布窗口时，才有必要改变图像的显示部位。使用窗口滚动条可以滚动浏览图像，使用抓手工具可以移动画布窗口内显示的图像部位。

（1）单击按下"抓手工具"按钮 🖐 ，再在图像上拖曳，可调整图像的显示部位。

（2）双击工具箱的"抓手工具"按钮 🖐 ，可使图像尽可能大地显示在屏幕中。

（3）在已使用了工具箱内的其他工具后，按下 Space 键，可临时切换到抓手工具，此时可以使用"抓手工具"按钮 🖐 。松开 Space 键后，又回到原来工具状态。

1.3.2 标尺、参考线和网格

1. 标尺和参考线

（1）显示标尺：单击"视图"→"标尺"命令，即可在画布窗口内的上边和左边显示出标尺，如图 1-3-3 所示。再单击"视图"→"标尺"命令，可以取消标尺。

（2）创建参考线：在标尺上开始拖曳鼠标到窗口内，即可产生水平或垂直的蓝色参考线，如图 1-3-4 所示（两条水平蓝色参考线和两条垂直参考线）。参考线不会随图像输出。单击"视图"→"显示"→"参考线"命令，可以显示参考线。再单击"视图"→"显示"→"参考线"命令，可以隐藏参考线。

（3）改变标尺刻度的单位：将鼠标指针移到标尺之上，单击鼠标右键，打开标尺单位菜单，如图 1-3-5 所示，单击该菜单中的命令，可以改变标尺刻度的单位。

（4）新增参考线：单击"视图"→"新建参考线"命令，打开"新建参考线"对话框，如图 1-3-6 所示。利用该对话框进行新参考线取向与位置设定后，单击"确定"按钮，即可以在指定的位置增加新参考线。

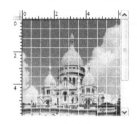 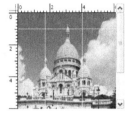  

图 1-3-3　标尺和网格　　图 1-3-4　参考线　图 1-3-5　标尺单位菜单　图 1-3-6　"新建参考线"对话框

（5）调整参考线：单击工具箱内的"移动工具"按钮，将鼠标指针移到参考线处时，鼠标指针变为带箭头的双线状，拖曳鼠标可以调整参考线的位置。

（6）清除所有参考线：单击"视图"→"清除参考线"命令，即可清除所有参考线。

（7）单击选中"视图"→"锁定参考线"命令后，即可锁定参考线。锁定的参考线不能移动。再单击"视图"→"锁定参考线"命令，即可解除参考线的锁定。

2．显示出网格

单击"视图"→"显示"→"网格"命令，选中该命令，即可在画布窗口内显示出网格，如图 1-3-3 所示。网格不会随图像输出。单击"视图"→"显示"→"网格"命令，取消选中该命令，可以取消画布窗口内的网格。

另外，单击"视图"→"显示额外内容"命令，取消选中该命令，也可以取消画布窗口内的网格，以及画布中显示的其他额外的内容。

1.3.3　图像测量和注释工具

1．标尺工具

单击工具箱内的"标尺工具"按钮，可以精确地测量出画布窗口内任意两点间的距离和两点间直线与水平直线的夹角。单击"标尺工具"按钮，在画布内拖曳一条直线，如图 1-3-7 所示。此时"信息"面板内"A："右边的数据是直线与水平线的夹角；"L："右边的数据是两点间距离，如图 1-3-8 所示。测量结果会显示在标尺工具的选项栏内。该直线不与图像一起输出。单击选项栏内的"清除"按钮或其他工具按钮，可清除直线。

图 1-3-7　拖曳一条直线

2．附注工具

"附注工具"按钮是用来给图像加文字注释的。它的选项栏如图 1-3-9 所示。"附注工具"按钮选项栏中各选项的作用如下。

（1）"作者"文本框：用来输入作者名字，作者名字会出现在注释窗口的标题栏。

（2）"颜色"按钮：单击它，可打开"拾色器"对话框，用来选择注释文字的颜色。

（3）"清除全部"按钮：单击它后，可清除全部注释文字。

单击工具箱内的"附注工具"按钮 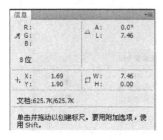，再在图像上单击或拖曳，即可打开"注释"面板，用来输入注释文字，给图像加入注释文字，如图 1-3-10 所示。加入注释文字后关闭"注释"面板，在图像上只留有注释图标 （不会输出显示）。双击该图标，可以打开"注释"面板，还可以拖曳移动注释图标。另外，利用"文件"→"导入"→"注释"命令，可以导入外部注释文件。

图 1-3-8　"信息"面板　　　　图 1-3-9　"附注工具"的选项栏　　　　图 1-3-10　输入注释文字

3. 计数工具

"计数工具"按钮 1_23 是用来统计图像中对象的个数。它的选项栏如图 1-3-11 所示。"计数工具"选项栏中各选项的作用如下。

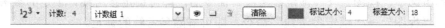

图 1-3-11　"计数工具"的选项栏

（1）"计数"标签：在图像对象上单击或拖曳，可给该对象添加一个数字序号，如图 1-3-12 所示。该标签处会显示计数总数。

（2）"计数组名称"下拉列表框：选择"重命名"选项后，可打开"计数组名称"对话框，在其文本框内输入名称，单击"确定"按钮，可更换名称。

（3）"可见性"图标：单击该图标，使它变为 图标，图像上的数字消失；单击 图标，使它变为 图标，图像上的数字会显示出来。

（4）"创建新的计数组"按钮：单击它会打开"计数组名称"对话框，利用该对话框可以创建新的计数组。

（5）"计数组颜色"图标：单击它，可以打开"选择计数颜色"对话框，它与"拾色器"对话框一样，可以设置计数组的颜色，参看 1.5 节内容。

图 1-3-12　数字序号

（6）"标记大小"文本框：用来设置计数数字左下角的标记大小。

（7）"标签大小"文本框：用来设置计数标记的数字大小。

（8）"清除"按钮：单击该按钮，可以清楚图像中所有计数标记。

1.3.4　裁剪工具

1. "裁剪工具"选项栏

单击工具箱内"裁剪工具"按钮 。此时的选项栏如图 1-3-13 所示。在画布窗口内拖曳出一个矩形裁剪区域后，其选项栏如图 1-3-14 所示。两种选项栏中各选项的作用如下。

图 1-3-13　"裁剪工具"的选项栏

图 1-3-14　拖曳出一个矩形后的"裁剪工具"的选项栏

（1）"宽度"和"高度"文本框：用来精确确定矩形的裁剪区域的宽高比。如果这两个文本框内无数据时，拖曳鼠标可以获得任意宽高比的矩形区域。单击"宽度"和"高度"文本框之间的 ⇄ 按钮，可以交换"宽度"和"高度"文本框内的数据。

（2）"分辨率"文本框：用来设置裁剪后图像的分辨率，在不输入数值时，采用图像原分辨率。在"宽度"和"高度"文本框中输入数据后，它决定了裁切后图像的大小。

（3）"分辨率"下拉列表框：用来选择分辨率的单位，"像素/英寸"或"像素/厘米"。

（4）"前面的图像"按钮：单击该按钮后，可以将"宽度"、"高度"和"分辨率"按照前面裁剪时设置的数据给出。

（5）"清除"按钮：单击该按钮后，可将"宽度"、"高度"等文本框内的数据清除。

（6）"裁剪区域"栏：用来选择裁剪掉图像的处理方式。选中"删除"单选按钮（默认状态），则删除裁剪掉的图像（默认）；选中"隐藏"单选按钮，则将裁剪掉的图像隐藏。

（7）"裁剪参考线叠加"下拉列表框：其内有"无"、"三等分"和"网格"三个选项，用来确定裁剪区域内是否有虚线和怎样的虚线。

（8）"屏蔽"复选框：选中它后，会在矩形裁剪区域外的图像之上形成一个遮蔽层。

（9）"颜色"块：用来设置遮蔽层的颜色。

（10）"不透明度"数字框：用来设置遮蔽层的不透明度。

（11）"透视"复选框：选中"透视"复选框后，可调整裁剪区呈透视状。

2．数字框数值调整方法

上边提到的数字框，除了可以在其文本框中输入数值外，还可以单击 ▶ 按钮，打开滑槽和滑块，如图 1-3-15（a）所示，拖曳滑块来更改数值，如图 1-3-15（b）所示。还可以将指针移到数字框标题文字之上，当指针呈指向手指状时，可向左或向右拖曳来调整数值，如图 1-3-15（c）所示；按住 Shift 键同时拖曳，可以 10 为增量进行数值调整。对于角度数值，可以先顺时针后逆时针拖曳圆盘中的角半径线来修改角度数值，如图 1-3-15（d）所示。

在滑块框外单击或按 Enter 键关闭滑块框。要取消更改，可按 Esc 键。

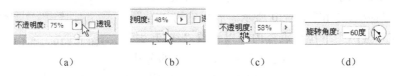

（a）　　　　　（b）　　　　　（c）　　　　　（d）

图 1-3-15　各种调整数值的方法

3．裁剪图像的方法

（1）打开一幅图像，如图 1-3-12 所示，单击"裁剪工具"按钮 ⊿，鼠标指针变为 ⊿ 形状。不设置分辨率，如图 1-3-13 所示。

（2）如果在其选项栏内的"宽度"和"高度"文本框中均不输入任何数据，在图像上拖曳出一个矩形，将要保留的图像圈起来，松开鼠标左键，即可创建一个矩形裁剪区域，如图 1-3-16 所示。裁剪区域的边界线上有几个控制柄，裁剪区域内有一个中心标记。

（3）再选中"屏蔽"复选框，设置"不透明度"（例如，为 50%），设置遮蔽层颜色（例如，为红色），不选中"透视"复选框，如图 1-3-14 所示。画布如图 1-3-16 所示。

（4）调整控制柄可以调整矩形裁剪区域的大小、位置和旋转角度。如果选中"透视"复选框，拖曳矩形的裁剪区四角的控制柄，可使矩形裁剪区呈透视状，如图 1-3-17 所示。

（5）将鼠标指针移到裁剪区域四周的控制柄处，鼠标指针变为直线的双箭头状时拖曳，可调整裁剪区域的大小；将鼠标指针移到裁剪区域内，鼠标指针变为黑箭头状时拖曳，可调整裁剪区域的位置；将鼠标指针移到四角控制柄外，鼠标指针变为弧线的双箭头状时拖曳旋转裁剪区域，如图 1-3-18 所示。拖曳移动中心标记 ◇，则旋转中心会改变。

图 1-3-16　矩形裁剪区　　　　图 1-3-17　裁剪区域透视　　　　图 1-3-18　旋转裁剪区域

（6）如果在其选项栏内的"宽度"和"高度"文本框中输入数据，则裁切后图像的宽度和高度就由它们来确定。例如，均输入 500px，则裁剪后的图像的宽和高均为 500 像素。在确定宽高后所得裁剪区域的边界线上有 4 个控制柄，否则有 8 个控制柄。

按 Enter 键，完成裁剪图像任务。单击工具箱内其他工具，打开一个提示框，单击其内的"裁剪"按钮，也可以完成裁剪图像的任务；单击其内的"不裁剪"按钮，不进行图像的裁切；单击其内的"取消"按钮，取消裁切操作。

1.3.5　调整图像大小和图像变换

1. 调整图像大小

（1）单击"图像"→"图像大小"命令，打开"图像大小"对话框，如图 1-3-19 所示。利用该对话框，可以用两种方法调整图像的大小，还可以改变图像清晰度及算法。

（2）单击"图像大小"对话框内的"自动"按钮，打开"自动分辨率"对话框，如图 1-3-20 所示。利用它可以设置图像的品质，在"挂网"下拉列表框内可以设置"线/英寸"

图 1-3-19　"图像大小"对话框

或"线/厘米"形式的分辨率。单击"确定"按钮，可完成分辨率设置。

图 1-3-20　"自动分辨率"对话框

（3）选中"约束比例"复选框，则会保证图像的宽高比例。例如，对于图 1-3-16 所示（图像宽为 800 像素，高为 600 像素），在"宽度"下拉列表框中选择"像素"选项，在其文本框中输入宽度数据 400，则"高度"文本框中的数据会自动改为 300。

不选中"约束比例"复选框，则可以分别调整图像的高度和宽度，改变图像原来的宽高比。

（4）单击该对话框内的"确定"按钮，即可按照设置好的尺寸调整图像的大小。

2．移动、复制和删除图像

（1）移动图像：单击工具箱内的"移动工具"按钮，鼠标指针变为状，选中"图层"面板内要移动图像所在的图层，即可拖曳移动该图像。如果选中了"移动工具"按钮的选项栏中的"自动选择图层"复选框，则拖曳图像时，可以自动选择被拖曳图像所在的图层，保证可以移动和调整该对象。

在选中要移动的图像之后，按光标移动键，可以每次移动图像 1 个像素。按住 Shift 键的同时按光标移动键，可以每次移动图像 10 个像素。

（2）复制图像：按住 Alt 键同时拖曳图像，可复制图像，此时的鼠标指针呈重叠的黑白双箭头状。如果使用"移动工具"按钮将一个画布中的图像拖曳移到另一个画布当中，则可以将该图像复制到其他画布当中，同时在"图层"面板内增加一个图层，用来放置复制的图像。

（3）删除图像：使用"移动工具"按钮，选中选项栏中的"自动选择图层"复选框，选中要删除的图像，同时也选中了该图像所在的图层，然后按 Delete 键或 Backspace 键，将选中的图像删除，同时也删除该图像所在的图层。

注意：如果图像只有一个图层，则不能够删除图像，也不可以将"背景"图层中的图像移动和复制。如果要处理"背景"图层内的图像，可双击"背景"图层，打开"新建图层"对话框，再单击该对话框内的"确定"按钮。将"背景"图层转换为常规图层。

3．变换图像

单击"编辑"→"变换"→"××"命令，即可按选定的方式调整选中的图像。其中，"××"是"变换"菜单下的子命令，如图 1-3-21 所示。利用该子菜单可以完成选中图像的缩放、旋转、斜切、扭曲和透视等操作。

图 1-3-21　"变换"菜单

（1）缩放图像：单击"变换"菜单内的"缩放"命令后，在选中图像的四周会显示一个矩形框、8 个控制柄和中心点标记 。将鼠标指针移到图像四角的控制柄外，它变为直线双箭头状，即可拖曳调整图像的大小，如图 1-3-22 所示。

（2）旋转图像：单击"变换"菜单内的"旋转"命令后，将鼠标指针移到四角的控制柄外，它会变为弧线的双箭头状，即可拖曳旋转图像，如图 1-3-23 所示。拖曳移动矩形框中间的中心点标记 ，可以改变旋转的中心点位置。

（3）斜切图像：单击"变换"菜单内的"斜切"命令后，将鼠标指针移到四边的控制柄处，鼠标指针会添加一个双箭头，即可拖曳图像呈斜切状，如图 1-3-24 所示。按住 Alt 键的同时拖曳，可以使选中图像对称斜切。

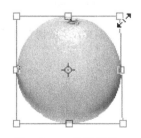

图 1-3-22　缩放图像

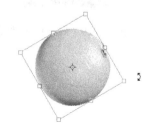

图 1-3-23　旋转图像

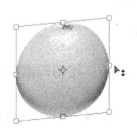

图 1-3-24　斜切图像

（4）扭曲图像：单击"变换"菜单内的"扭曲"命令后，将鼠标指针移到选区四角的控制柄处，鼠标指针会变成灰色单箭头状，再拖曳，即可使选中图像呈扭曲状，如图1-3-25所示。按住Alt键的同时拖曳，可使选中图像对称扭曲。

（5）透视图像：单击"变换"菜单内的"透视"命令后，将鼠标指针移到图像四角的控制柄处，拖曳，可使选中图像呈透视状。透视处理后的图像如图1-3-26所示。

（6）变形图像：单击"变换"菜单内的"变形"命令后，将鼠标指针移到选区四周的控制柄处，再拖曳，可使选区内的图像呈变形状。变形处理后的图像如图1-3-27所示。另外，拖曳切线控制柄也可以改变图像形状。

（7）按特殊角度旋转图像：单击"变换"菜单内的"水平翻转"命令后，即可将选中图像水平翻转。单击"变换"菜单内的"垂直翻转"命令后，即可将选中图像水平翻转。另外，还可以旋转180°，顺时针旋转和顺逆时针旋转90°。

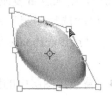 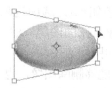 

图1-3-25　扭曲图像　　　　图1-3-26　透视图像　　　　图1-3-27　变形图像

（8）自由变换图像：单击"变换"菜单内的"自由变换"命令，在选中图像的四周会显示矩形框、控制柄和中心点标记。以后可按照变换图像的方法自由变换选中图像。

4．裁切图像四周白边

如果一幅图像四周有白边，可通过"裁切"将白边删除。例如，利用"画布大小"对话框（图1-3-28）将图1-3-16所示图像裁切后图像的画布向四周扩展20像素，如图1-3-29所示。单击"图像"→"裁切"命令，打开"裁切"对话框，如图1-3-30所示。其中，"基于"选项栏用来确定裁切内容所依据的像素颜色；"裁切"选项栏用来确定裁切的位置。单击"确定"按钮，可将图1-3-29所示图像四周白边裁切掉。

图1-3-28　"画布大小"对话框　　　图1-3-29　向外扩20像素　　　图1-3-30　"裁切"对话框

1.3.6　撤销与重作操作

1．撤销与重作一次操作

（1）单击"编辑"→"还原××"命令，可撤销刚刚进行的一次操作。

（2）单击"编辑"→"重作××"命令，可重作刚刚撤销的一次操作。

（3）单击"编辑"→"前进一步"命令，可向前执行一条历史记录的操作。

（4）单击"编辑"→"后退一步"命令，可返回一条历史记录的操作。

2."历史记录"面板撤销

"历史记录"面板如图 1-3-31 所示，它主要用来记录用户进行操作的步骤，用户可以恢复到以前某一步操作的状态。使用方法如下。

（1）单击"历史记录"面板中的某一步历史操作，使滑块定位到该历史操作，或者拖曳滑块到某一步历史操作，即可回到该操作完成后的状态。

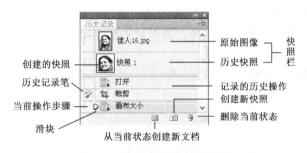

图 1-3-31　"历史记录"面板

（2）选中"历史记录"面板中的某一步操作，再单击"从当前状态创建新文档"按钮，即可复制一个快照，创建一个新的画布窗口，保留当前状态，在"历史快照"栏内增加一行，名字为最后操作的名字。如果拖曳"历史记录"面板中的某一步操作到"从当前状态创建新文档"按钮处，也可以达到相同的目的。

（3）单击"创建新快照"按钮，可以为某几步操作后的图像建立一个快照，在"历史快照"栏内增加一行，名字为"快照×"（"×"是序号）。

（4）双击"历史快照"栏内的快照名称，可给快照重命名。

（5）选中"历史记录"面板中的某一步操作，再单击"删除当前状态"按钮，可删除从选中的操作到最后一个操作的全部操作。如果用鼠标拖曳"历史记录"面板中的某一步操作到"删除当前状态"按钮处，也可以达到相同的目的。

1.4 图像的基本概念

1.4.1 色彩基本概念

1. 彩色三要素

颜色有亮度、色相和色饱和度三个要素，任何一种颜色都可以用它们来确定。

（1）亮度：亮度又称为明度，它用字母 Y 表示，它是指颜色的相对明暗程度。通常使用 0（黑色）～100%（白色）的百分比来度量。

（2）色相：色相又称为色调，它是从物体反射或透过物体传播的颜色，表示彩色的颜色种类，即通常所说的红、橙、黄、绿、青、蓝、紫等。

（3）色饱和度：色饱和度又称为色度，它表示颜色的深浅程度。饱和度表示色相中灰色分量所占的比例，它使用 0（灰色）～ 100%（完全饱和）的百分比来度量。对于同一色调的颜色，其色饱和度越高，颜色越深，在某一色调的彩色光中掺入白光越多，彩色的色饱和度就越低。色相与色饱和度合称为色度，用 F 表示。

2．三原色

在对人眼进行混色实验中发现，只要将三种不同颜色按一定比例混合就可以得到自然界中绝大多数的颜色，而且它们自身不能够被其他颜色混合而成。对于彩色光的混合来说，三原色（又称为三基色）是红（R）、绿（G）、蓝（B）三色，将红、绿、蓝三束光投射在白色屏幕上的同一位置，改变三束光的强度比，可以在白色屏幕上看到各种颜色。可以看到，红+绿→黄，蓝+黄→白，绿+蓝→青，红+绿+蓝→白，黄+青+紫→白，如图 1-4-1（a）所示。其中，黄、青、紫（又称为品红）称为三个补色。不发光物体的颜色是反射照射光而产生的颜色，这种颜色（颜料的混合色）的三原色是黄、青、紫三色，混色特点如图 1-4-1（b）所示。

1.4.2　点阵图和矢量图

1．点阵图

点阵图又称为位图，它由许多颜色不同、深浅不同的小像素点组成。像素是组成图像的最小单位，许多像素构成一幅完整的图像。在一幅（或一帧）图像中，像素越小，数目越多，则图像越清晰。例如，一般监视器画面都有 78 万像素以上。

当人眼观察由像素组成的画面时，为什么看不到像素的存在呢？这是因为人眼对细小物体的分辨力有限，当相邻两个像素对人眼所张的视角小于 1′～1.5′时，人眼就无法分清两个像素点了。图 1-4-2（a）所示为一幅在 Photoshop 软件中打开的点阵图像。用放大镜工具放大后的局部图像如图 1-4-2（b）所示。可以看出，点阵图像明显是由像素组成的。点阵图的图像文件记录的是组成点阵图的各像素点的色度和亮度信息，颜色的种类越多，图像文件越大。通常，点阵图可以表现得更自然和逼真。但文件较大，在将它放大、缩小和旋转时，会失真。

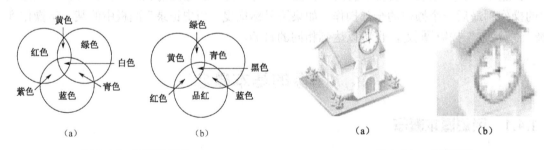

（a）	（b）	（a）	（b）
图 1-4-1　三原色混色		图 1-4-2　点阵图像	

2．矢量图

矢量图由一些基本的图元组成，这些图元是一些几何图形，例如，点、线、矩形、多边形、圆和弧线等。这些几何图形均可以由数学公式计算后获得。矢量图的图形文件是绘制图形中各图元的命令。显示矢量图时，需要相应的软件读取这些命令，并将命令转换为组成图形的各个图元。由于矢量图是采用数学描述方式的图形，所以通常由它生成的图形文件相对比较小，而且图形颜色的多少与文件的大小基本无关。另外，在将它放大、缩小和旋转时，不会像点阵图那样产生失真。它的缺点是色彩相对比较单调。

1.4.3 图像的主要参数和文件格式

1. 颜色深度

点阵图中各像素的颜色信息是用二进制数来描述的，二进制的位数就是点阵图的颜色深度，它决定了图像中颜色的最大个数。目前，颜色深度有 1、4、8、16、24 和 32。

颜色深度为 1 时，表示点阵图中的颜色只有 1 位，可以表示黑色和白色两种颜色；颜色深度为 8 时，表示点阵图中的颜色为 8 位，可以表示 2^8=256 种颜色；颜色深度为 24 时，表示点阵图中的颜色为 24 位，可以表示 2^{24}=16777216 种颜色，它是用三个 8 位来分别表示 R、G、B 颜色，这种图像称为真彩色图像；颜色深度为 32 时，也是用三个 8 位来分别表示 R、G、B 颜色，另一个 8 位用来表示图像的其他属性（透明度等）。颜色深度不但与显示器和显示卡的质量有关，还与显示设置有关。利用"显示属性"对话框中的"设置"选项卡中的"颜色质量"下拉列表框可以选择不同的颜色深度，如图 1-4-3 所示。

图 1-4-3 "显示属性"对话框

2. 分辨率

（1）图像分辨率：它是指打印图像时，每个单位长度上打印的像素个数，通常以"像素/英寸"（pixel/inch，ppi）来表示。它也可以描述为组成一帧图像的像素数，例如，600×300 图像分辨率表示该幅图像由 600 行，每行 400 个像素组成，既反映了该图像的精细度，又给出了图像的大小。

（2）显示分辨率：它又称为屏幕分辨率，是指每个单位长度内显示的像素或点数的个数，以"点/英寸"（dpi）来表示。也可以描述为，在屏幕的最大显示区域内，水平与垂直方向的像素或点数的个数。例如，1680×1050 的分辨率表示屏幕可以显示 1050 行，每行有 1680 个像素，即 1764000 个像素。屏幕可以显示的像素个数越多，图像越清晰。显示分辨率不但与显示器和显示卡的质量有关，还与显示模式的设置有关。打开"显示属性"对话框中的"设置"选项卡，拖曳"屏幕分辨率"栏的滑块，可调整显示分辨率，如图 1-4-3 所示。

如果显示分辨率小于图像分辨率，则图像只显示其中一部分。在显示分辨率一定时，图像分辨率越高，图像越清晰，但文件越大。

3. 颜色模式

颜色模式决定了用于显示和打印图像的颜色模型，描述和重现图像的色彩。它不但影响图像中显示的颜色数量外，还影响通道数和图像文件的大小。选用何种颜色模式还与图像的文件格式有关。例如，不能将采用 CMYK 颜色模式的图像保存为 BMP 和 GIF 格式的图像文件。

（1）灰度模式：该模式只有灰度色（图像的亮度），没有彩色。在灰度色图像中，每个像素都以 8 位或 16 位表示，取值范围是 0（黑色）～255（白色）。

（2）索引颜色模式：它又称为"映射颜色"，在该模式下只能存储一个 8 位色彩深度的文件，即最多 256 种颜色，且颜色都是预先定义好的。该模式颜色种类较少，但是文件字节数小，有利于用于多媒体演示文稿、网页文档等。

（3）RGB 模式：该模式是用红（R）、绿（G）、蓝（B）三基色来描述颜色的方式，是相加混色模式，用于光照、视频和显示器。对于真彩色，R、G、B 三基色分别用 8 位二进制数来描述，共有 256 种。R、G、B 的取值范围是 0～255，可以表示的彩色数目为

256×256×256=16777216 种颜色。这是计算机绘图中经常使用的模式。R=255、G=0、B=0 时表示红色；R=0、G=255、B=0 时表示绿色；R=0、G=0、B=255 时表示蓝色。

（4）HSB 模式：该模式是利用颜色的三要素来表示颜色的，它与人眼观察颜色的方式最接近，是一种定义颜色的直观方式。其中，H 表示色相，S 表示色饱和度，B 表示亮度。这种方式与绘画的习惯相一致，用来描述颜色比较自然，但实际使用中不太方便。

（5）CMYK 模式：CMYK 模式以打印在纸上油墨的光线吸收特性为基础。当白光照射到半透明油墨上时，某些可见光波长被吸收（减去），而其他波长则被反射回眼睛。这些颜色因此称为减色。理论上，纯青色（C）、洋红（M）和黄色（Y）色素在合成后可以吸收所有光线并产生黑色。由于所有的打印油墨都存在一些杂质，这三种油墨实际上会产生土棕色。因此，在四色打印中除了使用纯青色、洋红和黄色油墨外，还会使用黑色（K）油墨，为了避免与蓝色混淆，黑色用 K 而没用 B 表示。

（6）Lab 模式：该模式是由三个通道组成，即亮度，用 L 表示；a 通道包括的颜色是从深绿色到灰色再到亮粉红色；b 通道包括的颜色是从亮蓝色到灰色再到焦黄色。L 的取值范围是 0～100，a 和 b 的取值范围是-120～120。该颜色模式，可以表示的颜色最多，是目前所有颜色模式中色彩范围（称为色域）最广的，可以产生明亮的颜色。在进行不同颜色模式之间的转换时，常使用该颜色模式作为中间颜色模式。另外，Lab 模式与光线和设备无关，而且处理的速度与 RGB 模式一样快，是 CMYK 模式处理速度的数倍。

4．图像文件格式

对于图形图像，由于记录的内容不同和压缩的方式不同，其文件格式也不同。不同的文件格式具有不同的文件扩展名。常见的文件格式特点简介如下。

（1）PSD 格式：它是 Adobe Photoshop 图像处理软件的专用图像文件格式。采用 RGB 和 CMYK 颜色模式的图像可以存储成该格式。另外，可以将不同图层分别存储。

（2）JPG 格式：是用 JPEG 压缩标准压缩的图像文件格式，JPEG 压缩是一种高效压缩，压缩比较大，文件较小，应用较广，不适合放大观看和制成印刷品。

（3）GIF 格式：它能够将图像存储成背景透明的形式，可以将多幅图像存成一个图像文件，形成动画效果，常用于网页制作。它应用较广，各种软件一般均支持这种格式。

（4）TIFF 格式（TIF）：它是一种工业标准格式。它有压缩和非压缩两种。它支持包含一个 Alpha 通道的 RGB 和 CMYK 等颜色模式。另外，它可以设置透明背景。

（5）BMP 格式：它结构较简单，每个文件只存放一幅图像。对于压缩的 BMP 格式图像文件，压缩比适中，压缩和解压缩较快；非压缩的 BMP 格式图像文件适用广，但文件较大。

（6）PDF 格式：它是 Adobe 公司推出的专用于网上格式。采用 RGB、CMYK 和 Lab 等颜色模式的图像都可以存储成该格式。

（7）PNG 格式：它是适用网络，利用 Alpha 通道可以调节图像的透明度，可提供 16 位灰度图像和 48 位真彩色图像。它的一个图像文件只可存储一幅图像。

1.5 图像着色

1.5.1 设置前景色和背景色

1．设置前景色和背景色

工具箱内的"前景色和背景色工具"栏如图 1-5-1 所示。单击"设置前景色"和"设置背景色"

图标,都可以打开"拾色器"对话框,如图 1-5-2 所示。前者用来设置前景色,后者用来设置背景色。

单击"默认前景色和背景色"图标,可以使前景色和背景色还原为前景色为黑色,背景色为白色的默认状态。单击"切换前景色和背景色"图标,可将前景色和背景色的颜色互换。

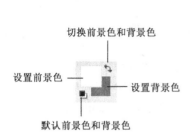

图 1-5-1 "前景色和背景色工具"栏

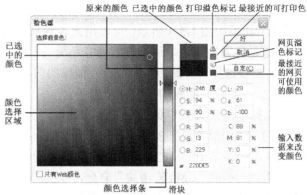

图 1-5-2 Adobe"拾色器"对话框

2."拾色器"对话框

"拾色器"分为 Adobe 和 Windows"拾色器"两种。默认的是 Adobe"拾色器"对话框,如图 1-5-2 所示。使用 Adobe"拾色器"对话框选择颜色的方法如下。

(1)粗选颜色:单击"颜色选择条"内一种颜色,这时"颜色选择区域"的颜色也会随之发生变化。在"颜色选择区域"内会有一个小圆,它是目前选中的颜色。

(2)细选颜色:在"颜色选择区域"内,单击要选择的颜色。

(3)精确设定颜色:可以在 Adobe"拾色器"对话框右下角的各文本框内输入相应的数据来精确设定颜色。在"#"文本框内应输入 RRGGBB 六位十六进制数。

(4)"最接近的网页可使用的颜色"图标:单击该图标,可以选择接近的网页色。

(5)"最接近的可打印色"图标:要打印图像,单击该图标,选择最接近的打印色。

(6)"只有 Web 颜色"复选框:选中它后,"拾色器"对话框会发生变化,只给出网页可以使用的颜色,"网页溢出标记"和"最接近的网页可使用的颜色"图标消失。

(7)"颜色库"按钮:单击该按钮,可打开"颜色库"对话框,用来选择颜色。

(8)"添加到色板"按钮:单击该按钮,打开"色板名称"对话框,在"名称"文本框中输入名称,再单击"确定"按钮,可将选中颜色添加到"色板"面板内末尾。

3."色板"面板

"色板"面板如图 1-5-3 所示。使用方法如下。

(1)设置前景色:将鼠标指针移到"色板"面板内的色块上,此时的鼠标指针变为吸管状,稍等片刻,即会显示出该色块的名称。单击色块,即可将前景色设置为该颜色。

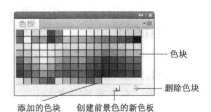

图 1-5-3 "色板"面板

(2)创建新色块:单击"创建前景色的新色板"按钮,即可在"色板"面板内最后边,创建一个与当前前景色颜色一样的色块。

(3)删除原有色块:选中一个要删除的色块后,再单击"删除色块"图标 。将要删除的色块拖曳到"删除色块"图标 之上，也可以删除该色块。

（4）"色板"面板菜单的使用：单击"色板"面板右上角的"面板菜单"按钮，打开面板菜单，单击菜单中的命令，可以更换色板、存储色板、改变色板显示方式等。

4．"颜色"面板

"颜色"面板如图 1-5-4 所示，可以用来设置前景色和背景色。选中"前景色"或"背景色"色块（确定是设置前景色，还是设置背景色），再利用"颜色"面板选择一种颜色，即可设置图像的前景色和背景色。"颜色"面板的使用方法如下。

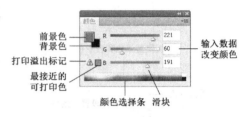

图 1-5-4 "颜色"面板

（1）选择不同模式的"颜色"面板：单击"颜色"面板右上角的"面板菜单"按钮，打开"颜色"面板菜单，单击该菜单中第 1 栏中的命令，可以改变颜色模式。例如，单击"CMYK 滑块"命令，可使"颜色"面板变为 CMYK 模式的"颜色"面板。

（2）粗选颜色：将鼠标指针移到"颜色选择条"中，此时鼠标指针变为吸管状。单击一种颜色，可以看到其他部分的颜色和数据也随之发生了变化。

（3）细选颜色：拖曳 R、G、B 的三个滑块，分别调整 R、G、B 颜色的深浅。

（4）精确设定颜色：在三个文本框内输入数据（0～255），来精确设定颜色。

5．吸管和颜色取样器工具

（1）"吸管工具"按钮：单击工具箱内的"吸管工具"按钮，此时鼠标指针变为 状。单击画布中任一处，即可将单击处的颜色设置为前景色。"吸管工具"的选项栏如图 1-5-5 所示。选择"取样大小"下拉列表框内的选项，可以改变吸管工具取样点的大小。

（2）"颜色取样器工具"按钮：它可以获取多个点的颜色信息。单击工具箱内的"颜色取样器工具"按钮。此时的选项栏如图 1-5-6 所示。在"取样大小"下拉列表框中选择取样点的大小；单击"清除"按钮，可以将所有取样点的颜色信息标记删除。

图 1-5-5 "吸管工具"的选项栏

图 1-5-6 "颜色取样器工具"的选项栏

使用"颜色取样器工具"按钮添加颜色信息标记的方法：单击"颜色取样器工具"按钮，将鼠标指针移到画布窗口内部，此时鼠标指针变为十字形状。单击画布中要获取颜色信息的各点，即可在这些点处产生带数值序号的标记（例如， ），如图 1-5-7 所示。同时"信息"面板给出各取样点的颜色信息，如图 1-5-8 所示。右击要删除的标记，

图 1-5-7 获取颜色信息的各点　图 1-5-8 "信息"面板的信息

打开它的快捷菜单，再单击菜单中的"删除"命令，可删除一个取样点的颜色信息标记。

6．"样式"面板

"样式"面板如图 1-5-9 所示，单击其内的样式图标，可以给当前图层内的文字和图像填充相

应的内容。单击"样式"面板右上角的"面板菜单"按钮，打开该面板菜单。单击其中的命令，可以添加或更换样式、存储样式、改变"样式"面板显示方式等。

1.5.2 填充单色或图案

1．油漆桶工具填充

使用工具箱内的"油漆桶工具"按钮可以给颜色容差在设置范围内的区域填充颜色或图案。在设置前景色或图案后，只要单击要填充处，即可给单击处和与该处颜色容差在设置范围内的区域填充前景色或图案。在创建选区后，只可以在选区内填充颜色或图案。

图 1-5-9　"样式"面板

"油漆桶工具"选项栏如图 1-5-10 所示，一些前面没有介绍的选项的作用如下。

图 1-5-10　"油漆桶工具"选项栏

（1）"填充"下拉列表框：选择"前景"选项后填充的是前景色，选择"图案"选项后填充的是图案，此时"图案"下拉列表框变为有效。

（2）"图案"下拉列表框：单击它的箭头按钮，可以打开"图案样式"面板，如图 1-5-11 所示，用来设置填充的图案。可以更换、删除和新建图案样式。利用面板菜单可以载入图案。

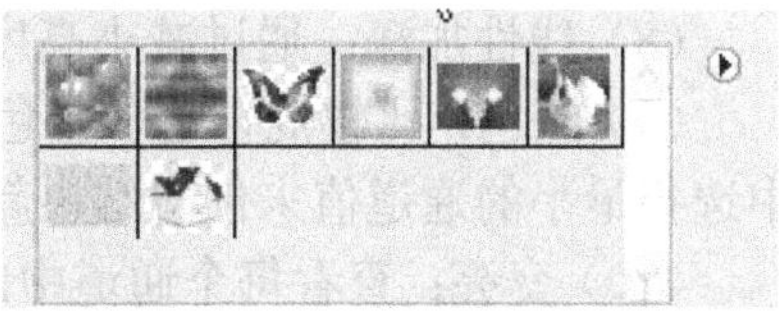

（3）"容差"文本框：其内的数值决定了容差的大小。容差的数值决定了填充色的范围，其值越大，填充色的范围也越大。

（4）"消除锯齿"复选框：选中它后，可以使填充的图像边缘锯齿减小。

图 1-5-11　"图案样式"面板

（5）"连续的"复选框：在给几个不连续的颜色容差在设置范围内的区域填充颜色或图案时，如果选中了该复选框，则只给单击的连续区域填充前景色或图案；如果没选中该复选框，则给所有颜色容差在设置范围内的区域（可以是不连续的）填充。

（6）"所有图层"复选框：选中它后，可在所有可见图层内进行操作，即给选区内所有可见图层中颜色容差在设置范围内的区域填充颜色或图案。

2．混合模式

在画布窗口内绘图（包括使用画笔、铅笔、仿制图章等工具绘制图形图像，以及给选区内填充单色和渐变色及纹理图案）时，在选项栏内都有一个"模式"下拉列表框，用来选择绘图时的混合模式。绘图的混合模式就是绘图颜色与下面原有图像像素混合的方法。可以使用的模式会根据当前选定的工具自动确定。使用混合模式可以创建各种特殊效果。

"图层"面板内也有一个"模式"下拉列表框，它为图层或组指定混合模式，图层混合模式与绘画模式类似。图层的混合模式确定了其像素如何与图像中的下层像素进行混合。

图层没有"清除"和"背后"混合模式。此外，"颜色减淡"、"颜色加深"、"变暗"、"变亮"、"差值"和"排除"模式不可用于 Lab 图像。仅有"正常"、"溶解"、"变暗"、"正片叠底"、"变亮"、"线性减淡（添加）"、"差值"、"色相"、"饱和度"、"颜色"、"亮度"、"浅色"和"深色混合"模式适用于 32 位图像。

下面简单介绍各种混合模式的特点，在介绍混合模式的效果时，所述的基色是图像中的原颜色，混合色是通过绘画或编辑工具应用的颜色，结果色是混合后得到的颜色。

（1）正常：当前图层中新绘制或编辑的图像的每个像素将覆盖原来的底色或图像的每个像素，使其成为结果色。绘图效果受"不透明度"的影响。这是默认模式。

（2）溶解：编辑或绘制每个像素，使其成为结果色，效果受"不透明度"的影响。根据任何像素位置的不透明度，结果色由基色或混合色的像素随机替换。

（3）背后：只能用于非背景图层中，仅在图层的透明部分编辑或绘画，而且仅在取消选中"锁定透明区域"复选框的图层中使用，类似于在透明纸的透明区域背面绘画。

（4）清除：取消选中"锁定透明区域"复选框的图层中才能使用此模式。用来清除当前图层的内容。编辑或绘制每个像素，使其透明。此模式可用于形状工具（当选定填充区域时）、"油漆桶工具"按钮 、"画笔工具"按钮 、"铅笔工具"按钮 、"填充"和"描边"命令。

（5）变暗：系统将查看每个通道中的颜色信息（或比较新绘制图像的颜色与底色），并选择基色或混合色中较暗的颜色作为结果色，替换比混合色亮的像素，而比混合色暗的像素保持不变，从而使混合后的图像颜色变暗。

（6）正片叠底：查看各通道的颜色信息，将基色与混合色进行正片叠底。结果色总是较暗的颜色。任何颜色与黑色正片叠底产生黑色。任何颜色与白色正片叠底保持不变。当使用黑色或白色以外的颜色绘画时，结果色产生不同程度的变暗效果。

（7）颜色加深：通过增加对比度使基色变暗以反映混合色。与白色混合后不变化。

（8）线性加深：通过减小亮度使基色变暗以反映混合色。与白色混合后不变化。

（9）深色：比较混合色和基色的所有通道值的总和并显示值较小的颜色，从基色和混合色中选择最小的通道值来创建结果颜色。

（10）变亮：查看每个通道中的颜色信息，并选择基色或混合色中较亮的颜色作为结果色。比混合色暗的像素被替换，比混合色亮的像素保持不变。

（11）滤色：查看每个通道的颜色信息，并将混合色的互补色与基色进行正片叠底。例如，红色与蓝色混合后的颜色是粉红色。结果色总是较亮的颜色。用黑色过滤时颜色保持不变。用白色过滤将产生白色。该模式类似于将两张幻灯片分别用两台幻灯机同时放映到同一位置，由于有来自两台幻灯机的光，因此结果图像通常比较亮。

（12）颜色减淡：通过减小对比度使基色变亮以反映混合色。与黑色混合不变化。

（13）线性减淡（添加）：增加亮度使基色变亮以反映混合色。与黑色混合不变。

（14）浅色：比较混合色和基色的所有通道值的总和并显示值较大的颜色。"浅色"不会生成第三种颜色，因为它将从基色和混合色中选择最大的通道值来创建结果颜色。

（15）叠加：对颜色正片叠底或过滤，具体取决于基色。颜色在现有像素上叠加，同时保留基色的明暗对比。不替换基色，但基色与混合色相混以反映原色的亮度或暗度。

（16）柔光：新绘制图像的混合色有柔光照射效果。系统将使灰度小于 50% 的像素变亮，使灰度大于 50% 的像素变暗，从而调整了图像灰度，使图像亮度反差减小。

（17）强光：新绘制图像的混合色有耀眼的聚光灯照在图像的效果。当新绘制的图像颜色灰度大于 50% 时，以屏幕模式混合，产生加光的效果；当新绘制的图像颜色灰度小于 50% 时，以正片叠底模式混合，产生暗化的效果。

（18）亮光：通过增加或减小对比度来加深或减淡颜色，具体取决于混合色。如果混合色（光源）比 50% 灰色亮，则使图像变亮。如果混合色比 50% 灰色暗，则使图像变暗。

（19）线性光：减小或增加亮度来加深或减淡颜色，具体取决于混合色。如果混合色（光源）比 50% 灰色亮，则使图像变亮。如果混合色比 50% 灰色暗，则使图像变暗。

（20）点光：根据混合色替换颜色。如果混合色比 50% 灰色亮，则替换比混合色暗的像素，而不改变比混合色亮的像素。如果混合色比 50% 灰色暗，则替换比混合色亮的像素，而比混合色暗的像素保持不变。这对于向图像添加特殊效果非常有用。

（21）实色混合：将混合颜色的红、绿和蓝色通道值添加到基色 RGB 值。如果通道的结果总和大于或等于 255，则值为 255；否则值为 0。因此，所有混合像素的红、绿和蓝色通道值是 0 或 255。这会将所有像素更改为原色：红、绿、蓝、青、黄、洋红、白或黑色。

（22）差值：查看各通道的颜色，从基色中减去混合色，或从混合色中减去基色，具体取决于哪一个颜色的亮度更大。与白色混合将反转基色值；与黑色混合则不变化。

（23）排除：它的混色效果与差值模式基本一样，只是图像对比度更低，更柔和一些。白色混合将反转基色值。与黑色混合则不发生变化。

（24）色相：用基色的明亮度和饱和度及混合色的色相创建结果色。

（25）饱和度：用基色的明亮度和色相及混合色的饱和度创建结果色。在无饱和度（灰色）的区域上使用此模式绘画不会发生任何变化。

（26）颜色：用基色的明亮度及混合色的色相和饱和度创建结果色。这样可以保留图像中的灰阶，并且对于给单色图像上色和给彩色图像着色都会非常有用。

（27）明度：用基色的色相和饱和度及混合色的明亮度创建结果色。此模式创建与"颜色"模式相反的效果。

3．单色和图案填充

（1）使用快捷键填充单色：通常采用如下两种方法，这是常用的操作。

◎ 用背景色填充：按 Ctrl+Delete 组合键或 Ctrl+Backspace 组合键，可用背景色填充整个画布，如果存在选区，则填充整个选区。

◎ 用前景色填充选区：按 Alt+Delete 组合键或 Alt+Backspace 组合键，可用前景色填充整个画布，如果存在选区，则填充整个选区。

（2）使用剪贴板粘贴图像：单击"编辑"→"粘贴"命令，即可将剪贴板中的图像粘贴到当前图像中，同时会在"图层"面板中增加一个新图层，用来存放粘贴的图像。

（3）定义填充图案的方法：导入一幅不大的图像或绘制一幅不大的图像。选中图像（图 1-5-12）所在的画布。单击"编辑"→"定义图案"命令，打开"图案名称"对话框，在其文本框内输入画笔名称（如"别墅.jpg"），如图 1-5-13 所示。单击"确定"按钮，"图案样式"面板内最后边会增加该图案，如图 1-5-11 所示。

（4）填充单色或图案：单击"编辑"→"填充"命令，打开"填充"对话框，如图 1-5-14 所示。利用该对话框可以给选区填充颜色或图案。对话框中的"模式"下拉列表框和"不透明度"文本框与油漆桶工具的选项栏内的相应选项的作用一样。单击"使用"下拉列表框，可打开使用颜色类型选项。

如果选择"图案"选项，则"填充"对话框内的"自定图案"列表框会有效，它的作用与"油漆桶工具"按钮 选项栏内的"图案"列表框的作用一样。

图 1-5-12　图案

图 1-5-13　"图案名称"对话框

图 1-5-14　"填充"对话框

思考练习 1-1

1．填空题

（1）Photoshop CS5 的工作区主要由＿＿＿＿＿、＿＿＿＿＿、＿＿＿＿＿＿、＿＿＿＿＿＿、＿＿＿＿＿＿和＿＿＿＿＿＿等组成。

（2）变换图像的常用操作有＿＿＿＿＿、＿＿＿＿＿、＿＿＿＿＿、＿＿＿＿＿、＿＿＿＿和＿＿＿六种。

（3）利用"历史记录"面板，用来＿＿＿＿＿＿＿＿＿＿＿＿＿＿，用户可以＿＿＿＿＿＿＿＿＿。

（4）彩色的三要素是＿＿＿＿、＿＿＿＿和＿＿＿。彩色的三原色是＿＿＿＿、＿＿＿＿和＿＿＿。

2．问答题

（1）点阵图和矢量图有什么不同点？

（2）如何利用"历史记录"面板来撤销已经进行过的操作。

（3）简述给选区内填充单色的方法有几种？分别如何进行操作？

3．操作题

（1）将"字符"、"段落"和"样式"面板合成一个面板组，调整三个面板的排列顺序，再将"颜色"面板加入到这个面板组。将"样式"面板和"颜色"面板移出，组成一个面板组。

（2）将调整面板后的工作区以名称"我的工作区 1"保存，切换到"设计"工作区，再回到"我的工作区 1"工作区。

（3）将一个扩展名为".bmp"的图像文件转换为扩展名为".jpg"的图像文件。

（4）打开一幅图像，在保持图像原宽高的情况之下，将图像调整为原来的1/3大小。

（5）打开一幅JPG格式的图像，将它均匀地裁切成四份，分别以不同名字保存。

（6）打开一幅图像，将它的宽和高均调整为100像素，再以名称"图案1"保存为一个图案。

（7）打开一幅图像，如图 1-5-15 所示，将该图像进行裁剪、大小调整等处理，最后效果如图 1-5-16 所示，该图像宽为 600 像素，高为 300 像素。操作方法提示如下。

◎ 将图像进行适当裁剪，再调整该图像宽和高均为 300 像素。

◎ 单击"选择"→"全部"命令，创建选中全部图像的选区。单击"编辑"→"复制"命令，将选区内的图像复制到剪贴板内。

◎ 调整文档窗口（定位左边界）宽为 600 像素，高为 300 像素。

◎ 单击"编辑"→"复制"命令，将剪贴板内的图像粘贴到文档窗口内，单击工具箱内的"移动"按钮 ，水平向右拖曳粘贴的图像到右边，使两幅一样的图像没有重叠。

◎ 单击"编辑"→"变换"→"水平翻转"命令，效果如图 1-5-16 所示。

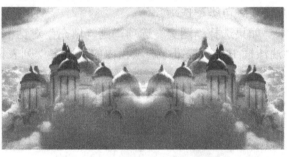

图 1-5-15　图像　　　　　　　　　　　图 1-5-16　裁剪合并等调整结果

第 2 章

选区的创建、编辑、填充和描边

本章提要

  本章通过学习三个实例的制作，可以掌握创建和编辑各种选区，调整和修改选区，利用渐变工具给选区内填充渐变颜色，编辑选区内图像和选择性粘贴图像，选区描边等。

  选区又称为选框，是一条流动虚线围成的区域。有了选区后，则可以只对选区内的图像进行编辑。如果没有创建选区，则对图像的编辑操作是针对整个图像，有些操作则无法进行。创建选区可以使用工具箱中的一些工具、命令，以及使用路径、通道和蒙版等技术。利用路径、通道和蒙版等技术来创建选区的方法将在以后介绍。

[2.1]　【实例1】动物摄影

● 案例效果

  "动物摄影"图像如图 2-1-1 所示。可以看到，在黑色背景之上，放置有 6 幅动物照片图像，其中两幅图像是有金黄色框架，两幅是"三原色混色效果"图形，一幅是发白光的立体文字"动物摄影"和一幅是四周有羽化白光的照相机图像。

● 制作方法

1. 绘制三原色混色图

图 2-1-1　"动物摄影"图像

  （1）单击"设置背景色"图标，打开"拾色器"对话框，在"拾色器"对话框中的 R、G、B 文本框内均输入 0，单击"确定"按钮，即可设置背景色为黑色。

  （2）单击"文件"→"新建"命令，打开"新建"对话框。按照图 1-2-1 所示设置。单击"确定"按钮，新建一个背景黑色，宽为 900 像素，高为 400 像素的画布窗口。然后，单击"文件"→"存储为"命令，打开"存储为"对话框，利用它将新画布以名称"【实例1】动物摄影.psd"保存。

  （3）新建一个背景黑色，宽为 200 像素，高为 200 像素的画布窗口，以名称"三原色混合.psd"保存。单击"设置前景色"图标，打开"拾色器"对话框，在 R、G、B 文本框内分别输入 255、

0、0。单击"确定"按钮，设置前景色为红色。单击"设置背景色"图标，打开"拾色器"对话框，在 R、G、B 文本框内分别输入 0、255、0。单击"确定"按钮，设置背景色为绿色。

（4）打开"图层"面板，单击"图层"面板内下边的"创建新的图层"按钮 ⌐┘，在"背景"图层之上创建一个新"图层 1"图层。选中该图层。

（5）单击工具箱中的"椭圆选框工具"按钮○，按住 Shift 键，在画布窗口内拖曳创建一个圆形的选区，如图 2-1-2（a）所示。按 Alt+Delete 组合键或 Alt+Backspace 组合键，给圆形选区内填充前景色为红色，如图 2-1-2（b）所示。

（6）在"图层 1"图层之上创建一个"图层 2"图层，选中该图层。水平拖曳圆形选区到如图 2-1-2（c）所示的位置。按 Ctrl+Delete 组合键或 Ctrl+Backspace 组合键，给圆形选区内填充背景色为绿色，如图 2-1-2（d）所示。

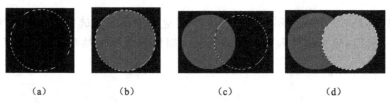

| (a) | (b) | (c) | (d) |

图 2-1-2　绘制红色圆形和绿色圆形的过程

（7）在"图层 2"图层之上创建一个"图层 3"图层，选中该图层。将圆形选区移到如图 2-1-3（a）所示的位置。设置前景色为蓝色（R=0、G=0、B=255），按 Alt+Delete 组合键，给圆形选区内填充前景色为蓝色，如图 2-1-3（b）所示。按 Ctrl+D 组合键，取消选区，完成蓝色圆形的绘制，如图 2-1-3（c）所示。此时的"图层"面板如图 2-1-4 所示。

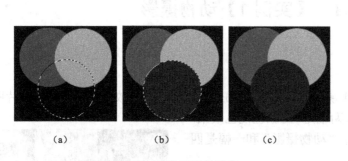

| (a) | (b) | (c) |

图 2-1-3　绘制蓝色圆形的过程　　　　　　　　　图 2-1-4　　"图层"面板

（8）选中"图层 3"图层。在"图层"面板中"设置图层的混合模式"下拉列表框内选择"差值"选项，使"图层 3"和"图层 2"图层中的图像颜色按照差值混合。

选中"图层 2"图层。在"图层"面板中"设置图层的混合模式"下拉列表框中选择"差值"选项，使"图层 2"与"图层 1"图层中的图像颜色按照差值混合。三原色混色效果图如图 2-1-5 所示，"图层"面板如图 2-1-6 所示。

（9）单击"图层"面板中的"背景"图层左边的 ● 眼睛图标，使该图标消失，该图层隐藏。选中"图层 1"图层，单击"图层"→"合并可见图层"命令，将"图层 2"和"图层 3"图层的内容合并到"图层 1"图层，"图层"面板如图 2-1-7 所示。

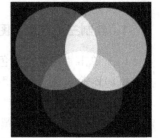

图 2-1-5　三原色混色效果图

（10）单击"图层"面板中的"背景"图层左边的 ▢ 图案，使 ● 眼睛图标出现，显示背景黑色。单击工具箱内的"移动工具"按钮，拖曳三原色混色效果图，将该图形移到画布窗口内的左上角。然后，单击"编辑"→"变换"→"缩放"命令，拖曳该图像四周的控制柄，调整它的大小，如图 2-1-8 所示，按 Enter 键确定。

图 2-1-6　"图层"面板

图 2-1-7　"图层"面板

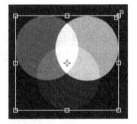
图 2-1-8　调整大小

2. 添加图像

（1）单击"文件"→"打开"命令，打开"打开"对话框，利用该对话框打开"动物 1.jpg"、"动物 2.jpg"和"动物 3.jpg"图像。选中"动物 1.jpg"图像，单击"图像"→"图像大小"命令，打开"图像大小"对话框，利用该对话框将"动物 1.jpg"图像的宽调整为 300 像素，高度等比例自动变化。

（2）使用工具箱内的"移动工具"按钮，向下拖曳"动物 1.jpg"图像的标签，使该图像独立。拖曳"动物 1.jpg"图像到"【实例 1】动物摄影.psd"图像的画布窗口内，在画布内复制一份"动物 1.jpg"图像。此时，"图层"面板内自动增添"图层 1"图层。

（3）选中"图层 1"图层，单击"编辑"→"变换"→"缩放"命令，在复制的"动物 1.jpg"图像四周会出现 8 个控制柄，拖曳复制图像四周的控制柄，调整该图像的大小；拖曳移动复制图像，调整该图像的位置。调整好后按 Enter 键确定。

（4）按照上述方法，分别调整"动物 2.jpg"和"动物 3.jpg"图像的大小，再依次将这两幅图像拖曳到"【实例 1】动物摄影.psd"图像的画布窗口内，调整这两幅复制图像的大小和位置。

（5）两次将"三原色混合.psd"图像内的三原色混色图像拖曳到"【实例 1】动物摄影.psd"图像的画布窗口内，调整复制图像的大小和位置。此时"【实例 1】动物摄影.psd"图像的画布窗口如图 2-1-9 所示。

（6）在"图层"面板内，双击三原色混色图像所在图层的名称，进入图层名称的编辑状态，将图层的名称分别改为"三原色 1"和"三原色 2"。将复制的"动物 1.jpg"、"动物 2.jpg"和"动物 3.jpg"图像所在的"图层 1"、"图层 2"和"图层 3"图层名称分别改为"图像 1"、"图像 2"和"图像 3"，如图 2-1-10 所示，

图 2-1-9　画布窗口

图 2-1-10　"图层"面板

3. 粘贴羽化的相机图像

（1）打开"照相机.jpg"图像，如图 2-1-11 所示。单击"图像"→"画布大小"命令，打开"画布大小"对话框，在"宽度"列表框内选择"像素"选项，选中"相对"复选框，在"宽度"和"高度"文本框内分别输入 30，单击"确定"按钮，将图像四周增加 30 像素白边，如图 2-1-12 所示。

（2）单击工具箱中的"魔棒工具"按钮 ，鼠标指针变为 魔棒状，在其选项栏内的"容差"文本框内输入 10，单击"照相机.jpg"图像内的白色背景，创建一个选中白色背景区域的选区，如图 2-1-13 所示。

图 2-1-11　"照相机"图像　　　图 2-1-12　增加白边　　　图 2-1-13　选中白色的选区

（3）单击"选择"→"反向"命令，使选区反向，如图 2-1-14 所示。

（4）单击"选择"→"修改"→"羽化"命令，打开"羽化选区"对话框，在该对话框内的"羽化半径"文本框内输入 30，如图 2-1-15 所示。单击"确定"按钮，使选区羽化 30 像素，如图 2-1-16 所示。

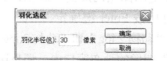

图 2-1-14　选区反向　　　图 2-1-15　"羽化选区"对话框　　　图 2-1-16　羽化选区

（5）单击"编辑"→"复制"命令，将羽化选区内的羽化图像复制到剪贴板内。

单击"【实例 1】动物摄影.psd"图像的画布，选中"图层"面板内最上边的"三原色 2"图层。单击"编辑"→"粘贴"命令，将剪贴板内的羽化图像粘贴到"【实例 1】动物摄影.psd"图像的画布窗口内。同时，在"图层"面板内最上边增加一个新图层，将该图层的名称改为"相机"。

（6）单击工具箱中的"移动工具"按钮 ，将粘贴的羽化图像拖曳到画布窗口内的右上角。单击"编辑"→"自由变换"命令，调整羽化图像的大小和旋转角度，然后按 Enter 键，完成图像的调整，如图 2-1-17 所示。

（7）单击"图层"面板内的"添加图层样式"按钮 fx，打开它的快捷菜单，单击该菜单内的"外发光"命令，打开"图层样式"对话框，设置参数如图 2-1-18 所示。单击"确定"按钮，给"相机"图层图像添加白色外发光效果。"图层"面板如图 2-1-19 所示。

图 2-1-17　添加羽化图像

图 2-1-18 "图层样式"对话框　　　　　图 2-1-19 "图层"面板

4．贴入羽化选区内图像

（1）打开"动物 4.jpg"、"动物 5.jpg"和"动物 6.jpg"图像，如图 2-1-20 所示。分别将这三幅图像的宽调整为 300 像素，高度等比例自动变化。

　　　　（a）　　　　　　　　　　　（b）　　　　　　　　　　　（c）

图 2-1-20 三幅图像

（2）选中"动物 4.jpg"图像，单击"选择"→"全部"命令，创建选中全部图像的选区。单击"编辑"→"复制"命令，将选区内的图像复制到剪贴板内。

注意：在将选区内的图像复制到剪贴板中时，如果单击"编辑"→"合并复制"命令，则可以将选区内所有图层的图像复制到剪贴板中。

（3）单击工具箱中的"椭圆选框工具"按钮 ○，在其选项栏内的"羽化"文本框中输入 20。在画布窗口内中间下边拖曳创建一个羽化为 20 像素的椭圆形选区。

（4）单击"【实例 1】动物摄影.psd"图像画布窗口，选中"图层"面板内最上边的"相机"图层。单击"编辑"→"选择性粘贴"→"贴入"命令，将剪贴板内的图像粘贴到羽化为 20 像素的椭圆形选区内。同时，在"图层"面板内最上边增加一个"图层 1"新图层。

（5）按照上述方法，再在"【实例 1】动物摄影.psd"图像画布窗口内添加两幅羽化的"动物 5.jpg"和"动物 6.jpg"图像。同时，在"图层"面板内最上边增加了"图层 2"和"图层 3"新图层。将新增的图层名称分别改为"图像 4"、"图像 5"和"图像 6"。

（6）单击工具箱内的"移动工具"按钮 ＋，选中其选项栏内的"自动选择"复选框，保证可以直接拖曳调整图像的位置，同时可以自动选中"图层"面板内该图像所在的图层。否则需要先选中"图层"面板内图像所在图层，才可以调整该图层内的图像。

（7）调整三幅刚刚贴入羽化选区内的图像的位置，还可以在选中图像所在的图层后，单击"编辑"→"自由变换"命令，调整贴入选区中的图像的大小和位置。此时画布窗口如图 2-1-21 所示，"图层"面板如图 2-1-22 所示。

图 2-1-21 在羽化的椭圆形选区内贴入三幅图像

图 2-1-22 "图层"面板

5．制作立体文字

（1）单击工具箱中的"横排文字工具"按钮 **T**，单击画布窗口内右下边。在其选项栏内设置字体为华文楷体，字大小为 24 点，在"设置消除锯齿方法"下拉列表框中选择"浑厚"选项。单击"设置文本颜色"图标，打开"拾色器"对话框。利用该对话框设置文字的颜色为黄色。此时的"横排文字工具"的选项栏如图 2-1-23 所示。

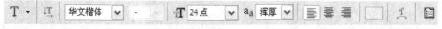
图 2-1-23 "横排文字工具"的选项栏

（2）输入文字"动物摄影"，如图 2-1-24 所示。此时，"图层"面板内会自动增加一个"动物摄影"文本图层。

（3）单击"样式"面板中右上角的"菜单"按钮 ，打开"样式"面板的菜单，单击该菜单中的"文字效果"命令，打开一个提示框，单击该提示框内的"追加"按钮，将外部的"文字效果"样式文件内的样式追加到"样式"面板内原样式的后边。

图 2-1-24 文字

（4）单击"样式"面板中的"清晰浮雕-外斜面"图标 ，将该样式应用于选中的文字图层。单击"动物摄影"文本图层右边的 图标，将文字的效果说明收缩。黄色"动物摄影"文字变为黑色立体文字。

（5）拖曳"图层"面板内的"动物摄影"文本图层到"创建新的图层"按钮 之上，复制一个图层，名称为"动物摄影副本"。选中该图层，单击"样式"面板内的"喷溅蜡纸"图标 ，使该图层内的"动物摄影"文字四周出现白色光芒，如图 2-1-1 所示。

6．给图像添加框架

（1）选中"图像 1"图层，同时也选中了该图层内的图像。按住 Ctrl 键，单击"图层 2"图层的缩略图 ，创建一个选中该图层内图像的矩形选区，如图 2-1-25 所示。

（2）单击"选择"→"修改"→"扩展"命令，打开"扩展选区"对话框，在"扩展量"文本框中输入 6，如图 2-1-26 所示。单击"扩展选区"对话框内的"确定"按钮，将选区扩展 6 像素，如图 2-1-27 所示。

图 2-1-25 创建选区

图 2-1-26 "扩展选区"对话框

图 2-1-27 扩展选区

（3）单击"选择"→"修改"→"平滑"命令，打开"平滑选区"对话框，在该对话框内的"取样半径"文本框中输入 2，单击"确定"按钮，将选区进行平滑处理。

（4）按住 Ctrl+Alt 组合键，同时单击"图像 1"图层的缩略图，即可在原来矩形选区内减去选中图像的选区，创建一个框架选区，如图 2-1-28 所示。

（5）设置前景色为金黄色，按 Alt+Delete 组合键，给选区填充金黄色，如图 2-1-29 所示。单击"图层"面板中的"添加图层样式"按钮 *fx*，弹出它的菜单，单击该菜单内的"斜面和浮雕"命令，打开"图层样式"对话框，采用默认值，单击"确定"按钮，制作出一个金黄色的立体框架。按 Ctrl+D 组合键，取消选区，立体框架图像如图 2-1-30 所示。

（6）按照上述方法，给"图像 3"图层内的另一幅图像添加金黄色立体框架。然后，按住 Shift 键，选中"图层"面板内的"图像 1"和"图像 3"图层，将这两个图层移到"图像 6"图层的上边，效果如图 2-1-1 所示。

图 2-1-28　框架选区　　　图 2-1-29　填充金黄色　　　图 2-1-30　立体框架

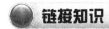 **链接知识**

1. 选框工具组工具

在工具箱中创建选区的工具分别有选框工具组、套索工具组和魔棒工具等，如图 2-1-31 所示。选框工具组有矩形、椭圆、单行和单列选框工具，如图 2-1-32 所示。选框工具组的工具是用来创建规则选区的。单击选框工具后，鼠标指针变为十字线状。

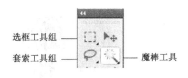

图 2-1-31　选取工具

图 2-1-32　选框工具组

（1）"矩形选框工具"按钮：在画布窗口内拖曳，即可创建一个矩形的选区。

（2）"椭圆选框工具"按钮：在画布窗口内拖曳，即可创建一个椭圆的选区。

按住 Shift 键同时拖曳，可以创建一个正方形或圆形选区。按住 Alt 键，同时拖曳，可以创建一个以单击点为中心的矩形或椭圆形选区。按住 Shift+Alt 组合键，同时拖曳，可以创建一个以单击点为中心的正方形或圆形选区。

（3）"单行选框工具"按钮：单击画布窗口，可创建一行单像素选区。

（4）"单列选框工具"按钮：单击画布窗口内，可创建一列单像素的选区。

2. 选框工具的选项栏

各"选框工具"的选项栏如图 2-1-33 所示。各选项的作用如下。

图 2-1-33　"选框工具"的选项栏

（1）"设置选区形式"按钮：它由四个按钮组成，它们的作用如下。

◎ "新选区"按钮：单击它后，如果已经有了一个选区，再创建一个选区，则原来的选区将消失，新创建的选区替代原选区，成为目标选区。

◎ "添加到选区"按钮：单击它后，如果已经有了一个选区，再创建一个选区，则新选区与原来的选区连成一个目标选区，例如，一个矩形选区和另一个与之相互重叠一部分的椭圆选区连成一个目标选区如图 2-1-34 所示。

按住 Shift 键，同时拖曳出一个选区，也可以添加到选区，构成目标选区。

◎ "从选区减去"按钮：单击它后，如果已经有一个选区，再创建一个选区，可在原选区上减去与新选区重合的部分，得到一个目标选区。例如，一个矩形选区和另一个与之相互重叠一部分的椭圆选区连成一个目标选区如图 2-1-35 所示。

按住 Alt 键，同时拖曳出一个新选区，也可以完成相同的功能。

◎ "与选区交叉"按钮：单击它后，可只保留新选区与原选区重合部分，得到目标选区。例如，一个椭圆选区与一个矩形选区重合部分的新选区如图 2-1-36 所示。

按住 Shift+Alt 组合键，同时拖曳出一个新选区，也可以保留新选区与原选区重合部分。

图 2-1-34　添加到选区 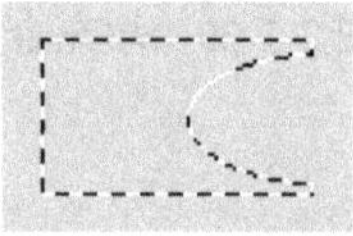　　　图 2-1-35　从选区减去 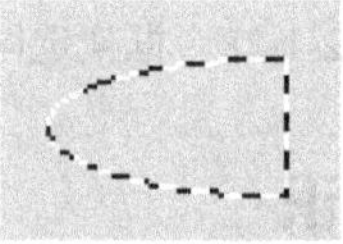　　　图 2-1-36　与选区交叉

（2）"羽化"文本框：在该文本框内可以设置选区边界线的羽化程度，数字为 0 时，表示不羽化，单位是像素。图 2-1-37 是在没有羽化的椭圆选区内贴入一幅图像的效果，图 2-1-38 是在羽化为 20 像素的椭圆选区内贴入一幅图像的效果。

（3）"消除锯齿"复选框：使用"椭圆选框工具"按钮后，该复选框变为有效。选中它后，可以使选区边界平滑。

（4）"样式"下拉列表框：使用"椭圆选框工具"按钮或"矩形选框工具"按钮后，该下拉列表框变为有效。它有三个样式，如图 2-1-39 所示。选中后两个选项后，其右边的两个文本框会变为有效，用来确定选取大小或宽高比。

图 2-1-37　没有羽化填充

◎ 选择"正常"样式：可以创建任意大小的选区。其右边的两个文本框会变为效。

图 2-1-39　"样式"下拉列表框

◎ 选择"固定比例"样式：在这两个文本框内输入数值，以确定新选区长宽比。

◎ 选择"固定大小"样式：在这两个文本框内输入数值，以确定新选区的尺寸。

图 2-1-38　羽化填充

3．快速选择工具和魔棒工具

（1）快速选择工具：单击"快速选择工具"按钮，鼠标指针变为状，在要选取的图像处单击或拖曳，会自动根据鼠标指针处颜色相同或相近的图像像素包围起来，创建一个选区，而且随着鼠标指针的移动，选区不断扩大。按左、右方括号键或调整半径值，可以调整笔触大小。按住 Alt 键的同时在选区内拖曳，可以减少选区。"快速选择工具"的选项栏如图 2-1-40 所示，部分选项的作用简介如下。

图 2-1-40　"快速选择工具"的选项栏

◎ 按钮组：从左到右三个按钮的作用依次具有"重新创建选区"、"新选区与原选区相加"和"原选区减去新选区"功能。

◎ 按钮：单击它可打开面板，利用该面板可以调整笔触大小、间距等属性。

（2）魔棒工具：单击"魔棒工具"按钮，鼠标指针变为状，在要选取的图像处单击，会自动根据单击处的颜色创建一个选区，它把与单击点相连处（或所有）颜色相同或相近的像素包含。其选项栏如图 2-1-41 所示。没介绍过的选项的作用如下。

图 2-1-41　"魔棒工具"的选项栏

◎ "容差"文本框：用来设置系统选择颜色的范围，即选区允许的颜色容差值。该数值的范围是 0～255。容差值越大，选区越大；容差值越小，选区也越小。例如，单击荷花图像右下角创建的选区如图 2-1-42 所示（给出三种容差所创建的选区）。

（a）容差：30　　　（b）容差：60　　　（c）容差：90

图 2-1-42　单击荷花右下角创建的选区

◎ "消除锯齿"复选框：当选中该复选框时，系统会将创建的选区的锯齿消除。

◎ "连续"复选框：当选中该复选框时，系统将创建一个选区，把与鼠标单击点相连的颜色相同或相近的像素包含。当不选中该复选框时，系统将创建多个选区，把画布窗口内所有与单击点颜色相同或相近的图像像素分别包含。

◎ "对所有图层取样"复选框：当选中该复选框时，在创建选区时，会将所有可见图层考虑在内；当不选中该复选框时，系统在创建选区时，只将当前图层考虑在内。

4．利用命令创建选区

（1）选取整个画布为一个选区：单击"选择"→"全选"命令或按 Ctrl+A 组合键。

（2）反向选区：单击"选择"→"反向"命令，创建选中原选区外的选区。

（3）扩大选区：在已经有了一个或多个选区后，要扩大与选区内颜色和对比度相同或相近的区域为选区，可以单击"选择"→"扩大选区"命令。例如，图 2-1-43 是有三个选区的画布，三次单击"选择"→"扩大选区"命令后，选区如图 2-1-44 所示。

（4）选取相似：如果已经有了一个或多个选区，要创建选中与选区内颜色和对比度相同或相近的像素的选区，可单击"选择"→"选取相似"命令。

扩大选区是在原选区基础之上扩大选区，选取相似是在整个图像内创建多个选区。

图 2-1-43 三个选区　　　　　图 2-1-44 扩大选区

5．选区编辑和修改选区

（1）移动选区：在选择选框工具组工具的情况下，将鼠标指针移到选区内部（此时鼠标指针变为三角箭头状，而且箭头右下角有一个虚线小矩形），再拖曳移动选区。如果按住 Shift 键，同时拖曳，可以使选区在水平、垂直或 45°整数倍斜线方向移动。

（2）取消选区：按 Ctrl+D 组合键，可以取消选区。在"与选区交叉" 或"新选区" 状态下，单击选区外任意处，以及单击"选择"→"取消选择"命令，都可以取消选区。

（3）隐藏选区：单击"视图"→"显示"→"选区边缘"命令，取消选中它，可隐藏了选区。虽然选区隐藏了，但对选区的操作仍可进行。如果要使隐藏的选区再显示出来，可重复刚才的操作。

（4）修改选区：是指将选区扩边（使选区边界线外增加一条扩展的边界线，两条边界线所围的区域为新的选区）、平滑（使选区边界线平滑）、扩展（使选区边界线向外扩展）和收缩（使选区边界线向内缩小）。这只要在创建选区后，单击"选择"→"修改"→"××"命令（图 2-1-45）即可。其中，"××"是"修改"菜单下的子命令。

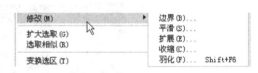

图 2-1-45 修改菜单

◎ 羽化选区：创建羽化的选区可以在创建选区时利用选项栏进行。如果已经创建了选区，再想将它羽化，可单击"选择"→"修改"→"羽化"命令，打开"羽化选区"对话框，如图 2-1-46 所示。输入羽化半径值，单击"确定"按钮，即可进行选区的羽化。

◎ 其他修改：单击"选择"→"修改"→"边界"命令，打开如图 2-1-47 所示的"边界选区"对话框。单击"选择"→"修改"→"平滑"命令，打开如图 2-1-48 所示的"平滑选区"对话框。单击"选择"→"修改"→"扩展"命令，打开如图 2-1-49 所示的"扩展选区"对话框，其内有"扩展量"文本框，用来确定向外扩展量；单击"选择"→"修改"→"收缩"命令，打开"收缩选区"对话框，"收缩量"文本框用来确定向内收缩量。

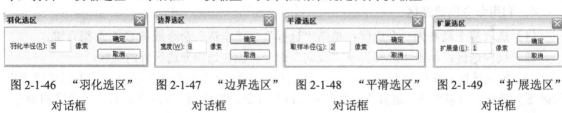

图 2-1-46 "羽化选区"　图 2-1-47 "边界选区"　图 2-1-48 "平滑选区"　图 2-1-49 "扩展选区"
　　　对话框　　　　　　　对话框　　　　　　　对话框　　　　　　　对话框

6．变换选区

创建选区后，可以调整选区的大小、位置和旋转选区。单击"选择"→"变换选区"命令，此时的选区如图 2-1-50 所示。再按照下述方法可以变换选区。

（1）调整选区大小：将鼠标指针移到选区四周的控制柄处，鼠标指针会变为直线的双箭头状，再用鼠标拖曳，即可调整选区的大小。

（2）调整选区的位置：在使用选框工具或其他选取工具的情况下，将鼠标指针移到选区内，鼠标指针会变为白色箭头状，再拖曳移动选区。

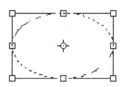

图 2-1-50 变换选区

（3）旋转选区：将鼠标指针移到选区四周的控制柄外，鼠标指针会变为弧线的双箭头状，再拖曳旋转选区，如图 2-1-51 所示。可以拖曳调整 ✧ 中心点标记的位置。

（4）其他方式变换选区：单击"编辑"→"变换"→"××"命令，可以进行选区缩放、旋转、斜切、扭曲或透视等操作。其中，"××"是"变换"菜单的子命令。

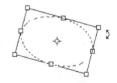

图 2-1-51 旋转选区

选区变换完后，单击工具箱内的其他工具，可弹出一个提示对话框。单击"应用"按钮，即可完成选区的变换。单击"不应用"按钮，可取消选区变换。

另外，选区变换完后，按 Enter 键，可以直接应用选区的变换。

思考练习 2-1

1．制作一幅"思念"图像，如图 2-1-52 所示。由图 2-1-52 可以看出，由"心"图案（图 2-1-53）填充的背景之上，有一幅四周羽化的女孩图像，如图 2-1-54 所示。

2．制作一幅"来到比萨塔"图像如图 2-1-55 所示。邻居的孩子想到欧洲，我用 Photoshop 帮助他实现了心愿。"来到比萨塔"图像是利用图 2-1-56 所示的"比萨塔"图像、"宝宝"图像与"苹果"图像加工而成的。

图 2-1-52 "思念"图像　　图 2-1-53 "心"图像　　图 2-1-54 "女孩"图像　　图 2-1-55 "来到比萨塔"图像

3．制作一幅"摄影之家"图像，如图 2-1-57 所示。它的背景是一幅有黑色线条底纹的立体框架图像，左上角和右下角各有一幅红、绿和蓝三原色混合效果图形；还有 7 幅宝宝图像，其中一幅图像有立体框架；右边是有白光的红色立体标题文字"摄影之家"。

（a）　　　　　　（b）　　　　　　（c）

图 2-1-56 "比萨塔"、"宝宝"和"苹果"图像　　　图 2-1-57 "摄影之家"图像

4. 制作一幅"三补色混合"图像，如图 2-1-58 所示。可以看到，在立体彩色框架内有一幅反应黄色、品红色和青色三补色混合效果的图像，右边是带阴影的立体彩色文字。

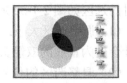

图 2-1-58 "三补色混合"图像

2.2 【实例2】几何体

"几何体"图像如图 2-2-1 所示。该图像由一个石膏球体、一个石膏正方体和一个石膏圆柱体组成，三个几何立体堆叠一起，映照出它们的投影。

 制作方法

1. 制作立方体图形

（1）新建宽度为 500 像素，高度为 400 像素，模式为 RGB 颜色，背景为白色的画布。然后，以名称"【实例2】几何体.psd"保存。

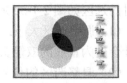

图 2-2-1 "几何体"图像

（2）设置背景色为蓝绿色（R＝2，G＝196，B＝196），前景色为青绿色（R＝48，G＝184，B＝187）。单击工具箱内的"渐变工具"按钮▉，在选项栏内，单击"线性渐变"按钮▉，单击"渐变样式"下拉列表框▉，打开"渐变编辑器"对话框，单击其内"预设"栏中第 1 个图标▉，单击"确定"按钮。其选项栏如图 2-2-2 所示。

图 2-2-2 "渐变工具"的选项栏

（3）按住 Shift 键，在画布内从下向上拖曳，给背景层填充渐变色，如图 2-2-1 所示。单击"视图"→"标尺"命令，显示标尺，从上边标尺处向下拖曳出 4 条参考线；从左侧标尺处向右拖曳出 3 条参考线，如图 2-2-3 所示。作为创建立方体的定位线。

（4）在"图层"面板内创建一个"图层 1"图层，双击"图层 1"图层的名称，进入图层名称的编辑状态，将该图层名称改为"立方体"。

（5）单击工具箱中的"多边形套索工具"按钮▽，以参考线为基准，依次单击平行四边形的各顶点，创建立方体左侧面的平行四边形选区，如图 2-2-4 所示。

（6）设置前景色为浅灰色（R＝240，G＝240，B＝240），背景色为中灰色（R＝188，G＝188，B＝188）。单击"渐变工具"按钮▉，单击选项栏内的"径向渐变"按钮▉。再单击"渐变样式"下拉列表框▉，打开"渐变编辑器"对话框，单击其内"预设"栏中第 1 个图标▉，编辑渐变色为灰色（位置 22%）到白色（R＝255，G＝255，B＝255，位置 70%）再到浅灰色（位置 100%），如图 2-2-5 所示。单击"确定"按钮。

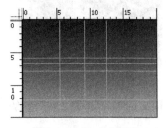

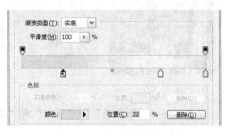

图 2-2-3 定义参考线　　　图 2-2-4 左侧面的选区　　　图 2-2-5 设置渐变色参数

（7）按住 Shift 键，在画布中从选区的左上角向右下角拖曳鼠标，给选区填充径向渐变色，如图 2-2-6 所示。按 Ctrl+D 组合键，取消选区。

（8）以参考线为基准，使用步骤（5）～（7）的方法，制作出立方体的其他面。单击"视图"→"显示"→"参考线"命令，清除参考线，立方体图形如图 2-2-7 所示。

注意：在为立方体的顶面填充渐变色时，由于光是从左上角照射来的，所以为左侧和右侧面填充渐变色时，左边颜色应浅一些；右边颜色应深一些。

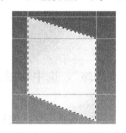

图 2-2-6　填充径向渐变色

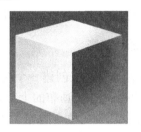

图 2-2-7　立方体图形

2．制作圆柱图形

（1）在"背景"之上创建"图层 2"图层，将它命名为"圆柱体"，选中该图层。再创建两条参考线，作为绘制圆柱体的定位线，如图 2-2-8 所示。

图 2-2-8　定位参考线

（2）使用"椭圆选框工具"按钮○，创建一个椭圆选区，作为圆柱体底面，如图 2-2-9 所示。再使用"矩形选框工具"按钮□，按住 Shift 键，拖曳创建一个矩形选区，与原来的椭圆选区相加，如图 2-2-10 所示。

（3）设置前景色为白色，背景色为深灰色（C＝76，M＝70，Y＝65，K＝28）。使用"渐变工具"按钮■，在它的选项栏内，单击"线性渐变"按钮■，单击"渐变样式"下拉列表框［　　　　　］，打开"渐变编辑器"对话框，编辑渐变色为浅灰色到白色到深灰色到浅灰色，如图 2-2-11 所示。单击"确定"按钮。

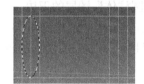

图 2-2-9　椭圆选区

图 2-2-10　选区相加

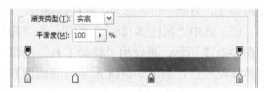

图 2-2-11　设置渐变色

（4）按住 Shift 键，在画布中从选区的上边向下拖曳，给选区填充线性渐变色，如图 2-2-12 所示。然后，按 Ctrl+D 组合键，取消选区。

（5）使用"椭圆选框工具"按钮○，在渐变图形的右侧创建一个椭圆选区，作为圆柱体的顶面，如图 2-2-13 所示（还没有填充颜色）。

（6）设置前景色为中灰色（R＝178，G＝178，B＝178），背景色为淡灰色（R＝235，G＝235，B＝235）。使用"渐变工具"按钮■，在它的选项栏内，单击"线性渐变"按钮■，再单击"渐变样式"下拉列表框［　　　　］，打开"渐变编辑器"对话框，单击其内的"前景到背景"图标，单击"确定"按钮。

（7）从选区的左上角向右下角拖曳鼠标，给选区填充线性渐变色，如图 2-2-13 所示。然后，按 Ctrl+D 组合键，取消选区。

（8）单击"编辑"→"变换"→"旋转"命令，进入"旋转变换"状态，将圆柱体顺时针旋转 11° 左右，调整它的位置，如图 2-2-14 所示。按 Enter 键确定。

图 2-2-12　填充线性渐变色　　　　图 2-2-13　填充线性渐变色　　　　图 2-2-14　旋转圆柱体

3．制作圆球和阴影

（1）在"圆柱体"之上创建一个图层，将该图层命名为"圆球"，选中该图层。再使用"椭圆选框工具"按钮 ○，在画布的上部，创建一个圆形选区。

（2）设置前景色为白色，背景色为深灰色（R＝72，G＝72，B＝72）。使用"渐变工具"按钮 ▭，单击其选项栏内的"径向渐变"按钮 ▭，单击"渐变样式"下拉列表框 ▭，打开"渐变编辑器"对话框，在其内编辑渐变色为"白色、浅灰色、深灰色、浅灰色"，如图 2-2-15 所示。单击"确定"按钮。

（3）从选区左上角向右下角拖曳，给选区填充径向渐变色，如图 2-2-16 所示。按 Ctrl+D 组合键，取消选区，完成创建圆球。

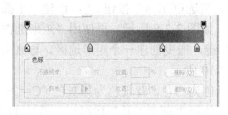

图 2-2-15　设置渐变色参数　　　　　　　　图 2-2-16　填充径向渐变色

（4）使用"移动工具"按钮 ▸╋，将"图层"面板中的"圆柱体"图层拖曳到"创建新图层"按钮 ▫ 上，复制一个名称为"圆柱体 副本"的图层。将该图层拖曳到"圆柱体"图层的下边。

（5）选中"圆柱体 副本"图层，在"图层"面板中将该图层的"不透明度"设置为 46%，如图 2-2-17 所示。再使用"移动工具"按钮 ▸╋，在画布窗口中将"圆柱体 副本"图层内的圆柱体移动一些，如图 2-2-18 所示。完成圆柱体投影的制作。

（6）使用上述方法，复制一个名称为"立方体 副本"的图层，为立方体创建投影。将"立方体 副本"图层拖曳到"圆柱体 副本"图层的上边，设置"不透明度"为 35%，此时的"图层"面板如图 2-2-19 所示。

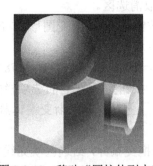

图 2-2-17　"图层"面板　　　图 2-2-18　移动"圆柱体副本"　　　图 2-2-19　调整图层

4．制作棋盘格地面

（1）将除了"背景"图层以外的所有图层隐藏。在"背景"图层之上创建一个新图层，将该图层的名称改为"棋盘格"。选中"棋盘格"图层。

（2）单击"编辑"→"首选项"→"参考线、网格、切片和计数"命令，打开"首选项"（参考线、网格、切片和计数）对话框。在该对话框内的"网格"栏中设置网格线颜色为橙色，网格线间隔为 20，子网格个数为 10，如图 2-2-20 所示。单击"确定"按钮，完成设置。单击"视

图 2-2-20　设置网格参数

图"→"显示"→"网格"命令，在文档窗口内显示网格。

（3）单击工具箱内的"单行选框工具"按钮 ===，按住 Shift 键，单击所有水平网格线，即可创建多行单像素的选区。再创建 11 列单像素选区。效果如图 2-2-21 所示。

（4）使用工具箱中的"矩形选框工具"按钮 []，按住 Alt 键，在第 11 列单像素选区右边拖曳，创建一个矩形选区，将右边的单行选区去除，如图 2-2-22 所示。

（5）单击"编辑"→"描边"命令，打开"描边"对话框。利用它设置描边为 1 像素、黑色、居中，再单击"确定"按钮，完成描边任务。按 Ctrl+D 组合键，取消选区。单击"视图"→"显示"→"网格"命令，不显示网格，如图 2-2-23 所示。

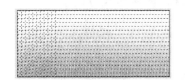

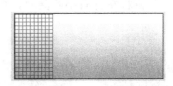

图 2-2-21　多行和 11 列单像素选区　　图 2-2-22　取消右边选区　　图 2-2-23　选区描边

（6）使用工具箱中的"魔棒工具"按钮 🔍，按住 Shift 键，单击奇数行奇数列小方格和偶数行偶数列小方格，创建相间的小方格选区。设置前景色为黑色，按 Alt+Delete 组合键，给选区内填充黑色。按 Ctrl+D 组合键，取消选区，如图 2-2-24 所示。

（7）使用"移动工具"按钮 ✛，选中"棋盘格"图层，按住 Ctrl 键，水平拖曳"棋盘格"图形，复制三幅"棋盘格"图形，将它们水平排列，如图 2-2-25 所示。

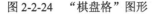

图 2-2-24　"棋盘格"图形　　　　图 2-2-25　复制"棋盘格"图形

（8）按住 Ctrl 键，选中"棋盘格"图层和其他三个复制图形后产生的图层，单击鼠标右键，打开它的快捷菜单，单击该菜单中的"合并图层"命令，将选中的图层合并到一个图层中，将该图层的名称改为"棋盘格"。

（9）显示"背景图"图层。选中"棋盘格"图层，单击"编辑"→"变换"→"透视"命令，进入"透视"变换调整状态，水平向右拖曳右下角的控制柄，使"棋盘格"图形呈透视状，如图 2-2-26 所示。按 Enter 键，

图 2-2-26　透视调整"棋盘格"图形

完成"棋盘格"图形的透视调整。

（10）选中"棋盘格"图层，在"图层"面板内的"不透明"数字框中输入 50，使该图层图形半透明，再显示所有图层。然后，参考【实例 1】中介绍的方法，制作发光立体文字"几何体"，如图 2-2-1 所示。

链接知识

1. 套索工具组

套索工具组有套索工具、多边形套索工具和磁性套索工具三种，如图 2-2-27 所示。

图 2-2-27　套索工具组

（1）"套索工具"按钮：单击它，鼠标指针变为状，沿着要选中对象的轮廓拖曳，如图 2-2-28（a）所示，当松开鼠标左键时，系统会将起点与终点连接成一个不规则闭合选区，如图 2-2-28（b）所示。

（2）"多边形套索工具"按钮：单击它，鼠标指针变为多边形套索状，单击多边形选区的起点，再依次单击选区各个顶点，最后单击起点，即可形成一个闭合的多边形选区，如图 2-2-29 所示。

（3）"磁性套索工具"按钮：单击它，鼠标指针变为状，拖曳创建选区，最后回到起点，当鼠标指针有小圆圈时，单击即可形成一个闭合的选区，如图 2-2-30 所示。

（a）　　　　　　（b）

图 2-2-28　创建不规则选区　　　图 2-2-29　多边选区　　图 2-2-30　磁性套索创选区

"磁性套索工具"按钮与"套索工具"按钮不同之处是，系统会自动根据鼠标拖曳出的选区边缘的色彩对比度来调整选区的形状。因此，对于选取区域外形比较复杂的图像，同时又与周围图像的彩色对比度反差比较大的情况，采用该工具创建选区是较方便的。

2. "套索工具组"的选项栏

"套索工具"与"多边形套索工具"的选项栏基本一样，如图 2-2-31 所示。"磁性套索工具"的选项栏如图 2-2-32 所示。其中几个前面没有介绍过的选项介绍如下。

图 2-2-31　"套索工具"的选项栏

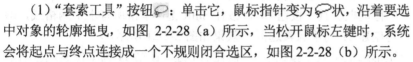

图 2-2-32　"磁性套索工具"选项栏

（1）"宽度"文本框：用来设置系统检测的范围，取值范围是 1～40，单位为 px（像素）。当创建选区时，系统将在鼠标指针周围指定的宽度范围内选定反差最大的边缘作为选区的边界。通常，当选取具有明显边界的图像时，可将"宽度"数值调大一些。

（2）"对比度"文本框：用来设置系统检测选区边缘的精度，该数值的取值范围是 1%～100%。当创建选区时，系统将认为在设定的对比度百分数范围内的对比度是一样的。该数值越大，系统能识别的选区边缘的对比度也越高。

（3）"频率"文本框：用来设置选区边缘关键点出现的频率，此数值越大，系统创建关键点的速度越快，关键点出现得也越多。频率的取值范围是 0～100。

（4）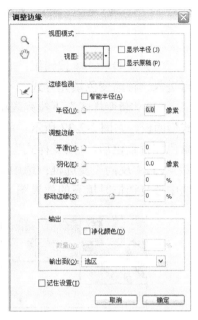按钮：单击该按钮后，可以使用绘图板压力来更改钢笔笔触的宽度，只有使用绘图板绘图时才有效。再单击该按钮，可以使该按钮抬起。

（5）"调整边缘"按钮：在创建完选区后，单击该按钮，可以打开"调整边缘"对话框，如图 2-2-33 所示。利用该对话框可以像绘图和擦图一样从不同方面来修改选区边缘，可同步看到效果。将鼠标指针移到按钮或滑块之上时，会在其下边显示相应的提示信息。"调整边缘"对话框内一些选项涉及蒙版内容，有关内容可参看第 6 章。

单击左边的按钮，打开它的菜单，如图 2-2-34（a）所示，其内有"调整半径工具"和"抹除调整工具"两个

图 2-2-33　"调整边缘"对话框

选项，此时选项栏改为可以切换这两个工具和调整笔触大小的选项栏，如图 2-2-34（b）所示。

选择"调整半径工具"选项后，在没有完全去除背景的地方涂抹，可擦除选区边缘背景色（可选中"智能半径"）；选择"抹除调整工具"后，在有背景的边缘地方涂抹，可以恢复原始边缘。按左、右方括号键或调整半径值，可以调整笔触大小。

"视图"下拉列表框用来选择视图类型，如图 2-2-35 所示。

图 2-2-34　菜单和选项栏

图 2-2-35　"视图"下拉列表框

3．"渐变工具"的选项栏

使用工具箱中的"渐变工具"按钮，则在图像内拖曳鼠标，可以给选区内填充渐变颜色。当图像中没有选区时，则在图像内拖曳鼠标，即可给整个画布填充渐变颜色。

单击工具箱内的"渐变工具"按钮，此时的选项栏如图 2-2-36 所示。该选项栏中一些

选项在前面已经介绍过了，下面介绍其他选项的作用。

图2-2-36 "渐变工具"的选项栏

（1）█▀█▀█ 按钮组：它有5个按钮，用来选择渐变色填充方式。单击其中一个按钮，可进入一种渐变色填充方式。不同的渐变色填充方式具有相同的选项栏。

（2）"渐变样式"下拉列表框 ▀▀▀▀ ：单击该列表框的黑色箭头按钮，可弹出"渐变样式"面板，如图2-2-37所示。单击一种样式图案，即可完成填充样式的设置。在选择不同的前景色和背景色后，"渐变样式"面板内的渐变颜色的种类会稍不一样。

（3）"反向"复选框：选中该复选框后，可以产生反向渐变的效果。图2-2-38所示是没有选中该复选框时填充的效果图，图2-2-39所示是选中该复选框时填充的效果图。

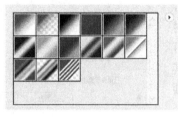   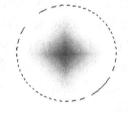   

图2-2-37 "渐变样式"面板　　图2-2-38 非反向渐变效果　　图2-2-39 反向渐变的效果

（4）"仿色"复选框：选中该复选框后，可使填充的渐变色过渡更加平滑和柔和。

（5）"透明区域"复选框：选中该复选框后，允许渐变层的透明设置，否则禁止渐变层的透明设置。

4．渐变色填充方式特点

（1）"线性渐变"填充方式：形成起点到终点的线性渐变效果，如图2-2-40所示。起点即鼠标拖曳时单击按下的点，终点即鼠标拖曳时松开鼠标左键的点。

（2）"径向渐变"填充方式：形成由起点到选区四周的辐射渐变，如图2-2-41所示。

（3）"角度渐变"填充方式：形成围绕起点旋转的螺旋渐变，如图2-2-42所示。

（4）"对称渐变"填充方式：可以产生两边对称的渐变效果，如图2-2-43所示。

图2-2-40 线性渐变填充　图2-2-41 径向渐变填充　图2-2-42 角度渐变填充　图2-2-43 对称渐变填充

（5）"菱形渐变"填充方式：可以产生菱形渐变的效果，如图2-2-44所示。

5．创建新渐变样式

单击"渐变样式"下拉列表框▀▀▀▀，打开"渐变编辑器"对话框，如图2-2-45所示。利用该对话框，可以设计新渐变样式。设计方法及对话框内主要选项的作用如下。

（1）在渐变设计条▀▀▀▀下边两个🔒色标之间单击，会

图2-2-44 菱形渐变填充

增加一个颜色图标（简称色标），色标上面有一个黑色箭头，指示了该颜色的中心点，它的两边各有一个菱形滑块。单击"色板"或"颜色"面板内的一种颜色，即可确定该色标的颜色。也可以双击该色标，打开"拾色器"对话框，利用该对话框来确定色标的颜色。可以拖曳菱形滑块，调整颜色的渐变范围。

（2）选中色标后，"色标"栏内的"颜色"下拉列表框、"位置"文本框变为有效，选中添加的色标后，"删除"按钮也会变为有效。利用"颜色"下拉列表框可以选择颜色的来源（背景色、前景色或用户颜色）；改变"位置"文本框内的数据可以改变色标的位置，这与拖曳色标的作用一样；选中色标，再单击"删除"按钮，即可删除选中的色标。

（3）在渐变设计条上边两个色标之间单击，会增加一个不透明度色标和两个菱形滑块，同时"不透明度"带滑块的文本框、"位置"文本框和"删除"按钮变为有效。利用"不透明度"文本框可以改变色标处的不透明度。

（4）在"名称"文本框内输入新填充样式的名称，再单击"新建"按钮，即可新建一个渐变样式。单击"确定"按钮，即可完成渐变样式的创建，并退出该对话框。

（5）单击"存储"按钮，可以将当前"预置"栏内的渐变样式保存到磁盘中。单击"载入"按钮，可以将磁盘中的渐变样式追加到当前"预置"栏内的渐变样式的后面。

（6）在"渐变类型"下拉列表框内有"实底"和"杂色"两个选项。分别选择这两个选项后，打开的"渐变编辑器"对话框分别如图 2-2-45 和图 2-2-46 所示。

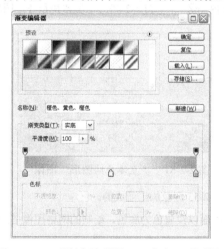
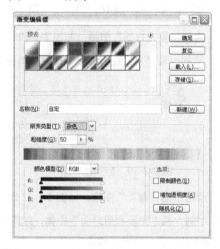

图 2-2-45　"渐变编辑器"（实底）对话框　　　图 2-2-46　"渐变编辑器"（杂色）对话框

利用杂色"渐变编辑器"对话框可以设置杂色的粗糙程度、杂色颜色模式、杂色的颜色和透明度等。单击"随机化"按钮，可以产生不同的杂色渐变样式。

注意：渐变工具在整个选区内填充已选择的渐变色，而不是给颜色容差在设置范围内的区域填充颜色或图案。渐变工具填充渐变色的方法是用鼠标在选区内或选区外拖曳，而不是单击。鼠标拖曳时的起点和终点不同，会产生不同的效果。

6．选区内的图像处理

（1）移动选区内图像：将要移动的图像用选区围住，再使用工具箱内的"移动工具"按钮，拖曳选区内的图像，可移动选区内当前图层内的图像，如图 2-2-47 所示。还可以将选区内当前图层内的图像移到其他文档窗口内。如果选中了"移动工具"的选项栏中的"自动选择图层"复选框，则拖曳图像时，可以自动选择被拖曳图像所在的图层。

（2）复制选区内图像：按下 Alt 键，同时拖曳选区内图像，此时鼠标指针会变为重叠的黑白双箭头状。复制后的图像如图 2-2-48 所示。

（3）删除选区内图像：将要删除的图像用选区围住，单击"编辑"→"清除"命令，或按 Delete 键（或 Backspace 键），均可将选区围住的图像删除。

使用剪贴板也可以移动图像和复制图像。

（4）变换选区内图像：单击"编辑"→"变换"→"××"命令，即可按选定的方式变换选区内的图像。

思考练习 2-2

1．绘制一幅"彩球和彩环"图形，如图 2-2-49 所示。

图 2-2-47　移动选区内图像　　图 2-2-48　复制选区内图像　　图 2-2-49　"彩球和彩环"图形

2．绘制一幅"台球"图形，如图 2-2-50 所示。

3．绘制一幅"立体几何图形"图像，如图 2-2-51 所示。

图 2-2-50　6 个台球图形　　　　　图 2-2-51　"立体几何图形"图像

4．绘制一幅"卷页"图像，如图 2-2-52 所示。它是将图 2-2-53 图像加工而成的。

5．绘制一幅"摄影相册封面"图像，如图 2-2-54 所示。画面以浅蓝色为底色，绘制的网格图像搭配风景图像使整个画面显得简单、明净。

图 2-2-52　"卷页"图像　　图 2-2-53　"鲜花"图像　　图 2-2-54　"摄影相册封面"图像

2.3　【实例3】金色别墅

"金色别墅"图像，如图 2-3-1 所示。可以看到，背景是一幅半透明、偏蓝色的家居图像（图 2-3-2），图中有一幅发金色光芒的立体框架和荷花图像，框架内是四周羽化的别墅图像，框架上边是金色立体文字"金色别墅"。

图 2-3-1　"金色别墅"图像

图 2-3-2　"家居.jpg"图像

制作方法

1．制作背景和文字

（1）新建一个宽度为 400 像素，高度为 300 像素，模式为 RGB 颜色，背景为白色的画布。再以名称"【实例 3】金色别墅.psd"保存。

（2）设置前景色为浅蓝色，背景色为深蓝色。按照【实例 2】中介绍的方法，给"背景"图层填充从上到下由前景色到背景色垂直线性渐变颜色。

（3）打开"家居.jpg"图像文件，使用"移动工具"按钮，将它拖曳到"【实例 3】金色别墅.psd"画布窗口内，在"图层"面板内"背景"图层之上添加一个新图层，将该图层的名称改为"家居"。

（4）选中"家居"图层，单击"编辑"→"自由变换"命令，进入"自由变换"状态，调整"家居"图层内的图像，使"家居.jpg"图像刚好将整个画布窗口完全覆盖。

（5）在"图层"面板内的"模式"下拉列表框内选择"滤色"选项，使"家居"图层和"背景"图层按照"滤色"混合特点混合。然后，隐藏"家居"图层。

（6）使用工具箱中的"横排文字工具"按钮 T，在它的选项栏内，设置字体为"隶书"，大小为 48 点，颜色为黄色，输入黄色"金色别墅"文字，同时在"图层"面板内生成"金色别墅"文字图层。然后，利用"样式"面板，按照【实例 1】中介绍的方法，制作有金色边缘的立体文字"金色别墅"，如图 2-3-1 所示。

2．制作有金色框架的别墅图像

（1）打开"别墅 0.jpg"图像文件，创建选中整幅图像的选区。单击"编辑"→"复制"命令，将选区内的图像复制到剪贴板中。

（2）单击"【实例 3】金色别墅.psd"文档窗口，在画布中间创建一个椭圆形选区。单击"选择"→"修改"→"羽化"命令，打开"羽化选区"对话框，在"羽化半径"文本框中输入 20，如图 2-3-3 所示。单击"确定"按钮，将选区羽化。

图 2-3-3　"羽化选区"对话框

（3）选中"金色别墅"文字图层，单击"编辑"→"选择性粘贴"→"贴入"命令，将剪贴板中的图像粘贴入羽化的选区内，同时"图层"面板内自动生成"图层 1"图层，将图层名称改为"别墅"。

（4）单击"编辑"→"自由变换"命令，进入"自由变换"状态，调整贴入图像的大小和位置。调整完后，按 Ctrl+D 组合键，取消选区，效果如图 2-3-4 所示。

图 2-3-4　贴入图像

（5）在"别墅"图层之上创建一个图层，将该图层的名称改为"框架"。然后，在贴入图像之上创建一个圆形选区，如图 2-3-5 所示。

（6）单击"选择"→"存储选区"命令，打开"存储选区"对话框，在该对话框内的"名称"文本框中输入"椭圆 1"，如图 2-3-6 所示。单击"确定"按钮，将创建的圆形选区以名称"椭圆 1"保存。

（7）垂直向下移动选区，如图 2-3-7 所示。再将该选区以名称"椭圆 2"保存。

图 2-3-5　圆形选区

图 2-3-6　"存储选区"对话框

图 2-3-7　移动选区

（8）创建一个椭圆形选区，如图 2-3-8 所示。然后，单击"选择"→"载入选区"命令，打开"载入选区"对话框，在"通道"下拉列表框中选择"椭圆 1"选项，选中"添加到选区"单选钮，如图 2-3-9 所示。

（9）单击"载入选区"对话框内的"确定"按钮，载入"椭圆 1"选区，如图 2-3-10 所示。再单击"选择"→"载入选区"命令，打开"载入选区"对话框，如图 2-3-9 所示，只是在"通道"下拉列表框中选择"椭圆 2"选项。单击"确定"按钮，再载入"椭圆 2"选区，如图 2-3-11 所示。

图 2-3-8　椭圆选区

图 2-3-9　"载入选区"对话框

图 2-3-10　载入"椭圆 1"选区

图 2-3-11　载入"椭圆 2"选区

（10）选中"框架"图层。单击"编辑"→"描边"命令，打开"描边"对话框。设置描边宽度为 5 像素，描边位置为"居中"，描边颜色为金黄色，如图 2-3-12 所示。

然后，单击"确定"按钮，给选区描金黄色的边，如图 2-3-13 所示。按 Ctrl+D 组合键，取消选区。

（11）选中"框架"图层。单击"样式"面板内的"清晰浮雕-外斜面"样式图标　，给"框架"图层添加样式。然后，使"家居"图层恢复显示，如图 2-3-14 所示。此时的"图层"面板如图 2-3-16 所示。

（12）双击"框架"图层，打开"图层样式"对话框，在"混合模式"下拉列表框内选择"滤色"选项，调整不透明度为 60%，选中 ◉▨▨▨▨▨ 单选钮，单击黑色尖头，打开它的列表框，选中其内的"橙色、黄色、橙色"渐变色，调整大小为 32 像素，如图 2-3-15 所示。单击"确定"按钮，关闭"图层样式"对话框，使"框架"图层内图像发金光，如图 2-3-1 所示。此时，"图层"面板如图 2-3-16 所示。

图 2-3-12 "描边"对话框

图 2-3-13 选区描边

图 2-3-14 添加样式效果

图 2-3-15 "图层样式"对话框

图 2-3-16 "图层"面板

3．添加发光荷花

（1）打开一幅"荷花.jpg"图像，如图 2-3-17 所示。单击"选择"→"色彩范围"命令，打开"色彩范围"对话框，如图 2-3-18 所示。

（2）默认选中"选择范围"单选钮，则在预览框内显示选区的状态（使用白色表示选区）；如果选中"图像"单选钮，则在预览框内显示画布中的图像。按 Ctrl 键，可以在预览框内进行"选区"和"图像"预览之间的切换。

（3）单击 "吸管工具"按钮 ✐，再单击画布内或该对话框内预览框中粉色荷花瓣图像，对要包含的颜色进行取样。

（4）拖曳"颜色容差"滑块或在其文本框中输入数字，调整选取颜色的容差值为 91。通过调整颜色容差，可以控制相关颜色包含在选区中的程度，来部分地选择像素。容差越大，选取的相似颜色的范围也越大。

（5）单击"添加到取样"按钮✐，或按住 Shift 键，再单击画布内或预览框中要添加颜色的图像。如果要减去颜色，可单击"从取样中减去"按钮✐，或按住 Alt 键，再单击画布内或预览框中要减去颜色的图像。"色彩范围"对话框如图 2-3-18 所示。

（6）单击"色彩范围"对话框内的"确定"按钮，在"荷花.jpg"图像内创建的选区如图 2-3-19 所示。

（7）将图像的显示比例调整为 200%。单击工具箱内的"椭圆选框工具"按钮 ◯，按住 Shift 键，鼠标指针右下方会出现一个加号，在没选中的荷花瓣图像处拖曳一个圆形选区，使该选区与原选区相加。也可以使用"矩形选框工具"按钮 ▢。

（8）按住 Alt 键，鼠标指针右下方会出现一个减号，在选中多余图像处拖曳一个圆形选区，使该选区与原选区相减。最后创建中荷花瓣的选区。

（9）使用"移动工具"按钮 ，将选区内的荷花瓣图像拖曳到"【实例3】金色别墅.psd"图像的画布内左下角，在该画布内复制一份该图像。此时，"图层"面板内自动增添一个图层。将该图层的名称改为"荷花"，将该图层移到"框架"图层之上。

图 2-3-17　"荷花"图像　　图 2-3-18　"色彩范围"对话框　　图 2-3-19　创建选区

（10）选中"图层"面板内的"荷花"图层，单击该面板内的"添加图层样式"按钮 ，打开它的菜单，单击其内的"外发光"命令，打开"图层样式"对话框，在"混合模式"下拉列表框内选择"正常"选项，调整不透明度为 60%，单击 单选钮色块，打开"拾色器"对话框，利用它设置外发光色为金黄色，调整大小为 16 像素。单击"确定"按钮，关闭"图层样式"对话框，使"荷花"图层内图像发金色光，如图 2-3-1 所示。此时，在图 2-3-16 所示的"图层"面板内，"框架"图层之上增加了一个"荷花"图层。

链接知识

1．"色彩范围"对话框补充

在如图 2-3-18 所示的"色彩范围"对话框内，各选项的补充说明如下。

（1）如果在"选择"下拉列表框中选择"取样颜色"选项，则各选项均有效，如图 2-3-18 所示。如果在"选择"下拉列表框中选择"颜色"或"色调范围"选项，其中的"溢色"选项仅适用于 RGB 和 Lab 图像。溢出颜色不能使用印刷色打印。

（2）选中"本地化颜色簇"复选框，可以使用"范围"滑块来调整要包含在蒙版中的颜色与取样点的最大和最小距离。例如，图像在前景和背景中都包含一束黄色的花，但只想选择前景中的花，可以选中"本地化颜色簇"复选框，只对前景中的花进行颜色取样，这样缩小了范围，避免选中背景中有相似颜色的花。

（3）单击"色彩范围"对话框中的"存储"按钮，打开"存储"对话框，用来保存当前设置。单击"载入"按钮，可打开"载入"对话框，用来重新使用保存的设置。

（4）"选区预览"下拉列表框用来确定图像预览选区的方式。其内各选项含义如下。

◎ "无"选项：在画布中不显示选区情况，只是在预览框中显示选区。

◎ "灰度"选项：在画布中按照图像灰度通道显示，在预览框中显示选区。

◎ "黑色杂边"选项：在画布中黑色背景之上用彩色显示选区。

◎ "白色杂边"选项：在画布中白色背景之上用彩色显示选区。

◎ "快速蒙版"选项：在画布中使用当前的快速蒙版设置显示选区。

（5）单击该对话框中的"确定"按钮，即可创建选中指定颜色的选区。如果任何像素都不大于 50%选择，则单击"确定"按钮后会打开一个提示对话框，不会创建选区。

2．存储和载入选区

（1）存储选区：单击"选择"→"存储选区"命令，打开"存储选区"对话框，如图 2-3-6 所示。利用该对话框可以保存创建的选区，以备以后使用。

（2）载入选区：单击"选择"→"载入选区"命令，打开"载入选区"对话框，如图 2-3-9 所示。利用该对话框可以载入以前保存的选区。如果选中"反相"复选框，则新选区可以选中上述计算产生的选区之外的区域。按住 Ctrl 键，单击"图层"面板内图层中的缩览图，可以载入选中该图层内的所有图像的选区。

在该对话框的"操作"栏内选择不同的单选钮，可以设置载入的选区与已有的选区之间的关系。

◎ 选中"新建选区"单选钮：则载入选区后，载入的选区替代原来的选区。

◎ 选中"添加到选区"单选钮：则载入选区后，载入的选区与原来的选区相加。

◎ 选中"从选区中减去"单选钮：则载入选区后，在原选区中减去载入选区。

◎ 选中"与选区交叉"单选钮：则载入选区后，新选区是载入选区与原来选区相交叉的部分。

3．选区描边

创建选区，单击"编辑"→"描边"命令，打开"描边"对话框，如图 2-3-12 所示。设置后单击"确定"按钮，即可完成描边任务。对话框内各选项的作用如下。

（1）"宽度"文本框：用来输入描边的宽度，单位是像素（px）。

（2）"颜色"按钮：单击它，可打开"拾色器"对话框，用来设置描边的颜色。

（3）"位置"栏：选择描边相对于选区边缘线的位置，居内、居中或居外。

（4）"混合"栏：其中"不透明度"文本框用来调整填充色的不透明度。如果当前图层图像透明，则"保留透明区域"复选框为有效，选中它后，则不能给透明选区描边。

4．选择性粘贴图像

（1）"贴入"命令：打开一幅图像，将该图像复制到剪贴板内。打开另一幅图像，在该幅图像中创建一个羽化为 20 像素的椭圆选区，如图 2-3-20 所示，单击"编辑"→"选择性贴入"→"贴入"命令，将剪贴板中的图像粘贴入该选区内，如图 2-3-21 所示。

（2）"外部贴入"命令：按照上述步骤操作，最后单击"编辑"→"选择性贴入"→"外部贴入"命令，可将剪贴板中的图像粘贴到该选区外，如图 2-3-22 所示。

图 2-3-20　矩形选区　　　　图 2-3-21　粘贴入选区内　　　图 2-3-22　粘贴到选区外

（3）"原位贴入"命令：打开另一幅图像，单击"编辑"→"选择性贴入"→"原位贴入"命令，可将剪贴板中的图像粘贴到原来该图像所在位置。

思考练习 2-3

1．绘制一幅"美化照片"图像，如图 2-3-23 所示。该图像是利用图 2-3-24 所示"丽人"、"向日葵"和"鲜花"图像加工而成的。可以看到，人物的衣服更换为鲜花图案，背景添加了"向日葵"图像画面。

图 2-3-23 "美化照片"图像   图 2-3-24 "丽人"、"向日葵"和"鲜花"图像

2．制作一幅"池塘荷花"图像，如图 2-3-25 所示。它是将图 2-3-26 和图 2-3-27 所示图像加工合并制作而成的。

(a)   (b)

图 2-3-25 "池塘荷花"图像   图 2-3-26 "水波.jpg"和"荷叶.jpg"图像

3．制作一幅"金色环"图形，如图 2-3-28 所示。制作该图形的提示如下。

（1）创建一个椭圆选区，将它以名字"椭圆 1"保存。打开"边界选区"对话框。将选区转换为 5 个像素宽的环状选区。使用"渐变工具"按钮 ▇ ，填充 "橙色，黄色，橙色" 水平线性渐变色，如图 2-3-29 所示。

图 2-3-27 "荷花.bmp"图像   图 2-3-28 "金色环"图像   图 2-3-29 选区填充线性渐变色

（2）使用"移动工具"按钮 ▶✛，按住 Alt 键，同时多次按光标下移键，连续移动复制图形。取消选区，如图 2-3-30 所示。打开"载入选区"对话框，在"通道"下拉列表框内选择"椭圆 1"选项，载入"椭圆 1"选区。

（3）将选区移到如图 2-3-31 所示位置。打开"描边"对话框。给选区描 5 像素、红色的边。按 Ctrl+D 组合键，取消选区，如图 2-3-28 所示。

图 2-3-30 复制图形   图 2-3-31 移动选区

第3章

图层、图层复合和文字

本章提要

　　本章通过学习 5 个实例的制作，可以掌握"图层"面板的使用方法，创建和应用图层组、图层剪贴组、图层的链接、图层样式和图层复合等方法，掌握输入和编辑文字的方法，以及制作环绕文字的方法等。

3.1 【实例4】林中健美

案例效果

　　"林中健美"图像，如图 3-1-1 所示。它是由如图 3-1-2 所示的"树林"、"运动员"和"螺旋管"图像，以及图 3-1-3 所示的"汽车"图像合成的。可以看到，林中的汽车在一棵大树的后边，螺旋管环绕在运动员的身体之上。

图 3-1-1　"林中健美"图像

（a） （b） （c）

图 3-1-2 "树林"、"运动员"和"螺旋管"图像

制作方法

1. 制作螺旋管环绕人体

（1）打开如图 3-1-2 所示的"树林"、"运动员"和"螺旋管"图像，将"树林"图像进行裁切和大小调整，令其宽为 400 像素，高为 270 像素。选中"运动员"图像。

（2）单击"选择"→"色彩范围"命令，打开"色彩范围"对话框，单击"运动员"图像背景白色，调整颜色容差为 34，如图 3-1-4 所示。单击"确定"按钮，创建选中所有白色背景的选区。然后，进行选区的加减调整，最后效果如图 3-1-5 所示。

图 3-1-3 "汽车"图像　　　图 3-1-4 "色彩范围"对话框　　　图 3-1-5 选中白色背景

（3）单击"选择"→"反向"命令，创建包围人体的选区。使用"移动工具"按钮 ，拖曳选区内健美人物图像到"树林"图像中。此时，"图层"面板中新增"图层 1"图层，将该图层的名称改为"运动员"。

（4）单击"编辑"→"自由变换"命令，调整运动员图像的大小和位置，按 Enter 键，效果如图 3-1-6 所示。然后，将"树林"图像以名称"【实例 4】林中健美.psd"保存。

（5）选中"螺旋管"图像。使用"魔棒工具"按钮 ，在其选项栏内设置容差为 20。单击"螺旋管"图像的背景图像，创建选中蓝色背景的选区。单击"选择"→"反向"命令，创建包围螺旋管图像的选区，如图 3-1-7 所示。

（6）单击"选择"→"修改"→"平滑"命令，打开"平滑选区"对话框，在其"取样半径"文本框内输入 5。单击"确定"按钮，使选区更平滑。

（7）使用"移动工具"按钮 ，拖曳选区内图像到"【实例 4】林中健美.psd"图像中，将新增图层的名称改为"螺旋管"，并移到"运动员"图层之上。单击"编辑"→"自由变换"命令，调整螺旋管图像的大小和位置，如图 3-1-8 所示。按 Enter 键确定。

图 3-1-6　运动员移到"树林"图像中　　　图 3-1-7　选区　　图 3-1-8　调整螺旋管

（8）选中"图层"面板中的"螺旋管"图层。使用工具箱中的"套索工具"按钮 ⌒ ，在图 3-1-8 所示的图像中创建两个选区，如图 3-1-9 所示。

（9）单击"图层"→"新建"→"通过剪切的图层"命令，将选区内的部分螺旋管图像剪贴到"图层"面板中的新图层中。将该图层的名称改为"部分螺旋管"，将"图层"面板内的"部分螺旋管"图层拖曳到"运动员"图层的下边，如图 3-1-10 所示。

2．制作林中汽车

（1）使用工具箱中的"套索工具"按钮 ⌒ ，创建选中汽车的选区。使用选区加减的方法，修改选区。隐藏"图层"面板内除"背景"图层外的所有图层。

（2）使用"移动工具"按钮 ，将选区内的汽车图像拖曳到"【实例 4】林中健美.psd"图像的画布窗口内。单击"编辑"→"自由变换"命令，调整汽车图像的大小和位置。按 Enter 键确定，如图 3-1-11 所示。"图层"面板内新增一个图层，将该图层的名称改为"汽车"。

图 3-1-9　创建选区　　　图 3-1-10　"图层"面板　　　图 3-1-11　汽车移到画布窗口内

（3）单击"图层"面板内"汽车"图层的 图标，使 图标消失，同时汽车图像也消失。使用"套索工具"按钮 ⌒ ，创建一个选中部分树干和树枝的选区，再单击"图层"面板内"汽车"图层的 图标，使 图标出现，同时汽车图像出现，如图 3-1-12 所示。如果创建的选区不合适，可以重复上述过程，重新创建选区。

（4）使用"移动工具"按钮 ，单击"图层"面板内"背景"图层（为了可以将选区内的背景图像复制到新图层）。单击"图层"→"新建"→"通过复制的图层"命令，"图层"面板中会生成一个新图层，用来放置选区内的图像。将该图层的名称改为"树干和树枝"。

（5）拖曳"树干和树枝"图层到"汽车"图层的上边。此时的图像变为汽车在树后边，如图 3-1-13 所示。将"图层"面板内所有图层显示，"图层"面板如图 3-1-14 所示。

（6）选中上边三个图层，调整运动员和螺旋管的位置与大小，如图 3-1-1 所示。

图 3-1-12 创建选区

图 3-1-13 汽车在树后边

图 3-1-14 "图层"面板

 链接知识

1. 应用"图层"面板

图层用来存放图像，各图层相互独立，又相互联系，可以分别对各图层图像进行加工，而不会影响其他图层的图像，有利于图像的分层管理和处理。图层可以看成是一张张透明胶片。当多个有图像的图层叠加在一起时，可以看到各图层图像叠加的效果，通过上边图层内图像透明处可以看到下面图层中的图像。可以将各图层进行随意的合并操作。在同一个图像文件中，所有图层具有相同的画布属性。各图层可以合并后输出，也可以分别输出。

Photoshop 中有常规、背景、文字、形状、填充和调整 5 种类型的图层。常规图层（又称为普通图层）和背景图层中只可以存放图像和绘制的图形，背景图层是最下面的图层，它不透明，一个图像文件只有一个背景图层；文字图层内只可以输入文字，图层的名称与输入的文字内容相同；形状图层用来绘制形状图形，填充和调整图层内主要用来存放图像的色彩等信息。"图层"面板如图 3-1-15 所示，一些选项的作用简介如下。

（1）"不透明度"文本框 不透明度： 51% ▶ ：用来调整图层的总体不透明度。它不但影响图层中绘制的像素或图层上绘制的形状，还影响应用于图层的任何图层样式和混合模式。

（2）"填充"文本框 填充： 100% ▶ ：用来调整当前图层的不透明度。它只影响图层中绘制的像素或图层上绘制的形状，不影响已应用于图层的任何图层效果的不透明度。

（3）"图层锁定"工具栏：它有 4 个按钮，用来设置锁定图层的锁定内容，一旦锁定后，就不可以再进行编辑和加工。单击"图层"面板中某一图层，再单击这一栏的按钮，即可锁定该图层的部分内容或全部内容。锁定的图层会显示出一个"图层全部锁定标记" 🔒 或"图层部分锁定标记" 🔒 。四个按钮的作用如下。

◎ "锁定透明像素"按钮 ☐ ：禁止对该图层的透明区域进行编辑。

◎ "锁定图像像素"按钮 ✒ ：禁止对该图层（包括透明区域）进行编辑。

◎ "锁定位置"按钮 ✛ ：锁定图层中的图像位置，禁止移动该图层。

◎ "锁定全部"按钮 🔒 ：锁定图层中的全部内容，禁止对该图层进行编辑和移动。

选中要解锁的图层，再单击"图层锁定"工具栏中相应的按钮，使它们呈抬起状。

（4）"图层显示"图标 👁 ：有该图标时，表示该图层处于显示状态。单击该图标，即可使"图层显示"图标 👁 消失，该图层也就处于不显示状态；再单击该处，"图层显示"图标 👁 恢复显示，图层显示。鼠标右键单击该图标，会打开一个快捷菜单，利用该菜单可以选择隐藏本图层还是隐藏其他图层而只显示本图层。

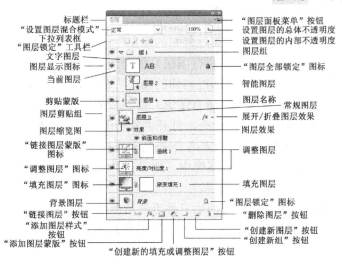

图 3-1-15　"图层"面板

（5）"链接图层蒙版" 图标：有该图标，表示图层蒙版链接到图层。

（6）"图层"面板下边一行按钮的名称和作用。

◎"删除图层"按钮：单击它可将选中的图层删除。将要删除的图层拖曳到该按钮上，再松开鼠标左键，也可以删除该图层。

◎"创建新图层"按钮：单击该按钮，即可在当前图层之上创建一个常规图层。

◎"创建新组"按钮：单击该按钮，即可在当前图层之上创建一个新的图层组。

◎"创建新的填充或调整图层"按钮：单击该按钮，即可打开它的快捷菜单，单击该菜单中的命令，可以打开相应的对话框，利用这些对话框可以创建填充或调整图层。

◎"添加图层蒙版"按钮：单击该按钮，即可给当前图层添加一个图层蒙版。

◎"添加图层样式"按钮：单击该按钮，即可打开它的快捷菜单，单击该菜单中的命令，可打开"图层样式"对话框，并在该对话框的"样式"栏内选择相应的选项。

◎"链接图层"按钮：在选中两个或两个以上的图层后，该按钮有效，单击该按钮，可以建立选中图层之间的链接，链接图层的右边会有 图标。在选中一个或两个以上的链接图层后，单击该按钮，可以取消图层之间的链接。

2．新建背景图层和常规图层

（1）新建背景图层：在画布窗口内没有背景图层时，选中一个图层，再单击"图层"→"新建"→"图层背景"命令，即可将当前的图层转换为背景图层。

（2）新建常规图层：创建常规图层的方法很多，简单介绍如下。

◎ 单击"图层"面板内的"创建新图层"按钮。

◎ 将剪贴板中的图像粘贴到当前画布窗口中时，会自动在当前图层之上创建一个新的常规图层。按住 Ctrl 键，同时将一个画布窗口内选区中的图像拖曳到另一个画布窗口内时，会自动在目标画布窗口内当前图层之上创建一个新常规图层，同时复制选中的图像。

◎ 单击"图层"→"新建"→"图层"命令，打开"新建图层"对话框，如图 3-1-16 所示，利用它设置图层名称、图层颜色、模式和不透明度等，再单击"确定"按钮。

◎ 选中"图层"面板中的背景图层，再单击"图层"→"新建"→"背景图层"命令，或双击背景图层，都可以打开"新建图层"对话框（与图 3-1-16 类似）。单击"确定"按钮，可以将背景图层转换为常规图层。

◎ 单击"图层"→"新建"→"通过复制的图层"命令，即可创建一个新图层，将当前图层选区中的图像（如果没有选区则是所有图像）复制到新创建的图层中。

◎ 单击"图层"→"新建"→"通过剪切的图层"命令，可以创建一个新图层，将当前图层选区中的图像（如果没有选区则是所有图像）移到新创建的图层中。

◎ 单击"图层"→"复制图层"命令，打开"复制图层"对话框，如图 3-1-17 所示。在"为"文本框内输入图层的名称，在"文档"下拉列表框内选择目标图像文档等。再单击"确定"按钮，即可将当前图层复制到目标图像中。如果在"文档"下拉列表框内选择的是当前图像文档，则在当前图层之上复制一个图层。

如果当前图层是常规图层，则上述的后三种方法所创建的就是常规图层。如果当前图层是文字图层，则上述创建常规图层中的后三种方法所创建的就是文字图层。

图 3-1-16　"新建图层"对话框　　　　图 3-1-17　"复制图层"对话框

3．修改图层属性和图层栅格化

（1）改变图层的颜色和名称：单击"图层"→"图层属性"命令，打开"图层属性"对话框，如图 3-1-18 所示。用来改变"图层"面板中图层的颜色和图层的名称。

（2）改变图层预览图大小：单击"图层"面板菜单中的"面板选项"命令，打开"图层面板选项"对话框。选中其内的单选钮，单击"确定"按钮，可改变图层预览图大小。

图 3-1-18　"图层属性"对话框

（3）改变图层不透明度：选中"图层"面板中要改变不透明度的图层，单击面板中"不透明度"带滑块的文本框内部，再输入不透明度数值。也可以单击它的黑色箭头按钮，再拖曳滑块，调整不透明度数值。改变"图层"面板中的"填充"文本框内的数值，也可以调整选中图层的不透明度，但不影响已应用于图层的任何图层效果的不透明度。

（4）图层栅格化：画布窗口内如果有矢量图形（如文字等），可以将它们转换成位图，这就称为图层栅格化。方法是：选中有矢量图形的图层，单击"图层"→"栅格化"命令，打开其子菜单；如果单击子菜单中的"图层"命令，可将选中图层内的所有矢量图形转换为位图；如果单击子菜单中的"文字"命令，可将选中图层内的文字转换为图形，文字图层也会自动变为常规图层。

4．选择、移动、排列和合并图层

（1）选择图层：选中图层的方法如下。

◎ 选中一个图层：单击"图层"面板内要选的图层，即可选中该图层。

◎ 选中多个图层：按住 Ctrl 键，单击各图层，即可选中这些图层。

◎ 选中多个连续的图层：按住 Shift 键，单击连续图层的第一个和最后一个图层。

如果选中了"移动工具"的选项栏中的"自动选择图层"复选框，则单击非透明区内的图像时，可选中相应图层。

（2）移动图层：单击"图层"面板中要移动的图层，使用"移动工具"按钮 或在使用其他工具时按住 Ctrl 键，然后拖曳画布中的图像，可移动该图层中的整幅图像或选区内的图像。

（3）排列图层：上下拖曳图层，可调整图层的相对位置。单击"图层"→"排列"命令，打开其子菜单，如图 3-1-19 所示，单击该菜单中的命令，可移动当前图层。

置为顶层(F)	Shift+Ctrl+]
前移一层(W)	Ctrl+]
后移一层(K)	Ctrl+[
置为底层(B)	Shift+Ctrl+[

图 3-1-19　排列菜单的子菜单

（4）合并图层：图层合并后，会使图像文件变小。图层的合并有如下几种情况。

◎ 合并可见图层：单击"图层"→"合并可见图层"命令，可将所有可见图层合并为一个图层。如果有可见的背景图层，则将所有可见图层合并到背景图层中。如果没有可见的背景图层，则将所有可见图层合并到当前可见图层中。

◎ 合并所有图层：单击"图层"→"合并图层"命令，可将所有图层合并到"背景"图层中。

◎ 拼合图像：单击"图层"→"拼合图像"命令，可将所有图层内的图像合并到"背景"图层中。

单击"图层"面板右上角的箭头按钮，打开"图层"面板的快捷菜单，利用该菜单中的一些命令也可以合并图层。

5. 新建填充图层和调整图层

（1）新建填充图层：单击"图层"→"新建填充图层"命令，打开其子菜单。单击其内的命令，可打开"新建图层"对话框。单击"确定"按钮，可打开相应的对话框，进行颜色、渐变色或图案调整后，单击"确定"按钮，即可创建一个填充图层。图 3-1-20 所示为创建了三个不同填充图层后的"图层"面板。

图 3-1-20　填充图层

（2）新建调整图层：单击"图层"→"新建调整图层"命令，打开其子菜单，如图 3-1-21 所示。再单击菜单中的命令，可以打开"新建图层"对话框，它与图 3-1-16 所示基本一样。单击"确定"按钮，打开相应的"调整"面板，再进一步进行调整后，单击"确定"按钮，即可创建一个调整图层。图 3-1-22 所示为创建了三个调整图层的"图层"面板。

图 3-1-21　菜单

图 3-1-22　调整图层

（3）新建填充图层和调整图层的另一种方法：单击"图层"面板内的"创建新的填充或调

整图层"按钮 ，打开一个菜单，单击菜单中的一个命令，即可打开相应的面板。利用该面板进行设置，再单击"确定"按钮，即可完成创建填充图层或调整图层的任务。

（4）调整填充图层和调整图层：双击填充图层和调整图层内的缩览图，或者单击"图层"→"图层内容选项"命令，可以根据当前图层的类型，打开相应的面板或对话框。如果当前图层是"亮度/对比度"调整图层，则打开"调整"面板。

填充图层和调整图层实际是同一类图层，表示形式基本一样。填充图层和调整图层存放可以对其下边图层的选区或整个图层（没有选区时）进行色彩等调整的信息，用户可以对它进行编辑调整，不会对其下边图层图像造成永久性改变。一旦隐藏或删除填充图层和调整图层后，其下边图层的图像会恢复原状。

思考练习 3-1

1. 制作一幅"晨练"图像，如图 3-1-23 所示。它是将图 3-1-24 所示的"草地"与"人物"图像，以及自己制作的"呼啦圈"图像合并制成的。

（a）　　　　　　（b）

图 3-1-23 　"晨练"图像　　　　　图 3-1-24 　"草地"和"人物"图像

2. 制作一幅"车中丽人"图像，如图 3-1-25 所示。它是在图 3-1-2 所示的"树林"图像基础之上添加如图 3-1-26 所示的"丽人"和"汽车"图像后加工而成的。

（a）　　　　　　（b）

图 3-1-25 　"车中丽人"图像　　　　　图 3-1-26 　"丽人"和"汽车"图像

3.2 　【实例5】叶中观月

"叶中观月"图像，如图 3-2-1 所示。它是利用图 3-2-2 所示的"月景"和"观月"图像及图 3-2-3 所示的"叶子"图像（还没创建选区）制作而成的。制作该图像的关键是在"图层"面板中，"月景"图像所在图层在最下边，将"观月"图像所在图层放置在"叶子"图像所在图层之上，再单击"图层"→"创建剪贴蒙版"命令，将两个图层组成剪贴组。

图 3-2-1　"叶中观月"图像

（a）　　　　　　（b）

图 3-2-2　"月景"和"观月"图像

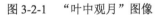

制作方法

1．合并图像

（1）打开如图 3-2-2 和图 3-2-3 所示的"月景"、"观月"和"叶子"图像。

（2）使用"魔棒工具"按钮，设置容差为 30。按住 Shift 键，单击"叶子"图像中的背景图像，创建选中叶子部分背景的选区。

（3）单击"选择"→"选取相似"命令，使选区扩大。再进行选区相减和相加的操作，修改选区，使选区只选中绿色叶子所有背景。

（4）单击"选择"→"反向"命令，创建选中叶子的选区，如图 3-2-3 所示。

（5）使用工具箱中的"移动工具"按钮，将选中的绿色叶子图像拖曳到"月景"图像中。然后，调整绿色叶子的大小与位置，最后效果如图 3-2-4 所示。

（6）选中"观月"图像，创建将人物头像选中的选区，单击"编辑"→"复制"命令，将选区内图像复制到剪贴板中。选中"月景"图像，按 Ctrl+V 组合键，将剪贴板中的人物图像粘贴到"月景"图像中，在"月景"图像的"图层"面板内会增添"图层 2"图层。

（7）选中"图层 2"图层，单击"编辑"→"变换"→"水平翻转"命令，将该图层内人物图像水平翻转。单击"编辑"→"自由变换"命令或按 Ctrl+T 组合键，进入自由变换状态，调整的人物图像的大小、位置和旋转角度，最后效果如图 3-2-5 所示。

图 3-2-3　"叶子"图像　　　图 3-2-4　添加叶子图像　　　图 3-2-5　调整人物图像

2．创建剪贴蒙版和调整背景画面

（1）选中人物图像所在的"图层 2"图层。单击"图层"→"创建剪贴蒙版"命令，将两个图层组成剪贴组，获得如图 3-2-1 所示的图像。

（2）选中"背景"图层，单击"图层"→"新建调整图层"→"曲线"命令，打开"新建图层"对话框，在"名称"文本框内输入"曲线 1"，在"颜色"下拉列表框内选择红色。其他设置如图 3-2-6 所示。

（3）单击"确定"按钮，关闭该对话框，打开"调整"面板的"曲线"选项卡，拖曳调整曲线，如图 3-2-7 所示，使背景图像变亮一些，图像如图 3-2-1 所示。此时"月景"图像的"图层"面板如图 3-2-8 所示。

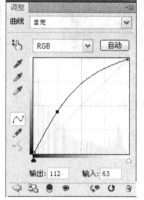

图 3-2-6 "新建图层"对话框　　　图 3-2-7 "调整"面板　　　图 3-2-8 "图层"面板

（4）调整"月景"图像宽为 600 像素，高为 400 像素，再以名称"【实例 5】叶中观月.psd"保存该图像。

链接知识

1. 图层剪贴组

图层剪贴蒙版是使一个图层成为蒙版，使多个图层共用这个蒙版（关于蒙版将在第 6 章介绍），它们组成图层剪贴组。只有上下相邻的图层才可以组成图层剪贴组。在剪贴组中，最下边的图层称为"基底图层"，它的名字下边有一条下划线，其他图层的缩览图是缩进的，而且缩览图左边有一个图标。基底图层是整个图层剪贴组中其他图层的蒙版。创建和删除剪贴组的操作方法如下。

（1）创建剪贴蒙版：就是将当前图层与其下边的图层建立剪贴组，下边的图层成为基底图层，成为其上图层的剪贴蒙版。例如，选中"图层 2"图层，单击"图层"→"创建剪贴蒙版"命令，即可完成任务。此时的"图层"面板如图 3-2-9 所示，"图层 2"和"图层 1"图层组成了剪贴组，"图层 1"图层是基底图层，它是"图层 2"图层的蒙版。另外，还可以采用同样方法将剪贴组上边的图层也组合到该剪贴组中，如图 3-2-10 所示。

（2）释放剪贴模版：选中剪贴组中的非"基底图层"，再单击"图层"→"释放剪贴模版"命令，即可从剪贴组中释放选中的图层，但不会删除剪贴组中的其他图层。

图 3-2-9 "图层"面板　　　　　　图 3-2-10 "锁定图层"对话框

2．链接图层

图层建立链接后，可以对所有建立链接的图层一起进行操作。例如，使用"移动工具"按钮➤拖曳移动图像，可以将链接图层内的所有图像同时移动，这与拖曳移动选中的多个图层内的图像效果一样。

（1）链接图层：选中要建立链接的多个图层，单击"图层"→"链接图层"命令，即可将选中的图层建立链接。此时，这些图层的右边会显示"链接"图标 🔗，该标记只有在选中该图层或选中与它链接的图层时，才会显示出来。

（2）选择链接图层：选中链接图层中的一个或多个图层，再单击"图层"→"选择链接图层"命令，即可将所有与选中图层相链接的图层的"链接"图标 🔗 显示出来。

（3）取消图层链接：选中要取消链接的两个或多个图层，再单击"图层"→"取消图层链接"命令，即可取消"链接"图标 🔗，也就取消了图层的链接。

3．对齐、分布和锁定图层

（1）对齐图层：单击"图层"→"对齐"命令，打开其子菜单。再单击子命令，可以将选中的所有图层中的对象按要求对齐。

（2）分布图层：单击"图层"→"分布"命令，打开其子菜单，再单击子菜单中的命令，可以将选中的两个或两个以上的图层中的对象按要求分布。

使用"移动工具"的选项栏中 ⟦按钮组⟧ 按钮组内的一个按钮，也可以将选中图层中的所有对象按要求对齐或分布。

（3）锁定所有链接图层：选中两个或多个图层，再单击"图层"→"锁定图层"命令，打开"锁定图层"对话框，如图 3-2-10 所示。选中一个或多个复选框，设置锁定的内容，再单击"确定"按钮，即可按照设置锁定选中的图层。

（4）锁定或解锁一个图层：单击"图层"面板内图标锁定工具栏内的 4 个按钮中的一个（不同按钮）的锁定内容不一样，即可锁定或解锁选中的图层。

（5）锁定组内的所有图层：单击"图层"→"锁定组内的所有图层"命令，打开"锁定组内的所有图层"对话框，与图 3-2-10 所示基本一样。利用它可以选择锁定方式，再单击"确定"按钮，即可将所有链接的图层按要求锁定。

4．图层组

图层组又称为图层集，它是若干图层的集合，就像文件夹一样。当图层较多时，可以将一些图层放置在图层组中，这样便于观察和管理。可以移动图层组与其他图层的相对位置，可以改变图层组的颜色。同时，其内的所有图层的颜色也会随之改变。

（1）从图层建立图层组：按住 Ctrl 键，选中"图层"面板内的多个图层（例如，打开"【实例 4】林中健美.psd"图像，在"图层"面板内选中上边三个图层）。单击"图层"→"新建"→"从图层新建组"命令，打开"从图层新建组"对话框，设置如图 3-2-11 所示。利用它可以

给图层组命名、设定颜色、不透明度和模式，再单击"确定"按钮，即可创建一个新的图层组（例如，"螺旋管环绕人体"），将选中的图层置于该图层组中。

单击"图层"面板内图层组左边的箭头▶，

图 3-2-11 "从图层新建组"对话框

可以展开图层组内的图层，箭头变为██；单击图层组左边的箭头██，又可以收缩图层组，箭头变为██。

（2）创建一个新的空图层组：单击"图层"→"新建"→"组"命令，即可打开"新建组"对话框，与图 3-2-11 所示基本相同。进行设置后单击"确定"按钮，即可在当前图层或图层组之上新建一个空图层组。新空图层组内没有图层。

单击"图层"面板中的"创建新组"按钮██，也可以创建一个新的空图层组。在图层组中还可以创建新的图层组。

（3）将图层移入和移出图层组：拖曳"图层"面板中的图层，移到图层组的██图标之上，当该图标变为黑色时，松开鼠标左键，即可将拖曳的图层移到图层组中。向左拖曳图层组中的图层，即可将图层组中的图层移出图层组。

（4）图层组的删除：选中"图层"面板内的图层组，单击"图层"→"删除"→"组"命令，会打开一个提示对话框，如图 3-2-12 所示。单击"组和内容"按钮，可将图层组和图层组内的所有图层一起删除。单击"仅组"按钮，可以只将图层组删除。

（5）图层组的复制：选中"图层"面板内的图层组，单击"图层"→"复制组"命令，打开一个"复制组"对话框，如图 3-2-13 所示。进行设置后单击"确定"按钮，即可复制选中的图层组（包括其中的图层）。

图 3-2-12　提示对话框　　　　　　　图 3-2-13　"复制组"对话框

5. 用选区选中图层中的图像

如果要对某个图层的所有图像进行操作，往往需要先用选区选中该图层的所有图像。用选区选取某个图层的所有图像可采用如下两种操作方法。

（1）按住 Ctrl 键，同时单击"图层"面板中要选取的图层（不包括背景图层）。

（2）选中"图层"面板中要选取的图层（不包括背景图层），再单击"选择"→"载入选区"命令，打开"载入选区"对话框，采用选项的默认值，再单击"确定"按钮即可。如果选中了"载入选区"对话框中的"反相"复选框，则单击"确定"按钮后选择的是该图层内透明的区域。

思考练习 3-2

1. 将【实例 4】"林中健美"图像的"图层"面板内第 1～3 个图层置于"螺旋管环绕人体"图层组内，将第 4～5 个图层置于"林中汽车"图层组内。

2. 参考【实例 5】中介绍的方法，制作一幅"花中佳人"图像，如图 3-2-14 所示。它是利用图 3-2-15 所示的"双向日葵"图像和"佳人"图像加工制作而成的。

图 3-2-14　"花中佳人"图像　　　　　图 3-2-15　"双向日葵"和"佳人"图像

3.3 【实例6】云中战机

"云中战机"图像，如图 3-3-1 所示。可以看到，图像中有两架战机在云中飞翔，它是利用图 3-3-2 所示的"云图"图像和图 3-3-3 所示的"战机"图像，在进行图层样式调整后制作的；还有"云中战机"透视凸起文字，这种图像文字好像是从图像中凸起来一样，文字内外的图像是连续的。

图 3-3-1 "云中战机"图像

图 3-3-2 "云图"图像

图 3-3-3 "战机"图像

制作方法

1. 制作云中战机

（1）打开如图 3-3-2 所示的"云图"图像和图 3-3-3 所示的"战机"图像。

（2）使用"魔棒工具"按钮，在其选项栏内设置容差为 10，单击战机图像的背景，再按住 Shift 键同时再单击没有选中的战机背景图像，将整个战机背景图像选中，再单击"选择"→"反向"命令，将战机图像选中，如图 3-3-4 所示。

（3）使用"移动工具"按钮，将选区内的战机图像拖曳到"云图"图像中，将"云图"图像的"图层"面板内新增图层的名称改为"战机 1"。单击"选择"→"自由变换"命令，调整战机图像的大小、位置和旋转角度，按 Enter 键确定。

（4）使用"移动工具"按钮，按住 Alt 键，拖曳战机图像，复制一个战机图像，如图 3-3-5 所示。将放置复制战机图像所在图层的名称改为"战机 2"。

（5）双击"图层"面板中的"战机 1"图层（下边战机所在图层），打开"图层样式"对话框，如图 3-3-6 所示。利用"混合颜色带"栏调整"云图"图像的"背景"图层和"战机 1"图像所在的"战机 1"图层的混合效果。

（6）在"图层样式"对话框内的"混合颜色带"下拉列表框中选择"灰色"选项（其内还有其他选项），如图 3-3-6 所示，表示对这两个图层中的灰度进行混合效果调整。

图 3-3-4 选中战机的选区

图 3-3-5 战机图像

图 3-3-6 "图层样式"对话框

（7）按住 Alt 键，拖曳"下一图层"的白色三角滑块，调整下一图层（云图图像所在的图层），如图 3-3-7 所示。此时，画布中的战机图像，如图 3-3-8 所示。

（8）双击"图层"面板内的"战机 2"图层，打开"图层样式"对话框，利用"混合颜色带"栏调整"战机 2"图层内的战机图像和"云图"图像所在的两个图层的混合效果。"混合颜色带"栏调整结果如图 3-3-9 所示。最后效果如图 3-3-10 所示。

图 3-3-7　"混合颜色带"调整　　　图 3-3-8　图像调整效果　　　图 3-3-9　"混合颜色带"栏调整结果

2. 透视凸起文字

（1）选中"战机 2"图层，单击工具箱中的"横排文字工具"按钮 **T**，在其选项栏内设置字体为华文行楷，大小为 80 点，颜色为红色。然后，在画布窗口内的右下角输入"云中战机"文字，如图 3-3-11 所示。

（2）将"图层"面板中的"背景"图层拖曳到"创建新图层"按钮 上，复制一个新的"背景副本"。将"背景副本"图层拖曳到"战机 2"图层的上边。

（3）选中"图层"面板中的"云中战机"文字图层。单击"图层"→"栅格化"→"文字"命令，将文字图层转换为常规图层，为了以后可以对文字进行透视操作。

（4）单击"编辑"→"变换"→"透视"命令。向上拖曳"云中战机"文字左上角的控制柄，效果如图 3-3-12 所示。然后，按 Enter 键，完成透视操作。

图 3-3-10　图像调整效果　　　图 3-3-11　"云中战机"文字　　　图 3-3-12　透视文字

（5）按住 Ctrl 键，单击"图层"面板中的文字图层的缩览图，创建文字选区。选中"图层"面板中的"背景副本"图层。单击"选择"→"反向"命令，选中文字之外的区域。再按 Delete 键，删除文字之外的云图图像。

（6）将"云中战机"图层拖曳到"删除图层"按钮 上，删除该图层。单击"选择"→"反向"命令，使选区选中文字。

（7）单击"图层"面板内的 *fx* 按钮，打开快捷菜单，单击该菜单中的"斜面和浮雕"命令，打开"图层样式"对话框，按照图 3-3-13 所示进行设置。

（8）按 Ctrl+D 组合键，取消选区，最终效果如图 3-3-1 所示。

链接知识

1. 添加图层样式

"图层样式"对话框如图 3-3-13 所示，利用该对话框可以给图层（不包括"背景"图层）添加图层样式，可以方便地创建整个图层画面的阴影、发光、斜面、浮雕和描边等效果，集合成图层样式。添加图层样式需要首先选中要添加图层样式的图层，再打开"图层样式"对话框。

打开"图层样式"对话框的方法很多，主要是单击"图层"面板内的"添加图层样式"按钮 fx，或者单击"图层"→"图层样式"命令，打开"图层样式"对话框，再单击其中的命令；或者是双击要添加图层样式的图层等。

该对话框内各选项的作用简单介绍如下。

为了讲解方便，首先打开一幅"故宫八角楼.psd"图像，如图 3-3-14 所示，双击该图像"图层"面板内的"图层 1 背景"图层，打开"图层样式"对话框。可以看到，在"图层样式"对话框内的左边一栏中，有"样式"和"混合选项：默认"选项，以及"投影"和"斜面和浮雕"等复选框。选中一个复选框，即可增加一种效果，同时在"预览"框内会马上显示出相应的综合效果视图。

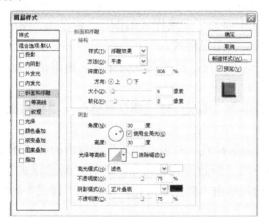

图 3-3-13　　"图层样式"对话框

图 3-3-14　一幅图像

单击"图层样式"对话框内左边一栏中的选项名称，"图层样式"对话框中间一栏会发生相应的变化。中间一栏中的各个选项是用来供用户对图层样式进行调整的。例如，选中左边一栏中的"斜面和浮雕"复选框后，该对话框变为如图 3-3-13 所示，利用它可以调整斜面和浮雕的结构与阴影效果，再设置外发光效果。单击"确定"按钮，即可给"图层 1"图层中的图像添加设置好的图层样式。"图层"面板如图 3-3-15 所示。

在"图层"面板中，该图层名称的右边会显示 fx 按钮，其下边会显示效果名称。单击 fx ▼ 按钮，可以将图层下边显示的效果名称收缩，fx ▼ 按钮改为 fx ▲ 按钮。单击 fx ▲ 按钮，可展开图层下边的效果名称。

图 3-3-15　"图层"面板

2．隐藏和显示图层效果

（1）隐藏图层效果：在"图层"面板内，单击效果名称左边的 👁 图标，使它消失，可隐藏该图层效果；单击"效果"层左边的 👁 图标，使它消失，可隐藏所有图层效果。

（2）隐藏图层的全部效果：单击"图层"→"图层样式"→"隐藏所有效果"命令，可以将选中的图层的全部效果隐藏，即隐藏图层样式。

（3）单击"图层"面板内"效果"层左边的 ▢ 图标，会使 👁 图标显示出来，同时使隐藏的图层效果显示出来。

3．删除图层效果和清除图层样式

（1）删除一个图层效果：用鼠标将"图层"面板内的效果名称层 👁 效果 图标拖曳到"图

层"面板内的"删除图层"按钮 之上，再松开鼠标左键，即可将该效果删除。

（2）删除一个或多个图层效果：选中要删除图层效果的图层，打开"图层样式"对话框，再取消选中该对话框"样式"栏内的复选框。

（3）清除图层样式：右击添加图层样式的图层，打开其快捷菜单，单击菜单中的"删除图层样式"命令，可删除全部图层效果，即图层样式。

还可以单击"图层"→"图层样式"→"清除图层样式"命令清除图层样式。

4．复制、粘贴和存储图层样式

复制和粘贴图层样式的操作可以将一个图层的样式复制添加到其他图层中。

（1）复制图层样式：右击图层样式的图层或其样式层，打开其快捷菜单，再单击"复制图层样式"命令，即可复制图层样式。另外，选中添加了图层样式的图层，再单击"图层"→"图层样式"→"复制图层样式"命令，也可以复制图层样式。

（2）粘贴图层效果：右击要添加图层样式的图层，打开其快捷菜单，再单击"粘贴图层样式"命令，即可在单击的图层添加图层样式。

另外，选中要添加图层样式的图层，再单击"图层"→"图层样式"→"粘贴图层样式"命令，也可给选中的图层粘贴图层样式。

（3）存储图层样式：按照上述方法复制图层样式，右击"样式"面板内的样式图案，打开一个菜单，如图 3-3-16 所示。单击该菜单中的"新建样式"命令，打开"新建样式"对话框，如图 3-3-17 所示。给样式命名和进行设置后，单击"确定"按钮，即可在"样式"面板内最后边增加一种新的样式图案。

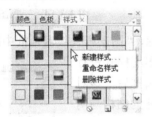

图 3-3-16　"样式"面板　　　　　　图 3-3-17　"新建样式"对话框

单击"样式"面板菜单中的"新建样式"命令，或单击"图层样式"对话框内的"新建样式"按钮，都可以打开"新建样式"对话框。

思考练习 3-3

1．制作一幅"套环"图像，如图 3-3-18 所示。

2．制作如图 3-3-19 所示的阴影文字。

3．制作一幅"牵手 2013"图像，如图 3-3-20 所示。其中"2013"是立体牵手文字。

图 3-3-18　"套环"图形　　　　图 3-3-19　阴影文字　　　　　　　图 3-3-20　"牵手 2013"图像

3.4　【实例 7】插花影册方案

　　"插花影册方案"图像是一个插花摄影相册的封面。它有 5 个方案，单击"图层复合"面板内"方案 1"图层复合左边的 ▢ 图标，使其内出现▣图标，如图 3-4-1 所示，方案 1 图像，如图 3-4-2 所示。单击"图层复合"面板内"方案 2"图层复合左边的 ▢ 图标，使其内出现▣图标，方案 1 图像会自动切换到方案 2 图像，方案 2 图像如图 3-4-3 所示。按照上述方法，可以看到其他三个方案图像。

图 3-4-1　"图层复合"面板

图 3-4-2　方案 1 图像

图 3-4-3　方案 2 图像

制作方法

1．制作方案 1 图像

　　（1）新建宽为 300 像素，高为 300 像素，背景为黑色的画布窗口，以名称"【实例 7】插花影册方案.psd"保存。打开"插花 1.jpg"、"插花 2.jpg"和"插花 3.jpg"三幅图像。

　　（2）将三幅插花图像分别调整宽为 200 像素，高为 300 像素。然后，依次拖曳到"【实例 7】插花影册方案.psd"图像的画布窗口内，再调整它们的位置。同时在"图层"面板内生成"图层 1"图层～"图层 3"图层，分别放置一幅插花图像。

　　（3）选中"图层 1"图层，按住 Ctrl 键，单击"图层 1"图层缩略图，创建选中"图层 1"图层内图像的选区。单击"编辑"→"描边"命令，打开"描边"对话框，利用该对话框给选区描 6 个像素的黄边。按照相同的方法，给其他两幅插花图像描边。

　　（4）单击工具箱中的"直排文字工具"按钮 T，在其选项栏内的"设置字体系列"下拉列表框中选择"楷体"选项，在"设置字体大小"下拉列表框中选择"72 点"选项，单击"设置文字颜色"按钮 ▆，打开"拾色器（文本颜色）"对话框，利用该对话框设置文字颜色为红色，单击"确定"按钮，关闭该对话框。

　　（5）在画布内左下边输入文字"插花"。此时，自动为文字创建一个"插花"文本图层。打开"样式"面板，单击该面板内的"蛇皮"样式 ▦ 图标，给"插花"文本图层内的文字添加"蛇皮"图层样式，效果如图 3-4-2 所示。

　　（6）按照上述方法，再输入楷体、72 点、红色文字"插花"，创建"插花"文本图层。也给"插花"文本图层添加"蛇皮"图层样式，最终效果如图 3-4-2 所示。

　　（7）双击"背景"图层，打开"新建图层"对话框，单击"确定"按钮，将"背景"图层转换为名称为"图层 0"的普通图层。

　　（8）设置前景色为金黄色，选中"图层 0"图层，按 Alt+Delete 组合键，给该图层填充金黄色。单击"样式"面板内的"水中倒影"样式 ▦ 图标，制作背景图像。

2. 制作其他方案图像

（1）打开"图层复合"面板，如图 3-4-1 所示（还没有建立方案）。单击"创建新图层复合"按钮，打开"新建图层复合"对话框，选中三个复选框，在"名称"文本框内输入"方案 1"，在"注释"列表框内输入"这是插花摄影相册封面的第 1 种设计方案。"文字，如图 3-4-4 所示。

（2）单击"新建图层复合"对话框内的"确定"按钮，关闭该对话框，在"图层复合"面板内创建"方案 1"图层复合，如图 3-4-5 所示。此时，"图层"面板如图 3-4-6 所示。

图 3-4-4 "新建图层复合"对话框　　图 3-4-5 "图层复合"面板　　图 3-4-6 "图层"面板

（3）使用工具箱中的"移动工具"按钮，选中其选项栏内的"自动选择"复选框，拖曳调整画布窗口内的图像和文字位置，如图 3-4-3 所示。

（4）单击"图层复合"面板内的"创建新图层复合"按钮，打开"新建图层复合"对话框，选中三个复选框，在"名称"文本框内输入"方案 2"，在"注释"列表框内输入"这是插花摄影相册封面的第 2 种设计方案。"文字，单击"确定"按钮，在"图层复合"面板内创建"方案 2"图层复合。

（5）使用工具箱中的"移动工具"按钮，选中其选项栏内的"自动选择"复选框，拖曳调整画布窗口内的图像和文字位置，如图 3-4-7 所示。

（6）单击"图层复合"面板内的"创建新图层复合"按钮，打开"新建图层复合"对话框，选中三个复选框，在"名称"文本框内输入"方案 3"，单击"确定"按钮，在"图层复合"面板内创建"方案 3"图层复合。

（7）使用工具箱中的"移动工具"按钮，选中其选项栏内的"自动选择"复选框，拖曳调整画布窗口内的图像和文字位置，如图 3-4-8 所示。也可以更换画布窗口内的图像，更改文字和文字样式等。但是要求其"图层"面板内的基本图层是一样的。

（8）按照上述方法，在"图层复合"面板内创建"方案 4"图层复合。

3. 导出图层复合

可以将图层复合导出到单独的文件。单击"文件"→"脚本"→"将图层复合导出到文件"命令，打开"将图层复合导出到文件"对话框，如图 3-4-9 所示。单击"浏览"按钮，打开"浏览文件夹"对话框，利用该对话框选择"【实例 7】插花影册方案"文件夹。单击"确定"按钮，关闭"浏览文件夹"对话框，"将图层复合导出到文件"对话框如图 3-4-9 所示。单击"确定"按钮，在选中的"【实例 7】插花影册方案"文件夹内导出 4 个方案图像的文件，其中一个文件的名称为"【实例 7】插花影册方案_0000_方案 1_这是插花摄影相册封面的第 1 种设计方案。.psd"。

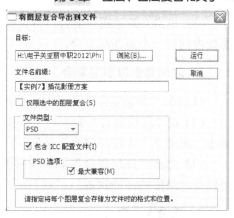

图 3-4-9 "将图层复合导出到文件"对话框

图 3-4-7 方案 3 图像　　　图 3-4-8 方案 4 图像

 知识链接

1. 创建图层复合

Photoshop CS5 可以在单个 Photoshop 文件中创建、管理和查看版面的多个版本，也就是图层复合。图层复合实质是"图层"面板状态的快照。可以将图层复合导出到一个 PSD 格式文件、一个 PDF 文件和 Web 照片画廊文件。

使用"图层复合"面板，可以在一个 Photoshop 文件中记录多个不同的版面。不同的版面要求其"图层"面板内的基本图层是一样的，可以显示和隐藏不同的图层，可以调整图层内图像的大小和位置，可以停用或启用图层样式，可以修改图层的混合模式。创建图层复合的方法如下。

（1）单击"窗口"→"图层复合"命令，打开"图层复合"面板（还没有方案），如图 3-4-10 所示。此时，该面板只有"最后的文档状态"图层复合。如果"图层"面板内有两个或两个以上的图层，则"创建新图层复合"按钮 ⬜ 才会有效。当"图层复合"面板内有新增的图层复合时，"图层复合"面板内其他 4 个按钮才会有效。

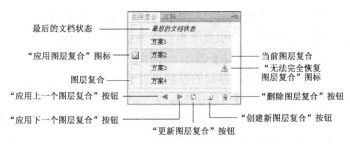

图 3-4-10 "图层复合"面板

（2）单击"创建新图层复合"按钮 ⬜，打开"新建图层复合"对话框，如图 3-4-4 所示。需要进行以下设置。

◎"名称"文本框：输入新建图层复合的名称。

◎"应用于图层"栏：选择要应用于"图层"面板内图层的选项，选中"可见性"复选框，表示图层是显示还是隐藏；选中"位置"复选框，表示在图层的位置；选中"外观（图层样式）"复选框，表示是否将图层样式应用于图层，以及图层的混合模式。

◎"注释"列表框：其内输入该图层复合的说明文字。

（3）单击"新建图层复合"对话框内的"确定"按钮，关闭该对话框，即可在"图层复合"面板内创建一个新图层复合。

2．应用并查看图层复合

（1）在"图层复合"面板中，单击选定图层复合左边的"应用图层复合"图标▦。

（2）在"图层复合"面板内，单击"应用上一个图层复合"按钮◀，可看上一个图层复合；单击"应用下一个图层复合"按钮▶，可看下一个图层复合。可以循环查看。

（3）单击"图层复合"面板顶部的"最后的文档状态"左边的"应用图层复合"图标▦，可以显示最后的文档状态。

3．编辑图层复合

（1）复制图层复合：在"图层复合"面板中，将要复制的图层复合拖曳到"创建新图层复合"按钮▣之上。

（2）删除图层复合：在"图层复合"面板中选择图层复合，然后单击面板中的"删除"按钮▥，或者单击"图层复合"面板菜单中的"删除图层复合"命令。

（3）更新图层复合：操作方法如下。

◎ 选中"图层复合"面板内要更新的图层复合。

◎ 在画布内进行位置、大小等修改，在"图层"面板内进行图层的隐藏和显示的修改，以及图层样式的停用和启用的修改。

◎ 在"图层复合"面板内，右击要更新的图层复合，打开它的快捷菜单，如图 3-4-11 所示。单击该菜单内的"图层复合选项"命令，打开"图层复合选项"对话框，它与图 3-4-4 所示"新建图层复合"对话框基本一样。在该对话框内可以更改"应用于图层"栏内复选框的选择，记录前面图层位置和图层样式等更改。

◎ 单击"图层复合"面板内底部的"更新图层复合"按钮 ↻，或单击图 3-4-11 所示菜单内的"更新图层复合"命令可以更新当前的图层复合。

（4）清除图层复合警告：当改变"图层"面板内的内容（删除和合并图层或将常规图层转换为背景图层），会引发不再能够完全恢复图层复合的情况。在这种情况下，图层复合名称旁边会显示一个"警告"图标 ⚠。忽略警告，会导致丢失多个图层。其他已存储的参数可能会保留下来。更新复合，会导致以前捕捉的参数丢失，但可以使图层复合保持最新。

图 3-4-11　快捷菜单

单击"警告"图标 ⚠，可能会打开一个提示框，该提示框内的文字说明图层复合无法正常恢复。单击该对话框内的"清除"按钮，可以清除"警告"图标，但其余的图层保持不变。

右击"警告"图标，打开它的快捷菜单，单击其内的"清除图层复合警告"命令，可清除选中图层复合的警告；单击"清除所有图层复合警告"命令，可清除所有图层复合的警告。

（5）导出图层复合：可以将图层复合导出到单独的文件。单击"文件"→"脚本"→"将图层复合导出到文件"命令，打开"将图层复合导出到文件"对话框，利用该对话框，可设置文件类型，设置文件保存的目标文件夹和文件名称等。再单击"确定"按钮。

思考练习 3-4

1．按照【实例 7】所述方法，利用【实例 6】图像设计 3 个方案。

2. 按照【实例 7】所述方法，利用【实例 1】图像设计 4 个方案。

3.5 【实例 8】桂林花展海报

"桂林花展海报"图像，如图 3-5-1 所示。它是一幅宣传世界名花的海报，其中颗粒状蓝色背景之上有带金色阴影的弯曲红色立体文字"桂林花展海报"，介绍荷花与菊花的段落文字和几种名花的羽化图像，另外在段落文字外有红色圆形图形，沿着圆形图形外有环绕文字，这种文字可以使画面更美观，更具有可视性。

制作该图像使用了文字沿路径环绕，路径可以由选区来转换。如果在路径上输入横排文字，可以使文字与路径的切线（基线）垂直；如果在路径上输入直排文字，可以使文字方向与路径的切线平行。如果移动路径或更改路径的形状，文字将会随着路径位置和形状的改变而自动发生相应的变化。

图 3-5-1　"桂林花展海报"图像

制作方法

1. 制作背景图像

（1）新建宽为 900 像素，高为 400 像素，背景色为浅蓝色的文档。以名称"【实例 8】桂林花展海报.psd"保存。打开四幅世界名花图像，如图 3-5-2 所示。分别将它们的高度调整为 300 像素，宽度等比例改变。

（a）荷花.jpg　　　　（b）菊花.jpg　　　　（c）兰花.jpg　　　　（d）牡丹.jpg

图 3-5-2　四幅世界名花图像

（2）选中"【实例 8】桂林花展海报.psd"图像的"背景"图层，设置前景色为浅绿色，按 Alt+Delete 组合键，给"背景"图层填充浅绿色。

（3）选中"荷花"图像，按 Ctrl+A 组合键，创建选中整个图像的选区，按 Ctrl+C 组合键，将整个"荷花"图像复制到剪切板中。

（4）选中"【实例8】桂林花展海报.psd"图像，在"图层"面板内选中"背景"图层。

（5）使用"椭圆工具"按钮○，在其选项栏中设置羽化半径为30像素，在画布内的左上角创建一个椭圆选区。再单击"编辑"→"选择性粘贴"→"贴入"命令，将剪切板中的荷花图像粘贴到该选区内。按Ctrl+D组合键，取消选区，如图3-5-3所示。

（6）按照上述方法，再在"【实例8】桂林花展海报.psd"图像内添加羽化参展的名花图像，如图3-5-1所示。

2．制作弯曲立体文字

图3-5-3　羽化的荷花图像

（1）使用工具箱中的"横排文字工具"按钮 T，在其选项栏内的"设置字体系列"下拉列表框中选择"华文楷体"选项，在"设置字体大小"下拉列表框中选择"48 点"选项，单击"设置文字颜色"按钮■，打开"拾色器（文本颜色）"对话框，利用该对话框设置文字颜色为红色，单击"确定"按钮，关闭该对话框。

（2）在画布内输入文字"世界桂林花展海报"。此时，自动为文字创建一个"世界桂林花展海报"文本图层。拖曳选中文字，单击"窗口"→"字符"命令，打开"字符"面板。在 AV 下拉列表框内选择"200"选项，将文字间距调大，如图3-5-4所示。

（3）使用工具箱内的"移动工具"按钮 ↑，拖曳文字到画布内顶部的中间处。

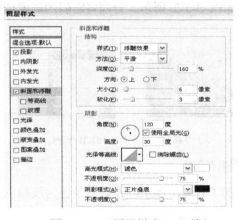

图3-5-4　输入文字"桂林花展海报"

（4）单击"图层"面板内的"添加图层样式"按钮 fx，打开它的快捷菜单，单击该菜单内的"斜面和浮雕"命令，打开"图层样式"对话框。

（5）选中"样式"栏内"斜面和浮雕"复选框和文字，设置样式为浮雕效果，深度为160，大小6个像素，软化为3像素，角度为120度，高度为30度，如图3-5-5所示。选中"样式"栏内"投影"复选框和文字，设置距离为15像素，扩展为5%，大小为8像素，不透明度为90%，角度为120度，投影色为黄色，混合模式为强光，如图3-5-6所示。单击"确定"按钮，即可完成有黄色阴影的立体文字的制作。

图3-5-5　"图层样式"对话框　　　　图3-5-6　"图层样式"对话框

（6）选中"图层"面板内的"桂林花展海报"图层，单击工具箱中的"横排文字工具"

按钮 T，单击其选项栏内的"创建变形文本"按钮 工，打开"变形文字"对话框。在"样式"下拉列表框中选择"扇形"选项，调整弯曲度为 +50%，如图 3-5-7 所示。单击"确定"按钮，即可使选中图层内的文字呈扇形弯曲，如图 3-5-1 所示。

图 3-5-7 "变形文字"对话框

3．制作段落文字和环绕文字

（1）在"图层"面板内新增一个图层，将它的名称改为"圆框"，选中该图层。使用"椭圆工具"按钮 ○，在其选项栏中设置羽化半径为 0 像素，绘制一个圆形选区。单击"编辑"→"描边"命令，打开"描边"对话框，利用该对话框给选区描 2 像素、红色的边。

（2）使用"横排文字工具"按钮 T，在画布内中间处拖曳一个矩形段落框。在该段落框内输入颜色为红色、黑体、大小为 16 点、加粗的文字，按 Space 键调整每行文字的起始位置，按 Enter 键换行，如图 3-5-8 所示。拖曳段落框四周的控制柄可以调整段落框大小。

（3）单击"窗口"→"段落"命令，打开"段落"面板，利用它对段落进行设置。

（4）单击"窗口"→"路径"命令，打开"路径"面板，单击该面板内的"从选区生成工作路径"按钮 ，将圆形选区转换为圆形路径。

（5）使用工具箱内的"横排文字工具"按钮 T，单击"窗口"→"字符"命令，打开"字符"面板，在该面板内设置字体为黑体，大小为 16 点，文字样式加粗，颜色为红色，消除文字锯齿方式为浑厚，如图 3-5-9 所示。

（6）移动鼠标指针到圆形路径上，当鼠标指针变为文字工具的基线指示符 时，用鼠标单击，路径上会出现一个插入点 。然后，输入"中国桂林 2013 年世界名花展"文字。此时，"图层"面板内会增加相应的文字图层。"路径"面板内增加一个"中国桂林 2013 年世界名花展文字路径层"。

（7）单击工具箱中的"路径选择工具"按钮 或"直接选择工具"按钮 ，再将鼠标指针移到环绕文字之上，鼠标指针会变为 或 形状。

此时沿着路径逆时针（或顺时针）拖曳圆形路径上的 图标（环绕文字的起始图标），同时会沿着路径逆时针（或顺时针）拖曳圆形路径上的环绕文字，改变文字的起始位置。如果拖曳环绕文字的终止图标 ，可以调整环绕文字的终止位置，如图 3-5-10 所示。

注意：调整环绕文字的最终效果如图 3-5-10 所示。拖曳移动环绕文字时避免跨越到路径的另一侧，否则会将文字翻转到路径的另一边。

图 3-5-8 段落文字

图 3-5-9 "字符"调板

图 3-5-10 调整环绕文字

（8）选中"图层"面板内的"中国桂林 2013 年世界名花展"文字图层，在"字符"面板内

"设置基线偏移"文本框 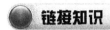 中输入 8，按 Enter 键后，环绕文字会朝远离圆形方向移 8 个点。

链接知识

1．文字工具

（1）"横排文字工具"按钮：单击工具箱内的"横排文字工具"按钮 T，此时的选项栏如图 3-5-11 所示。再单击画布，即可在当前图层的上边创建一个新的文字图层。同时，画布内鼠标单击处会出现一个竖线光标，表示可以输入文字（这时输入的文字称为点文字）。输入文字中，按 Ctrl 键可以切换到移动状态。另外，也可以使用剪贴板粘贴文字。

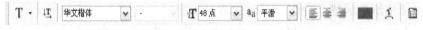

图 3-5-11　"横排文字工具"的选项栏

单击画布窗口后，"横排文字工具" T 的选项栏增加了 ✔（提交所有当前编辑）和 ◎（取消所有当前编辑）两个按钮。单击 ✔ 按钮，可完成文字的输入。单击 ◎ 按钮，可取消输入的文字。然后选项栏都回到图 3-5-11 所示状态。

（2）"直排文字工具"按钮："直排文字工具"的选项栏与图 3-5-10 所示基本一样。它的使用方法与文字工具的使用方法也基本一样，只是输入的文字是竖直排列的。

（3）"文字蒙版工具"按钮：单击工具箱内的"横向文字蒙版工具"按钮 或"直排文字蒙版工具"按钮 ，此时的选项栏与图 3-5-11 所示基本一样。单击画布，会加入一个红色的蒙版，输入文字（例如，"祖国"，如图 3-5-12 所示）。输入文字后单击其他工具，画布内即可创建相应的文字选区，如图 3-5-13 所示。

（4）改变文字的方向：单击"图层"→"文字"→"水平"命令，或单击选项栏内的 按钮，可将垂直文字改为水平文字；单击"图层"→"文字"→"垂直"命令，或单击选项栏内的 按钮，可将水平文字改为垂直文字。

图 3-5-12　使用文字蒙版工具输入文字

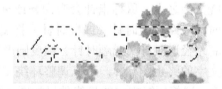

图 3-5-13　文字选区

2．文字工具的选项栏

（1）"设置字体系列"下拉列表框 Myriad ：用来设置字体。

（2）"设置字体样式"下拉列表框 Roman ：用来设置字形。字形有常规（Regular）和加粗（Bold）等。要注意，不是所有字体都具有这些字体样式。

（3）"设置字体大小"下拉列表框 T 30点 ：用来设置字体大小。可以选择下拉列表框内的选项，也可以直接输入数据。单位有毫米（mm）、像素（px）和点（pt）。

（4）"设置消除锯齿的方法"下拉列表框 a 锐化 ：用来设置是否消除文字的边缘锯齿，以及采用什么方法消除文字的边缘锯齿。它有 5 个选项："无"（不消除锯齿，对于小文字，会使文字模糊）、"锐利"（文字边缘锐化）、"犀利"（消除锯齿，使文字边缘清晰）、"浑厚"（稍过渡的消除锯齿）和"平滑"（产生平滑效果）。

（5）"设置文字排列"按钮 ：文字在水平排列时，设置文字的对齐方式。

（6）"设置文字排列"按钮 ：文字在垂直排列时，设置文字的对齐方式。

（7）"设置文本颜色"按钮 ：单击它可打开"选择文本颜色"对话框，用来设置文字的颜色。

（8）"创建文字变形"按钮 ：单击该按钮，可以打开"变形文字"对话框。

（9）"显示/隐藏字符和段落面板"按钮 ，单击该按钮，可以打开"字符"和"段落"面板。分别用来设置文字的字符和段落属性。

3．"字符"面板

单击选项栏中的"显示字符和段落面板"按钮 ，可打开"字符"和"段落"面板。"字符"面板用来定义字符属性；"段落"面板如图3-5-14所示。单击"字符"面板右上角的 按钮，打开"字符"面板菜单，如图3-5-15所示。利用该面板菜单可设置文字字形（因为许多字体没有粗体和斜体字型），给文字加下划线和删除线，设置上标或下标、改变文字方向等。该面板中没有介绍过的选项简单介绍如下。

图3-5-14 "段落"面板　　　　图3-5-15 "字符"面板菜单

（1）"设置行距"下拉列表框 ：用来设置行间距，即两行文字间的距离。

（2）"垂直缩放"文本框 ：用来设置文字垂直方向的缩放比例。

（3）"水平缩放"文本框 文本框：用来设置文字水平方向的缩放比例。

（4）"设置所选字符的比例间距"下拉列表框 ：用来设置所选字符的比例间距。百分数越大，选中字符的字间距越小。拖曳 ，可以改变数值。

（5）"设置所选字符的字距调整"下拉列表框 ：用来设置所选字符的字间距。正值是使选中字符的字间距加大，负值是使选中字符的字间距减小。

（6）"设置两个字符间的字距微调"文本框 ：单击两个字之间，然后修改该下拉列表框内的数值，即可改变两个字的间距。正值是加大，负值是减小。

（7）"设置基线偏移"文本框 ：用来设置基线的偏移量。正值是使选中的字符上移，形成上标；负值是使选中的字符下移，形成下标。

（8）按钮组 ：从左到右分别为粗体、斜体、全部大写、小写、上标、下标、下划线、删除线。

（9） 下拉列表框：用来选择不同国家的文字。对所选字符进行有关连字符和拼写规律的语言设置。

4．段落文字和"段落"面板

Photoshop不但可以输入单行文字，还可以输入段落文字。段落文字除了具有文字格式外，还有段落格式。段落格式可用"段落"面板进行设置。

（1）输入和调整段落文字的方法如下。

◎ 单击工具箱内的"横排文字工具"按钮 T，再在其选项栏内进行设置。

◎ 在画布窗口内拖曳出一个虚线的矩形，称为文字输入框，它的四边上有 8 个控制柄 □，其内有一个中心标记 ✧，如图 3-5-16 所示。在矩形框内输入文字或粘贴文字（这时输入的文字称为段落文字），如图 3-5-17 所示。按住 Ctrl 键，同时拖曳，可以移动文字输入框和其内的文字。拖曳中心标记 ✧，可以改变中心标记 ✧ 的位置。

◎ 将鼠标指针移到文字输入框边上的控制柄 □ 处，当鼠标指针呈直线双箭头状时，拖曳可以改变文字输入框的大小，同时也调整了文字输入框内行文字量和行数。如果文字输入框右下角有-⊞控制柄，则表示除了文字输入框内还有其他文字，如图 3-5-18 所示。

◎ 将鼠标指针移到文字输入框边上的控制柄 □ 外边，当鼠标指针呈曲线双箭头状时拖曳，可以以中心标记 ✧ 为中心旋转文字输入框。

◎ 按住 Shift+Ctrl 组合键，拖曳虚线矩形框四边上的控制柄，可使文字倾斜。

◎ 单击工具箱内其他工具，可完成段落文字输入。按 Esc 键可取消文字的输入。

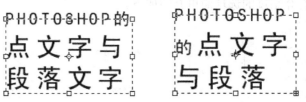

图 3-5-16　中心标记　　　　图 3-5-17　段落文字　　　　图 3-5-18　还有其他文字

（2）设置文字的排列方式：在输入段落文字时，可利用选项栏设置文字排列方式。

◎ 设置文字排列按钮≡≡≡：文字在水平排列时，设置文字与文字输入框左边对齐、文字在文字输入框内居中对齐或文字与文字输入框右边对齐。

◎ "设置文字排列"按钮：文字在垂直排列时，设置文字在文字输入框内上边对齐、居中对齐或下边对齐。

（3）"段落"面板："段落"面板如图 3-5-14 所示，它用来定义文字的段落属性。单击"段落"面板右上角的面板菜单按钮 ，可打开它的面板菜单。利用该面板菜单可以设置顶到顶行距、顶到底行距、对齐等。"段落"面板中一些选项的作用如下。

◎ ▔≣ 0点 文本框：设置段落文字左缩进量，以点为单位。

◎ ≣▏▸ 0点 文本框：设置段落文字右缩进量，以点为单位。

◎ ▔≣ 0点 文本框：设置段落文字首行缩进量，以点为单位。

◎ ▔≣ 0点 文本框：设置段落文字段前间距量，以点为单位。

◎ ▗≣ 0点 文本框：设置段落文字段后间距量，以点为单位。

◎ "避头尾法则设置"下拉列表框：用来选择换行集。

◎ "间距组合设置"下拉列表框：用来选择内部字符集。

◎ ☑连字 复选框：选中该复选框后，可在英文单词换行时自动在行尾加连字符"-"。

5. 文字转换

（1）段落文字转换为点文字：选中"图层"面板中的段落文字图层，再单击"图层"→"文字"→"转换为点文本"命令，即可将段落文字转换为点文字。

（2）点文字转换为段落文字：选中"图层"面板中的该文字图层，单击"图层"→"文字"

→"转换为段落文本"命令，即可将点文字转换为段落文字。

（3）文字转换为形状：单击"图层"→"文字"→"转换为形状"命令，即可将选中的文字的轮廓线转换为形状。

6. 文字变形

单击工具箱内的"横排文字工具"按钮 **T**，再单击画布或者选中"图层"面板内的文字图层。单击选项栏中的"创建变形文本"按钮 **工**，或单击"图层"→"文字"→"文字变形"命令，都可以打开"变形文字"对话框。

在"变形文字"对话框内的"样式"下拉列表框中选择不同的样式选项。例如，选择"鱼眼"样式选项后，"变形文字"对话框如图 3-5-19 所示。图 3-5-20 给出了几种变形的文字。"变形文字"对话框内各选项的作用如下。

图 3-5-19　"变形文字"对话框　　　　　图 3-5-20　变形的文字

（1）"样式"下拉列表框：用来选择文字弯曲变形的样式。

（2）"水平"和"垂直"单选按钮：用来确定文字弯曲变形的方向。

（3）"弯曲"文本框：调整文字弯曲变形的程度，可以用鼠标拖曳滑块来调整。

（4）"水平扭曲"文本框：调整文字水平方向的扭曲程度，可以拖曳滑块来调整。

（5）"垂直扭曲"文本框：调整文字垂直方向的扭曲程度，可以拖曳滑块来调整。

思考练习 3-5

1. 参考本实例，制作一幅"北京旅游海报"图像。

2. 制作如图 3-5-20 所示的各种变形文字。

3. 制作一幅"立竿见影"投影文字图像，如图 3-5-21 所示。

4. 制作一幅"图像文字"图像，如图 3-5-22 所示。

图 3-5-21　"投影文字"图像　　　　　图 3-5-22　"图像文字"图像

第4章

滤　镜

本章提要

　　本章通过学习三个实例的制作，可以掌握 Photoshop CS5 提供的部分滤镜的使用方法和使用技巧，初步掌握一些外部滤镜的使用方法和使用技巧。

4.1　【实例 9】天鹅湾别墅

案例效果

　　"天鹅湾别墅"图像有两幅，分别如图 4-1-1 和图 4-1-2 所示，可以看出，这是两幅"星河别墅房产"的广告。别墅在水中形成倒影。制作"天鹅湾别墅 1"图像使用了"波纹"、"水波"和"动感模糊"滤镜，制作"天鹅湾别墅 2"图像使用了"Flood"外挂滤镜。

图 4-1-1　"天鹅湾别墅 1"图像　　　　　　　图 4-1-2　"天鹅湾别墅 2"图像

制作方法

1．制作背景图像

　　（1）新建一个文件名为"天鹅湾别墅"，宽度为 1000 像素，高度为 580 像素，模式为 RGB 颜色，背景为浅蓝色的文档。再以名称"【实例 9】天鹅湾别墅 1.psd"保存。

　　（2）打开一幅"别墅 1.jpg"图像，如图 4-1-3 所示。将该图像大小调整宽为 500 像素，高为 360 像素，使用"移动工具"按钮 将该图像拖曳到"天鹅湾别墅"文档画布窗口内左上角，如图 4-1-4 所示。同时在"图层"面板中自动生成"图层 1"图层。

（3）拖曳"图层 1"图层到"图层"面板内的"创建新图层"按钮 之上，复制一个"图层 1 副本"图层。选中该图层，将其内的图像水平移到画布窗口内的右上角。单击"编辑"→"变换"→"水平翻转"命令，将该图层中的图像水平翻转，如图 4-1-5 所示。

图 4-1-3　"别墅.jpg"图像　　　图 4-1-4　画布窗口和复制的图像　　图 4-1-5　复制水平翻转图像

（4）按住 Ctrl 键，选中"图层 1"和"图层 1 副本"图层，右击打开它的快捷菜单，单击其内的"合并图层"命令，将选中的图层合并到"图层 1 副本"图层内。

（5）拖曳"图层 1 副本"图层到"图层"面板内的"创建新图层"按钮 之上，复制一个"图层 1 副本 2"图层。将该图层拖曳到"图层 1 副本"图层的下边。

（6）单击"编辑"→"自由变换"命令，进入"图层 1 副本 2"图层内图像的自由变换状态，在垂直方向将图像调小，再垂直向下移动图像，使该图像与"图层 1 副本"图层上下衔接好，同时在垂直方向又不超出画布窗口范围。

（7）单击"编辑"→"变换"→"垂直翻转"命令，将"图层 1 副本 2"图层内图像垂直翻转，形成别墅图像的倒影，如图 4-1-6 所示。将"图层 1 副本"图层名称改为"别墅"，将"图层 1 副本 2"图层名称改为"倒影"。

图 4-1-6　别墅和它的倒影图像

2．制作"天鹅湾别墅 1"图像

（1）选中"图层"面板内的"倒影"图层，单击"选择"→"全部"命令，创建选中倒影图像的选区。单击"滤镜"→"模糊"→"动感模糊"命令，打开"动感模糊"对话框，设置模糊距离为 16 像素，角度为 90 度，如图 4-1-7 所示。单击"确定"按钮，将倒影图像模糊，如图 4-1-8 所示。

图 4-1-7　"动感模糊"对话框　　　　图 4-1-8　将倒影图像模糊

（2）单击"滤镜"→"扭曲"→"波纹"命令，打开"波纹"对话框。在"大小"下拉列表框中选择"中"选项，在"数量"文本框内设置为 100，如图 4-1-9 所示。再单击"确定"

按钮，完成倒影的波纹处理。

（3）在倒影图像内左边创建一个羽化为 50 像素的矩形选区。单击"滤镜"→"扭曲"→"水波"命令，打开"水波"对话框。在"样式"下拉列表框中选择"水池波纹"选项，在"数量"文本框设置为 25，"起伏"文本框设置 172，如图 4-1-10 所示。再单击"确定"按钮，完成倒影图像的水池波纹处理。然后，按 Ctrl+D 组合键，取消选区。

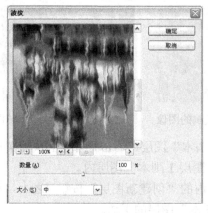

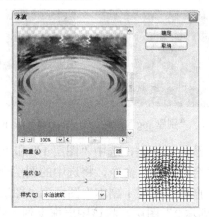

图 4-1-9　"波纹"对话框　　　　　　　　图 4-1-10　"水波"对话框

（4）打开一幅"图标.jpg"图像，创建选区选中其内的图标图像，如图 4-1-11 所示。把该图像拖曳到"天鹅湾别墅"文档的画布窗口中，调整它的大小和位置，如图 4-1-1 所示。

（5）打开一幅"天鹅.jpg"图像，如图 4-1-12 所示。创建选中其内的天鹅的选区，使用"移动工具"按钮 ，把选区内的图像拖曳到"天鹅湾别墅"文档的画布窗口中，再复制两份，调整它的大小和位置，效果如图 4-1-1 所示。

图 4-1-11　"图标"图像　　　　　　　　图 4-1-12　"天鹅.jpg"对话框

（6）制作各种文字，给这些文字分别添加不同的图层样式，如图 4-1-1 所示。

3．制作"天鹅湾别墅 2"图像

（1）将"Flood 1.14"汉化滤镜压缩文件解压到"C:\Program Files\Adobe\Adobe Photoshop CS5\Plug-ins"文件夹内，即可安装"Flood 1.14"汉化滤镜。然后，重新启动中文 Photoshop CS5。

（2）打开"【实例 9】天鹅湾别墅 1.psd"图像文件，再以"【实例 9】天鹅湾别墅 2.psd"保存。将"倒影"图层删除，将"别墅"和"背景"图层以外的图层隐藏。将"别墅"图层复制一份，将其名称改为"倒影"，移到"别墅"图层的下边。按照前面介绍过的方法，制作出如图 4-1-6 所示的倒影图像。将"别墅"和"倒影"图层合并到"别墅"图层，将该图层的名称改为"别墅和倒影"。

（3）单击"滤镜"→"flaming pear"→"Flood 1.14"命令，打开"Flood 1.14"对话框。按照如图 4-1-13 所示进行设置，单击"确定"按钮，完成倒影的波纹处理。

（4）将所有图层显示，图像效果如图 4-1-2 所示，"图层"面板如图 4-1-14 所示。

図 4-1-13　"Flood 1.14" 对话框　　　　　　　図 4-1-14　"图层"面板

 链接知识

1. 滤镜特点和滤镜库

（1）滤镜的作用范围：如果有选区，则滤镜的作用范围是当前可见图层选区中的图像，否则是当前可见图层的整个图像。可将所有滤镜应用于 8 位图像，对于 16 位和 32 位图像只可以使用部分滤镜，有些滤镜只用于 RGB 图像。位图模式和索引颜色的图像不能用滤镜。

（2）滤镜对话框中的预览：单击滤镜的命令后，会打开一个相应的对话框。例如，图 4-1-10 所示的"水波"对话框。对话框中均有预览框，可直接看到图像经滤镜处理后的效果。一些对话框中有"预览"复选框，选中它后才可以预览。单击□按钮，可使显示框中的图像变小；单击■按钮，可以使显示框中的图像增大。在预览区域中拖曳，可移动图像。

（3）重复使用滤镜：在"滤镜"菜单中的第一个命令是刚刚使用过的滤镜名称，其快捷键是 Ctrl+F。单击该命令或按 Ctrl+F 组合键，可再次执行刚使用过的滤镜。

按 Ctrl+Alt+F 组合键，可以重新打开刚刚执行的滤镜对话框。

按 Ctrl+Z 组合键，可以在使用滤镜后的图像与使用滤镜前的图像之间切换。

（4）滤镜库：对于风格化、画笔描边、素描、纹理、艺术效果和扭曲（部分）几个滤镜的对话框进行了合成，构成滤镜库，在滤镜库中，可以非常方便地在各滤镜之间进行切换。单击"滤镜"→"滤镜库"命令，可以打开"滤镜库"对话框，如图 4-1-15 所示。

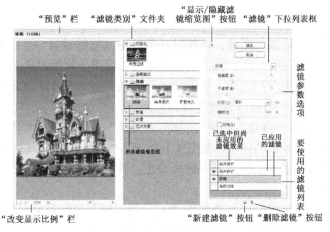

図 4-1-15　"滤镜库"对话框

滤镜库提供了许多滤镜，可以应用"滤镜"菜单中的部分滤镜，打开或关闭滤镜的效果、复位滤镜的选项，以及更改应用滤镜的顺序。如果对预览效果感到满意，则可以将它应用于图像。"滤镜库"对话框中一些选项的作用如下。

◎ 查看预览：拖曳滑块，可以浏览缩览图中其他部分的内容；将鼠标指针移到缩览图之上，当鼠标指针变为 状时，在预览区域中拖曳，可以移动观察的部位。

◎ 单击"滤镜类别"文件夹左边的 按钮，可以展开文件夹，显示该文件夹内的滤镜；单击"滤镜类别"文件夹左边的 按钮，可以收缩文件夹。在"要使用的滤镜"列表中选中一个滤镜后，单击"滤镜类别"文件夹内的滤镜缩略图，可以更换滤镜。

◎ "要使用的滤镜"列表：单击"新建滤镜"按钮 ，可以在该列表中添加滤镜。滤镜旁边的眼睛 图标，单击它可以隐藏滤镜效果，再单击又可以显示滤镜效果。选择滤镜后单击"删除图层"按钮 ，可删除"要使用的滤镜"列表中选中的滤镜。滤镜效果是按照它们在"要使用的滤镜"列表的排列顺序应用的，可以拖曳移动滤镜的前后次序。

2．外部滤镜的安装和使用技巧

许多外部滤镜都可以在网上下载。一类滤镜有它的安装程序，运行安装程序后按照要求操作就可以安装好滤镜。另一类滤镜由扩展名为".8BF"等的文件组成。通常只要将这些文件复制到 Photoshop 插件目录文件夹内即可。例如，将"Flood"文件夹复制到"C:\Program Files\Adobe\Adobe Photoshop CS5\Plug-ins"文件夹内。安装滤镜后，需重新启动 Photoshop，再在"滤镜"菜单中找到新安装的外部滤镜。滤镜使用技巧简单介绍如下。

（1）对于较大的或分辨率较高的图像，在进行滤镜处理时会占用较大的内存，速度会较慢。为了减小内存的使用量，加快处理速度，可以分别对单个通道进行滤镜处理，然后再合并图像。也可以在低分辨率情况下进行滤镜处理，记下滤镜对话框的处理数据，再对高分辨率图像进行一次性滤镜处理。

（2）为了在试用滤镜时节省时间，可先在图像中选择有代表性的一小部分进行试验。

（3）可以对图像进行不同滤镜的叠加多重处理。还可以将多个使用滤镜的过程录制成动作（Action），然后可以一次使用多个滤镜对图像进行加工处理。

（4）图像经过滤镜处理后，会在图像边缘有一些毛边，需对图像边缘进行平滑处理。

3．智能滤镜

要在应用滤镜时不造成破坏图像，以便以后能够更改滤镜设置，可以应用智能滤镜。这些滤镜是非破坏性的，可以调整、移去或隐藏智能滤镜。应用于智能对象的任何滤镜都是智能滤镜。除了"液化"和"消失点"之外，智能滤镜可以应用任意的 Photoshop 滤镜。此外，可以将"阴影/高光"和"变化"调整作为智能滤镜应用。

选中一个图层（例如，"背景"图层），单击"滤镜"→"转换为智能滤镜"命令，可将选中的图层转换为保存智能对象的图层，如图 4-1-16 所示。再添加滤镜（例如，添加"高斯模糊"滤镜），可给智能对象添加滤镜，但是没有破坏该图层内的图像，"图层"面板如图 4-1-17 所示。单击 图标，可以新设置滤镜参数。

在"图层"面板中，要展开或折叠智能滤镜，可以单击智能对象图层内右侧的 和 图标；智能滤镜将出现应用这些智能滤镜的智能对象图层的下方。

图 4-1-16　　"图层"面板

图 4-1-17　　"图层"面板

4．"模糊"滤镜

单击"滤镜"→"模糊"命令，打开"模糊"菜单。其内有 11 个滤镜命令，如图 4-1-18
所示。它们的作用主要是减小图像相邻像素间的对比度，将颜色变化
较大的区域平均化，以达到柔化图像和模糊图像的目的。下面简介"动
感模糊"和"径向模糊"滤镜。

（1）"动感模糊"滤镜：它可以使图像的模糊具有动态的效果。
单击"滤镜"→"模糊"→"动态模糊"命令，打开"动感模糊"对
话框，如图 4-1-7 所示。

（2）"径向模糊"滤镜：它可以产生旋转或缩放模糊效果。单击
"滤镜"→"模糊"→"径向模糊"命令，打开"径向模糊"对话框。

图 4-1-18　　"模糊"菜单

按照图 4-1-19 所示进行设置，再单击"确定"按钮，即可将图像径向模糊，径向模糊后的图像
如图 4-1-20 所示。可以用鼠标在该对话框内的"中心模糊"显示框内拖曳调整模糊的中心点。

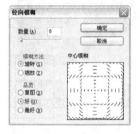

图 4-1-19　"径向模糊"对话框

图 4-1-20　径向模糊后的图像

5．"扭曲"滤镜

单击"滤镜"→"扭曲"命令，打开"扭曲"菜单。其内有 12 个滤镜命令，如图 4-1-21
所示。它们的作用主要是按照某种几何方式扭曲图像，产生三维或变形效果。举例如下。

（1）"波浪"滤镜：它可将图像呈波浪式效果。单击"滤镜"→"扭曲"→"波浪"命
令，打开"波浪"对话框。按照图 4-1-22 所示进行设置，再单击"确定"按钮，即可将一
幅如图 4-1-23 所示的图像加工成如图 4-1-24 所示的图像。

图 4-1-21　　"扭曲"菜单

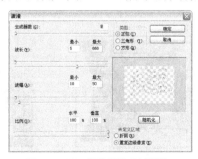

图 4-1-22　　"波浪"对话框

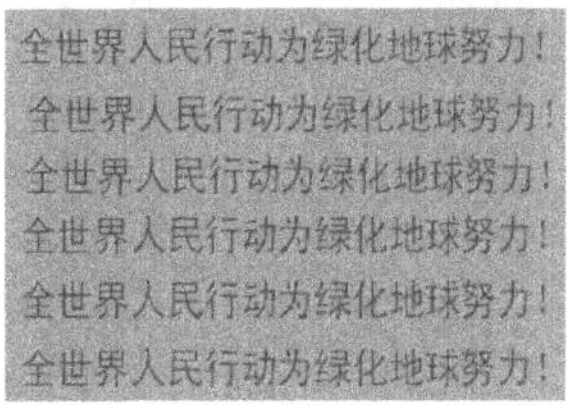

图 4-1-23　输入 6 行文字

（2）"球面化"滤镜：它可以使图像产生向外凸起的效果。单击"滤镜"→"扭曲"→"球面化"命令，打开"球面化"对话框。在图 4-1-23 中间创建一个圆形区域，选中文字所在图层，按照图 4-1-25 所示设置，单击"确定"按钮，效果如图 4-1-26 所示。

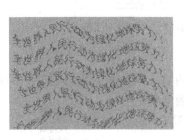
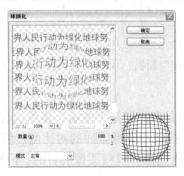

图 4-1-24　波浪滤镜处理效果　　图 4-1-25　"球面化"对话框　　图 4-1-26　球面化处理

思考练习 4-1

1. 制作一幅"狂奔老虎"图像，如图 4-1-27 所示。由图 4-1-27 可以看出，背景模糊，老虎径向模糊，产生奔跑效果。制作该图像使用了"城堡"和"老虎"图像，如图 4-1-28 所示。

（a）　　　　（b）

图 4-1-27　"狂奔老虎"图像　　　图 4-1-28　"城堡"和"老虎"图像

2. 制作一幅"声音的传播"图像，如图 4-1-29 所示。在一幅风景图像之上一个由白色到浅蓝色之间变化的圆形波纹。在背景图像之上，是由内向外逐渐旋转变大的文字"全世界人民行动起来，为绿化地球，保护生态环境而努力！"。制作该图像的方法提示：使用水波滤镜将图像旋转，输入 10 行，每行文字两边与画布两边对齐，使用极坐标滤镜将文字转换为极坐标系的变换，再使用旋转扭曲滤镜使文字稍旋转一点，再使用挤压滤镜。

3. 制作一幅"别墅倒影"图像，如图 4-1-30 所示，由图 4-1-30 可以看出，图像内有一栋别墅，别墅在水中形成倒影，水中有波纹，图像有一个弯曲的立体框架，框架有阴影。该图像是将图 4-1-31 所示"别墅"图像进行"波纹扭曲"、"动感模糊"、"高斯模糊"、"水波扭曲"和"切变扭曲"滤镜的处理及其他加工制作而成的。

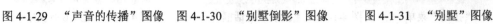

图 4-1-29　"声音的传播"图像　　图 4-1-30　"别墅倒影"图像　　图 4-1-31　"别墅"图像

4．制作一幅"旋转"图像，如图 4-1-32 所示。文字以某点为中心旋转了一周。

5．制作一幅"鹰击长空"图像，如图 4-1-33 所示，该图像是在利用一幅"鹰"图像和一幅"云"图像基础加工而成的。

6．制作一幅"落日"图像，如图 4-1-34 所示。画面中展现的是一片被落日染成红色的荒原，一直延伸到远处的地平线。天空中高高漂浮着一层淡淡的云彩，紫红色的太阳正在缓缓落下。制作"大漠落日"图像，需要使用 KPT6 外挂滤镜。

图 4-1-32　"旋转"图像　　　图 4-1-33　"鹰击长空"图像　　　图 4-1-34　"落日"图像

4.2　【实例 10】火烧摩天楼

"火烧摩天楼"图像是一幅"火烧摩天楼"电影的宣传广告，如图 4-2-1 所示。可以看出，在"火烧摩天楼"图像（图 4-2-2）之上添加了"火烧摩天楼"火焰文字，文字的烈焰好像在封面上飞腾而起。

图 4-2-1　"火烧摩天楼"图像　　　　图 4-2-2　"电影《火烧摩天楼》"图像

制作方法

1．制作刮风文字

（1）打开一幅"火烧摩天楼"图像，调整该图像宽为 400 像素，高为 570 像素。再以名称"【实例 10】火烧摩天楼.psd"保存。在"背景"图层之上新增"图层 1"图层。设置前景色为黑色，按 Alt+Delete 组合键，给该图层填充黑色。

（2）单击工具箱中的"横排文字工具"按钮 T，利用它的选项栏，设置字体为隶书，大小为 60 点，颜色为白色。输入"火烧摩天楼"文字。单击"编辑"→"自由变换"命令，调整文字的大小，移动文字到画布内下方，按 Enter 键确定，如图 4-2-3 所示。

（3）在"图层"面板内复制一份文字图层，该图层的名称为"火烧摩天楼副本"，为将来填充文字颜色时使用。选中"火烧摩天楼"文字图层，单击"图层"→"栅格化"→"图层"

命令，使该文字图层改为常规图层，此时的"图层"面板如图 4-2-4 所示。

注意：若要对文字图层进行"滤镜"操作，必须将文字图层栅格化。

（4）单击"编辑"→"变换"→"旋转 90 度（逆时针）"命令，将文字逆时针旋转 90 度。然后，调整文字的位置。然后，将"火烧摩天楼副本"图层隐藏。

（5）单击"滤镜"→"风格化"→"风"命令，采用默认值设置（方法为"风"，方向为"从右"），单击"确定"按钮，获得吹风效果。

（6）再两次单击"滤镜"→"风"命令，效果如图 4-2-5 所示。

2．制作火焰文字

（1）单击"编辑"→"变换"→"旋转 90 度（顺时针）"命令，将"火烧摩天楼"图层中的图像顺时针旋转 90 度。然后，调整文字的位置。

（2）单击"滤镜"→"模糊"→"高斯模糊"命令，打开"高斯模糊"对话框，设置模糊半径为 3 像素，单击"确定"按钮，将文字进行高斯模糊处理。

图 4-2-3　调整后的"火烧摩天楼"文字　　　图 4-2-4　"图层"面板　　　图 4-2-5　吹风的效果

（3）选中"图层"面板内的"火烧摩天楼"图层，单击"图层"→"向下合并"命令，将"火烧摩天楼"图层和"图层 1"图层合并，组成新的"图层 1"图层，"图层"面板如图 4-2-6 所示，图像如图 4-2-7 所示。

（4）单击"图像"→"调整"→"色相/饱和度"命令，打开"色相/饱和度"对话框。选中"着色"复选框，设置色相为 40，饱和度为 100，如图 4-2-8 所示。

 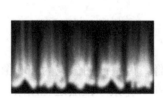 

图 4-2-6　"图层"面板　　　图 4-2-7　合并图层效果　　　图 4-2-8　"色相/饱和度"对话框

注意：使白色文字的背景为黑色，才能使用"色相/饱和度"命令为该图层上色。

（5）单击"色相/饱和度"对话框内的"确定"按钮，关闭该对话框，为"图层 1"图层的文字着一种明亮的橘黄色，如图 4-2-9 所示。

（6）将"图层 1"图层复制，将复制图层名称改为"图层 2"。再利用"色相/饱和度"对话框（色相为 0，饱和度为 80）将"图层 2"图层文字改为红色，如图 4-2-10 所示。

（7）在"图层"面板的"设置图层的混合模式"下拉列表框内选择"叠加"选项，将"图层2"图层的图层混合模式改为"叠加"。这样，红色和橘黄色就得到了很好的混合，火焰的颜色就出来了，如图4-2-11所示。

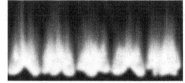
图4-2-9 橘黄色效果

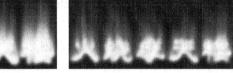
图4-2-10 红色效果

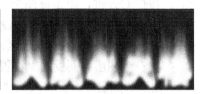
图4-2-11 "叠加"混合效果

（8）选中"图层"面板内的"图层2"图层，单击"图层"→"向下合并"命令，将"图层2"图层和"图层1"图层合并，组成新的"图层1"图层。

3．制作火焰效果

（1）单击"图层"面板中的"创建新图层"按钮，创建一个"图层2"图层。在"图层"面板内，将把"图层2"图层拖曳移到所有图层的最顶端。

（2）单击工具箱中的"画笔"按钮，单击选项栏内的"喷枪"按钮，设置喷枪流量为30%，画笔为30px，硬度为0%，前景色为黑色。在文字的周围拖曳。

（3）单击"滤镜"→"液化"命令，打开"液化"对话框，在"液化"对话框中，使用"向前变形工具"按钮，给所画的图像进行涂抹，再配合使用"膨胀工具"按钮、"顺时针旋转扭曲工具"按钮、"褶皱工具"按钮等，画出逼真的火焰外观，单击"确定"按钮，关闭该"液化"对话框，效果如图4-2-12所示。

（4）在"图层2"图层的下边创建一个"图层3"图层，为该图层画布填充黑色。再选中"图层2"图层，按Ctrl+I组合键，将图像的颜色反相，此时的图像如图4-2-13所示。

（5）单击"图层"→"向下合并"命令，将"图层2"图层和"图层3"图层合并，组成新的"图层2"图层。

（6）单击"图像"→"调整"→"渐变映射"命令，打开"渐变映射"对话框。单击可编辑渐变色条，打开"渐变编辑器"对话框。利用该对话框设置渐变色为从黑色到红绿色到黄色再到白色，如图4-2-14所示。

图4-2-12 涂抹的火焰

图4-2-13 火焰图像

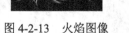
图4-2-14 设置渐变色

（7）单击"渐变编辑器"对话框内的"确定"按钮，完成渐变色的设置，回到"渐变映射"对话框。再单击该对话框内的"确定"按钮，给火焰填充颜色，效果如图4-2-15所示。

（8）在"图层"面板的"设置图层的混合模式"下拉列表框内选择"滤色"选项，将"图层2"图层混合模式改为"滤色"。

图4-2-15 上色火焰

4．添加红色文字

（1）显示"图层"面板内的"火烧摩天楼 副本"文字图层，将其内的白色文字和火焰字对齐。按住 Ctrl 键，单击该图层，在画布窗口内创建一个"火烧摩天楼"文字选区。

（2）选中"图层 1"图层。设置前景色为红色，按 Alt+Delete 组合键，给文字选区填充红色，按 Ctrl+D 组合键，取消选区，再隐藏"火烧摩天楼 副本"文字图层。

（3）在"图层"面板的"设置图层的混合模式"下拉列表框内选择"滤色"选项，将"图层 1"图层的图层混合模式改为"滤色"，显示出背景图像。最后效果如图 4-2-1 所示。

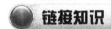 链接知识

1．"风格化"滤镜

单击"滤镜"→"风格化"命令，打开"风格化"菜单，它可以有 9 个滤镜。它们的作用主要是通过移动和置换图像的像素，提高图像像素的对比度，使图像产生刮风等效果。例如，"浮雕效果"滤镜勾画各区域的边界，降低其周围的颜色值，产生浮雕效果；"凸出"滤镜可以将图像分为一系列大小相同的三维立体块或立方体，产生凸出的三维效果。

2．"像素化"和"锐化"滤镜

（1）"像素化"滤镜：单击"滤镜"→"像素化"命令，打开"像素化"菜单，它有 7 个滤镜命令。它们的作用主要是将图像分块或将图像平面化。例如，"晶格化"滤镜可以使图像产生晶格效果；"铜版雕刻"滤镜可以在图像上随机分布各种不规则的线条和斑点，产生铜版雕刻的效果。

（2）"锐化"滤镜：单击"滤镜"→"锐化"命令，打开"锐化"菜单，它有 5 个滤镜。它们的作用主要是增加图像相邻像素间的对比度，减少甚至消除图像的模糊，以达到使图像轮廓分明和更清晰的目的。

3．图像的液化

液化图像是一种非常直观和方便的图像调整方式。它可以将图像或蒙版图像调整为液化状态。单击"滤镜"→"液化"命令，打开"液化"对话框，如图 4-2-16 所示。

该对话框中间显示的是要加工的当前整个图像（图像中没有创建选区）或选区中的图像，左边是加工使用的液化工具，右边是对话框的选项栏。将鼠标指针移到中间的画面时，鼠标指针呈圆形形状。在

图 4-2-16　"液化"对话框

图像上拖曳或单击，即可获得液化图像的效果。在图像上拖曳鼠标的速度会影响加工的效果。"液化"对话框中各工具和部分选项的作用及操作方法如下。

将鼠标指针移到液化工具，可显示出它的名称。单击"液化工具"按钮，即可使用相应的液化工具。在使用液化工具前，通常要先在"液化"对话框右边选项栏的"画笔大小"和"画笔压力"文本框中设置画笔大小和压力。"液化"对话框中各工具和选项的作用如下。

（1）"向前变形工具"按钮 ：图像上拖曳，可获得涂抹图像的效果，如图4-2-17所示。

（2）"重建工具"按钮 ：可以将拖曳处的图像恢复原状，如图4-2-18所示。

（3）"顺时针旋转扭曲工具"按钮 ：单击该按钮，设置画笔大小和压力等，使画笔的圆形正好圈住要加工的那部分图像。然后单击，即可看到圆形内的图像在顺时针旋转扭曲，当获得满意的效果时，松开鼠标左键即可，效果如图4-2-19所示。

按住Alt键，同时单击，即可看到圆形内的图像在逆时针旋转扭曲。

图4-2-17　向前变形　　　　　图4-2-18　重建　　　　　图4-2-19　旋转扭曲

（4）"褶皱工具"按钮 ：用来设置画笔大小和压力等，在按住鼠标键或拖曳时使像素朝着画笔区域的中心移动。当获得满意的效果时，松开鼠标左键即可，效果如图4-2-20所示。

（5）"膨胀工具"按钮 ：单击该按钮，设置画笔大小和压力等，在按住鼠标键或拖曳时使像素朝着离开画笔区域中心的方向移动，如图4-2-21所示。

（6）"左推工具"按钮 ：当垂直向上拖曳该工具时，像素向左移动（如果向下拖曳，像素会向右移动），如图4-2-22所示。也可以围绕对象顺时针拖曳增加其大小或逆时针拖曳减小其大小。按住Alt键，在垂直向上拖曳时向右推（或者要在向下拖曳时向左移动）。

图4-2-20　褶皱　　　　　图4-2-21　膨胀　　　　　图4-2-22　左推

（7）"镜像工具"按钮 ：在图像上拖曳时，会将画笔移动方向所经过的描边区域中左手区域内的像素复制到右手边区域。按住Alt键并拖曳，则会将画笔移动方向所经过的描边区域右手区域内的像素复制到左手边区域。可创建类似于水中倒影的效果，如图4-2-23所示。

（8）"湍流工具"按钮 ：在图像上拖曳，可以平滑地混杂像素，获得涂抹图像的效果，如图4-2-24所示。它可用于创建火焰、云彩、波浪和相似的效果。

（9）"冻结蒙版工具"按钮 ：用来设置画笔大小和压力等，在不要加工的图像上拖曳，即可在拖曳过的地方覆盖一层半透明的颜色，建立保护的冻结区域，如图4-2-25所示。这时再用其他液化工具（不含解冻工具）在冻结区域拖曳鼠标，则不能改变冻结区域内的图像。

图 4-2-23　镜像　　　　　　　图 4-2-24　湍流　　　　　　　图 4-2-25　冻结蒙版

（10）"解冻蒙版工具"按钮：在冻结区域拖曳，则可以擦除半透明颜色，使冻结区域变小。

（11）"缩放工具"按钮：单击画面可放大图像；按住 Alt 键，同时单击画面可缩小图像。

（12）"抓手工具"按钮：当图像不能全部显示时，可以移动图像的显示范围。

（13）"画笔大小"文本框：用来设置画笔大小，即画笔圆形的直径大小。它的取值范围是1～150。画笔越大，操作时作用的范围也越大。

（14）"画笔密度"文本框：控制画笔在边缘处羽化。产生画笔的中心最强，边缘处最轻。

（15）"画笔压力"文本框：设置在预览图像中拖曳工具时的扭曲速度。使用低画笔压力可减慢更改速度，因此，更易于在恰到好处的时候停止。用来设置画笔压力。画笔压力越大，拖曳时图像的变化越大，单击圈住图像时，图像变化的速度也越快。

（16）"重建模式"下拉列表框：选择的模式确定工具如何重建预览图像的区域。

（17）"模式"下拉列表框：用来选择图像重建时的一种模式。

（18）"重建"按钮：可使图像按照设定的重建模式自动进行变化。

（19）"恢复全部"按钮：单击该按钮，可以使加工的图像恢复原状。

（20）"全部反相"按钮：单击该按钮，可使冻结区域解冻，没冻结区域变为冻结区域。

（21）"全部蒙住"按钮：单击该按钮，可使预览图像全部覆盖一层半透明的颜色。

（22）"显示图像"复选框：选中该复选框后，显示图像，否则不显示图像。

（23）"显示网格"复选框：选中该复选框后，显示网格。

（24）"网格大小"和"网格颜色"下拉列表框：用来选择网格的大小和颜色。

思考练习 4-2

1. 利用图 4-2-26 所示图像，制作一幅"风景丽人"图像，如图 4-2-27 所示。

　　　（a）　　　　　　　　　　　（b）

图 4-2-26　"风景"图像和"丽人"图像　　　　　　图 4-2-27　"风景丽人"图像

2．制作一幅"冰雪文字"图像，如图 4-2-28 所示。

3．制作一幅"飞行文字"图像，如图 4-2-29 所示。

图 4-2-28 　"冰雪文字"图像　　　　　　　　图 4-2-29 　"飞行文字"图像

4．制作一幅"气球迎飞雪"图像，如图 4-2-30 所示，它是将一幅如图 4-2-31 所示的热气球图像通过使用"点状化"和"动感模糊"滤镜，以及设置"图层"面板中"设置图层的混合模式"为"滤色"等技术制作而成的。

图 4-2-30 　"气球迎飞雪"图像　　　　　　　图 4-2-31 　热气球图像

4.3 　【实例 11】圣诞迎客

"圣诞迎客"图像，如图 4-3-1 所示，它是将在一幅宣传"圣诞节"的宣传画，在大雪纷飞的夜晚，一座小别墅前有一棵圣诞树，一个圣诞老人站在一座小别墅旁迎接远方来的客人。该图像是在如图 4-3-2（a）所示"圣诞节"图像之上添加如图 4-3-2（b）和（c）所示的"圣诞老人"和"圣诞树"图像，再通过滤镜处理制作飞雪和制作彩色玻璃文字。

（a）　　　　　　　（b）　　　　（c）

图 4-3-1 　"圣诞迎客"图像　　　　图 4-3-2 　"圣诞节"、"圣诞老人"和"圣诞树"图像

制作方法

1．制作雪景

（1）打开如图 4-3-2 所示的"圣诞节"、"圣诞老人"和"圣诞树"的三幅图像，将"圣诞节"图像以名称"【实例 11】圣诞迎客.psd"保存。

（2）创建选区将"圣诞老人"图像中的圣诞老人选中，再使用"移动工具"按钮，将选区内的圣诞老人拖曳复制到"【实例 11】圣诞迎客.psd"图像内，再调整复制的圣诞老人图像的大小和位置。将生成的图层名称改为"圣诞老人"。

（3）按照上述方法，将"圣诞树"图像中的圣诞树复制到"【实例11】圣诞迎客. psd"图像内，再调整它的大小和位置。将生成的图层名称改为"圣诞树"。

（4）在"图层"面板内，将"圣诞树"图层移到"圣诞老人"图层的下边。

（5）在"圣诞老人"图层之上添加一个图层，将该图层的名称改为"小雪"。设置将前景色为黑色，背景色为白色，按 Alt+Delete 组合键，将"雪"图层的画布窗口填充为黑色。

（6）选中"小雪"图层。单击"滤镜"→"杂色"→"添加杂色"命令，打开"添加杂色"对话框。按照图4-3-3所示进行设置，单击"确定"按钮。

（7）单击"滤镜"→"其他"→"自定"命令，打开"自定"对话框（可以控制杂色的多少）。按照图4-3-4所示进行设置，单击"确定"按钮，使白色杂点减少。

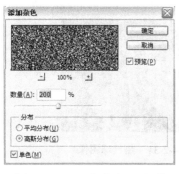
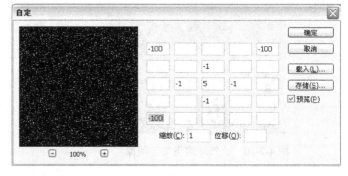

图4-3-3　"添加杂色"对话框　　　　　　　　图4-3-4　"自定"对话框

（8）选中"小雪"图层，使用"矩形工具"按钮 [ ]，在中创建一个矩形选区，如图4-3-5所示。按 Ctrl+C 组合键，将选区中的图像复制到剪贴板中，再按 Ctrl+V 组合键，将剪贴板中的图像粘贴到画面中，在"图层"面板中"小雪"图层之上自动生成一个"图层1"图层。

（9）单击"编辑"→"自由变换"命令，调整选区内图像与画布一样大，将白色颗粒调大，按 Enter 键确定。将"图层1"图层的混合模式改为"滤色"，效果如图4-3-6所示。

（10）拖曳"图层1"图层到"图层"面板内下边的"创建新图层"按钮 ┙ 之上，复制一个名称为"图层1 副本"的图层，加强了雪的感觉，效果如图4-3-7所示。

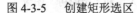
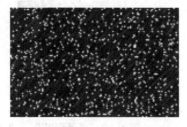
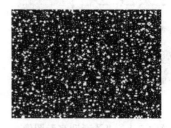

图4-3-5　创建矩形选区　　　　图4-3-6　"滤色"混合模式效果　　　　图4-3-7　复制图层

（11）确定选中"雪"图层，单击"滤镜"→"模糊"→"动感模糊"命令，打开"动感模糊"对话框。该对话框的设置如图4-3-8所示，单击"确定"按钮。

（12）按住 Shift 键，同时选中"图层"面板内的"图层1 副本"和"图层1 副本"图层，单击"图层"→"合并图层"命令，将选中的两个图层合并，组成新图层。将新图层的名称改为"雪"，混合模式改为"滤色"，画布图像效果如图4-3-1所示。

2. 制作玻璃文字

（1）选中"图层"面板内最上边的"雪"图层。使用工具箱中的"横排文字工具"按钮 T，在其选项栏内设置字体为华文琥珀，字大小为 30 点，颜色为黄色，输入"圣诞迎客"文字。单击"编辑"→"自由变换"命令，调整文字的大小和位置，将文字移到画布的左上边，如图 4-3-9 所示。然后，按 Enter 键，确定调整。

（2）单击"滤镜"→"模糊"→"动态模糊"命令，打开"动态模糊"对话框。在"动态模糊"对话框中，设置角度为 45 度，距离为 20 像素。然后，单击"确定"按钮，完成文字的动态模糊处理，如图 4-3-10 所示。

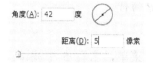

图 4-3-8　"动感模糊"对话框　　　图 4-3-9　"圣诞迎客"文字　　　图 4-3-10　"动态模糊"滤镜效果

（3）单击"滤镜"→"风格化"→"查找边缘"命令，效果如图 4-3-11 所示。

（4）在"圣诞迎客"文字图层下边创建一个"图层 1"图层，选中该图层，给该图层填充黑色，如图 4-3-12 所示。选中"圣诞迎客"与"图层 1"图层，单击"图像"→"合并图层"命令，将选中的两个图层合并，合并后的图层名称为"圣诞迎客"。

图 4-3-11　"查找边缘"滤镜处理效果　　　　图 4-3-12　背景色改为黑色

（5）单击 "渐变工具"按钮，在选项栏内设置线性渐变方式，设置渐变色为色谱渐变，在"模式"下拉列表框中选择"颜色"选项。然后，从文字的左边向右边拖曳，给文字填充五彩渐变颜色，如图 4-3-13 所示。

（6）使用工具箱内的"魔棒工具"按钮，在其选项栏内设置容差为 20。单击文字的黑色背景，创建选中所有黑色的选区。按 Delete 键，删除选区内的黑色。按 Ctrl+D 组合键，取消选区。

图 4-3-13　给文字填充五彩渐变色

（7）选中"小雪"图层，将该图层的混合模式改为"滤色"，效果如图 4-3-1 所示。

链接知识

1."素描"、"纹理"、"画笔描边"和"杂色"滤镜

（1）"素描"滤镜：单击"滤镜"→"素描"命令，打开"素描"菜单，它有 14 个滤镜。它们的作用主要是用来模拟素描和速写等艺术效果。它们一般需要与前景色和背景色配合使用，所以在使用该滤镜前，应设置好前景色和背景色。例如，"铬黄渐变"滤镜可以用来模拟铬黄渐变绘画效果；"影印"滤镜可以产生模拟影印的效果。其前景色用来填充高亮度区，背景色用来填充低亮度区。

（2）"纹理"滤镜：单击"滤镜"→"纹理"命令，打开"纹理"菜单，它有 6 个滤镜。它们的作用主要是给图像加上指定的纹理。例如，"马赛克拼贴"滤镜可以将图像处理成马赛克拼贴图的效果；"染色玻璃"滤镜可以在图像中产生不规则的龟裂缝效果。

（3）"画笔描边"滤镜：单击"滤镜"→"画笔描边"命令，打开"画笔描边"菜单，它有 8 个滤镜。它们的作用主要是对图像边缘进行强化处理，产生喷溅等效果。例如，"喷溅"滤镜可以产生图像边缘有笔墨飞溅的效果，好像用喷枪在图像的边缘喷涂一些彩色笔墨一样；"喷色描边"滤镜可以产生图像的边缘有喷色的效果。

（4）"杂色"滤镜：单击"滤镜"→"杂色"命令，打开"杂色"菜单，它有 5 个滤镜。它们的是给图像添加或去除杂点。例如，"添加杂色"滤镜可以给图像随机地添加一些细小的混合色杂点；"中间值"滤镜可将图像中间值附近的像素用附近的像素替代。

2．"渲染"、"艺术效果"和"其他"滤镜

（1）"渲染"滤镜：单击"滤镜"→"渲染"命令，打开"渲染"菜单，它有 5 个滤镜。它们的作用主要是给图像加入不同的光源，模拟产生不同的光照效果。例如，"分层云彩"滤镜可以通过随机地抽取前景色和背景色，替换图像中一些像素的颜色，使图像产生柔和云彩的效果；"光照效果"滤镜的功能很强大，运用恰当可以产生极佳的效果。

（2）"艺术效果"滤镜：单击"滤镜"→"艺术效果"命令，打开"艺术效果"菜单，它有 15 个滤镜，它们的作用主要是用来处理计算机绘制的图像，去除绘图痕迹，使图像更像人工绘制的。例如，"绘画涂抹"滤镜可以模拟绘画笔，在图像上绘图，产生指定画笔的涂抹效果；"霓虹灯光"滤镜可产生图像的霓虹灯效果。

3．"其他"滤镜

单击"滤镜"→"其他"命令，打开"其他"菜单，它有 5 个滤镜。它们的作用主要是用来修饰图像细节部分。"自定"滤镜可以用它创建自己的锐化、模糊或浮雕等效果的滤镜。"自定"对话框如图 4-3-4 所示。该对话框中各选项的作用如下。

（1） 5×5 的文本框：中间文本框代表目标像素，四周文本框代表目标像素周围对应位置的像素。通过改变文本框的数值（–999～999）来改变图像的整体色调。文本框数值表示了该位置像素亮度增加的倍数。系统会将图像各像素的亮度值（Y）与对应位置文本框数值（S）相乘，将其值与像素原亮度值相加，除以缩放量（SF），最后与位移量（WY）相加，即(Y×S+Y)/SF+WY。用计算出的数作为相应像素的亮度值，改变图像亮度。

（2）"缩放"文本框：用来输入缩放量，其取值范围是 1～9999。

（3）"位移"文本框：用来输入位移量，其取值范围是-9999～9999。

（4）"载入"按钮：可以载入外部用户自定义的滤镜。

（5）"存储"按钮：可以将设置好的自定义滤镜存储。

思考练习 4-3

1．制作"玻璃花"图像，如图 4-3-14 所示，可以看到在水中有一朵"玻璃花"图像，具有凹凸的立体感。它是利用图 4-3-15 所示的两幅图像制作而成的。

(a)　　　　　(b)

图 4-3-14　"玻璃花"图像　　　图 4-3-15　"海洋"和"荷花"图像

2．制作"加光晕"图像，如图 4-3-16 所示。该图像是利用"镜头光晕"渲染滤镜，给图 4-3-17 所示的"夜景"图像加镜头光晕后制作而成的。

图 4-3-16　"加光晕"图像

图 4-3-17　"夜景"图像

3．安装 KPT6 外挂滤镜，再在 Photoshop CS5 中添加该滤镜。导入如图 4-3-18 所示图像，使用 KPT6 滤镜中的"KPT Lens Flare"滤镜加工成如图 4-3-19 所示的图像。

图 4-3-18　"风景"图像

图 4-3-19　"KPT Lens Flare"滤镜处理效果

4.4　【实例 12】摄影展厅

"摄影展厅"图像，如图 4-4-1 所示。展厅的地面是黑白相间的大理石，房顶是明灯倒挂，三面有三幅摄影图像，两边图像有透视效果，给人富丽堂皇的感觉。

图 4-4-1　"摄影展厅"图像

制作方法

1．制作展厅顶部和地面图像

（1）新建一个画布窗口，设置宽为 900 像素，高为 400 像素，背景色为白色，RGB 颜色模式。创建两条水平参考线、两条垂直参考线，再以名称"【实例12】摄影展厅.psd"保存。

（2）打开"风景1.jpg"、"风景2.jpg"和"风景3.jpg"图像文件，如图4-4-2所示。分别对它们进行剪裁处理，调整它们的高约为400像素，高度保持原宽高比例。

(a)　　　　　　　　　　　(b)　　　　　　　　　(c)

图4-4-2　"风景1.jpg"、"风景2.jpg"和"风景3.jpg"图像

（3）打开"灯.jpg"图像，如图4-4-3所示。调整该图像宽为30像素，高为26像素。单击"图像"→"定义图案"命令，打开"定义图案"对话框，在"名称"文本框内输入"灯"，单击"确定"按钮，定义一个名称为"灯"的图案。

（4）选中"【实例12】摄影展厅.psd"文档，使用"多边形套索工具"按钮 ，在画布窗口内上边创建一个梯形选区，如图4-4-4所示。使用"油漆桶工具"按钮 ，在其选项栏内的"填充"下拉列表框内选择"图案"选项，在"图案"下拉列表框内选择"灯"图案，单击选区内部，给选区填充"灯"图案。

（5）单击"图像"→"描边"命令，打开"描边"对话框，设置描边颜色为金黄色、宽度为3px，居中，单击"确定"按钮，给选区描边。

（6）再在左边、右边和下边各创建一个梯形选区，再给选区描金黄色，宽度为3px的边。按Ctrl+D组合键，取消选区，如图4-4-5所示。

也可以使用工具箱内的"铅笔工具"按钮 ，在工具选项栏中设置笔触为3 px。单击线段起点，再按住Shift键，单击线段终点，在起点和终点之间绘制出一条直线。

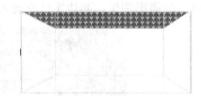

图4-4-3　"灯"图像　　　　图4-4-4　梯形选区　　　　　图4-4-5　选区描边

（7）双击"图层"面板内的"背景"图层，打开"新建图层"对话框，单击"确定"按钮，将"背景"图层转换为普通图层"图层0"。然后，将白色部分删除。

（8）新建一个画布窗口，设置宽为60像素，高为60像素，背景色为白色，RGB颜色模式。在画布窗口内左上角创建一个宽和高均为30像素的选区，填充黑色；再将选区移到右下角，填充黑色。最后效果如图4-4-6所示。将该图像以名称"砖"定义为图案。

（9）新建一个画布窗口，设置宽为900像素，高为400像素，背景色为白色，RGB颜色模式。使用"油漆桶工具"按钮 ，在其选项栏内的"填充"下拉列表框内选择"图案"选项，在"图案"

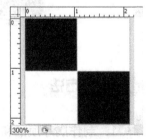

图4-4-6　黑白相间图案

下拉列表框内选择"砖"图案，单击选区内部，给选区填充"砖"图案，如图 4-4-7 所示。将文档以名称"地面.jpg"保存，关闭该画布窗口。

图 4-4-7　黑白相间的地面图像

2．制作透视图像

（1）选中"风景 3.jpg"图像，单击"选择"→"全部"命令，创建选中整幅图像的选区；单击"编辑"→"复制"命令或按 Ctrl+C 组合键，将选区内的图像复制到剪贴板内。

（2）切换到【实例 12】摄影展厅.psd"文档，在"图层"面板内新建一个"图层 1"图层。选中该图层。单击"滤镜"→"消失点"命令，打开"消失点"对话框。

（3）单击 "创建平面工具"按钮 ，在该对话框内左边梯形框架内，依次单击梯形三个端点，然后拖曳创建一个梯形透视平面，双击结束，如图 4-4-8 所示。

（4）按 Ctrl+V 组合键，将剪贴板内的"风景 3.jpg"图像粘贴到"消失点"对话框的预览窗口内。单击 "消失点"对话框内左边"变换工具"按钮 ，如果图像在梯形透视平面外边，则将粘贴的图像移到梯形透视平面内。然后，将图像调小一些，调整图像的位置，效果如图 4-4-9 所示。单击"确定"按钮，关闭"消失点"对话框，回到画布窗口。

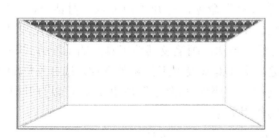
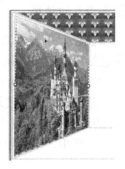

图 4-4-8　"消失点"对话框内创建的第 1 个透视平面　　　　图 4-4-9　透视平面插入图像

（5）按照上述方法，在画布窗口内右边框架内创建一个透视平面，其内加入透视图像"风景 4.jpg"，如图 4-4-10 所示。再在正面框架内插入图像，如图 4-4-11 所示。

图 4-4-10　第 2 个透视平面　　　　　　　　图 4-4-11　插入图像

（6）打开"地面.jpg"图像，调整该图像宽为 500 像素，高度为 267 像素。按 Ctrl+A 组合键，创建选中整幅图像的选区，按 Ctrl+C 组合键，将选区内的图像复制到剪贴板内。然后，切换到"【实例 12】摄影展厅.psd"文档，在"图层"面板内新建一个"图层 2"图层。单击"滤镜"→"消失点"命令，打开"消失点"对话框。单击工具箱内的"创建平面工具"按钮，在该对话框内下边创建一个梯形透视平面。

（7）按 Ctrl+V 组合键，将剪贴板内的"地面.jpg"图像粘贴到"消失点"对话框的预览窗口内。单击工具箱内的"变换工具"按钮，将图像调小一些，然后移到下边的透视平面内。调整图像的大小和位置，单击"确定"按钮，回到画布窗口。

（8）使用自由变换来调整各图层内的图像大小和位置，最后效果如图 4-4-1 所示。

链接知识

利用"消失点"对话框可以创建一个或多个有消失点的透视平面（简称平面），在该平面内复制粘贴的图像、创建的矩形选区、使用"画笔工具"按钮绘制的图形、使用"图章工具"按钮仿制的图像都具有相同的透视效果。这样，可以简化透视图形和图像的制作与编辑过程。当修饰、添加或移去图像中的内容时，因为可以正确确定这些编辑操作的方向，并且将它们缩放到透视平面，效果更逼真。完成消失点中工作后，可继续编辑图像。要在图像中保留透视平面信息，应以 PSD、TIFF 或 JPEG 格式存储文档。还可以测量图像中的对象，并将 3D 信息和测量结果以 DXF 和 3DS 格式导出，以便在 3D 应用程序中使用。

1."消失点"对话框

打开一幅图像，单击"滤镜"→"消失点"命令，打开"消失点"对话框，如图 4-4-12 所示。其中包括用于定义透视平面的工具、用于编辑图像的工具、测量工具（仅限 Photoshop Extended）和图像预览。消失点工具（选框、图章、画笔及其他工具）的工作方式与工具箱中的对应工具十分类似。可以使用相同的键盘快捷键来设置工具参数选项。选择不同的工具，其"选项"栏内的选项会随之改变。单击"消失点的设置和命令"按钮，可以打开显示其他工具设置和命令的菜单。工具箱中各工具的作用如下。

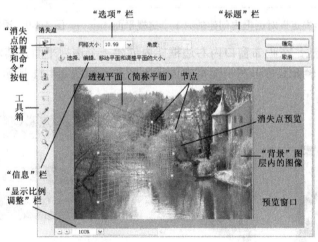

图 4-4-12 "消失点"对话框

（1）"编辑平面工具"按钮：选择、编辑、移动平面并调整平面大小。

（2）"创建平面工具"按钮：定义平面四个角节点、调整平面大小和形状并拉出新平面。

（3）"选框工具"按钮：创建正方形、矩形或多边形选区，同时移动或仿制选区。在平面中双击"选框工具"按钮，可以创建选中整个平面的选区。

（4）"图章工具"按钮：使用图像的一个样本绘画。它与仿制图章工具不同，消失点中的图章工具不能仿制其他图像中的元素。

（5）"画笔工具"按钮：使用其"选项"栏内设置的画笔颜色等绘画。

（6）"变换工具"按钮：通过移动外框控制柄来缩放、旋转和移动浮动选区。它的特点类似于在矩形选区上使用"自由变换"命令。

（7）"吸管工具"按钮：在预览图像中单击时，选择一种用于绘画的颜色。

（8）"测量工具"按钮：在平面中测量项目的距离和角度。

（9）"缩放工具"按钮：在预览图像中单击或拖曳，可以放大图像的视图；按住 Alt 键，同时单击或拖动，可以缩小图像的视图。

在选择了任何工具时按住 Space 键，然后可以在预览窗口内拖曳图像的视图。

在"消失点"对话框内底部的"缩放"下拉列表框中可以选择不同的放大级别；单击加号（+）或减号（−）按钮，可以放大或缩小图像的视图。要临时在预览窗口内缩放图像的视图，可以按住 X 键。这对于在定义平面时放置角节点和处理细节特别有用。

（10）"抓手工具"按钮：当图像大于预览窗口时，可以拖曳移动预览图像。

2．使用消失点创建和编辑透视平面

（1）单击"滤镜"→"消失点"命令，打开"消失点"对话框，默认单击"创建平面工具"按钮。

（2）在预览图像中，依次单击透视平面的四个角节点，在单击第 3 个角节点后，会自动形成透视平面，拖曳到第 4 个角节点处双击，即可创建透视平面，如图 4-4-13 所示。创建透视平面后，"编辑平面工具"按钮呈按下状态，"创建平面工具"按钮转换为抬起状态，表示启用"编辑平面工具"按钮，停止使用"创建平面工具"按钮。

（3）在"编辑平面工具"按钮的选项栏内，调整"网格大小"文本框内的数值，可以改变透视平面内网格的大小。

（4）拖曳透视平面四角节点，可以调整透视平面的形状；拖曳透视平面四边的边缘节点，可以调整透视平面的大小；如果要移动透视平面，可以拖曳透视平面。

（5）如果透视平面的外框和网格是蓝色的，表示透视平面有效；如果透视平面的外框和网格是色的红色或黄色，表示透视平面无效，移动角节点可调整为有效。

（6）在添加角节点时，按 Backspace 键，可以删除上一个节点。

3．创建共享同一透视的其他平面

（1）在消失点中创建透视平面之后，使用"编辑平面工具"按钮，按住 Ctrl 键，同时拖曳边缘节点，可以创建（拉出）共享同一透视的其他平面，如图 4-4-14 所示。另外，使用"创建平面工具"按钮，拖曳边缘节点，也可以创建（拉出）共享同一透视的其他平面。如果新创建的平面没有与图像正确对齐，可以使用"编辑平面工具"按钮，拖曳角节点以调整平面。调整一个平面时，将影响所有连接的平面。拉出多个平面可保持平面彼此相关。

可以从初始透视平面中拉出第 2 个平面之后，还可以从第 2 个平面中拉出其他平面，根据需要拉出任意多个平面。这对于在各表面之间无缝编辑复杂的几何形状很有用。

（2）新平面将沿原始平面成 90 度角拉出。虽然新平面是以 90 度角拉出的，但可以将这些平面调整到任意角度。在刚创建新平面后，松开鼠标左键，"角度"文本框变为有效，调整"角度"文本框中的数值，可以改变新拉出平面的角度。另外，使用"编辑平面工具"按钮或"创建平面工具"按钮的情况下，按住 Alt 键，同时拖曳位于旋转轴相反一侧的中心边缘节点，也可以改变新拉出平面的角度，如图 4-4-15 所示。

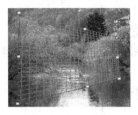  

图 4-4-13　一个透视平面　　　图 4-4-14　共享同一透视的平面　　　图 4-4-15　改变新平面角度

　　除了调整相关透视平面的角度之外，还可以调整透视平面的大小。按住 Shift 键，单击各个平面，可以同时选中多个平面。

4．在透视平面内复制粘贴图像

　　（1）打开要加入透视平面的图像，可以将一幅图像复制到剪贴板内。复制的图像可以来自另一个 Photoshop 文档。如果要复制文字，应选择整个文本图层，然后复制到剪贴板。

　　（2）创建一个新图层，准备将加入透视平面的图像保存在该图层内，原图像不会受破坏，这样。可以使用图层不透明度控制、样式和混合模式来分别处理。

图 4-4-16　粘贴图像

　　（3）打开"消失点"对话框，创建透视平面，按 Ctrl+V 组合键，将剪贴板内的图像粘贴到"消失点"对话框内预览窗口内，如图 4-4-16 所示。

　　（4）单击工具箱内的"变换工具"按钮，此时粘贴的图像四周会出现 8 个控制柄，可以调整图像的大小。然后，拖曳移动图像到透视平面内，产生透视效果（是真正的逼真透视），如图 4-4-17 所示。

图 4-4-17　图像移到透视平面内

　　注意，虽然有两个平面，但是属于一个透视平面，因此，粘贴的图像会移到这两个平面内，在产生透视效果的同时，还产生折叠效果。

　　（5）拖曳透视平面内的图像，图像可以在透视平面内移动，移动中始终保持透视状态。将图像向右下角移动，露出图像的左上角控制柄，向右下角拖曳左上角控制柄，使图像变小，如图 4-4-18（a）所示。

　　（6）再将图像向左上方移动，再调小图像，直到图像小于透视平面为止，如图 4-4-18（b）所示。然后，将图像调整的刚好与透视平面完全一样，如图 4-4-19 所示。

（a）　　　　　　　　　　　（b）

图 4-4-18　调整图像大小和位置　　　　　　　　　　　图 4-4-19　最后效果

（7）还可以使用"编辑平面工具"按钮 调整透视平面的大小，但是不能够调整透视平面的形状。单击"确定"按钮，关闭"消失点"对话框，回到画布窗口，即可获得在背景图像之上添加一幅透视折叠图像，如图 4-4-20 所示。

（8）还可以在透视平面内插入其他图像。方法是：将第 2 幅图像复制到剪贴板内，单击"滤镜"→"消失点"命令，打开"消失点"对话框。按 Ctrl+V 组合键，将剪贴板内的图像粘贴到"消失点"对话框内预览窗口内；再按照上述方法调整图像，如图 4-4-21 所示。

（9）还可以在透视平面内创建矩形选区，如图 4-4-22 所示。可以看到，创建的选区也具有相同的透视效果。此时，可以对选区进行移动、旋转、缩放、填充和变换等操作。

如果要用其他位置的图像替代选区内的图像，可以在保证选项栏内的"移动模式"下拉列表框内选中"目标"选项，将选区移到需要替换图像的位置，然后将"移动模式"下拉列表框内的选项改为"源"选项，再将鼠标指针移到要用来填充选区的图像处。或者，按住 Ctrl 键，同时将鼠标指针移到要用来填充选区的图像处。

注意：选区内的图像与鼠标指针所在处的图像一样，如图 4-4-23 所示。

如果将选区移出透视平面，则它还具有上述特点。按 Ctrl+D 组合键，取消选区。在上述操作中，如果出现错误操作，可按 Ctrl+Z 组合键，撤销刚进行的操作。

图 4-4-20　背景上的透视图像　图 4-4-21　插入第 2 幅图像　图 4-4-22　创建矩形选区　图 4-4-23　替换选区内图像

思考练习 4-4

1．制作一幅"模拟空间"图像，如图 4-4-24 所示。展厅的地面是黑白相间的大理石，房顶是明灯倒挂，三面有云海的照片，并且两边图像有透视效果。

2．图 4-4-25 所示为房间图像中的地面和墙壁贴图。

图 4-4-24　"模拟空间"图像　　　　　图 4-4-25　房间图像

第5章

绘制和调整图像

本章提要

本章通过学习 5 个实例的制作，可以掌握图章、修复、渲染、橡皮擦、画笔、形状工具组工具的使用方法和技巧。另外，还可以初步掌握图像的色阶、曲线、色彩平衡、亮度/对比度、色相/色饱和度、反相和色调等的调整方法和操作技巧。

5.1　【实例13】可爱的小狗

案例效果

"我家可爱的小狗"图像，如图 5-1-1 所示。该图像中的小狗是手绘的，可以看出它是非常活泼、可爱，栩栩如生。本案例不要求学生绘制得多么逼真，只是要求学生反复练习设置画笔，提高使用"画笔"和"渲染"工具组内工具的熟练程度。

图 5-1-1　"我家可爱的小狗"图像

制作方法

1．绘制小狗身体

（1）新建宽为 800 像素，高为 600 像素，模式为 RGB 颜色，背景为透明的画布。

（2）设置前景色为黑色，即设置绘图颜色为黑色。单击工具箱中的"铅笔工具"按钮 ，右击画布窗口内部或单击选项栏内的"画笔"按钮 ，打开"画笔样式"面板。选中大小为 1px 的笔触，如图 5-1-2 所示。在画布内绘制一幅小狗的大致轮廓图形，如图 5-1-3 所示。

（3）单击"画笔工具"按钮 ，单击选项栏内的"画笔"按钮 ，打开"画笔样式"面板，它与图 5-1-2 所示基本一样，在其内选择适当大小的笔触。在选项栏内适当调整画笔的不透明度和流量，再在画布内绘制小狗黑色斑点，如图 5-1-4 所示。

图 5-1-2　"画笔样式"面板　　　　图 5-1-3　小狗轮廓　　　　图 5-1-4　绘制斑点

（4）设置前景色为白色，使用"画笔工具"按钮 ，给小狗绘制一些白色，作为小狗的身躯，如图 5-1-5 所示。

（5）右击画布，打开"画笔样式"面板，单击该面板右上角的 按钮，打开"画笔样式"面板，单击其内的"描边缩览图"命令；再单击该菜单内的"自然画笔"命令，打开一个提示框，单击"追加"按钮，将外部的"自然画笔"笔触追加到当前笔触之后。选中"喷色 26 像素"笔触，大小设置为 30px，如图 5-1-6 所示。

（6）在其选项栏内适当调整画笔的不透明度和流量，在小狗的斑点上多次单击，产生毛茸茸的效果，如图 5-1-7 所示。至此，小狗的身躯基本绘制完毕。

 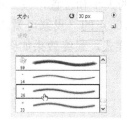 

图 5-1-5　补白色　　　　图 5-1-6　"画笔样式"面板　　　　图 5-1-7　绘制绒毛

2．绘制小狗眼睛

（1）新建"图层 2"图层。使用"椭圆选框工具"按钮 ，创建一个椭圆选区，填充黑色。按 Ctrl+D 组合键，取消选区。设置前景色为橘黄色，在黑色椭圆图形内的下方绘制。然后，依次使用"减淡工具"按钮 和"加深工具"按钮 ，涂抹黑色椭圆内图形，效果如图 5-1-8 所示。

（2）使用"铅笔工具"按钮 和"画笔工具"按钮 绘制眼眶。使用"模糊工具"按钮 ，多次单击眼眶边缘，增加真实效果，如图 5-1-9 所示。调整眼睛的位置和大小。再将"图层 2"

和"图层 1"图层合并到"图层 1"图层。然后，继续绘制另一只眼睛，如图 5-1-10 所示。

图 5-1-8　绘制眼睛　　　　　图 5-1-9　绘制眼眶　　　　　图 5-1-10　绘制另一只眼

（3）使用"铅笔工具"按钮 ✏️，将小狗的睫毛绘制出来，再用"模糊工具"按钮 💧 涂抹，效果如图 5-1-11 所示。使用"画笔工具"按钮 🖌️、"模糊工具"按钮 💧、"减淡工具"按钮 🔍，和"加深工具"按钮 👌，绘制出小狗的鼻子，如图 5-1-12 所示。

（4）使用"画笔工具"按钮 🖌️ 和"模糊工具"按钮 💧，将小狗的细节部分进行加工，尤其是毛的效果，多次使用"模糊工具"按钮 💧，单击图像需要模糊处，产生更加逼真的效果。再使用"橡皮工具"按钮 🧽，将小狗图像的边缘擦除掉，效果如图 5-1-13 所示。

图 5-1-11　绘制睫毛　　　图 5-1-12　绘制鼻子　　　图 5-1-13　用画笔和模糊工具涂抹

（5）按住 Ctrl 键，使用"移动工具"按钮 ➤➕，单击"图层"面板内"图层 1"图层的"缩略图"按钮 🔲，载入选区。将"图层 1"图层的名称改为"小狗"。

（6）打开"背景.jpg"图像，将选区内的小狗图像拖曳到"背景.jpg"图像中。此时，"图层"面板中会增加一个名称为"图层 1"的图层，将该图层的名称改为"小狗"。单击"编辑"→"自由变换"命令，调整小狗图像的大小和位置，按 Enter 键确定。

（7）输入红色、华文琥珀字体、70 点的"我家可爱的小狗"竖排文字，再单击"样式"面板内的"蛇皮"图标 🔲，添加图层样式，最终效果如图 5-1-1 所示。

⬤ 链接知识

1．"画笔样式"面板的使用

在选中画笔等工具后，单击其选项栏中的"画笔"按钮 ▾ 或右击画布窗口内部，打开"画笔样式"面板，如图 5-1-2 所示。利用该面板可以设置画笔的形状与大小。单击"画笔样式"面板中的一种画笔样式图案，再按 Enter 键，或双击"画笔样式"面板中的一种画笔样式图案，即可完成画笔样式的设置。单击"画笔样式"面板右上角的 ▶ 按钮，打开"画笔样式"面板的菜单。其中部分命令简单介绍如下。

（1）存储画笔：单击菜单中的"存储画笔"命令，可以打开"存储"对话框。利用该对话框可以将当前"画笔样式"面板内的画笔保存到磁盘中。

（2）删除画笔：选中"画笔样式"面板内的一个画笔图案，再单击菜单中的"删除画笔"命令，即可将选中的画笔从"画笔样式"面板中删除。

（3）复位画笔：单击"画笔样式"面板内的"复位画笔"命令，可以打开"Adobe Photoshop"提示对话框，如图 5-1-14（a）所示。单击该对话框内的"追加"按钮后，可将默认画笔追加到当前画笔的后边；单击该对话框内的"确定"按钮，可用默认画笔替代当前的画笔。

（4）载入画笔和替换画笔：单击"画笔样式"面板菜单中最下面一栏中的一个命令，会打开一个"Photoshop"提示对话框，如图 5-1-14（b）所示；单击"追加"按钮后，可将新调入的画笔追加到当前画笔的后边；单击"确定"按钮后，可以用新调入的画笔替代当前的画笔。

单击"替换画笔"命令，打开"载入"对话框。利用该对话框可以导入扩展名为".abr"的画笔文件，替换画笔。单击"载入画笔"命令，也会打开"载入"对话框，只是载入的画笔不是替换原来的画笔，而是追加到原画笔的后边。

（5）重命名画笔：选中"画笔样式"面板内的一个画笔图案，再单击菜单中的"重命名画笔"命令，打开"画笔名称"对话框，如图 5-1-15 所示。可给选定的画笔重命名。

　　　　　（a）　　　　　　　　　　　　（b）

图 5-1-14　"Adobe Photoshop"提示对话框　　　图 5-1-15　"画笔名称"对话框

（6）改变"画笔样式"面板的显示方式："画笔样式"面板的显示方式有 6 种，单击菜单中的"纯文本"、"小缩览图"和"描边缩览图"等命令，可以在各种显示方式之间切换。

2．画笔工具组工具的选项栏

画笔工具组内的"画笔工具"、"铅笔工具"、"颜色替换工具"和"混合器画笔工具"的选项栏分别如图 5-1-16～图 5-1-19 所示。

图 5-1-16　"画笔工具"的选项栏

图 5-1-17　"铅笔工具"的选项栏

图 5-1-18　"颜色替换工具"的选项栏

图 5-1-19　"混合器画笔工具"的选项栏

使用画笔和铅笔工具绘图的颜色均为前景色。

文本框数值的调整方法（例如，"不透明度"文本框）可以直接在文本框内输入数，拖曳"不透明度"文字，单击文本框右边的箭头按钮，打开一个滑块，拖曳滑块来改变数值，如图 5-1-20 所示。四个选项栏中部分选项的作用如表 5-1-1 所示。

不透明度: 63% ▶   流量: 47% ▶

图 5-1-20 "不透明度" 文本框

表 5-1-1 画笔工具组内四个工具选项栏内部分选项的作用

序号	名 称	作 用
1	"模式" 下拉列表框	用来设置绘画模式
2	"不透明度" 文本框	决定绘制图像的不透明程度, 其值越大, 不透明度越大, 透明度越小
3	"流量" 文本框	它决定了绘制图像的笔墨流动速度, 其值越大, 绘制图像的颜色越深
4	"切换画笔面板" 按钮	单击该按钮, 可以打开 "画笔" 面板, 如图 5-1-21 所示, 利用该面板可以设置画笔笔触的大小和形状等
5	"启用喷枪模式" 按钮	单击该按钮后, 画笔会变为喷枪, 可以喷出色彩
6	"取样" 栏	用来设置鼠标拖曳时的取样模式, 它有三个按钮, 介绍如下。 (1) "取样连续" 按钮: 在拖曳时, 连续对颜色取样; (2) "一次" 按钮: 只在第 1 次单击时对颜色取样并替换, 以后拖曳不再替换颜色; (3) "背景色板" 按钮: 取样的颜色为原背景色, 只替换与背景色一样的颜色
7	"限制" 下拉列表框	其内有 "连续"、"不连续" 和 "查找边缘" 三个选项, 选择 "连续" 选项表示替换与鼠标指针处颜色相近的颜色; 选择 "不连续" 选项表示替换出现在任何位置的样本颜色; 选择 "查找边缘" 选项表示替换包含样本颜色的连续区域, 同时能更好地保留形状边缘的锐化程度
8	"容差" 文本框	该数值越大, 在拖曳涂抹图像时选择相同区域内的颜色越多
9	"消除锯齿" 复选框	使用颜色替换工具时选中它后, 涂抹时替换颜色后可使边缘过渡平滑
10	"当前画笔载入" 下拉列表框	它有三个选项, 用来载入画笔、清理画笔和只载入纯色, 载入纯色时, 它和涂抹的颜色混合, 混合效果由 "混合" 等数值框内的数据决定
11	"每次描边后载入画笔" 按钮	单击它后, 每次涂抹绘图后, 对画笔进行更新
12	"每次描边后清理画笔" 按钮	单击它后, 每次涂抹绘图后, 对画笔进行清理, 相当于实际用绘图笔绘画时, 绘完一笔后将绘图笔在清水中清洗
13	"预设混合画笔组合" 下拉列表框	用来选择用来设置一种预先设置好的混合画笔。其右边的四个数值框内的数值会随之变化
14	"潮湿" 数值框	用来设置从画布拾取的油彩量
15	"载入" 数值框	用来设置画笔上的油彩量
16	"混合" 数值框	用来设置颜色的混合比例
17	"自动抹除" 复选框	在使用 "画笔工具" 按钮 时, 选项栏内会增加 "自动抹除" 复选框, 如果选中该复选框, 当鼠标指针中心点所在位置的颜色与前景色相同时, 则用背景色绘图; 当鼠标指针中心点所在位置的颜色与前景色不相同时, 则用前景色绘图。如果没选中该复选框, 则总用前景色绘图

3．创建新画笔

（1）使用"画笔"面板创建新画笔：单击"切换画笔面板"按钮 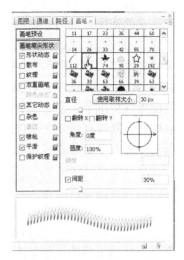 或者单击"窗口"→"画笔"命令，打开"画笔"面板，如图 5-1-21 所示。利用该面板可以设计各种各样的画笔。单击面板下边的"创建新画笔"按钮 🖬，可打开"画笔名称"对话框，在"名称"文本框中输入画笔名称，单击"确定"按钮，可将刚设计的画笔加载到"画笔样式"面板中。

（2）利用图像创建新画笔：创建一个选区，用选区选中要作为画笔的图像。然后，单击"编辑"→"定义画笔预设"命令，打开"画笔名称"对话框，在其文本框内输入画笔名称。再单击"确定"按钮，即完成了创建图像新画笔的工作。在"画笔样式"面板内的最后边会增加新的画笔图案。定义画笔的选区可以是任何形状的，甚至没有选区。

图 5-1-21　"画笔"面板

4．使用画笔组工具绘图

使用画笔组工具中的工具绘图的方法基本一样，只是使用画笔工具绘制的线条可以比较柔和；使用铅笔工具绘制的线条硬，像用铅笔绘图一样；使用喷枪工具绘制的线条像喷图一样；使用颜色替换工具绘图只是替换颜色。绘图的一些要领如下。

（1）设置前景色（绘图色）和画笔类型等后，单击画布窗口内部，可以绘制一个点。

（2）在画布中拖曳，可以绘制曲线。

（3）单击起点并不松开鼠标按键，按住 Shift 键，同时拖曳，可绘制水平或垂直直线。

（4）单击直线起点，再按住 Shift 键，然后单击直线终点，可以绘制直线。

（5）按住 Shift 键，再一次单击多边形的各个顶点，可以绘制折线或多边形。

（6）按住 Alt 键，可将画图工具切换到吸管工具。也适用于本节介绍的其他工具。

（7）按住 Ctrl 键，可将画图工具切换到移动工具。也适用于本节介绍的其他工具。

（8）如果已经创建了选区，则只可以在选区内绘制图像。

5．渲染工具组

工具箱内的渲染工具分别放置在两个工具组中，如图 5-1-22 所示。它们的作用如下。

图 5-1-22　两个渲染工具组

（1）"模糊工具"按钮 💧：它是用来将图像突出的色彩和锐利的边缘进行柔化，使图像模糊。"模糊工具"的选项栏如图 5-1-23 所示，其"强度"（又称为压力）文本框是用来调整压力大小的，压力值越大，模糊的作用越大。选中"对所有图层取样"复选框后，在涂抹时对所有图层的图像，否则只对当前图层的图像取样。

图 5-1-23　"模糊工具"的选项栏

在图 5-1-24 所示图像的右半部分创建一个矩形选区，单击 "模糊工具"按钮 💧，按照图 5-1-23 所示进行选项栏设置，再反复在选区内拖曳，效果如图 5-1-25 所示。

（2）"锐化工具"按钮 △：它与"模糊工具"按钮 ○ 的作用正好相反，它是用来将图像相邻颜色的反差加大，使图像的边缘更锐利，它的使用方法与"模糊工具"按钮 ○ 的使用方法一样。它的选项栏如图 5-1-26 所示，选中"保护细节"复选框后，可以使涂抹后的图像保护细节；选中"对所有图层取样"复选框后，在涂抹时对所有图层的图像，否则只对当前图层的图像取样。将图 5-1-24 所示图像右半部分进行锐化后的效果如图 5-1-27 所示。

图 5-1-24 "花园"图像

图 5-1-25 模糊加工的图像

图 5-1-26 "锐化工具"的选项栏

（3）"涂抹工具"按钮 ○：它可以使图像产生涂抹的效果，将图 5-1-24 所示图像右半部分进行涂抹加工后的效果如图 5-1-28 所示。如果选中"手指绘画"复选框，则使用前景色进行涂抹，如图 5-1-29 所示。"涂抹工具"的选项栏如图 5-1-30 所示。

图 5-1-27 锐化图像

图 5-1-28 涂抹图像

图 5-1-29 涂抹图像

图 5-1-30 "涂抹工具"的选项栏

（4）"减淡工具"按钮 ○：它的作用是使图像的亮度增加。"减淡工具"的选项栏如图 5-1-31 所示。其中，前面没有介绍的选项的作用如下。

图 5-1-31 "减淡工具"的选项栏

◎"范围"下拉列表框：它有暗调（对图像暗色区域进行亮化）、中间调（对图像中间色调区域进行亮化）和高光（对图像高亮度区域进行亮化）三个选项。

◎"曝光度"文本框：用来设置曝光度大小，取值范围是 1%～100%。

按照图 5-1-31 进行设置后，将图 5-1-24 所示图像右半部分减淡后的图像如图 5-1-32 所示。

（5）"加深工具"按钮 ○：它的作

图 5-1-32 减淡图像

图 5-1-33 加深图像

用是使图像的亮度减小，将图 5-1-24 所示图像右半部分加深后的图像如图 5-1-33 所示。"加深工具"的选项栏如图 5-1-34 所示。

图 5-1-34　"加深工具"的选项栏

（6）"海绵工具"按钮：它的作用是使图像的色饱和度增加或减小。"海绵工具"选项栏如图 5-1-34 所示。如果选择"模式"下拉列表框中的"降低饱和度"选项，则使图像的色饱和度减小；如果选择"模式"下拉列表框中的"饱和"选项，则使图像的色饱和度增加。

图 5-1-35　"海绵工具"的选项栏

思考练习 5-1

1．绘制"家"图像，如图 5-1-36 所示。制作一幅"自然"图像，如图 5-1-37 所示。

2．绘制一幅"风"图像，如图 5-1-38 所示。

3．利用外部画笔扩展名为".abr"的画笔文件内的画笔绘制一些图形。

图 5-1-36　"家"图像　　　　图 5-1-37　"自然"图像　　　　图 5-1-38　"风"图像

4．绘制如图 5-1-39 所示的三幅图形。

（a）　　　　　　　　（b）　　　　　　　　（c）

图 5-1-39　三幅图形

5.2 【实例 14】修复照片

图 5-2-1 所示是一幅照片图像，由于船上人很多，人物两边有一些其他游人的形象，另外天中无云。这些均需要进行加工处理。修复后的照片如图 5-2-2 所示。

图 5-2-3 所示是一幅受损的"风景"照片图像，图像中很多地方已经被划伤，修复后的照

片图像如图 5-2-4 所示。

图 5-2-1　修复前的照片图像　图 5-2-2　修复后的照片图像　图 5-2-3　"风景照片"图像　图 5-2-4　修复后的照片效果

制作方法

1. 修复照片 1

（1）打开"修复前的照片 1.jpg"文件，如图 5-2-1 所示。再以"【实例 14】修复照片 1.psd"保存。调整图像宽为 460 像素，高为 340 像素。

（2）单击工具箱中的"仿制图章工具"按钮，在其选项栏内设置画笔大小为尖角 50 像素画笔，不透明度为 100%，流量为 100%，不选中"对齐"复选框。

（3）按住 Alt 键，单击右边人胳臂左边的水纹处，获取修复图像的样本，拖曳要修复的右边人胳臂处，清除人胳膊。可以多次取样，多次拖曳。修复后，可以使用"修复画笔工具"按钮，再次进行修复，使修复的水波纹更自然一些。修复后的图像如图 5-2-5 所示。

图 5-2-5　修除右边的胳膊

（4）单击工具箱内的"修补工具"按钮，在其选项栏内选中"源"单选钮。再在左边栏杆和人头处拖曳，创建一个比要修复图像稍大一点的选区，如图 5-2-6（a）所示。拖曳选区内的图像到其右边处，用右边的图像替代选区中的图像，如图 5-2-6（b）所示。松开鼠标左键，按 Ctrl+D 组合键，取消选区，如图 5-2-6（c）所示。

（5）按照上述方法，使用工具箱中的"仿制图章工具"按钮，将左边的人头修除，如图 5-2-7 所示。将图像放大，使用"吸管工具"按钮和"画笔工具"按钮，修复细节。

  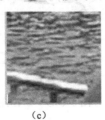 

(a)　　　　(b)　　　　(c)

图 5-2-6　修理左边船栏杆　　　　图 5-2-7　修除人头

（6）使用工具箱中的"魔术棒工具"按钮，按住 Shift 键，单击照片背景的白色处，选中所有背景白色。打开一幅"云图"图像，全选该图像，将它复制到剪贴板中。选中加工的照片图像，单击"编辑"→"选择性粘贴"→"贴入"命令，将剪贴板中图像粘贴到选区中。

（7）单击"编辑"→"自由变换"命令，调整粘贴的云图图像的大小和位置。

2. 修复照片 2

（1）打开"修复前的照片 2.jpg"文件，如图 5-2-3 所示。再以"【实例 14】修复照片 2.psd"保存。调整图像宽为 600 像素，高为 450 像素。

（2）使用工具箱中的"修补工具"按钮 ，选中一块天空中的受损区域，如图 5-2-8 所示。将选区拖曳到希望采样的地方，如图 5-2-9 所示。松开鼠标后得到 5-2-10 所示效果。按 Ctrl+D 组合键，取消选区。这一块受损区域修复完毕。

（3）用同样的方法修复天空中的受损区域，效果如图 5-2-11 所示。

图 5-2-8　选中受损区域　　图 5-2-9　拖曳鼠标　　图 5-2-10　松开鼠标　　图 5-2-11　修复天空中的受损区域

（4）因为建筑图像上具有清晰的纹理，并且图像具有连贯性，因此，用仿制图章工具，仿制附近的区域进行修复。

（5）单击工具箱中的"仿制图章工具"按钮，在其选项栏内设置画笔大小为"尖角 19 像素"画笔，不透明度为 100%，流量为 100%，不选中"对齐"复选框。在受损区域涂抹，如图 5-2-12 所示。最终效果如图 5-2-4 所示。

图 5-2-12　使用"仿制图章工具"
修复受损区域

链接知识

1. 橡皮擦工具组

（1）橡皮擦工具：使用"橡皮擦工具"按钮 擦除图像可以理解为用设置的画笔，使用背景色为绘图色，再重新绘图。所以画笔绘图中采用的一些方法在擦除图像时也可使用，例如，如果按住 Shift 键，同时拖曳，可沿水平或垂直方向擦除图像。

选中其选项栏内的"抹到历史记录"复选框，则擦除图像时，只能够擦除到历史记录处。另外，还可以在此状态下，用鼠标拖曳，将前面擦除的图像还原（可以不进行历史记录设置）。单击"历史记录"面板内相应记录左边的方形选框 ，使方形选框内出现"历史记录标记"图标 ，可设置历史记录。

选中"背景"图层，拖曳鼠标，可擦除"背景"图层的图像并用背景色（黄色）填充擦除部分，如图 5-2-13（a）所示。如果擦除的不是"背景"图层图像，则擦除的部分变为透明，如图 5-2-13（b）所示。如果图层中有选区，则只能擦除选区内的图像。

　（a）　　　　　（b）

图 5-2-13　用橡皮擦工具擦除图像的效果

单击工具箱内的"橡皮擦工具"按钮 后，其选项栏如图 5-2-14 所示。利用它可以设置橡皮的画笔模式、画笔形状和不透明度等。

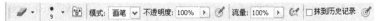

图 5-2-14　"橡皮擦工具"选项栏

（2）背景橡皮擦工具：使用"背景橡皮擦工具"按钮  擦除图像的方法与使用"橡皮擦工具"按钮 擦除图像的方法基本一样，只是擦除背景图层的图像时，擦除部分呈透明状，不填充任何颜色。"背景橡皮擦工具"的选项栏如图 5-2-15 所示。利用它可以设置橡皮的画笔形状、不透明度和动态画笔等。前面没有介绍过的一些选项的作用如下。

图 5-2-15 "背景橡皮擦工具"选项栏

◎"限制"下拉列表框：它用来设定画笔擦除当前图层图像时的方式。它有三个选项，即"不连续"（只擦除当前图层中与取样颜色（成为当前背景色）相似的颜色）、"临近"（擦除当前图层中与取样颜色相邻的颜色）、"查找边缘"（擦除当前图层中包含取样颜色的相邻区域，以显示清晰的擦除区域的边缘）。

◎"容差"文本框：用来设置系统选择颜色的范围，即颜色取样允许的彩色容差值。该数值的范围是 1%～100%。容差值越大，取样和擦除的区域也越大。

◎"保护前景色"复选框：选择该复选框后，将保护与前景色匹配的区域。

◎"取样"栏 ：用来设置取样模式。它有三个按钮："连续"（在拖曳时，取样颜色会随之变化，背景色也随之变化）、"一次"（单击时进行颜色取样，以后拖曳不再进行颜色取样和"背景色板"（取样颜色为原背景色，所以只擦除与背景色一样的颜色）。

（3）魔术橡皮擦工具："魔术橡皮擦工具"按钮 可以智能擦除图像。单击"魔术橡皮擦工具"按钮 后，只要在要擦除的图像处单击，可擦除单击点和相邻区域内或整个图像中与单击点颜色相近的所有颜色。该工具的选项栏如图 5-2-16 所示。没介绍过的选项的作用如下。

◎"容差"文本框：用来设置系统选择颜色的范围，即颜色取样允许的彩色容差值。该数值的范围是 0～255。容差值越大，取样和擦除的选区也越大。

图 5-2-16 "魔术橡皮擦工具"选项栏

◎"连续"复选框：选中该复选框后，擦除的是整个图像中与鼠标单击点颜色相近的所有颜色，否则擦除的区域是与单击点相邻的区域。

2．历史记录笔工具组

历史记录笔工具组有历史记录画笔和历史记录艺术画笔两个工具，它们的作用如下。

（1）"历史记录画笔工具"按钮 ：它应与"历史记录"面板配合使用，可以恢复"历史记录"面板中记录的任何一个过去的状态（参看本实例制作）。该工具的选项栏如图 5-2-17 所示。其中各选项均在前面介绍过。"流量"文本框的值越大，拖曳仿制效果越明显。

图 5-2-17 "历史记录画笔工具"选项栏

（2）"历史记录艺术画笔工具"按钮 ：它可以与"历史记录"面板配合使用，恢复"历史记录"面板中记录的任何一个过去的状态；还可以附加特殊的艺术处理效果其选项栏如图 5-2-18 所示。前面没介绍过的选项的作用如下。

图 5-2-18 "历史记录艺术画笔工具"选项栏

◎ "样式"下拉列表框：选择不同样式，可获得不同的恢复效果。

◎ "区域"文本框：设置操作时鼠标指针作用的范围。

◎ "容差"带滑块的文本框：该数值的范围是 0%～100%。设置操作时恢复点间的距离。

例如，打开如图 5-1-24 和图 5-2-19 所示的两幅图像。在图 5-1-24 所示图像内创建一个羽化为 30 像素的椭圆选区，将剪贴板内的图像选择性贴入选区内，如图 5-2-20 所示。

在"历史记录"面板内单击"贴入"命令，其变为，使用"历史记录艺术画笔工具"按钮，在选项栏内选中"轻涂"选项，再在贴入图像上拖曳，效果如图 5-2-21 所示。

在"历史记录"面板内单击"椭圆选框"命令，其变为，使用"历史记录画笔工具"按钮，在选项栏内选中"轻涂"选项，再在贴入图像上拖曳，效果如图 5-2-22 所示。

图 5-2-19 "荷花"图像　　图 5-2-20 羽化贴入　　图 5-2-21 轻涂效果　　图 5-2-22 轻涂效果

3．图章工具组

工具箱内的图章工具组有"仿制图章工具"按钮和"图案图章工具"按钮，它们的作用如下。

（1）"仿制图章工具"按钮：它可以将图像的一部分复制到同一幅或其他图像中。它的选项栏如图 5-2-23 所示，复制图像的方法及其选项栏内前面没有介绍过的选项的作用如下。

图 5-2-23 "仿制图章工具"选项栏

◎ 打开如图 5-1-24 和图 5-2-19 所示的两幅图像。下面将"荷花"图像的一部分或全部复制到"花园"图像中。

注意：打开的两幅图像应具有相同的彩色模式。

◎ 单击工具箱内的"仿制图章工具"按钮，在其选项栏内进行画笔、模式、流量、不透明度等设置。选择"对齐"复选框的目的是复制一幅图像。

◎ 按住 Alt 键，同时单击"荷花"图像的中间部分（此时鼠标指针变为图章形状），则单击的点即为复制图像的基准点（采样点）。因为选择了"对齐"复选框，所以系统将以基准点对齐，即使是多次复制图像，也是复制一幅图像。

◎ 选中"花园"图像画布窗口。在"花园"图像内用鼠标拖曳，即可将"花园"图像以基准点为中心复制到"花园"图像中。在拖曳鼠标时，采样点处（此处是"荷花"图像）会有一个十字线随指示标的移动而移动，指示出采样点，如图 5-2-24 所示。

◎ "对齐"复选框：如果选中该复选框，则在复制中多次重新拖曳鼠标，也不会重新复制图像，而是继续前面的复制工作，如图 5-2-24 所示。如果没选中"对齐"复选框，则在重新拖曳鼠标时，取样将复位，重新复制图像，而不是继续前面的复制工作。这样复制后的图像如图 5-2-25 所示。

图 5-2-24　复制"荷花"图像

图 5-2-25　复制多个"荷花"图像

◎ "样本"下拉列表框：选择进行取样的图层。

◎ "打开以在仿制时忽略调整图层"按钮![icon]：单击该按钮后，不可以对调整图层进行操作。在"样本"下拉列表框选择"当前图层"选项时，它无效。

（2）"图案图章工具"按钮![icon]：它与"仿制图章工具"按钮![icon]的功能基本一样，只是它复制的是图案。该工具的选项栏如图 5-2-26 所示。使用该工具将"天鹅"图像的一部分复制到"风景"图像中的方法如下。

图 5-2-26　"图案图章工具"选项栏

◎ 在"天鹅"图像中创建一个矩形选区，也可以不创建。单击"编辑"→"定义图案"命令，打开"图案名称"对话框，如图 5-2-27 所示，在"名称"文本框内输入"荷花"。单击"确定"按钮，即可定义一个名为"荷花"图案。

◎ 选中"风景"图像。单击"图案图章工具"按钮![icon]，在其选项栏内设置画笔、模式、流量、不透明度（此处选择100%），选中"对齐"复选框，不选中"印象派效果"复选框。在"图案"列表框内选择"荷花"图案。

图 5-2-27　"图案名称"对话框

◎ 在"风景"图像内拖曳可将"荷花"图案复制到"花园"图像中。如果选中了"对齐"复选框，则在复制中多次重新拖曳时，只是继续刚才的复制工作；如果没选中"对齐"复选框，则重新复制图案，而不是继续前面的复制工作。

4．修复工具组

工具箱内的修复工具组有四个工具，它们和"仿制图章工具"按钮![icon]都是用来修补图像的。"仿制图章工具"按钮![icon]只是将采样点附近的像素直接复制到需要的地方。修复工具可以用其他区域或图案中像素的纹理、光照和阴影来修复选中的区域，使修复后的像素不留痕迹地融入图像。"修复画笔工具"按钮![icon]和"污点修复画笔工具"按钮![icon]都可以用来修复图像中的污点和划痕等小瑕疵，它们经常配合使用，"污点修复画笔工具"按钮![icon]更适用于修复有污点的图像。

使用修复工具是一个不断试验和修正的过程。修复工具组四个工具的作用如下。

（1）"修复画笔工具"按钮![icon]：它可以将图像的一部分或一个图案复制到同一幅图像其他位置或其他图像中。而且可以只复制采样区域像素的纹理到涂抹的作用区域，保留工具作用区域的颜色和亮度值不变，并尽量将作用区域的边缘与周围的像素融合。

注意：使用"修复画笔工具"按钮 ✐ 的时候并不是一个实时过程，只有停止拖曳时，Photoshop 才处理信息并完成修复。

"修复画笔工具"的选项栏如图 5-2-28 所示，其中没有介绍的"源"栏的作用如下。

图 5-2-28 "修复画笔工具"选项栏

"源"栏有两个单选钮。选中"取样"单选钮后，需要先取样，再复制；选中"图案"单选钮后，不需要取样，复制的是选择的图案，其右边的图案选择列表会变为有效，单击它的黑色箭头按钮可以打开图案面板，用来选择图案。

在选中了"取样"单选钮后，使用"修复画笔工具"按钮 ✐ 复制图像的方法和"仿制图章工具"按钮 🔖 的使用方法基本相同。都是先按住 Alt 键，同时用鼠标选择一个采样点，然后在选项栏中选取一种画笔大小，再通过拖曳鼠标在要修补的部分涂抹。图 5-2-29 是使用"修复画笔工具"按钮 ✐ 将图 5-2-19 所示"荷花"复制到"花园"图像的效果图。

（2）"污点修复画笔工具"按钮 ✐：使用该工具可以快速移去图像中的污点和不理想的内容。它的工作方式与"修复画笔工具"按钮 ✐ 类似，使用图像或图案中的样本像素进行绘画，并将样本像素的纹理、光照、透明度和阴影与所修复的像素相匹配。"污点修复画笔工具"的选项栏如图 5-2-30 所示，其中各选项的作用如下。

图 5-2-29 修复画笔工具修复效果

◎"近似匹配"单选钮：使用涂抹区域周围的像素来查找要用做修补的图像区域。如果此选项的修复效果不好，可以还原修复，再尝试选择其他两个单选钮。

◎"创建纹理"单选钮：使用选区中的所有像素创建一个用于修复该区域的纹理。

◎"内容识别"单选钮：参考涂抹区域周围的像素来修复涂抹区域的图像。

◎"对所有图层取样"复选框：选中该复选框，可从所有可见图层中对数据取样。

与修复画笔不同，污点修复画笔不要求指定样本点，将自动从所修饰区域的周围取样。具体操作方法是，单击"污点修复画笔工具"按钮 ✐，在选项栏中选取一种画笔大小（比要修复的区域稍大的画笔，只需单击一次，即可覆盖整个区域），在"模式"下拉列表框中选取混合模式，再在要修复的图像处单击或拖曳鼠标。

（3）"修补工具"按钮 ✿：它可以将图像的一部分复制到同一幅图像的其他位置。而且可以只复制采样区域像素的纹理到鼠标涂抹的作用区域，保留工具作用区域的颜色和亮度值不变，并尽量将作用区域的边缘与周围的像素融合。

注意：修补图像时，通常应尽量选择较小区域，以获得最佳效果。"修补工具"的选项栏如图 5-2-31 所示，其中各选项的作用如下。

图 5-2-31 "修补工具"选项栏

◎ "修补"栏：该栏有两个单选钮。选中"源"单选钮后，则选区中的内容为要修改的内容；选中"目标"单选钮后，则选区移到的区域中的内容为要修改的内容。

◎ "透明"复选框：选中该复选框后，取样修复的内容是透明的。

◎ "使用图案"按钮：在创建选区后，该按钮和其右边的图案选择列表将变为有效。选择要填充的图案后，单击该按钮，即可将选中的图案填充到选区当中。

"修补工具"按钮 ![] 的使用方法有些特殊，更像打补丁。首先使用该工具或其他选区工具将需要修补的地方定义出一个选区，然后，使用"修补工具"按钮 ![] ，选中它的选项栏中的"源"单选钮，再将选区拖曳到要采样的地方。图5-2-32的三幅图像从左到右分别是定义选区、用修补工具将选区拖曳到采样区域和最后结果的图例。

 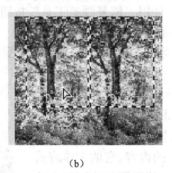 

(a)　　　　　　　　　(b)　　　　　　　　　(c)

图5-2-32　修补工具修复图像的过程

如果选中修补工具选项栏中的"目标"单选钮，则创建的选区内的图像作为样本，将选区内的样本图像移到需要修补的地方，即可进行修复。图5-2-33的两幅图像从左到右分别是定义选区、用修补工具将选区拖曳到需要修补的地方的图例。

(a)　　　　　　　　　　　　(b)

图5-2-33　修补工具修复图像的过程

(4) "红眼工具"按钮 ![] ：使用该工具可以清除用闪光灯拍摄的人物照片中的红眼，也可以清除用闪光灯拍摄的照片中的白色或绿色反光。具体操作方法是，单击"红眼工具"按钮 ![] ，再单击图像中的红眼处。它的选项栏如图5-2-34所示，其中各选项的作用如下。

◎ "瞳孔大小"文本框：用来设置瞳孔（眼睛暗色的中心）的大小。

![] 瞳孔大小: 50% ▶ 变暗量: 50% ▶

图5-2-34　"红眼工具"选项栏

◎ "变暗量"文本框：用来设置瞳孔暗度。

思考练习 5-2

1．修复图 5-2-35（a）所示的"旧画像.jpg"图像，修复后的图像如图 5-2-35（b）所示。

2．将图 5-2-36 所示的一幅有红眼的照片图像进行修复。

3．制作一幅"花园佳人"图像，如图 5-2-37 所示。首先修复 5-2-38 所示的"丽人"图像，再将它复制粘贴到图 5-1-24 所示的"花园"图像，使用橡皮擦工具擦除人物以外图像。

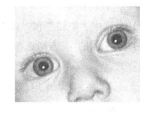

　　（a）　　　　　　　（b）

图 5-2-35　修复前后的照片图像　　　图 5-2-36　有红眼的照片　图 5-2-37　"花园佳人"图像

4．制作一幅"鱼鹰和鱼"图像，如图 5-2-39 所示。制作该图像使用了如图 5-2-40 所示的"鱼和渔缸.jpg"图像和图 5-2-41 所示的"鱼鹰.jpg"图像。制作该图像提示如下。

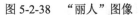

图 5-2-38　"丽人"图像　　　图 5-2-39　"鱼鹰和鱼"图像　　　图 5-2-40　"鱼和鱼缸"图像

（1）打开"鱼和鱼缸.jpg"图像和"鱼鹰.jpg"图像，将"鱼和鱼缸.jpg"图像以名称"鱼鹰和鱼.psd"保存。

（2）使用工具箱中的"魔术橡皮擦工具"按钮 ，设置容差为 50，擦除图 5-3-41 中的蓝色背景。使用"橡皮擦工具"按钮 ，将没擦除的图像擦除，如图 5-2-42 所示。

（3）将图 5-2-42 中的图像复制粘贴到图 5-2-40 所示的"鱼鹰和鱼.psd"图像中。调整鱼鹰图像的位置、大小和旋转角度，调整后的图像如图 5-2-43 所示。

（4）双击背景图层，打开"新建图层"对话框，单击"新建图层"对话框中的"确定"按钮，将背景图层转换成名称为"图层 0"的常规图层。

图 5-2-41　"鱼鹰.jpg"图像

（5）在"图层"面板内新建"图层 2"图层，选中该图层。设置背景色为白色，按 Ctrl+Delete 组合键，将"图层 2"图层填充为白色。再用将"图层 2"图层拖曳到"图层 0"图层的下边。

（6）单击"图层 1"图层左边 眼睛图标，将"图层 1"图层隐藏。选中"图层 0"图层，使用"背景橡皮擦工具"按钮 ，将该图层内右边的鱼缸擦除，如图 5-2-44 所示。

图 5-2-42 擦除鱼鹰背景　　　图 5-2-43 调整鱼鹰角度　　　图 5-2-44 擦除鱼缸

（7）单击"历史记录"面板内最后一个"背景色橡皮擦"记录左边的　方形选框，使方形选框内出现 历史记录标记，如图 5-2-45 所示。

（8）单击"滤镜"→"模糊"→"径向模糊"命令，打开"径向模糊"对话框，在"数量"文本框内输入 10，选中"旋转"和"好"单选钮，单击"确定"按钮。然后单击"图层 1"图层左面的　方形选框，显示"图层 1"图层。

图 5-2-45 "历史记录"调板

（9）使用工具箱中的"历史记录画笔"按钮　，用该画笔多次单击"图层 0"图层上的鱼，最后效果如图 5-2-39 所示。

5.3 【实例 15】中华旅游广告

"中华旅游广告"图像，如图 5-3-1 所示。它是一幅中华旅游公司的宣传画。背景是"九寨沟"图像，如图 5-3-2 所示。图像之上有旅游胜地故宫、长城、庐山、颐和园、布达拉宫和兵马俑等图像，这些图像均有白色外框；有文字指明旅游胜地的名称和红色对勾；中间有环绕的绿色箭头，表示在中国的愉快旅游，还有标题等文字。

图 5-3-1 "中华旅游广告"图像　　　　　图 5-3-2 "九寨沟"图像

制作方法

1．制作背景

（1）打开"九寨沟.jpg"图像，如图 5-3-2 所示，调整该图像宽为 1000 像素，高为 760 像素。双击"背景"图层，打开"新建图层"对话框，单击"确定"按钮，将背景图层转换成名称为"图层 0"的常规图层，再将该图层的名称改为"九寨沟"。然后将该图像以名称"【实例 15】中华旅游广告.psd"保存。

（2）打开"故宫.jpg"图像，使用"移动工具"按钮 ▶ 拖曳该图像到"【实例15】中华旅游广告.psd"图像之上。再将"图层"面板中的"图层1"图层的名称改为"故宫"。

（3）选中"图层"面板内的"故宫"图层，单击"编辑"→"自由变换"命令，调整该图像的大小和位置，按 Enter 键确定。

（4）按住 Ctrl 键，单击"图层"面板内的"故宫"图层的预览图标，创建选中"故宫"图像的选区。单击"编辑"→"描边"命令，打开"描边"对话框，在该对话框中设置描边为四个像素，颜色为白色，选中"居外"单选钮，单击"确定"按钮，给选区描边。

（5）按照上述方法，分别将"长城"、"庐山"、"苏州园林"、"布达拉宫"、"兵马俑"和"颐和园"图像拖曳到"【实例15】中华旅游广告.psd"图像内不同位置，在"图层"面板内生成一些图层，将这些图层的名称进行更改，并调整好它们的位置和大小，如图5-3-1所示。

（6）按照上述方法，给这些图像四周描四个像素的白色边框。

2．制作箭头图形

（1）新建一个文件名为"箭头"，宽度为400像素，高度为300像素，模式为RGB颜色，背景为白色的文档。创建两条参考线。

（2）单击工具箱中的"自定形状工具"按钮 ✿，单击在工具选项栏中的"路径"按钮 ▨，在"形状"下拉列表框中选择 ➡ 形状，再在画布上拖曳出如图5-3-3所示的箭头。"路径"面板内会自动增加一个名称为"工作路径"的路径层。

（3）使用"直接选择工具"按钮 ▷，选中箭头图像，水平拖曳箭头图像的控制柄，使箭头图像变宽一些。按住 Ctrl 键，单击"路径"面板中的路径缩览图，将路径转换成选区。

（4）新建一个"图层1"图层。将前景色设为淡绿色（R=25、G=123、B=48），按 Alt+Delete 组合键，给"图层1"图层的选区填充前景色，如图5-3-4所示。将"图层1"图层复制一个名为"图层1副本"的图层。隐藏"图层1"图层。选中"图层1副本"图层。使用"矩形选框工具"按钮 ▢，在画布中拖曳一个矩形选区，按 Delete 键，将选区内的图像删除，如图5-3-5所示。按 Ctrl+D 组合键，取消选区。

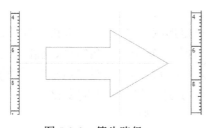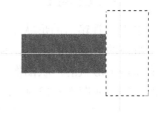

图 5-3-3　箭头路径　　　　　　图 5-3-4　填充颜色　　　　　　图 5-3-5　删除图像

（5）单击"编辑"→"自由变换"命令，打开控制柄，把图像拉长一点，在其选项栏 △ ⎿-60⎸0⎾ 度 中，将角度调整为-60度。按 Enter 键确定，效果如图5-3-6所示。

（6）显示"图层1"图层，调整"图层1"图层内的图像为60度。把图像调整好，如图5-3-7所示。选中"图层1副本"图层，按 Ctrl+E 组合键，使该图层和"图层1"图层合并。

（7）使用工具箱内的"矩形选框工具"按钮 ▢，在画布中创建一个矩形选区，按 Delete 键，将选区内的图像删除，如图5-3-8所示。按 Ctrl+D 组合键，取消选区。选中"图层1"图层。

（8）单击"编辑"→"自由变换"命令，进入自由变换调整状态，把中心控制点拖曳到如图5-3-9所示的位置上，将角度调整为120度，按 Enter 键确定。

图 5-3-6　调整角度　　　图 5-3-7　调整图像　　　图 5-3-8　删除图像　　　图 5-3-9　调整图像

（9）两次按 Ctrl+Shift+Alt+T 组合键，旋转并复制图像，如图 5-3-10 所示。选中"图层 1 副本 2"图层，按 Ctrl+E 组合键，重复两次，把所有图像合并到"图层 1"图层中。将"图层 1"图层更名为"标志"，将当前图层的不透明度改为 85%，再为其加上"斜面和浮雕"和"投影"的图层样式，效果如图 5-3-11 所示。

（10）使用"移动工具"按钮 ，将图 5-3-11 所示图像拖曳到"【实例 15】中华旅游广告.psd"图像之上，调整复制图像的位置和大小如图 5-3-1 所示。然后，将该图像所在图层的名称改为"标志"。

图 5-3-10　旋转并复制图像　　　图 5-3-11　标志

3．添加文字

（1）按照图 5-3-1 所示输入广告标语文字到图像中，添加"投影"图层样式效果。

（2）制作红对勾图像，其方法与制作箭头的方法基本一样，只是在"形状"下拉列表框中选择 形状，在画布内创建路径，将其转换成选区，再填充红色。由读者自己完成。

链接知识

1．形状工具组工具

单击工具箱内的形状工具组的"绘图工具"（例如，"自定形状工具" ）按钮，打开该工具组内的所有绘图工具，利用这些工具，可以绘制直线、曲线、矩形、圆角矩形、椭圆、多边形和自定形状的形状图像、路径和一般图像。不管选中哪个工具，其选项栏左边三个栏的按钮都一样，如图 5-3-12 所示。单击第 2、3 栏中不同的按钮，其选项栏会有不同变化。

图 5-3-12　"形状工具"选项栏

（1）形状工具组工具的切换方法：常用的切换方法如下。

◎ 单击形状工具组中的"形状工具"按钮；按 Shift+U 组合键，自动切换形状工具组中的工具。

◎ 单击图 5-3-14 所示选项栏内第 3 栏中相应的"形状工具"按钮。

◎ 按住 Alt 键，再单击工具箱中的"形状工具"按钮。

（2）绘图模式的切换：该选项栏中的 有三个按钮，用来切换绘图模式的。

◎"形状图层"按钮 ：单击它，进入形状绘图状态，在绘制路径中会自动填充前景色或一种选定的图案。每绘制一个图像就增加一个形状图层，如图 5-3-13 所示。绘制后的图像不可以用油漆桶工具填充颜色和图案。绘制的形状图像如图 5-3-14 中第 1 行图像所示。

◎"路径"按钮 ⬚：单击它，即可进入路径绘制状态，选项栏右边改为四个按钮 ⬚⬚⬚⬚。在此状态下，绘制的是路径，图 5-3-14 中第 2 行图像即所绘的路径。

◎"完整像素"按钮 □：单击它，即可进入一般的绘图状态，选项栏右边改为 模式：正常 ∨ 不透明度：100% ▶ ☑消除锯齿。此时绘制的图像的颜色由前景色决定，该图像可以用油漆桶工具填充颜色和图案，且不增加图层。图 5-3-14 中第 3 行图像就是在该状态下绘制的。

（3）⬚⬚⬚⬚⬚ 栏：该栏的 5 个按钮的作用如下。

图 5-3-13　"图层"面板　　　图 5-3-14　绘制的形状、路径和完整像素图像

◎"创建新的形状图层"按钮 □：单击它后，绘制一个形状图像，如图 5-3-15 所示。此时，会创建一个形状图层。新图形的样式不会影响原图形的样式，如图 5-3-15 所示。

◎"添加到形状区域"按钮 □：该按钮只有在已经创建了一个形状图层后才有效。单击它后，则绘制的新形状与原形状相加成一个新形状图像，而且新形状图像采用的样式会影响原来形状图像的样式，如图 5-3-16 所示。另外，还不会创建新图层。

在单击"新形状图像"按钮 □ 的情况下，按住 Shift 键，拖曳出一个新形状图像，也可使创建的新形状图像与原来形状图像相加成一个新的形状图像。

◎"从形状区域减去"按钮 □：单击它后，则绘制的新形状图像与原来的形状图像相减，使创建的新形状与原来形状重合的部分减去，得到一个新形状图像，如图 5-3-17（a）所示。另外，不会创建新图层。在单击"新形状图像"按钮 □ 的情况下，按住 Alt 键，拖曳出一个新形状，也可以使创建的新形状与原来形状重合部分减去，得到一个新形状图像。

◎"交叉形状区域"按钮 □：单击它后，可只保留新形状与原来形状重合的部分，得到一个新形状，而且不会创建新图层。例如，一个矩形形状与一个花状重合部分的新形状如图 5-3-17（b）所示。在单击"新形状图像"按钮 □ 的情况下，按住 Shift+Alt 组合键，拖曳出一个新形状，也可只保留新形状将与原来形状重合的部分，得到一个新形状。

◎"重叠形状区域除外"按钮 □：单击它后，可清除新形状将与原来形状重合的部分，保留不重合部分，得到一个新形状，而且不会创建新图层。例如，创建一个如图 5-3-17（c）所示的矩形形状。

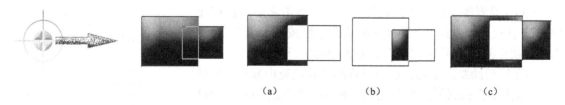

（a）　　　　　　（b）　　　　　　（c）

图 5-3-15　新建形状　　图 5-3-16　添加形状　　　图 5-3-17　形状相减、交叉和重叠外

2. 直线工具

单击"直线工具"按钮 ╲，其选项栏如图 5-3-18 所示。它增加了一个"粗细"文本框。

其他与矩形工具一样。按住 Shift 键，并拖曳鼠标，可绘制 45°整数倍的直线。

（1）"粗细"文本框：设置直线粗细，输入"px"则表示单位是像素，否则是 cm。

图 5-3-18　"直线工具"选项栏

（2）"几何选项"按钮 ▾ ：单击该按钮，会打开"箭头"面板，如图 5-3-19 所示。利用该面板可以调整箭头的一些属性。利用该面板可以设置各种箭头的属性，读者可试一试。图 5-3-20 给出了绘制的各种直线。该面板内各选项的作用如下。

◎ "起点"复选框：选中它后，表示直线的起点有箭头。

◎ "终点"复选框：选中它后，表示直线的终点有箭头。

◎ "宽度"文本框：设置箭头相对于直线宽度的百分数，取值范围是 10%～1000%。

◎ "长度"文本框：设置箭头相对于直线长度的百分数，取值范围是 10%～5000%。

◎ "凹度"文本框：设置箭头头尾相对于直线长度的百分数，取值范围是–50%～50%。

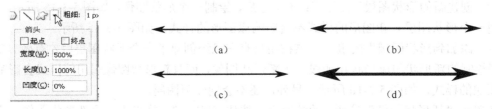

图 5-3-19　"箭头"面板　　　　图 5-3-20　绘制的各种箭头

3. 矩形工具

在"形状图层"模式下，"矩形工具"的选项栏，如图 5-3-21 所示。在"路径"模式和"填充像素"模式下，该选项栏会有上边介绍过的变化。进行工具的属性设置后，即可在画布窗口内拖曳绘出矩形。按住 Shift 键并拖曳，可以绘制正方形。前面没介绍的选项的作用如下。

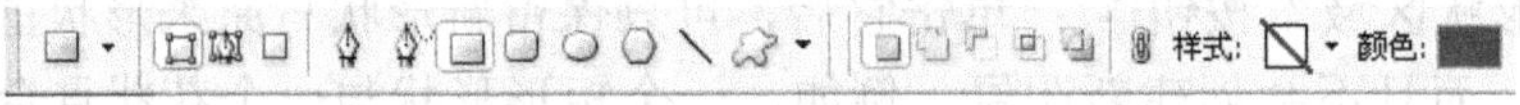

图 5-3-21　"形状图层"模式下"矩形工具"选项栏

（1）⑧ 按钮：在该按钮处于按下状时，修改样式和颜色会改变当前形状图层内形状图像的属性；在该按钮处于抬起状时，修改样式和颜色不会改变当前形状图层内形状图像的属性。

（2）"几何选项"按钮 ▾ ：它位于"自定形状工具"按钮 ✿ 的右边。单击该按钮，可打开"矩形选项"面板，如图 5-3-22 所示，用来调整矩形的一些属性。

（3）"设置图层样式"按钮 样式: ◻▾ ：单击它后，会打开"样式"面板。选中其内一种填充样式图案后按 Enter 键，或双击该面板中的一种图案，即可完成填充样式的设置。

（4）以后绘制的矩形就是用设置的样式填充内部的。如果选中"无样式"按钮 ◻，则使用选项栏中的"颜色"框 颜色: ▮ 内的颜色用来决定填充矩形内部的颜色。

（5）"颜色"按钮 颜色: ▮ ：用来设置填充颜色。单击它可打开"拾色器"对话框。

图 5-3-22　"矩形选项"面板

（6）"消除锯齿"复选框 ☑消除锯齿 ：选中它后，可以消除绘制图像边缘的锯齿。

4．圆角矩形、椭圆和多边形工具

（1）圆角矩形工具：单击"圆角矩形工具"按钮▢后，可以在画布内绘制圆角矩形，其选项栏如图 5-3-23 所示，增加了一个"半径"文本框。其他与矩形工具的使用方法一样。

图 5-3-23　"圆角矩形工具"选项栏

◎"半径"文本框：该文本框内的数据决定了圆角矩形圆角的半径，单位是像素。

◎"几何选项"按钮▾：单击该按钮，会打开"圆角矩形选项"面板，如图 5-3-24 所示。利用该面板可以调整圆角矩形的一些属性。

（2）椭圆工具：单击"椭圆工具"按钮◯后，即可在画布内绘制椭圆和圆形图像。"椭圆工具"按钮◯的使用方法与矩形工具的使用方法基本一样。单击"几何选项"按钮▾，会打开"椭圆选项"面板，如图 5-3-25 所示。利用该面板可以调整椭圆的一些属性。

图 5-3-24　"圆角矩形选项"面板　　　　图 5-3-25　"椭圆选项"面板

（3）多边形工具：单击"多边形工具"按钮◯后，即可在画布内绘制多边形图像。"多边形工具"的选项栏，如图 5-3-26 所示。它增加了一个"边"文本框。其他与矩形工具的使用方法一样。

图 5-3-26　"多边形工具"选项栏

◎"边"文本框：该文本框内的数据决定了多边形的边数。

◎"几何选项"按钮▾：单击该按钮，打开"多边形选项"面板，如图 5-3-27 所示。利用该面板可以调整多边形的一些属性。读者可试一试，图 5-3-28 给出了绘制的几种图像。

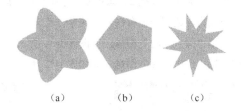

（a）　　　　　（b）　　　　　（c）

图 5-3-27　"多边形选项"面板　　　　图 5-3-28　几何图形

5．自定形状工具

单击"自定形状工具"按钮✿后，可在画布内绘制自定形状的图像，其选项栏如图 5-3-29 所示，增加了一个"形状"下拉列表框。它与矩形工具的使用方法基本一样。

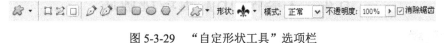

图 5-3-29　"自定形状工具"选项栏

（1）"形状"下拉列表框：单击黑色箭头按钮，打开"自定形状"面板，如图 5-3-30 所示。

双击面板中的一个图案样式，再拖曳绘制选中的图案。单击"自定形状"面板右侧的小三角 ▶ 按钮，打开它的面板菜单，单击其中一个命令，会打开一个提示框，如图5-3-31所示。单击"追加"按钮，可将选中的一类型形状追加到"自定形状"面板内后边；单击"确定"按钮，可将选中的一类型形状添加到"自定形状"面板内，替换原形状。

（2）"几何选项"按钮 ▼ ：单击该按钮，会打开"自定形状选项"面板，如图5-3-32所示。利用该面板可以调整自定形状图形的一些属性。

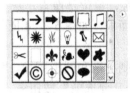

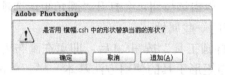

图5-3-30　"自定形状"面板　　　　图5-3-31　提示对话框　　　　图5-3-32　"自定形状选项"面板

（3）用户还可以自己设计新的自定形状样式，其方法如下。

◎ 新建一个画布，用各种自定形状工具，可以在一个形状图层中绘制各个图像。

◎ 单击"编辑"→"定义自定形状"命令，打开"形状名称"对话框，在"名称"文本框内输入新的名称，再单击"确定"按钮，即可将刚刚绘制的图像定义为新的自定形状样式，并追加到"自定形状"面板中自定形状样式图案的后边。

思考练习 5-3

1．制作一幅"按钮"图像，如图5-3-33所示，它给出了有多个按钮的图形。

2．参考【实例15】图像的制作方法，制作一幅"舌尖的家乡"宣传图像。

图5-3-33　"按钮"图像

3．绘制四张扑克牌（红桃2、黑桃6、方片8和草花10）图形。

4．发挥想象力，绘制一幅有树木、花草、蓝天白云和草屋的"田园风光"图像。

5．制作一幅"国人期盼"图像，如图5-3-34所示。

6．制作一幅"电影胶片"图像，如图5-3-35所示。

图5-3-34　"国人期盼"图像　　　　　　　图5-3-35　"电影胶片"图像

5.4　【案例16】玉玲珑饭店

案例效果

"玉玲珑饭店"图像，如图5-4-1所示。可以看到，它以繁华的都市夜晚咖啡店图像为背景，制作的霓虹灯文字散发出七彩光芒，搭配有金色广告牌外框，在夜晚的衬托下显示出华丽的气势，非常显眼。该图像只在图 5-4-2 所示的"饭店.jpg"图像基础之上制作而成的。"饭店.jpg"图像是一幅曝光不足的、格式为"CMYK 颜色"的图像，需要进行色彩调整。

图 5-4-1　"玉玲珑饭店"图像

图 5-4-2　"饭店.jpg"图像

操作过程

1. 图像色彩调整

（1）打开"饭店.jpg"图像，如图 5-4-2 所示。将图像宽和高分别调整为 600 像素和 500 像素。然后，以名称"【案例 16】玉玲珑饭店.psd"保存。

（2）单击"图像"→"模式"命令，打开"模式"菜单，单击该菜单内的"RGB 模式"命令，将该图像转换为 RGB 颜色格式的图像。

（3）单击"图像"→"调整"→"曲线"命令，打开"曲线"对话框，在"通道"下拉列表框中选择"红"选项，拖曳调整红曲线，如图 5-4-3（a）所示。

（4）在"通道"下拉列表框中选择"绿"选项，拖曳绿曲线，如图 5-4-3（b）所示；选择"蓝"选项，拖曳"蓝"曲线，与图 5-4-3（a）所示相似。选择"RGB"选项，拖曳 RGB 曲线，如图 5-4-3（c）所示。

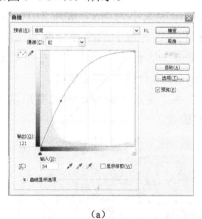

（a）

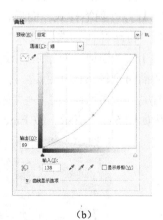

（b）

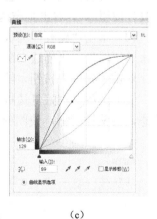

（c）

图 5-4-3　在"曲线"对话框内红、绿、RGB 通道的曲线

单击"确定"按钮，关闭"曲线"对话框。然后，再打开"曲线"对话框，再调整 RGB 曲线，与图 5-4-3（a）所示相似。单击"确定"按钮，效果如图 5-4-4 所示。

（5）单击"图像"→"调整"→"色阶"命令，打开"色阶"对话框，如图 5-4-5 所示。在"通道"下拉列表框内选择"RGB"选项，拖曳其内"输入色阶"和"输出色阶"栏内的滑块，或者在文本框内修改数值，同时观察图像色彩的变化，使图像变亮。如果某种颜色不足，可在"通道"下拉列表框内选择该基色，再进行调整。单击"确定"按钮。

图 5-4-4　曲线调整效果

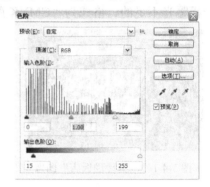

图 5-4-5　"色阶"对话框

（6）单击"图像"→"调整"→"亮度/对比度"命令，打开"亮度/对比度"对话框，如图 5-4-6 所示。利用该对话框可以调整图像的亮度和对比度。

（7）单击"图像"→"调整"命令，打开"调整"菜单，单击该菜单内"色彩平衡"和"色相/饱和度"等命令，可以进行相应的色彩调整。读者可以自己进行试验。

2. 绘制霓虹边框

（1）使用工具箱中的"自定形状工具"按钮 ，在它的选项栏中单击"形状"按钮 ，打开"形状"面板，单击该面板右侧的 按钮，打开它的面板菜单，单击其中的"横幅和奖品"命令，打开一个提示框，单击"追加"按钮，将一些形状追加到"形状"面板内后边。

（2）在选项栏内的"工具模式"下拉列表框中选择"路径"选项，在"形状"面板中选中"横幅2" 形状图标，然后在画布中拖曳鼠标，创建一个边框的路径。

（3）设置前景色为黄色，在"背景"图层之上新建一个"霓虹灯边框"图层。使用"画笔工具"按钮 ，右击画布内部，打开"画笔样式"面板，设置画笔大小为4px，硬度为100%。

（4）单击"路径"面板中的"将路径作为选区载入"按钮 ，将选中的路径转换为选区。单击"编辑"→"描边"命令，打开"描边"对话框，设置宽度为 5 像素，选中"居中"单选钮，单击"确定"按钮，给选区描四个像素的黄色边。按 Ctrl+H 组合键，隐藏路径。

（5）选中"霓虹灯边框"图层，单击"编辑"→"变换"→"变形"命令，进入变形调整状态，调整控制柄，使图形形状如图 5-4-7 所示。按 Enter 键确定。

图 5-4-6　"亮度/对比度"对话框

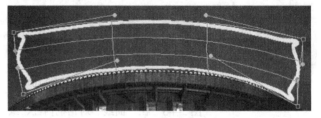

图 5-4-7　绘制边框

（6）单击"滤镜"→"模糊"→"高斯模糊"命令，打开"高斯模糊"对话框，在该对话框中设置半径为1像素。单击"确定"按钮，将"边框"图像添加模糊效果。

（7）单击"图层"面板内的"添加图层样式"按钮 ，打开它的菜单，单击该菜单中的"外发光"命令，打开"图层样式"对话框，设置发光颜色为红色，其他设置如图 5-4-8 所示。

单击"确定"按钮，效果如图 5-4-9 所示。

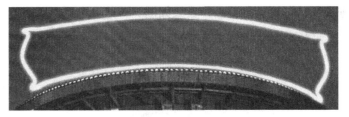

图 5-4-8 "图层样式"对话框   图 5-4-9 "图层样式"效果

（8）复制"边框"图像，将复制的图像进行缩小和变形调整，按 Enter 键确定，如图 5-4-10 所示。

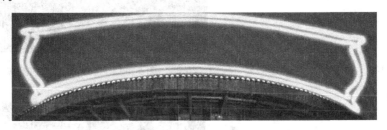

图 5-4-10 复制"边框"图像

3. 输入文字

（1）使用工具箱中的"横排文字工具"按钮 T，在它的选项栏内设置字体为"隶书"，文字颜色为白色，字体大小为 50 点，输入文字"玉玲珑饭店"。 使用工具箱内的"移动工具"按钮，将文字移到框架内的中间。利用"字符"面板将文字间距调大一些。

（2）在"玉玲珑饭店"文字图层下边创建一个"图层 1"图层，给该图层的画布填充黑色。选中"玉玲珑饭店"文字图层，单击"图层"→"向下合并"命令，将"玉玲珑饭店"文字图层与"图层 1"图层合并。将合并后的图层名称改为"文字"。

（3）使用工具箱中的"矩形选框工具"按钮，在文字的外边创建一个矩形选区。单击"滤镜"→"模糊"→"高斯模糊"命令，打开"高斯模糊"对话框，设置模糊半径为 2，单击"确定"按钮，高斯模糊效果如图 5-4-11 所示。

图 5-4-11 高斯模糊效果

模糊操作是为了下一步使用曲线命令做准备的，如果没通过模糊操作在文字的边缘制作出一些过渡性的灰度的话，无论将曲线调整得多复杂，也无法在文字上制作出光泽的效果。

（4）单击"图像"→"调整"→"曲线"命令，打开"曲线"对话框。在该对话框中拖曳曲线，调整为如图 5-4-12 所示，单击"确定"按钮，图像如图 5-4-13 所示。

（5）单击"渐变工具"按钮，再单击选项栏中的"线性渐变"按钮，打开"渐变编辑器"对话框，按照图 5-4-14 所示设置线性渐变色。单击"确定"按钮。

（6）在"渐变工具"选项栏的"模式"下拉列表框中选中"颜色"选项，该模式可以在保护原有的图像灰阶的基础上给图像着色。然后，按住 Shift 键，在画布中用鼠标从左到右水平拖曳鼠标，给文字着色，效果如图 5-4-15 所示。

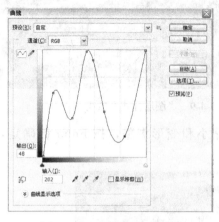

图 5-4-12 "曲线"对话框

图 5-4-13 调整曲线后的图像

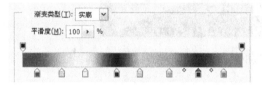

图 5-4-14 "渐变编辑器"对话框

图 5-4-15 渐变效果

（7）按 Ctrl+D 组合键，取消选区。单击"编辑"→"变换"→"变形"命令，进入变形调整状态，调整控制柄，使图形形状如图 5-4-16 所示。按 Enter 键确定。

（8）选中"图层"面板内的"文字"图层，在"设置图层混合模式"下拉列表框内选中"滤色"选项。至此，整个图像制作完毕，效果如图 5-4-1 所示。

链接知识

图 5-4-16 文字的变形调整

1. 亮度/对比度、色彩平衡、色相/饱和度调整

（1）亮度/对比度调整：单击"图像"→"调整"→"亮度/对比度"命令，打开"亮度/对比度"对话框，如图 5-4-6 所示。可以调整图像的亮度和对比度。它们的调整范围是-100～50，选中"使用旧版"复选框后的调整范围是-100～100。

（2）色彩平衡调整：单击"图像"→"调整"→"色彩平衡"命令，打开"色彩平衡"对话框，如图 5-4-17 所示。"色彩平衡"对话框中各选项的作用如下。

◎ "色阶"三个文本框：分别用来显示三个滑块调整时的色阶数据，用户也可以直接输入数值来改变滑块的位置。它们的数值范围是-100～100。

◎ "青色"：用鼠标拖曳滑块，调整从青色到红色的色彩平衡。向右拖曳滑块，可使图像变红；向左拖曳滑块，可使图像变青。

◎ "洋红"：用鼠标拖曳滑块，调整从洋红色到绿色的色彩平衡。

◎ "黄色"：用鼠标拖曳滑块，调整从黄色到蓝色的色彩平衡。

◎ "色调平衡"栏：用来确定色彩的平衡处理区域。

（3）色相/饱和度调整：单击"图像"→"调整"→"色相/饱和度"命令，打开"色相/饱和度"对话框，如图 5-4-18 所示。该对话框内各选项的作用如下。

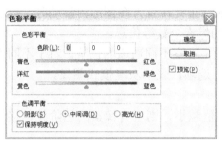

图 5-4-17　"色彩平衡"对话框　　　　图 5-4-18　"色相/饱和度"对话框

◎ "预设"下拉列表框：用来选择"默认"或者其他一种预设的设置。

◎ "编辑"下拉列表框：用来选择"全图"（所有像素）和某种颜色的像素。当选择的是"全图"时，对话框内下边 🖑 按钮行的数值会消失、吸管按钮变为无效。

◎ "色相"、"饱和度"和"明度"滑块及文本框：用来调整它们的数值。色相的数值范围是-180～180，饱和度和明度的数值范围是-100～100。

◎ 两个彩条和一个控制条：两个彩条用来表示各种颜色，调整时，下边彩条的颜色会随之变化。当控制条  上有四个控制滑块，用来指示色彩的范围，拖曳控制条内的四个滑块，可以调整色彩的变化范围（左边）和禁止色彩调整的范围（右边）。

◎ 三个"吸管"按钮 🖊 🖊 🖊：单击按钮后，将鼠标指针移到图像或"颜色"面板上时，单击，即可吸取单击处像素的色彩。其中，"吸管工具"按钮 🖊 用来吸取的色彩作为色彩的变化范围；"添加到取样"按钮 🖊 可以在原有的色彩范围的基础上确定增加的色彩；"从取样中减去"按钮 🖊 可以在原有色彩范围的基础上确定减少的色彩。

◎ "着色"复选框：选中该复选框后，可以改变图像的颜色和明度的图像。

单击 🖑 按钮，则在图像上拖曳，可以调整饱和度；按住 Ctrl 键，同时拖曳，可以调整色相。

（4）自动对比度调整：单击"图像"→"调整"→"自动对比度"命令，即可自动调整图像各像素的对比度，使图像中对比度不正常的区域改变。

2. 图像的色阶调整

一种模式的图像可以有的颜色数目称为色域。例如，灰色模式的图像，每个像素用一个字节表示，则灰色模式的图像最多可以有 $2^8=256$ 种颜色，它的色域为 0～255。RGB 模式的图像，每个像素的颜色用红、绿、蓝三种基色按不同比例混合得到，如果一种基色用一个字节表示，则 RGB 模式的图像最多可以有 224 种颜色，它的色域为 0～224-1。CMYK 模式的图像，每个像素的颜色由四种基色按不同比例混合得到，如果一种基色用一个字节表示，则 CMYK 模式的图像最多可以有 232 种颜色，它的色域为 0～232-1。

色阶就是图像像素每一种颜色的亮度值，它有 $2^8=256$ 个等级，色阶的范围是 0～255。其值越大，亮度越暗；其值越小，亮度越亮。色阶等级越多，则图像的层次越丰富好看。

（1）色阶直方图：用于观察图像中不同色阶的像素个数，不可以进行修改。打开一幅图像，单击"窗口"→"直方图"命令，打开"直方图"面板，如图 5-4-19 所示。如果"直方图"面板内没有给出下边的数据信息，可单击该面板菜单中的"扩展视图"命令，同时选中"显示统计数据"单选钮。该面板内各选项和数据的含义如下。

◎ 直方图图形：这是一个坐标图形。横轴表示色阶，其取值范围为 0～255，最左边为 0，最右边为 255。纵轴表示具有该色阶的像素数量。当鼠标指针在直方图图形内移动时，提示信息栏会给出鼠标指针点的色阶值和相应的具有该色阶的像素个数等信息。

◎ "通道"下拉列表框：用来选择亮度和颜色通道，观察不同通道的色阶。对于不同模式的图像，下拉列表框中的选项不一样，但都有"亮度"选项，表示灰度模式图像。

◎ 平均值：表示图像色阶的平均值。

◎ 标准偏差：表示图像色阶分布的标准偏差。该值越小，则所有像素的色阶就越接近色阶的平均值。

◎ 中间值：表示图像像素色阶的中间值。

◎ 像素：整个图像或选区内图像像素的总个数。

◎ 色阶：鼠标指针处的色阶值。如果在直方图图形内水平拖曳，选中一个色阶区域，如图 5-4-20 所示，则该项给出的是色阶区域内色阶的范围。

◎ 数量：具有鼠标指针处色阶的像素个数。有色阶区域时，给出该区域内像素个数。

◎ 百分位（百分数）：小于或等于鼠标指针处的色阶的像素个数占总像素个数的百分比。有色阶区域时，给出该区域内像素个数占总像素个数的百分比。

◎ 高速缓存级别：显示图像高速缓存设置编号。

（2）色阶调整：单击"图像"→"调整"→"色阶"命令，可打开"色阶"对话框，如图 5-4-21 所示。该对话框中各选项的作用如下。

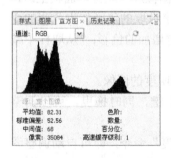

图 5-4-19　"直方图"面板　　　　图 5-4-20　"直方图"面板

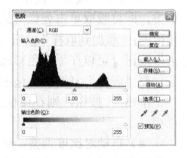

图 5-4-21　"色阶"对话框

◎ "通道"下拉列表框：用来选择复合通道（如 RGB 通道）和颜色通道（如红、绿、蓝通道）。对于不同模式的图像，下拉列表框中的选项不一样，其色阶情况也不一样。

◎ "输入色阶"三个文本框：从左到右分别用来设置图像的最小、中间和最大色阶值。当图像色阶值小于设置的最小色阶值时，图像像素为黑色；当图像色阶值大于设置的最大色阶值时，图像像素为白色。最小色阶值的取值范围是 0～253，最大色阶值取值范围是 2～255，中间色阶值的取值范围是 0.10～9.99。最小色阶值和最大色阶值越大，图像越暗；中间色阶值越大，图像越亮。

◎ 色阶直方图：拖曳横坐标上有三个滑块，可以调整最小、中间和最大色阶值。

◎ "输出色阶"两个文本框：左边的文本框用来调整图像暗的部分的色阶值，右边的文本框用来调整图像亮的部分的色阶值，取值范围都是 0～255。数值越大，图像越亮。

◎ "输出色阶"两个文本框下面的滑块：用来分别调整"输出色阶"文本框的数值。

◎ "载入" 按钮：用来载入磁盘中扩展名为 ".ALV" 的设置文件。

◎ "存储" 按钮：可将当前的设置存到磁盘中，文件的扩展名为 ".ALV"。

◎ "自动" 按钮：单击它后，系统把图像中最亮的 0.5%像素调整为白色，把图像中最暗的 0.5%像素调整为黑色。

◎ 吸管按钮组 🖊🖊🖊：从左到右三个吸管按钮的名字分别为 "设置黑场"、"设置灰点" 和 "设置白场"。单击它们后，当鼠标指针移到图像或 "颜色" 面板上时单击，即可获得单击处像素的色阶数值。

"设置黑场" 吸管按钮 🖊：系统将图像像素的色阶数值减去吸管获取的色阶数值，作为调整图像各个像素的色阶数值。这样可以使图像变暗并改变颜色。

"设置灰点" 吸管按钮 🖊：系统将吸管获取的色阶数值，作为调整图像各个像素的色阶数值。这样可以改变图像亮度和颜色。

"设置白场" 吸管按钮 🖊：系统将图像像素的色阶加上吸管获取的色阶数值，作为调整图像各个像素的色阶数值。这样可以使图像变亮并改变颜色。

（3）自动色阶调整：单击 "图像" → "调整" → "自动色阶" 命令，即可自动调整图像各像素的色阶，调整图像的亮暗程度，使图像中亮度不正常的区域改变。

3．图像的曲线调整

单击 "图像" → "调整" → "曲线" 命令，即可打开 "曲线" 对话框，如图 5-4-3 所示（其中的曲线还是一条斜直线，没有调整）。"曲线" 对话框中各选项的作用如下。

（1）色阶曲线水平轴：表示原来图像的色阶值，即色阶输入值。单击水平轴上中间处的光谱条 ◀▶，可以使水平轴和垂直轴的黑色与白色互换。

（2）色阶曲线垂直轴：表示调整后图像的色阶值，即色阶输出值。

（3）🔾 按钮：单击该按钮后，将鼠标移到色阶曲线处。当鼠标指针呈十字箭头状或十字线状时，拖曳鼠标可以调整曲线的弯曲程度，从而调整图像相应像素的色阶。单击鼠标左键，可以在曲线上生成一个空心正方形的控制点。

选中控制点（空心正方形变为黑色实心正方形），使 "输入" 和 "输出" 文本框出现。调整这两个文本框内的数，改变控制点的输入和输出色阶值，如图 5-4-3 所示。

将鼠标指针移开曲线，当鼠标指针呈白色箭头状时单击，可取消控制点的选取，同时 "输入" 和 "输出" 的文本框消失，只是显示鼠标指针点的输入和输出色阶值。

（4）🖉 按钮：单击该按钮后，将鼠标移到色阶曲线处，拖曳鼠标可以改变曲线的形状。此时 "平滑" 按钮变为有效，单击它可使曲线平滑。

（5）"预设" 下拉列表框：用来选择系统提供的调整好的曲线方案。

（6）"通道" 下拉列表框：用来选择图像通道，可以分别对不同通道图像进行曲线调整。

思考练习 5-4

1．制作一幅如图 5-4-22 所示的图像，它是将图 5-4-23 所示的黑白图像着色后的结果。

2．制作一幅 "新年快乐" 图像，如图 5-4-24 所示。它是在云图图像之上制作透视矩形云图和立体文字后获得的。

图 5-4-22　"照片着色"图像　图 5-4-23　着色前的图像　　图 5-4-24　"新年快乐"图像

3. 将图 5-4-25 所示的图像进行调整，使因为逆光拍照造成的阴暗部分变得明亮，使偏黄色和偏暗得到矫正，效果如图 5-4-26 所示。

4. 制作一幅"霓虹灯"图像，如图 5-4-27 所示。

图 5-4-25　照片图像　　　　图 5-4-26　调整后的图像　　　　图 5-4-27　"霓虹灯"图像

5.5　【实例 17】图像添彩

"图像添彩"图像如图 5-5-1 所示。它是将图 5-5-2 所示的"瀑布"图像进行"曲线"和"可选颜色"调整后获得的。对比原来图像，色彩感增强了，画面主题更突出了。

图 5-5-1　"图像添彩"图像　　　图 5-5-2　"瀑布"图像

操作过程

（1）打开"瀑布.jpg"图像，如图 5-5-2 所示。为了修正照片图像光照不足的缺陷，单击"图像"→"调整"→"曲线"命令，打开"曲线"对话框，拖曳调整曲线，如图 5-5-3 所示。单击"确定"按钮，效果如图 5-5-4 所示。

（2）为了修正照片图像主题不鲜明，分不清是拍照瀑布还是拍照小溪。使用工具箱内的"裁切工具"按钮，裁切如图 5-5-5 所示。

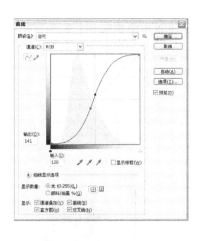
图 5-5-3　"曲线"对话框

（a）
图 5-5-4　曲线调整效果

（b）
图 5-5-5　裁切后的图像

（3）最后解决整张照片图像过于单调的问题。单击"图像"→"调整"→"可选颜色"命令，打开"可选颜色"对话框，在"颜色"下拉列表框中分别选中"绿色"选项，设置如图 5-5-6 所示，再分别选择"黄色"，"青色"选项，如图 5-5-7 所示，单击"确定"按钮。

图 5-5-6　"可选颜色"对话框

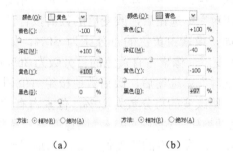
（a）　　　　　　　（b）
图 5-5-7　"可选颜色"对话框

链接知识

1. 颜色调整

（1）替换颜色调整：打开一幅"花"图像，如图 5-5-8 所示。单击"图像"→"调整"→"替换颜色"命令，打开"替换颜色"对话框，如图 5-5-9 所示。该对话框中的"颜色容差"文本框中的数据用来调整选区内颜色的容差范围。其他文本框中的数据用来调整替换颜色的属性。绿色替换红色后的效果如图 5-5-10 所示。操作方法如下。

◎ 单击图像中的一种颜色（如红色），确定要替换的颜色；或单击"选区"栏内的"颜色"色块，打开"选择目标颜色"对话框，用来选择要替换的颜色（此处为红色）。

◎ 单击 "添加到取样"按钮 🖋，单击图像中一种颜色，添加该颜色到取样颜色中。单击"从取样中减去"按钮 🖋，单击图像中一种颜色，从取样颜色中减去该颜色。

◎ 调整"颜色容差"中的滑块，同时观察显示框内的变化，以确定颜色的容差。

◎ 调整色相、饱和度和明度，以确定替换的颜色；或单击"替换"栏内的"颜色"色块，打开"选择目标颜色"对话框，用来选择替换的颜色（此处为绿色）。

（2）去色调整：单击"图像"→"调整"→"去色"命令，可将图像颜色去除。

（3）可选颜色调整：单击"图像"→"调整"→"可选颜色"命令，打开"可选颜色"对话框，如图5-5-6所示。利用它可调整图像颜色。其中各选项的作用如下。

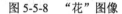

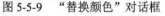

图 5-5-8　"花"图像　　图 5-5-9　"替换颜色"对话框　　图 5-5-10　"可选颜色"对话框

◎ "颜色"下拉列表框：在其内选择一种颜色，表示下面的调整是针对该颜色进行。

◎ "方法"栏：有两个单选钮，分别是"相对"与"绝对"单选钮。

选中"相对"单选钮后，改变后的数值按青色、洋红、黄色和黑色（CMYK）总数的百分比计算。例如，像素占黄色的百分比为 30%，如果改变了 20%，则改变的百分数为 30%×20%=6%，改变后，像素占有黄色的百分数为 30%+30%×20%=36%。

选中"绝对"单选钮后，改后数值按绝对值调整。例如，像素占有黄色的百分比为30%，如改为 20%，则改变的百分数为20%，像素占有黄色的百分数为30%+20%=50%。

（4）"色调均化"调整：单击"图像"→"调整"→"色调均化"命令，可将图像的色调均化，重新分布图像像素的亮度值，更均匀地呈现所有范围的亮度值。使最亮的值呈白色，最暗的值呈黑色，中间值均匀分布在整个灰度中。当图像显得较暗时，可进行色调均化调整，以产生较亮的图像。配合使用"直方图"面板，可看到亮度的前后对比。

2. 渐变映射调整

单击"图像"→"调整"→"渐变映射"命令，打开"渐变映射"对话框，如图 5-5-11所示。利用它可以用各种渐变色调整图像颜色。该对话框中各选项的作用如下。

（1）"灰度映射所用的渐变"下拉列表框：用来选择渐变色的类型。

（2）"渐变选项"栏：有两个复选框，分别是"仿色"和"反向"复选框。

◎ "仿色"复选框：选中该复选框后，将进行颜色仿色渐变色，一般影响不大。

◎ "反向"复选框：选中该复选框后，将进行颜色反向渐变色。

图 5-5-8 所示的图像经渐变映射调整后的图像如图 5-5-12 所示。

图 5-5-11　"渐变映射"对话框　　　　图 5-5-12　经渐变映射调整后的图像

3．反相和阈值等调整

（1）反相调整：单击"图像"→"调整"→"反相"命令，使图像颜色反相。

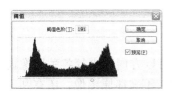

图 5-5-13　"阈值"对话框

（2）阈值调整：单击"图像"→"调整"→"阈值"命令，打开"阈值"对话框，如图 5-5-13 所示。利用该对话框，可以根据设定的转换临界值（阈值），将彩色图像转换为黑白图像。"阈值"对话框中各选项的作用如下。

◎ "阈值色阶"文本框：用来设置色阶转换的临界值。大于该值的像素颜色将转换为白色，小于该值的像素颜色将转换为黑色。

图 5-5-14　"色调分离"对话框

◎ 色阶图下边的滑块：用鼠标拖曳滑块可以调整阈值色阶的数值。

（3）色调分离调整：单击"图像"→"调整"→"色调分离"命令，打开"色调分离"对话框，如图 5-5-14 所示。利用该对话框，可按"色阶"文本框设定的色阶值，将彩色图像的色调分离。色阶值越大，图像越接近原图。

4．变化调整

单击"图像"→"调整"→"变化"命令，打开"变化"对话框，如图 5-5-15 所示。在其中列出了偏向各种颜色的预览图，单击预览图即可调整背景的颜色，可以直观、方便地调整图像的色彩平衡、亮度、对比度、饱和度等参数。"变化"对话框中各选项的作用如下。

（1）"原稿"和"当前挑选"预览图：前者是原图，后者是调整后的图，有利于对比。

（2）调色预览图：共有 7 幅，在对话框的左下方，其正中间是一幅"当前挑选"预览图，它四周是不同调色结果的预览图，单击这些图，可改变"当前挑选"预览图色彩。

（3）调亮度预览图：共有三幅，在对话框的右下方。三幅预览图的中间是一幅"当前挑选"预览图，它的上下是不同亮度的预览图，单击这些图，可改变"当前挑选"预览图的亮度，除了"原稿"预览图外，其他预览图都随之改变。多次单击会有累计效果。

（4）单选钮组：有"暗调"（调节图像暗调）、"中间色调"（调节图像中间色调）、"高光"（调节图像高色调）和"饱和度"（调节图像饱和度）四个单选钮。

选中"饱和度"单选钮后，"变化"对话框下方的预览图将更换为调整饱和度的三幅预览图，如图 5-5-16 所示，利用它们可以调整图像的饱和度。

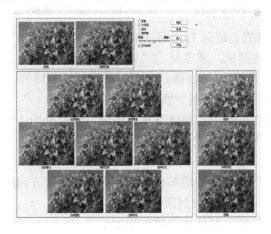

图 5-5-15　　"变化"对话框

（a）　　　　　（b）　　　　　（c）

图 5-5-16　调整饱和度的三幅预览图

（5）"精细/粗糙"标尺：用鼠标拖曳它的滑块，可以控制图像调整的幅度。

（6）"显示修剪"复选框：选中该复选框后，会显示图像中颜色的溢出部分，这样可以避免图像调整后出现溢色现象。

5. "调整"面板使用

"调整"面板集中了"调整"菜单内的大部分图像调整命令，可以方便地进行各种图像调整之间的切换，可以自动在要调整图层之上添加一个"调整"图层，不破坏原图像，还有利于修改调整参数。另外，"调整"面板还提供了大量的参数预设，方便了图像的各种调整。

单击"窗口"→"调整"命令，可以打开"调整"面板，如图 5-5-17 所示。单击"图层"→"新建调整图层"命令，打开它的菜单，其内有 15 个命令，单击其中的任意一个命令，均可以打开"新建图层"对话框，单击其中的"确定"按钮，可打开相应的"调整"面板。

例如，单击"图层"→"新建调整图层"→"渐变映射"命令，打开"新建图层"对话框。在该对话框内的"名称"文本框内可以输入新建调整图层的名称，在"颜色"下拉列表框内选择新建调整图层的颜色，在"模式"下拉列表框内选择图层混合模式，还可以调整不透明度。然后，单击该对话框中的"确定"按钮，打开"调整"（渐变映射）面板，如图 5-5-18 所示。可以看出，该面板内的选项与图 5-5-11 所示"渐变映射"对话框内的选项基本一样。此时，在"图层"面板内会自动生成一个"渐变映射 1"调整图层，而且与其下面的图层组成图层剪贴组，"背景"图层成为基底图层，它是"渐变映射 1"调整图层的蒙版，如图 5-5-19 所示。以后的调整不会破坏"背景"图层内的图像。"调整"面板的基本使用方法简单介绍如下。

图 5-5-17　"调整"面板　图 5-5-18　"调整"（渐变映射）面板　图 5-5-19　"图层"面板

（1）各种"调整"面板的切换："调整"面板内的上边有 15 个不同的图标（将鼠标指针移到这些图标之上时，会显示相应的名称），单击这些图标，或者单击"调整"面板中的命令，都可以打开相应的不同的"调整"面板。单击这些面板内的 按钮，可以回到图 5-5-18 所示的"调整"面板。再单击 按钮，又可以回到刚使用的"调整"面板。

（2）"预设"列表框：其内有应用于常规图像校正的一系列调整预设选项。预设分为"色阶"等几大类。单击 按钮，可以展开相应预设类别的预设选项；按住 Alt 键，同时单击三角形展开所有预设类别的预设选项。

单击"预设"选项，可以将选中的预设应用于"调整"图层和相关的图像。同时打开相应的"调整"面板。如果将调整设置存储为预设，则它会被添加到预设列表框中。

（3）按钮的作用：除了上边介绍过的 和 按钮，其他按钮的作用如下。

◎ "展开视图"按钮 ：单击该按钮，可以将面板切换到展开视图，该按钮变为"标准视图"按钮 ；单击"标准视图"按钮 ，可以将面板切换到标准视图，该按钮变为"展开视图"按钮 。

◎ 或 按钮：表示此状态是"新调整影响下面的所有图层"，单击该按钮可以使剪切到图层，该按钮变为 或 按钮，表示此状态是"新调整剪切到此图层"；单击 或 按钮可以使新调整影响下面的所有图层，该按钮变为 或 按钮。可以在建立和取消剪贴蒙版之间切换。可以将调整应用于"图层"面板中该图层下的所有图层。

◎ "切换图层可见性"按钮 ：单击该按钮，可以隐藏调整图层；单击 按钮，可以显示调整图层。

◎ "查看上一状态"按钮 ：单击该按钮，可以将调整到上一状态设置。

◎ "复位"按钮 ：单击该按钮，可以恢复到默认的状态设置。

◎ "删除此调整图层"按钮 ：单击该按钮，可以删除调整。

思考练习 5-5

1．图 5-5-20 所示的彩色图像中的彩球是蓝色到淡蓝色的渐变色，小鹿的颜色是棕色，眼睛是黑色。将该图像中的彩球颜色改为红色到棕色的渐变色，小鹿的颜色改为绿色，眼睛改为红色，如图 5-5-21 所示。

2．制作一幅木刻图像，如图 5-5-22 所示。该图像是将图 5-5-23 所示的图像改变颜色和加工后获得的。制作该图像主要需要使用色调均化、反相和阈值等图像调整技术。

图 5-5-20　原图像　　　图 5-5-21　替换颜色　　　图 5-5-22　木刻图像　　　图 5-5-23　原图像

3．制作一幅"黄昏绿树"图像，如图 5-5-24 所示。它是在图 5-5-25 所示的"日落树"图像基础之上进行色调均化处理和替换颜色后的结果。

4．将图 5-5-26 所示的两幅"热气球"图像中热气球的颜色进行更换。

图 5-5-24　"黄昏绿树"图像　　图 5-5-25　"日落树"图像　　图 5-5-26　两幅"热气球"图像

第6章

通道和蒙版

本章提要

本章通过学习 5 个实例的制作，可以了解通道的基本概念，掌握"通道"面板的使用方法，将通道转换为选区、存储选区和载入选区的方法，掌握创建和应用快速蒙版和蒙版的方法，掌握"应用图像"命令和"计算"命令进行图像处理的方法。

6.1 【实例 18】色彩飞扬

● 案例效果

"色彩飞扬"图像，如图 6-1-1 所示。可以看到，一个小女孩好像漂浮在梦境中，手托着闪光的亮球。制作该图像首先制作浅灰色到深灰色渐变色的图像，如图 6-1-2 所示，再利用"通道"面板，在红、绿、蓝通道中进行不同的加工处理，合成后的图像即可获得五彩缤纷的幻觉效果。最后添加图 6-1-3 所示的"女孩"图像和光晕。

图 6-1-1 "色彩飞扬"图像

图 6-1-2 浅灰色到深灰色渐变

图 6-1-3 "女孩"图像

● 制作方法

1. 制作梦幻效果

（1）新建一个画布宽为 450 像素，高为 300 像素，模式为 RGB 颜色，背景为白色的文档。然后以名称"【实例 18】色彩飞扬.psd"保存。

（2）设置前景色为浅灰色（R、G、B 均为 240），背景色为深灰色（R、G、B 均为 120），单击"渐变工具"按钮，再单击选项栏中的"线性渐变"按钮。单击"渐变样式"下拉列表框，打开"渐变编辑器"对话框，单击其内"预设"栏中第 1 个"前景到背景"图标，单击"确定"按钮，设置渐变填充色为浅灰色到深灰色。

（3）按住 Shift 键，在画布内从下向上拖曳，给背景层填充渐变色，如图 6-1-2 所示。

（4）设置前景色为黑色，使用"画笔工具"按钮，设置画笔，单击画布中任意处，绘制一些柔边、圆形、黑色图形，如图 6-1-4 所示。在同一处多次单击，可使颜色更黑。

（5）下面对通道进行处理。在"通道"面板选中"红"通道，如图 6-1-5 所示。再单击"滤镜"→"扭曲"→"极坐标"命令，打开"极坐标"对话框，选中其中的"极坐标到平面坐标"选项，单击"确定"按钮。再进行一次相同操作，效果如图 6-1-6 所示。

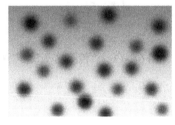
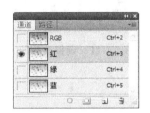

图 6-1-4　绘制图形　　　　图 6-1-5　"通道"面板　　　　图 6-1-6　"极坐标"滤镜效果

（6）选中"绿"通道，再单击"滤镜"→"扭曲"→"切变"命令，"切变"对话框如图 6-1-7 所示，单击"确定"按钮，效果如图 6-1-8 所示。

（7）再选中"蓝"通道，再单击"滤镜"→"扭曲"→"旋转扭曲"命令，"旋转扭曲"对话框内设置角度为 300 度，单击"确定"按钮，效果如图 6-1-9 所示。

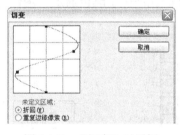

图 6-1-7　"切变"对话框　　　　图 6-1-8　切变效果　　　　图 6-1-9　旋转扭曲效果

注意：针对每个通道的编辑都是独立的，不影响其他通道这一点和图层是相似的。

2．添加女孩和光晕

（1）在"通道"面板中选中 RGB 通道，将所有通道恢复显示，效果如图 6-1-10 所示。

（2）选中"图层"面板内"背景"图层，单击"图像"→"调整"→"曲线"命令，打开"曲线"对话框，利用该对话框将图像调暗一些，红色更暗一些。

（3）单击"文件"→"打开"命令，打开一幅如图 6-1-3 所示的"女孩.jpg"图像。

（4）使用"魔术棒"按钮，按住 Shift 键，单击"女孩.jpg"图像的白色和灰色小方块，创建选中人物背景的选区，再按 Shift+Ctrl+I 组合键，使选区反选，将女孩选中。

（5）使用工具箱内的"移动工具"按钮，将选区内的女孩图像拖曳到"【实例 18】色彩飞扬.psd"图像中，同时在该图像的"图层"面板内产生一个新图层，将该图层的名称改为"女孩"。再调整女孩的大小。

（6）选中"女孩"图层，单击"图像"→"调整"→"曲线"命令，打开"曲线"对话框，利用该对话框将图像调亮一些，如图 6-1-11 所示。

（7）选中"背景"图层，单击"滤镜"→"渲染"→"镜头光晕"命令，打开"镜头光晕"对话框，如图 6-1-12 所示。拖曳调整"镜头中心"光点在女孩手的右上方位置。单击"确定"按钮，效果如图 6-1-1 所示。

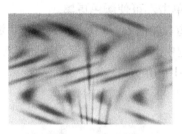

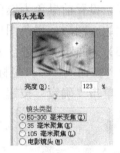

图 6-1-10　显示所有通道　　　　图 6-1-11　调整女孩的大小　　图 6-1-12　"镜头光晕"对话框

 链接知识

1．通道和"通道"面板

通道可以存储图像的颜色信息、选区和蒙版，它主要有颜色通道、Alpha 通道和专色通道。Alpha 通道是用来存储选区和蒙版的，可以在该通道中绘制、粘贴和处理图像，图像只是灰度图像。要将 Alpha 通道中的图像应用到图像中，可以有许多方法，例如，可以在"光照效果"滤镜中使用。一幅图像最多可以有 24 个通道。在打开一幅图像时就产生了颜色通道。图像的色彩模式决定了颜色通道的类型和通道的个数。常用的通道有灰色通道、CMYK 通道、Lab 通道和 RGB 通道等。

（1）RGB 模式有四个通道，分别是红、绿、蓝和 RGB 通道。红、绿、蓝通道分别保留图像的红、绿、蓝基色信息，RGB 通道保留图像三基色的混合色信息。RGB 通道又称为 RGB 复合通道，一般它不属于颜色通道。每一个通道用一个或两个字节来存储颜色信息。"通道"面板如图 6-1-13 所示。

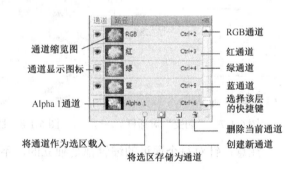

图 6-1-13　"通道"面板

（2）灰色模式图像的"通道"面板内只有一个灰色通道。

（3）CMYK 模式图像的"通道"面板内有 CMYK、青色、洋红、黄色和黑色通道。

（4）Lab 模式图像的"通道"面板内有 Lab、明亮、a 和 b 通道。"明亮"通道存储图像亮度情况的信息；a 通道存储绿色与红色之间的颜色信息；b 通道存储蓝色与黄色之间的颜色信息。

2．创建 Alpha 通道

（1）单击"通道"面板中的"将选区存储为通道"按钮，可将选区（例如，一个椭圆选区）存储，同时在"通道"面板中产生一个 Alpha 通道，该通道内是选区形状图像，如图 6-1-14 所示。单击"通道"面板中 Alpha 通道左边的　图标，使　图标出现；同时单击该面板 RGB

通道左边的 ⊙ 图标，使它变为 ▢ 图标，隐藏其他通道。画布内会只显示 Alpha 通道的图像，如图 6-1-15 所示。白色对应选区内区域，黑色对应选区外区域。

（2）单击"通道"面板菜单中的"新建通道"命令，打开"新建通道"对话框，如图 6-1-16 所示。Alpha 通道的名称自动定为 Alpha 1、Alpha 2……。利用该对话框进行设置后，单击"确定"按钮，即可创建一个 Alpha 通道。该对话框中各选项的作用如下。

图 6-1-14 "通道"面板　　图 6-1-15 Alpha 通道的图像　　图 6-1-16 "新建通道"对话框

◎ "名称"文本框：用来输入通道的名称。

◎ "被蒙版区域"单选钮：选中该单选钮后，在新建的 Alpha 通道中，有颜色的区域代表蒙版区；没有颜色的区域代表非蒙版区。蒙版区是被保护的区域，许多操作只能对该区域之外的非蒙版区内的图像进行，不可以对蒙版区内的图像进行。

◎ "所选区域"单选钮：选中该单选钮后，在新建的 Alpha 通道中，有颜色的区域代表非蒙版区；没有颜色的区域代表蒙版区。它与"被蒙版区域"的作用正好相反。

◎ "颜色"栏：可在"不透明度"文本框内输入通道的不透明度百分数据。单击颜色块，可以打开"拾色器"对话框，利用该对话框可以设置蒙版的颜色。

其他创建通道的方法将在下面介绍。

3．通道基本操作

（1）选中/取消选中通道：一般在对通道进行操作时，需要首先选中通道。选中的通道会以灰色显示。选中通道和取消选中通道的方法如下。

◎ 选中一个通道：单击"通道"面板中要选中的通道的缩览图或其右边的地方。

◎ 选中多个通道：在选中一个通道后，按住 Shift 键，同时单击"通道"面板中要选中的通道的缩览图或其右边的地方。

◎ 选中所有颜色通道：选中"通道"面板中的复合通道（CMYK 通道或 RGB 通道）。

◎ 取消通道的选中：单击"通道"面板中未选中的通道，即可取消其他通道的选中。按住 Shift 键，同时单击"通道"面板中选中的通道，即可取消该通道的选中。

（2）显示/隐藏通道：在图像加工中，常需要将一些通道隐藏起来，而让另一些通道显示出来。它的操作方法与显示和隐藏图层的方法很相似。不可以将全部通道隐藏。

单击"通道"面板中要显示的通道左边的 ▢ 图标，使其内出现 ⊙ 眼睛图标，可将该通道显示出来。单击通道左边的 ⊙ 图标，使其内的 ⊙ 眼睛图标消失，可将该通道隐藏起来。

（3）删除通道：选中"通道"面板内的一个通道。单击"删除当前通道"按钮 🗑 ，打开一个提示框，单击"是"按钮，即可删除选中通道。将要删除的通道拖曳到"通道"面板中的"删除当前通道"按钮 🗑 之上，再松开鼠标左键，也可以删除选中的通道。

4．分离与合并通道

（1）分离通道：是将图像中的所有通道分离成多个独立的图像。一个通道对应一幅图像。

新图像的名称由系统自动给出，分别由"原文件名"+"-"+"通道名称缩写"组成。分离后，原始图像将自动关闭。对分离的图像进行加工，不会影响原始图像。在进行分离通道的操作以前，一定要将图像中的所有图层合并到背景图层中，否则"通道"面板菜单中的"分离通道"命令是无效的。单击"分离通道"命令，可以分离通道。

（2）合并通道：是将分离的各个独立的通道图像再合并为一幅图像。在将一幅图像进行分离通道操作后，可以对各个通道图像进行编辑修改，再将它们合并为一幅图像。这样可以获得一些特殊的加工效果。合并通道的操作方法如下。

◎ 单击"通道"面板中的"合并通道"命令，打开"合并通道"对话框，如图 6-1-17 所示。在"合并通道"对话框内的"模式"下拉列表框内选择一种模式。如果某种模式选项呈灰色，表示它不可选。选择"多通道"模式选项可以合并所有通道，包括 Alpha 通道，但合并后的图像是灰色；选择其他模式选项后，不能够合并 Alpha 通道。

◎ 在"合并通道"对话框内的"通道"文本框中输入要合并的通道个数。在选择 RGB 或 Lab 模式后，通道的最大个数为 3；在选择 CMYK 模式后，通道的最大个数为 4；在选择多通道模式后，通道数为通道个数。通道图像的次序是按照分离通道前的通道次序。

◎ 在选择 RGB 模式和三个通道后，单击"合并通道"对话框内的"确定"按钮，即可打开"合并 RGB 通道"对话框，如图 6-1-18 所示。在选择 Lab 模式和三个通道后，单击"合并通道"对话框内的"确定"按钮，即可打开"合并 Lab 通道"对话框。

在选择 CMYK 模式和四个通道后，单击"合并通道"对话框内的"确定"按钮，即可打开"合并 CMYK 通道"对话框。利用这些对话框可以选择各种通道对应的图像，通常采用默认状态。然后单击"确定"按钮，即可完成合并通道工作。

◎ 如果选择了多通道模式，则单击"合并通道"对话框内的"确定"按钮后，会打开"合并多通道"对话框，如图 6-1-19 所示。在该对话框的"图像"下拉列表框内选择对应通道 1 的图像文件后，单击"下一步"按钮，又会打开下一个"合并多通道"对话框，再设置对应通道 2 的图像文件。如此继续，直到给所有通道均设置了对应的图像文件为止。

图 6-1-17 "合并通道"对话框　图 6-1-18 "合并 RGB 通道"对话框　图 6-1-19 "合并多通道"对话框

思考练习 6-1

1. 制作一幅"梦幻"图像，如图 6-1-20 所示，该图像是在图 6-1-21 所示的"佳人美景"图像基础之上制作而成的。

2. 制作一幅"木刻卡通"图像，如图 6-1-22 所示。在木板上刻有两个卡通图像，打在它们上的平行光线的颜色为黄色，中间点光源的颜色为红色，具有立体感。制作该图像需要使用一幅木纹图像（也可以自己制作）和图 6-1-23 所示的"卡通"图像。

提示：① 将图 6-1-22 所示的"卡通"图像复制到"木纹"图像的"通道"面板内的"Alpha 1"通道中；② 复制一份并水平翻转；③ 使用"光照效果"滤镜处理。

图 6-1-20 "梦幻"图像　图 6-1-21 "佳人美景"图像　图 6-1-22 "木刻卡通"图像　图 6-1-23 "卡通"图像

6.2 【实例 19】照片着色

"照片着色"图像，如图 6-2-1 所示。它是将图 6-2-2 所示的"照片.jpg"黑白图像进行着色处理后获得的。

制作方法

1．创建选区

（1）打开图 6-2-2 所示的图像。单击"图像"→"模式"→"RGB"命令，将灰度模式的黑白图像转换为 RGB 彩色模式的图像。再以名称"【实例 19】照片着色.psd"保存。

（2）单击"魔棒工具"按钮，在其选项栏内设置"容差"为 2，选中"消除锯齿"和"连续"复选框，多次单击人物背景，创建选中人物背景的选区。再采用选区加减的方法修改选区。单击"选择"→"反向"命令，创建选中人物的选区，如图 6-2-3 所示。

图 6-2-1 "照片着色 2"图像　　图 6-2-2 黑白图像　　图 6-2-3 创建人物轮廓选区

（3）在"通道"面板中，单击"将选区存储为通道"按钮，将人物的轮廓选区保存为一个名为"Alpha 1"的通道。按 Ctrl+D 组合键，取消人物的选区。

注意：以后还要多次使用到这一选区，所以需要将其保存为一个 Alpha 通道。

（4）使用"磁性套索工具"按钮，勾画出头发的大致选区，如图 6-2-4 所示。单击"选择"→"色彩范围"命令，打开"色彩范围"对话框，在"选择"下拉列表框中选择"取样颜色"选项，将"颜色容差"设置为 80，使用"吸管工具"按钮，单击该对话框预览图中的头发，选中与单击处颜色相近的像素，单击"确定"按钮，选区如图 6-2-5 所示。

（5）单击"通道"面板中"将选区存储为通道"按钮，将人物的头发选区保存为一个名为"Alpha 2"的通道，如图 6-2-6 所示。按 Ctrl+D 组合键，取消头发的选区。

注意：创建头发选区是个难点，使用一般的工具无法准确选择发梢部位。此处先按头发的轮廓建立一个选区，再通过"色彩范围"对话框在选区内选择与头发颜色相近的像素。

（6）单击"魔棒工具"按钮，在其选项栏内设置"容差"为 10，多次单击衣服，创建选中衣服的选区。再采用选区加减的方法修改选区，最后效果如图 6-2-7 所示。

图 6-2-4　头发轮廓的大致选区　图 6-2-5　头发轮廓选区　图 6-2-6　头发通道　图 6-2-7　创建衣服选区

（7）单击"选择"→"载入选区"命令，打开"载入选区"对话框，设置如图 6-2-8 所示，单击"确定"按钮，效果如图 6-2-9 所示。

图 6-2-8　"载入选区"对话框　　　　　　图 6-2-9　衣服精确选区

注意：衣服最难选择的部分是人物右胸处被发梢部分覆盖的位置，很难使用一般的选框、套索工具准确地选择，本例采用的方法是先创建将发梢部分也选中的选区，然后再减去保存为通道"Alpha 2"通道的头发选区即可。

（8）单击"通道"面板中的"将选区存储为通道"按钮 ，将人物的衣服选区保存为一个名为"Alpha 3"的通道。按 Ctrl+D 组合键，取消衣服的选区。

2．给照片着色

（1）给头发着色：按住 Ctrl 键，单击"通道"面板中的"Alpha 2"通道来载入头发选区，如图 6-2-5 所示。单击"图像"→"调整"→"色相/饱和度"命令，打开"色相/饱和度"对话框，选中"着色"复选框，设置色相为 28，饱和度为 40，明度为 5，单击"确定"按钮，给头发着褐色。按 Ctrl+D 组合键，取消选区。

（2）给衣服着色：按住 Ctrl 键，单击"通道"面板中的"Alpha 3"通道来载入衣服选区，如图 6-2-9 所示。打开"色相/饱和度"对话框，选中"着色"复选框，设置色相为 0，饱和度为 75，明度为-35，单击"确定"按钮，给衣服着红色。再按 Ctrl+D 组合键，取消选区。

（3）创建皮肤选区：按住 Ctrl 键，单击"Alpha 1"通道，载入人物轮廓选区，如图 6-2-3 所示。单击"选择"→"载入选区"命令，打开"载入选区"对话框，如图 6-2-10 所示，单击"确定"按钮，从人物轮廓选区内减去衣服选区。再打开"载入选区"对话框，在"通道"下拉列表框中选中"Alpha 2"通道，选中"从选区减去"单选钮，单击"确定"按钮，从选区内减去头发选区，得到皮肤选区，如图 6-2-11 所示。

（4）给皮肤着色：打开"色相/饱和度"对话框，选中"着色"复选框，设置色相为 26，饱和度为 36，明度为 6，单击"确定"按钮，给皮肤着浅棕色。按 Ctrl+D 组合键，取消选区。

（5）背景着色：按住 Ctrl 键，单击"通道"面板中的"Alpha 1"通道，载入人物轮廓选区。再按 Ctrl+Shift+I 组合键，将选区反转，选中背景区域，如图 6-2-12 所示。

单击"图像"→"调整"→"变化"命令，打开"变化"对话框，在该对话框中可调整背景的颜色，这由读者选择喜欢的颜色来调整。最后着色的效果如图 6-2-1 所示。

图 6-2-10　"载入选区"对话框　　　图 6-2-11　皮肤选区　　　图 6-2-12　创建背景选区

链接知识

1. 复制通道

（1）复制通道的一般方法：选中"通道"面板中的一个通道（例如，Alpha1 通道）。再单击"通道"面板中的"复制通道"命令，打开"复制通道"对话框，如图 6-2-13 所示。利用它进行设置后，单击"确定"按钮，即可将选中的通道复制到指定的图像文件中，或新建的图像文件中。其内各选项的作用如下。

◎"为"文本框：输入复制的新通道的名称。

◎"文档"下拉列表框：其内有打开的图形文件名称，用来选择复制的目标图像。

◎"名称"文本框：当"文档"下拉列表框选择"新建"选项时，"名称"文本框会变为有效。它用来输入将新建的图像文件的名称。

图 6-2-13　"复制通道"对话框

◎"反相"复选框：复制的新通道与原通道相比是反相的。即原来通道中有颜色的区域，在新通道中为没有颜色的区域；原来通道中没有颜色的区域，在新通道中为有颜色的区域。

（2）在当前图像中复制通道：在"通道"面板内，拖曳要复制的通道到"创建新通道"按钮 之上，再松开鼠标左键，即可复制选中的通道。

（3）将通道复制到其他图像：拖曳通道到其他图像的画布窗口中。

2. 通道转换为选区

（1）按住 Ctrl 键，单击"通道"面板中相应的 Alpha 通道的缩览图或缩览图右边处。

（2）按住 Ctrl+Alt 组合键，同时按通道编号数字键。通道编号从上到下（不含第 1 个）。

（3）选中"通道"面板 Alpha 通道，单击"将通道作为选区载入"按钮 。

（4）将"通道"面板中的 Alpha 通道拖曳到"将通道作为选区载入"按钮 之上。

（5）执行"选择"→"载入选区"命令，也可以将通道转换为选区。

3. 存储选区

存储选区就是在"通道"面板中建立相应的 Alpha 通道。存储选区和载入选区在 2.3 节已经介绍过了。此处重点介绍存储选区和载入选区中与通道有关的内容。为了了解存储选区，打开一幅"风景"图像。进入"通道"面板，创建一个名称为"Alpha1"的 Alpha 通道，其内绘制两个白色矩形图形，如图 6-2-14（a）所示。选中所有通道。再进入"图层"面板，在图像的画布窗口内创建一个椭圆形选区，如图 6-2-14（b）所示。

　　单击"选择"→"存储选区"命令，打开"存储选区"对话框，如图 6-2-15（a）所示。如果选择了"通道"下拉列表框中的 Alpha 通道名字选项，则该对话框中"操作"栏内的所有单选钮均变为有效，而"名称"文本框变为无效，如图 6-2-15（b）所示。进行设置后，单击"确定"按钮，即可将选区存储，建立相应的通道。其内各选项的作用如下。

| (a) | (b) | (a) | (b) |

图 6-2-14　"Alpha 1"通道图像和椭圆选区　　　图 6-2-15　"存储选区"对话框

　　（1）"文档"下拉列表框：用来选择选区将存储在哪一个图像中。其内的选项中有当前图像文档（如"风景.jpg"图像文档）、已经打开的与当前图像文档大小一样的图像文件名称和"新建"选项。如果选择"新建"选项，则将创建一个新文档来存储选区。

　　（2）"通道"下拉列表框：用来选择"文档"下拉列表框选定的图像文件中的 Alpha 通道名字和"新建"选项。用来决定选区存储到哪个 Alpha 通道中。如果选择"新建"选项，则将创建一个新的通道来存储选区，"名称"文本框变为有效。

　　（3）"名称"文本框：用来输入新 Alpha 通道的名称。

　　（4）"新建通道"单选钮：如果"通道"下拉列表框选择"新建"选项，则该单选钮唯一出现。它用来说明选区存储在新 Alpha 通道中。

　　（5）"替换通道"单选钮：如果"通道"下拉列表框没选择"新建"选项，则该单选钮和以下三个单选钮有效。选中该单选钮和其他三个单选钮中的任意一个，都可以确定存储选区的通道是"通道"下拉列表框中已选择的"Alpha1"选项。

　　如果"通道"下拉列表框选择了"Alpha 1"通道，"Alpha 1"通道内的图像如图 6-2-14（a）所示，而选区的形状如图 6-2-14（b）所示。选中"替换通道"单选钮后，原"Alpha 1"通道内的图像会被选区和选区内填充白色的图像替换，如图 6-2-16（a）所示。

　　（6）"添加到通道"单选钮："通道"下拉列表框中选择的 Alpha 通道（Alpha 1 通道）的图像添加了新的选区。此时原 Alpha 通道的图像如图 6-2-16（b）所示。

　　（7）"从通道中减去"单选钮："通道"下拉列表框中选择的 Alpha 通道的图像是选区减去原 Alpha 通道内图像后的图像。此时原 Alpha 通道的图像如图 6-2-16（c）所示。

　　（8）"与通道交叉"单选钮："通道"下拉列表框中选择的 Alpha 通道的图像是选区包含的原 Alpha 通道内图像后的图像。此时原 Alpha 通道的图像如图 6-2-16（d）所示。

| (a) | (b) | (c) | (d) |

图 6-2-16　Alpha 通道的图像

4．载入选区

载入选区是将 Alpha 通道存储的选区加载到图像中。它是存储选区的逆过程。单击"选择"→"载入选区"命令，打开"载入选区"对话框，如图 6-2-10 所示。如果当前图像中已经创建了选区，则该对话框中"操作"栏内的所有单选钮均为有效，否则只有"新选区"单选钮有效。设置后单击"确定"按钮，可将选定的通道内的图像转换为选区，并加载到指定的图像中。"载入选区"对话框内各选项的作用如下。

（1）"文档"和"通道"下拉列表框的作用：它们与"存储区域"对话框内相应选项的作用基本一样，只是后者用来设置存储选区的图像文档和 Alpha 通道，而前者用来设置要转换为选区的通道图像所在的图像文档和 Alpha 通道。因此，"文档"和"通道"下拉列表框中没有"新建"选项，而且没有"名称"文本框。如果打开的图像中的当前图层不是背景图层，则"载入选区"对话框内的"通道"下拉列表框中会有表示当前图层的透明选项。如果选择该选项，则将选中图层中的图像或文字非透明部分作为载入选区。

（2）"载入选区"对话框内其他选项的作用如下。

◎ "反相"复选框：选中它则载入到当前图像的选区，否则载入选区以外的部分。

◎ "新建选区"单选钮：选中它后，载入到当前图像的选区是指定的 Alpha 通道中的图像转换来的新选区。它替代了当前图像中原来的选区。

◎ "添加到选区"单选钮：选中它后，载入到当前图像的新选区是通道转换来的选区添加到当前图像原选区后形成的选区。

◎ "从选区中减去"单选钮：选中它后，载入到当前图像的新选区是当前图像原选区减去通道转换来的选区后形成的选区。

◎ "与选区交叉"单选钮：选中它后，载入到当前图像的新选区是当前图像原选区与通道转换来的选区相交部分形成的选区。

思考练习 6-2

1．制作一幅"银色金属环"图像，如图 6-2-17 所示。

提示：① 在"背景"图层之上创建一个"图层 1"图层，绘制一幅填充银色的圆环图形；② 将选区存储为"Alpha1"通道，针对该通道进行"高斯模糊"滤镜处理；③"光照效果"渲染滤镜处理；④ 两次进行"曲线"调整；⑤ 添加图层样式。

2．制作一幅"葵花向阳"图像，如图 6-2-18 所示。在"向日葵"图像（图 6-2-19）之上，"葵花向阳"文字从左到中间逐渐透明，从中间到右边逐渐不透明。制作该图像方法提示如下。

图 6-2-17 "银色环"图像　　图 6-2-18 "葵花向阳"图像　　图 6-2-19 "向日葵"图像

（1）打开"向日葵"图像，在"通道"面板内创建一个新"Alpha 1"通道。输入白色文字"葵花向阳"。调整字间距和位置。打开"变形文字"对话框调整文字。

（2）创建选中文字的选区。将选区存储为通道，产生一个名称为"Alpha1"通道。

（3）删除"葵花向阳"文字图层。切换到"通道"面板。给文字填充浅灰色到深灰色再到浅灰色水平线性渐变色，如图 6-2-20 所示。

（4）取消选区，将通道转换为选区。单击"通道"面板中的"RGB"通道，切换到"图层"面板。

（5）设置前景色为红色，按 Alt+Delete 组合键，给选区填充红色。可以看出，通道中，填充的颜色越深，填充的红色越透明。按 Ctrl+D 组合键取消选区，效果如图 6-2-18 所示。

图 6-2-20　给文字填充水平线性渐变色

6.3　【实例 20】思念

"思念"图像，如图 6-3-1 所示。图像中的留学生，身在国外，但常常思念着祖国，长城、天坛、建筑、救灾……可以看出他对祖国的思念之情。该图像是利用图 6-3-2～图 6-3-4 所示的图像制作而成的。制作该图像的关键是在图像中创建一个选区，将选区转换为快速蒙版，对快速蒙版进行加工处理，几乎所有对图像加工的手段均可以用于对蒙版的加工处理。然后，将快速蒙版转化为选区，从而获得特殊的选区。

（a）　　　　　　　　　　　　（b）

图 6-3-1　"思念"图像　　　图 6-3-2　"建筑 1.jpg"图像和"学生.psd"图像

制作方法

（1）打开如图 6-3-2（a）所示的"建筑 1.jpg"图像，再打开图 6-3-2（b）、图 6-3-3 和图 6-3-4 所示 6 幅图像。将这 6 幅图像分别调整为宽 300 像素，高度按原比例变化。

（a）　　　　　　　　（b）　　　　　　　　（c）　　　　　　　　（d）

图 6-3-3　"长城.jpg"、"救灾.jpg"、"天坛.jpg"和"颐和园.jpg"图像

（2）选中图 6-3-2 所示的"建筑 1"图像以名称"【实例 20】思念.psd"保存。选中"留学生"图像，在其内创建选中其中人物头像的选区。使用"移动工具"按钮，将选区内的图像拖曳到"【实例 20】思念.psd"图像内左下角。同时在"图层"面板内生成"图层 1"图层，并

选中该图层。

图 6-3-4　"建筑 2.jpg"图像

（3）单击"编辑"→"自由变换"命令，调整该图层内人物头像的大小和位置。单击"编辑"→"变换"→"水平翻转"命令，将人物头像水平翻转。

（4）选中"长城.jpg"图像，在该图像中创建一个椭圆选区。单击工具箱内下边的"在快速蒙版模式下编辑"按钮 ，在图像中创建一个快速蒙版，如图 6-3-5 所示。

（5）单击"滤镜"→"扭曲"→"波纹"命令，打开"波纹"对话框。设置数量为 350，大小为"大"，单击"确定"按钮，即可使图像的蒙版边缘变形，如图 6-3-6 所示。

（6）单击工具箱内下边的"以标准模式编辑"按钮 ，将蒙版转换为选区。将选区内的图像复制到剪贴板中，再粘贴到"【实例 20】思念.psd"图像当中。

（7）使用工具箱中的"涂抹工具"按钮 和"模糊工具"按钮 ，微微涂抹粘贴图像的边缘。再适当调整该图像的大小，最后效果如图 6-3-7 所示。

图 6-3-5　快速蒙版

图 6-3-6　"波纹"滤镜效果

图 6-3-7　粘贴图像

（8）选中"救灾"图像。在该图像中创建一个羽化为 30 像素的椭圆选区。单击"选择"→"在快速蒙版模式下编辑"命令，在图像中创建一个快速蒙版。再进行"纹波"滤镜处理，使用"涂抹工具"按钮 修改蒙版，效果如图 6-3-8 所示。

（9）单击"选择"→"在快速蒙版模式下编辑"命令，取消选中该命令，将蒙版转换为选区，再依次选区内的图像复制粘贴到"【实例 20】思念.psd"图像中。

（10）使用"移动工具"按钮 ，将选区内的图像拖曳到"【实例 20】思念.psd"图像内的中间处，调整图像的大小和位置。然

图 6-3-8　快速蒙版

后，使用"涂抹工具"按钮 和"模糊工具"按钮 ，微微涂抹粘贴图像的边缘。

（11）参考上述方法，将其他四幅图像进行加工处理，最后效果如图 6-3-1 所示。

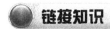 链接知识

1．创建快速蒙版

在快速蒙版模式下，可以将选区转换为蒙版。此时，会创建一个临时的蒙版，在"通道"面板中创建一个临时的 Alpha 通道。以后可以使用几乎所有工具和滤镜来编辑修改蒙版。修改好蒙版后，回到标准模式下，即可将蒙版转换为选区。

默认状态下，快速蒙版呈半透明红色，与掏空了选区的红色胶片相似，遮盖在非选区图像的上边，通过蒙版可以观察到其下边的图像。

双击工具箱内的"以快速蒙版模式编辑"按钮 ，
打开"快速蒙版选项"对话框，如图 6-3-9 所示。"快速
蒙版选项"对话框内各选项的作用如下。

（1）"被蒙版区域"单选钮：选中它后，蒙版区域（非
选区）有颜色，非蒙版区域（选区）没有颜色，如图 6-3-10
（a）所示。"通道"面板如图 6-3-10（b）所示。

（2）"所选区域"单选钮：选中它后，蒙版区域（选
区）有颜色，非蒙版区域选区（非选区）没有颜色，如图
6-3-11（a）所示。"通道"面板如图 6-3-11（b）所示。

图 6-3-9　"快速蒙版选项"对话框

（3）"颜色"栏：可在"不透明度"文本框内输入通道的不透明度百分数据。单击色块，
可打开"拾色器"对话框，用来设置蒙版颜色，默认值是不透明度为 50%的红色。

在建立快速蒙版后，"通道"面板如图 6-3-10（b）或图 6-3-11（b）所示。可以看出"通
道"面板中增加了一个"快速蒙版"Alpha 通道，其内是与选区相应的灰度图像。

（a）　　　　　　　　（b）　　　　　　　　　　　（a）　　　　　　　　（b）

图 6-3-10　非选区有颜色和"通道"面板　　　　图 6-3-11　选区有颜色和"通道"面板

2．选区与快速蒙版转换

使用快速蒙版可以创建特殊的选区。在图像中创建一个选区，将选区转换为快速蒙版（一
个临时的蒙版），对蒙版进行加工处理，几乎所有对图像加工的手段均可以用于对蒙版进行加
工处理。修改好蒙版后，回到标准模式下，可将快速蒙版转换为选区，获得特殊的选区。默认
状态下，快速蒙版呈半透明红色，与掏空了选区的红色胶片相似，遮盖在非选区图像的上边。
蒙版是半透明的，可以通过蒙版观察到其下边的图像。

单击工具箱内的"以快速蒙版模式编辑"按钮 或单击"选择"→"在快速蒙版模式下
编辑"命令（选中该命令），可以建立快速蒙版。

单击工具箱内下边的"以标准模式编辑"按钮 或单击"选择"→"在快速蒙版模式下
编辑"命令（取消选中该命令），可以将蒙版转换为选区。

3．编辑快速蒙版

编辑加工快速蒙版的目的是为了获得特殊效果的选区。将快速蒙版转换为选区后，"通道"
面板中的"快速蒙版"通道会自动取消。选中"通道"面板中的"快速蒙版"通道，可以使用
各种工具和滤镜对快速蒙版进行编辑修改，改变快速蒙版的大小与形状，也就调整了选区的大
小与形状。在使用画笔和橡皮擦等工具修改快速蒙版时，遵从以下规则。

（1）针对图 6-3-10（a）所示状态，有颜色区域越大，蒙版越大，选区越小。针对图 6-3-11
（a）所示状态，有颜色区域越大，蒙版越小，选区越大。

（2）如果前景色为白色，使用"画笔工具"按钮 ✐ 在有颜色区域绘图，会减少有颜色区域。如果前景色为黑色，使用"画笔工具"按钮 ✐ 在无颜色区域绘图，会增加有颜色区域。

（3）如果前景色为白色，使用"橡皮擦工具"按钮 ✐ 在无颜色区域擦除，会增加有颜色区域。如果前景色为黑色，使用"橡皮擦工具"按钮 ✐ 在有颜色区域擦除，会减少有颜色区域。

（4）如果前景色为灰色，则在绘图时会创建半透明的蒙版和选区。如果背景色为灰色，则在擦图时会创建半透明的蒙版和选区。灰色越淡，透明度越高。

思考练习 6-3

1．制作一幅"沙漠绿洲"图像，如图 6-3-12 所示。可以看到，在沙漠和蓝天中，有一些不同的园林和美景，若隐若现。该图像是在一幅"沙丘"图像基础之上加工成的。

2．制作一幅"彩虹"图像，如图 6-3-13 所示。它是在一幅"风景"图像之上加工而成的。它就像一条长长的彩虹跨在天空中。制作该图像的方法提示如下。

①在背景图像之上创建一幅填充线性七彩渐变色的矩形；②使用"切变"扭曲滤镜使矩形弯曲；③使用快速蒙版使彩虹两端产生渐变效果，再进行删除加工处理，使彩虹的两端逐渐消失；④使用"高斯模糊"滤镜处理彩虹图形；⑤在"图层"面板中将"图层 1"图层的混合模式设置为"滤色"。

图 6-3-12　"沙漠绿洲"图像　　　　　　　　图 6-3-13　"彩虹"图像

6.4　【实例 21】探索宇宙

"探索宇宙"图像，如图 6-4-1 所示。一个火箭从分开的地球冲出地球，冲向宇宙。该图像是利用图 6-4-2 所示的三幅图像制作而成的。

   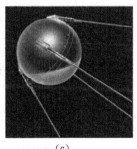

　　　　　　　　　　　　　　（a）　　　　　　　　（b）　　　　　　　（c）

图 6-4-1　"探索宇宙"图像　　　图 6-4-2　"地球.jpg"、"火箭.jpg"和"星球.jpg"图像

制作方法

1. 创建分开的地球

（1）打开图 6-4-2 所示的三幅图像。设置背景色为黑色， 选中"地球.jpg"图像。

（2）使用"魔术棒工具"按钮 ，在选项栏内设置容差为 10，单击"地球"图像中的背景黑色部分，创建选区选中黑色部分。再单击"选择"→"反向"命令，使选区选中地球图像，如图 6-4-3 所示。单击"图层"→"新建"→"通过剪切的图层"命令，将选中的地球剪切到新的"图层 1"图层内。此时的"图层"面板如图 6-4-4 所示。

（3）使用"多边形套索工具"按钮 ，创建选中约半个地球的选区，如图 6-4-5 所示。

（4）单击"图层"→"新建"→"通过剪切的图层"命令，将选中的地球剪切到新的图层。此时的"图层"面板中添加了"图层 2"图层，其内是剪切出来的半个地球图像。

图 6-4-3　创建选区

图 6-4-4　"图层"面板

图 6-4-5　"火箭"图像

（5）选中"图层"面板中的"图层 2"图层。单击"编辑"→"变换"→"旋转"命令，拖曳中心点标记到图 6-4-6 所示位置，再将鼠标指针移到右上边的控制柄处，拖曳旋转半个地球，如图 6-4-6 所示。按 Enter 键，完成半个地球的旋转。

（6）选中"图层"面板中的"图层 1"图层。单击"编辑"→"变换"→"旋转"命令，旋转另外半个地球，如图 6-4-7 所示。"图层"面板如图 6-4-8 所示。

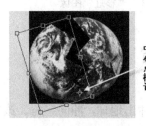
图 6-4-6　旋转半个地球

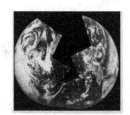
图 6-4-7　旋转另外半个地球

图 6-4-8　"图层"面板

2. 添加火箭和卫星

（1）选中"火箭.jpg"图像，单击"选择"→"全选"命令，创建选中全部图像的选区。单击"编辑"→"复制"命令，将"火箭"图像复制到剪贴板中。

（2）选中"地球"图像，单击"编辑"→"粘贴"命令，将剪贴板中的"火箭"图像粘贴到"地球.jpg"图像中。在"图层"面板中，将"图层 3"图层（其内是火箭图像）移到最上边，如图 6-4-9 所示。"火箭"图像将地球完全遮住，如图 6-4-10 所示。

（3）选中"图层 3"图层。再单击"图层"面板中的"添加图层蒙版"按钮 ，给"图层 3"图层添加一个蒙版。

（4）设置前景色为黑色。选中"图层 3"图层。单击工具箱中的"画笔工具"按钮 ，单击其选项栏中的"启用喷枪模式"按钮 ，设置画笔为柔化的 120 像素。然后在画布中对应地球的位置慢慢拖曳，使外围地球图像显示出来。

（5）设置前景色为白色，画笔为柔化 60 像素。使用"喷枪"工具在显示的多余图像出拖曳，恢复原图像。使用橡皮工具擦除没有完全显示的地球图像，使外围地球完全显示，如图 6-4-1 所示。"图层"面板如图 6-4-11 所示。

图 6-4-9　"图层"面板　　　　图 6-4-10　"火箭"图像　　　　图 6-4-11　"图层"面板

（6）选中"卫星"图像，创建选中黑色背景的选区，再单击"选择"→"反向"命令，创建选中卫星图像的选区。使用"移动工具"按钮 ，拖曳选区内的卫星图像到"地球"图像，调整卫星图像的大小和位置，按 Enter 键确定，如图 6-4-1 所示。然后将"地球"图像以名称"【实例 21】探索宇宙.psd"保存。

链接知识

1．蒙版和创建蒙版

蒙版又称为图层蒙版，它的作用是保护图像的某一个区域，使用户的操作只能对该区域之外的图像进行。从这一点来说，蒙版和选区的作用正好相反。选区的创建是临时的，一旦创建新选区后，原来的选区便自动消失，而蒙版可以是永久的。

选区、蒙版和通道是密切相关的。在创建选区后，实际上也就创建了一个蒙版。将选区和蒙版存储起来，即生成了相应的 Alpha 通道。它们之间相对应，还可以相互转换。

蒙版与快速蒙版有相同与不同之处。快速蒙版主要目的是为了建立特殊的选区，所以它是临时的，一旦由快速蒙版模式切换到标准模式，快速蒙版转换为选区，而图像中的快速蒙版和"通道"面板中的"快速蒙版"通道会立即消失。创建快速蒙版时，对图像的图层没有要求。蒙版一旦创建后，它会永久保留，同时在"图层"面板中建立蒙版图层（进入快速蒙版模式时不会建立蒙版图层）和在"通道"面板中建立"蒙版"通道，只要不删除它们，它们会永久保留。在创建蒙版时，不能创建背景图层、填充图层和调整图层的蒙版。蒙版不用转换成选区，就可以保护蒙版遮盖的图像不受操作的影响。

创建蒙版后，可以像加工图像那样来加工蒙版。可以将蒙版移动、变形变换、复制、绘制、擦除、填充、液化和加滤镜等。常用的创建蒙版的方法有以下两种。

（1）方法一：选中要添加蒙版的图层（不可以是背景图层），创建一个选区（例如，椭圆选区），单击"图层"面板中的"添加图层蒙版"按钮 ，可在选中的图层创建一个蒙版 ，选区外的区域是蒙版（黑色），选区包围的区域是蒙版中掏空的部分（白色）。此时的"图层"

面板如图 6-4-12 所示,"通道"面板如图 6-4-13 所示。

如果在创建蒙版以前,没创建选区,则创建的蒙版是一个白色的空蒙版。

单击图 6-4-13 所示的"通道"面板中"图层 1 蒙版"通道左边的 处,使"眼睛"图标 出现。同时图像中的蒙版也会随之显示出来。

(2)方法二:选中要添加蒙版的图层,再选中该图层,创建选区。然后,单击"图层"→ "图层蒙版"命令,打开其子菜单,如图 6-4-14 所示。然后,单击其中一个子命令,可创建蒙版。各子命令的作用如下。

◎ 显示全部:创建一个空白的全白蒙版。

◎ 隐藏全部:创建一个没有掏空的全黑蒙版。

图 6-4-12 "图层"面板　　　　图 6-4-13 "通道"面板　　　　图 6-4-14 子菜单

◎ 显示选区:根据选区创建蒙版。选区外的区域是蒙版,选区包围的区域是蒙版中掏空的部分。只有在添加图层蒙版前已经创建了选区,此命令才有效。

◎ 隐藏选区:将选区反向后再根据选区创建蒙版。选区包围的区域是蒙版,选区外的区域是蒙版中掏空的部分。只有在添加图层蒙版前已经创建了选区,此命令才有效。

◎ 从透明区域:根据透明区域创建蒙版。只有已经创建了选区,此命令才有效。

2. 蒙版基本操作

(1)设置蒙版的颜色和不透明度:双击"通道"面板中的蒙版通道或"图层"面板中的蒙版所在图层的缩览图 ,即可打开"图层蒙版显示选项"对话框,如图 6-4-15 所示。利用该对话框可以设置蒙版的颜色和不透明度。

(2)显示图层蒙版:单击"通道"面板中蒙版通道左边的 图标处,使眼睛图标出现,显示蒙版。单击"RGB"通道左边的眼睛图标 ,隐藏"通道"面板中的其他通道(使这些通道的眼睛图标 消失),只显示"图层 1 蒙版"通道,如图 6-4-16 所示。

图 6-4-15 "图层蒙版显示选项"对话框　　　　图 6-4-16 蒙版

(3)使用蒙版:在创建蒙版后要使用蒙版,应先显示蒙版。再单击"RGB"复合通道,使它和颜色通道均被选中。然后,选中"通道"面板中蒙版通道,即可进行蒙版加工,以后的操作都是在蒙版的掏空区域内进行,对蒙版遮罩的图像没有影响。

(4)删除图层蒙版:删除蒙版,但不删除蒙版所在的图层。选中"图层"面板中蒙版图层,单击"图层"→"图层蒙版"→"删除"命令,可删除蒙版,同时取消蒙版效果。单击"图层"

→ "图层蒙版" → "应用"命令，也可删除蒙版，但保留蒙版效果。

（5）停用图层蒙版：右击"图层"面板中蒙版图层的缩览图 ，打开它的快捷菜单，单击该菜单中的"停用图层蒙版"命令，即可禁止使用蒙版，但没有删除蒙版。此时"图层"面板中蒙版图层内的缩览图 上增加了一个红叉 。

（6）启用图层蒙版：选中"图层"面板中禁止使用的蒙版图层，再单击"图层"→"启用图层蒙版"命令，即可恢复使用蒙版。此时"图层"面板中蒙版图层内缩览图 中的红叉自动取消为 图标。

3．根据蒙版创建选区

右击"图层"面板中蒙版的缩览图 ，打开一个快捷菜单，如图6-4-17所示，其中许多命令前面已介绍了。为了验证第3栏命令，在图像中创建一个选区，如图6-4-18所示。

（1）将蒙版转换为选区：按住Ctrl键，单击"图层"面板中蒙版图层的缩览图 ，此时，图像中原有的所有选区消失，将蒙版转换为选区，如图6-4-19所示。

图 6-4-17　菜单

图 6-4-18　创建选区

图 6-4-19　新选区

（2）添加蒙版到选区：单击图6-4-17所示菜单内的"添加蒙版到选区"命令，将蒙版转换选区与原选区合并后作为新选区，如图6-4-20所示。

（3）从选区中减去蒙版：单击图6-4-17所示菜单内的"从选区中减去蒙版"命令，从图像原选区中减去蒙版转换的选区作为新选区，如图6-4-21所示。

（4）蒙版与选区交叉：单击图6-4-17所示菜单内的"蒙版与选区交叉"命令，将蒙版转换的选区和原选区相交叉部分作为新选区，如图6-4-22所示。

图 6-4-20　添加蒙版到选区

图 6-4-21　选区与蒙版相减

图 6-4-22　蒙版与选区交叉

思考练习 6-4

1．制作一幅"中国"图像，如图6-4-23（a）所示。它是由图6-4-23（b）所示的两幅图像和 "天安门"图像加工而成的。

（a）　　　　　　　　　　　　　　（b）

图 6-4-23　"中国"图和两幅图像

2. 制作一幅"云中气球"图像，如图 6-4-24 所示。它是利用图 6-4-25 所示的两幅图像制作而成的。制作该图像提示如下。

（1）将气球拖曳到"云图"图像中，并完全覆盖"云图"图像。

（2）单击"图层"→"图层蒙版"→"隐藏全部"命令，添加图层蒙版。此时，"图层"面板内当前图层如 所示。

（3）选中有蒙版图层中的"图层蒙版缩览图"图标，设置前景色为白色，背景色为黑色，使用"渐变工具"按钮 ，设置渐变色为"前景到背景"线性渐变色。按住 Shift 键，从上至下拖曳鼠标，填充由白色到黑色的线性渐变色。

（a）　　　　　　　　　　（b）

图 6-4-24　"云中气球"图像　　　　　图 6-4-25　"气球"和"云图"图像

6.5　【实例 22】木刻角楼

"木刻角楼"图像如图 6-5-1 所示，它是利用如图 6-5-2 所示的"角楼.jpg"和图 6-5-3 所示的"木纹.jpg"图像制作而成的。

图 6-5-1　"木刻角楼"图像　　　图 6-5-2　"角楼.jpg"图像　　　图 6-5-3　"木纹.jpg"图像

制作方法

1. Alpha 通道设计

（1）打开"角楼.jpg"和"木纹.jpg"图像。将它们均调整高为 300 像素，宽为 450 像素。将"角楼.jpg"图像进行适当修改，删除背景，效果如图 6-5-4 所示。

（2）双击"木纹"图像"图层"面板中的"背景"图层，打升"新建图层"对话框，单击"确定"按钮，将该图层转换为名称是"图层 0"的常规图层。

（3）在"通道"面板中，单击"创建新通道"按钮 🔲，新建一个名字为"Alpha 1"的通道，并选中该通道。选中"角楼"图像，创建选中其内角楼的选区。使用"移动工具"按钮 ▶┿，将图 6-5-4 所示的角楼图像拖曳到"Alpha 1"通道的画布中。调整复制到通道中的图像大小和位置，按 Ctrl+D 组合键，取消选区。通道中的图像如图 6-5-5 所示。

（4）将"Alpha1"通道拖曳到"新建通道"按钮 🔲 之上，创建一个名字为"Alpha 1 副本"的通道，并选中该通道，如图 6-5-6 所示。

（5）单击"滤镜"→"模糊"→"高斯模糊"命令，打开"高斯模糊"对话框。设置模糊半径为 1.0，单击"确定"按钮。此时，图像如图 6-5-5 所示。

（6）单击"滤镜"→"风格化"→"浮雕效果"命令，打开"浮雕效果"对话框。在"浮雕效果"对话框内，设置浮雕角度为 135 度，高度为 4 像素，数量为 300%。单击"确定"按钮，图像如图 6-5-7 所示。

图 6-5-4　修改的"角楼.jpg"图像　图 6-5-5　图像复制到通道　图 6-5-6　"通道"面板　图 6-5-7　模糊和浮雕处理

2. 应用"计算"和"应用图像"命令

（1）单击"图像"→"计算"命令。打开"计算"对话框，在"源 1"栏内的"通道"下拉列表框中选择"Alpha1"选项。在"源 2"栏内的"通道"下拉列表框内选择"Alpha1 副本"选项，在"混合"下拉列表框内选择"差值"选项，如图 6-5-8 所示。

（2）单击"计算"对话框内的"确定"按钮。此时，"通道"面板内会生成"Alpha 2"通道，该通道内的图像如图 6-5-9 所示。

（3）单击"通道"面板内"RGB"通道，选中"图层"面板中的"图层 0"图层。单击"图像"→"应用图像"命令，打开"应用图像"对话框。在"图层"下拉列表框内选择"合并图层"选项，在"通道"下拉列表框内选择"Alpha 2"选项，在"混合"下拉列表框内选择"叠加"选项，在"不透明度"文本框内输入 100，如图 6-5-10 所示。单击"确定"按钮，效果如图 6-5-1 所示。

图 6-5-8　"计算"对话框　　图 6-5-9　"Alpha 2"通道的图像　　图 6-5-10　"应用图像"对话框

（4）输入华文琥珀字体、72 点大小文字"角楼"，再添加斜面和浮雕图层样式。

链接知识

1. 应用"应用图像"命令

"应用图像"可以将两个图层和通道以某种方式合并。为了介绍合并方法，准备两幅图像。

如图 6-5-11 所示，"角楼.psd"图像的背景是透明的。而且两幅图像的尺寸一样大。

（1）图层合并的操作步骤如下。

◎ 选中"风景图像"，使其成为当前图像。合并后的图像存放在目标图像内。单击"图像"→"应用图像"命令，打开"应用图像"对话框，如图 6-5-12 所示。

（a）　　　　　　　　　　（b）

图 6-5-11　"风景图像.jpg"和"角楼.psd"图像

图 6-5-12　"应用图像"对话框

◎ 可以看出，目标图像就是当前图像，而且是不可以改变的。在"源"下拉列表框内选择源图像文件，即与目标图像合并的图像文件。此处选择"角楼.psd"图像文件。

◎ 在"图层"下拉列表框内选择源图像的图层。如果源图像有多个图层，可选择"合并图层"选项，即选择所有图层。此处选择"图层 0"选项，"角楼"图像所在图层。

◎ 在"通道"下拉列表框内选择相应的通道，选择 RGB 选项，即选择合并的复合通道（对于不同模式的图像，复合通道名称是不一样的）。此处选择 RGB 选项。

◎ 在"混合"下拉列表框内选择一种混合模式，即目标图像与源图像合并时采用的混合方式。此处选择"滤色"选项。在"不透明度"文本框内输入不透明度的百分数。该不透明度是指合并后源图像内容的不透明度。此处设置 100%。

◎ 确定是否选中"反相"复选框。选中该复选框后，可使源图像颜色反相后再与目标图像合并，此处不选中该复选框。单击"确定"按钮，合并的图像如图 6-5-13 所示。

（2）加入蒙版：选中"应用图像"对话框内的"蒙版"复选框，即可展开"蒙版"复选框下边的选项，如图 6-5-14 所示。新增各选项的作用如下。为了解蒙版的作用还需打开"梅花.jpg"图像，如图 6-5-15 所示。它的大小与"风景图像"和"角楼"图像一样。

图 6-5-13　合并的图像　　图 6-5-14　"应用图像"对话框　　图 6-5-15　"梅花"图像

◎ "源"下拉列表框：用来选择作为蒙版的图像。默认的是目标图像。

◎ "图层"下拉列表框：用来选择作为蒙版的图层。默认的是"背景"选项。

◎ "通道"下拉列表框：用来选择作为蒙版的通道。默认的是"灰色"选项。

◎ "反相"复选框：选中它，则蒙版内容反转，即黑变白，白变黑，浅灰变深灰。

2．应用"计算"命令

使用"图像"→"计算"命令可以将两个通道以某种方式合并。打开"风景"、"女孩"和

"热气球"图像。要求三幅图像大小一样。通道合并的操作步骤如下。

（1）选中"风景"图像，使其成为目标图像。合并后的图像存放在目标图像内。

（2）单击"图像"→"计算"命令，打开"计算"对话框，如图 6-5-16 所示。该对话框中有两个源图像，每个源栏内的选项与"应用图像"对话框的一样。

（3）源 1 图像为"风景图像.jpg"图像，源 2 图像为"梅花.psd"图像。在"图层"下拉列表框内分别选择"背景"选项和"合并图层"选项，在"通道"下拉列表框内选择"灰色"选项，不选中"反相"复选框，"混合"下拉列表框内选择"正片叠底"选项，"不透明度"文本框的值为 100% ，如图 6-5-16 所示。

（4）"结果"下拉列表框用来选择通道合并后生成图像存放的位置。它有三个选项。此处选择"新文档"选项。三个选项的作用如下。

◎ "新建通道"：合并后生成的图像存放在目标图像的新建通道中。

◎ "新建文档"：合并后生成的图像存放在新建的图像文档中，此处选择该选项。

◎ "选区"：合并后生成的图像转换为选区，载入目标图像中。

（5）选中图 6-5-16 所示的"计算"对话框内的"蒙版"复选框，打开"计算"对话框。在"蒙版"下拉列表框中选择"角楼"图像作为蒙版，选中"反相"复选框。

（6）单击"确定"按钮，生成一个有合并图像的通道，其内图像如图 6-5-17 所示。

图 6-5-16 "计算"对话框

图 6-5-17 合并图像的通道

思考练习 6-5

1. 制作一幅"抗战纪念"和"历史丰碑"图像，如图 6-5-18 和图 6-5-19 所示。

2. 制作一幅"木刻角楼"图像，如图 6-5-20 所示，它是利用一幅如图 6-5-21 所示的"角楼"和"木纹"图像制作而成的。

图 6-5-18 "抗战纪念"图像

图 6-5-19 "历史丰碑"图像

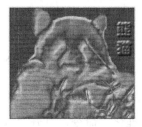

图 6-5-20 "木刻角楼"图像

图 6-5-21 "角楼"图像和"木纹"图像

第7章

路径、动作与切片

本章提要

本章通过学习三个实例的制作，可以掌握路径与动作的基本概念，创建、编辑和应用路径的方法，掌握使用动作和创建自定义动作的方法，使用切片工具制作网页的方法。

7.1 【实例23】佳人照片框架

案例效果

"佳人照片框架"图像，如图7-1-1所示。它是给一幅"佳人.psd"图像（图7-1-2）添加艺术相框后获得的。

图7-1-1 "佳人照片框架"图像

图7-1-2 "佳人.jpg"图像

制作方法

（1）打开一幅名为"佳人.psd"的图像文件，如图7-1-2所示。调整该图像宽为350像素，高为300像素。然后，以名称"佳人照片框架.psd"保存。

（2）使用"椭圆工具"按钮○，创建一个椭圆形选区，单击"选择"→"反向"命令，将选区反向，如图7-1-3所示。单击"滤镜"→"纹理"→"纹理化"命令，打开"纹理化"

对话框，如图 7-1-4 所示。单击"确定"按钮，将选区内的图像进行画布纹理滤镜处理。单击"选择"→"反向"命令，将选区反向，效果如图 7-1-5 所示。

图 7-1-3　创建选区　　　　图 7-1-4　"纹理化"对话框　　　　图 7-1-5　画布纹理滤镜处理

（3）隐藏"背景"图层。单击选项栏内"路径"按钮 ，单击"路径"面板内下边的"从选区生成工作路径"按钮 ，在画布中将椭圆形选区转换为椭圆形路径。此时，在"路径"面板中自动生成名为"工作路径"的路径层，其内是刚创建的椭圆路径。

（4）单击"钢笔工具"按钮 ，参考本节介绍的曲线路径创建方法，沿着椭圆形路径外侧勾画出一个相框形状的路径。

（5）参考本节介绍的链接知识，使用钢笔工具组和路径工具组中的工具进行路径形状的调整。最后效果如图 7-1-6 所示。此时，"工作路径"路径层中是刚创建的相框路径。

（6）双击"路径"面板内的"工作路径"路径层，打开"存储路径"对话框，单击"确定"按钮，将"工作路径"路径层转换为"路径 1"路径层。

（7）单击"路径"面板中的"将路径作为选区载入"按钮 ，将路径转换为图 7-1-7 所示的选区。在"背景"图层之上创建一个"图层 1"图层，选中该图层，给选区填充一种颜色。打开"样式"面板，单击"样式"面板中的"蓝色玻璃（按钮）"样式图标 。为"图层 1"图层应用样式，如图 7-1-7 所示。按 Ctrl+D 组合键，取消选区。

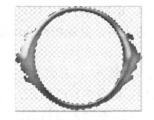

图 7-1-6　绘制路径　　　　　图 7-1-7　应用图层样式

（8）选中"图层 1"图层，打开"图层样式"对话框，修改该对话框内的参数设置。然后，显示"背景"图层。最后效果如图 7-1-1 所示。

链接知识

1. 钢笔与路径工具组

路径是由多个节点的矢量线（又称为贝塞尔曲线）构成的图形，如图 7-1-8 所示。形状是较规则的路径。通过使用钢笔工具或形状工具，可创建各种形状的路径。贝塞尔曲线是一种以三角函数为基础的曲线，它的两个端点称为节点，又称为锚点。路径很容易编辑修改，可以与图像一起输出，也可以单独输出。贝塞尔曲线的每一个锚点都有一条直线控制柄，直线的方向与曲线锚点处的切线方向一致，控制柄直线两端的端点称为控制点，如图 7-1-8 所示。拖曳控制点，可以很方便地调整贝塞尔曲线的形状（方向和曲率）。

工具箱内钢笔工具组的所有工具如图 7-1-9 所示。路径工具组中的所有工具如图 7-1-10 所示。使用矩形工具等绘图工具时，其选项栏中也有钢笔和自由钢笔工具按钮。

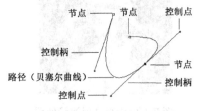
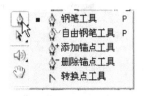

图 7-1-8 路径、控制柄和控制点   图 7-1-9   钢笔工具组 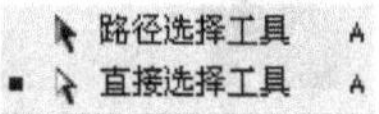   图 7-1-10   路径工具组

（1）钢笔工具：工具箱中的"钢笔工具"按钮 ◢ 用来绘制直线和曲线路径。在单击 "钢笔工具"按钮 ◢ 后，其选项栏如图 7-1-11 所示（单击"形状图层"按钮 ▢ 时）或图 7-1-12 所示的选项栏（单击"路径" ▨ 按钮时）。钢笔工具的选项栏与形状工具组内矩形工具等绘图工具的选项栏基本一样，只是增加了"自动添加/删除"复选框，共同选项的作用可参看有关内容，其他选项的作用简单介绍如下。

图 7-1-11   "钢笔工具"的选项栏（单击"形状图层"按钮）

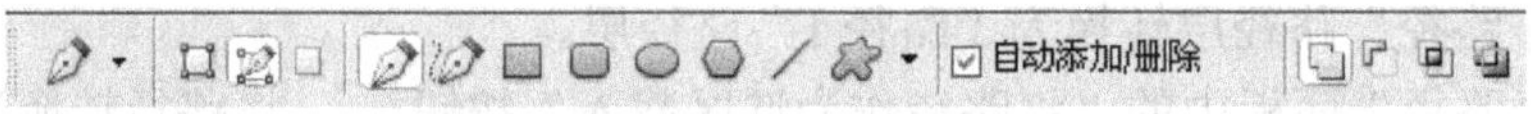

图 7-1-12   "钢笔工具"的选项栏（单击"路径"按钮）

◎"自动添加/删除"复选框：如果选中了该复选框，则钢笔工具不但可以绘制路径，还可以在原路径上删除或增加锚点。当鼠标指针移到路径线上时，鼠标指针会在原指针▮的右下方增加一个"+"号，单击路径线，即可在单击处增加一个锚点。当鼠标指针移到路径的锚点上时，鼠标指针会增加一个"－"号，单击锚点后，即可删除该锚点。

◎"几何选项"按钮 ▾ ：它位于 ✿ 按钮的右边。单击它可以打开一个"钢笔选项"面板，如图 7-1-13 所示，选中"橡皮带"复选框，则在钢笔工具创建一个锚点后，会随着鼠标指针的移动，在上一个锚点与鼠标指针之间产生一条直线，像拉长了一个橡皮筋似的。

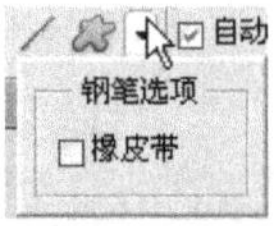

图 7-1-13   "钢笔选项"面板

（2）自由钢笔工具："自由钢笔工具"按钮 ◢ 用于绘制任意形状曲线路径。其选项栏如图 7-1-14 所示（单击 ▢ 按钮时）或如图 7-1-15 所示的选项栏（单击 ▨ 按钮时）。在画布窗口内拖曳鼠标，创建一个形状路径。两个选项栏内各增加的选项的作用和自由钢笔工具的使用方法如下。

图 7-1-14   "自由钢笔工具"的选项栏

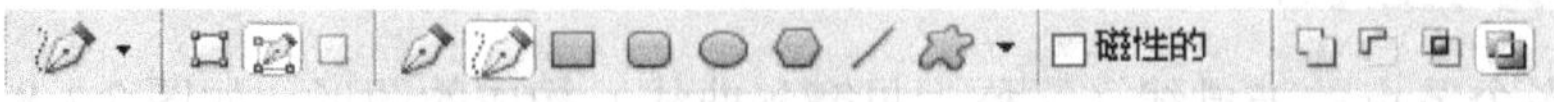

图 7-1-15   "自由钢笔工具"的选项栏

◎"磁性的"复选框：如果选中了该复选框，则"自由钢笔工具"按钮 ◢ 就变为"磁性钢笔工具"，鼠标指针会变为 ◢ 形状。它的磁性特点与磁性套索工具基本一样，在使用"磁性

钢笔工具"按钮绘图时，系统会自动将鼠标指针移动的路径定位在图像的边缘上。

图 7-1-16　面板

◎"几何选项"按钮 ▾：它位于"自定形状工具"按钮 ✿ 的右边。单击它可以打开一个"自由钢笔选项"面板，如图 7-1-16 所示。该面板内各选项的作用如下。

"曲线拟合"文本框：用于输入控制自由钢笔创建路径的锚点的个数。该数值越大，锚点的个数就越少，曲线就越简单。取值范围是 0.5～10。

"磁性的"复选框：作用同上。该栏内的"宽度"、"对比"和"频率"文本框分别用来调整"磁性钢笔工具"的相关参数。"宽度"文本框用来设置系统的检测范围；"对比"文本框用来设置系统检测图像边缘的灵敏度，该数值越大，则图像边缘与背景的反差也越大；"频率"文本框用来设置锚点的速率，该数越大，则锚点越多。

"钢笔压力"复选框：在安装钢笔后，该复选框有效，选中后，可以使用钢笔压力。

（3）"添加锚点工具"按钮 ✚：单击"添加锚点工具"按钮 ✚，当鼠标指针移到路径线上时，指针会增加一个"＋"号，单击路径线，即可在单击处增加一个锚点。

（4）"删除锚点工具"按钮 ✎：使用"删除锚点工具" ✎，当鼠标指针移到路径线上的锚点或控制点处时，在原指针 ♟ 的右下方增加一个"－"号，单击锚点，即可将该锚点删除。

（5）"转换点工具"按钮 ⋀：使用"转换点工具"按钮 ⋀，当鼠标指针移到路径线上的锚点处时，鼠标指针会由原指针形状 ♟ 变为 ⋀ 形状，拖曳曲线即可使这段曲线变得平滑。使用"转换点工具"按钮 ⋀，拖曳直线锚点，可以显示出该锚点的切线，拖曳切线两端的控制点，可改变路径的形状。单击锚点，可将曲线锚点转换为直线锚点，或者将直线锚点转换为曲线锚点。

（6）"路径选择工具"按钮 ▶：单击 "路径选择工具"按钮 ▶，将鼠标指针移到画布窗口内，此时鼠标指针呈 ▶ 状。单击路径线或画布或拖曳围住一部分路径，可将路径中的所有锚点（实心黑色正方形）显示出来，如图 7-1-17 所示，同时选中整个路径。再拖曳路径，可整体移动路径。单击路径线外部画布窗口内的任一点，即可隐藏路径上的锚点。

（7）"直接选择工具"按钮 ▷：单击 "直接选择工具"按钮 ▷，将鼠标指针移到画布窗口内，鼠标指针会呈 ▷ 状。拖曳围住部分路径，可将围住的路径中的所有锚点显示出来（实心黑色正方形），没有围住的路径中的所有锚点为空心小正方形，如图 7-1-18 所示。

拖曳锚点，即可改变锚点在路径上的位置和形状。拖曳曲线锚点或曲线锚点的切线两端的控制点，可以改变路径曲线的形状，如图 7-1-18 所示。按住 Shift 键，同时拖曳鼠标，可以在 45°的整数倍方向上移动控制点或锚点。单击路径线外画布，可隐藏锚点。

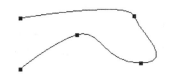

图 7-1-17　实心与空心锚点

图 7-1-18　路径的曲线形状

2．创建直线、折线与多边形路径

若要绘制直线、折线或多边形，应先单击"钢笔工具"按钮 ✎。再将鼠标指针移到画布窗口内，此时鼠标指针在原指针 ✎ 的右下方增加一个"×"号，表示单击后产生的是起始锚点。单击创建起始锚点后，在原指针 的右下方增加一个"/"号，表示再单击鼠标则产生一条直线路径。在绘制路径时，如果按住 Shift 键，同时在画布窗口内拖曳，可以保证曲线路径的控制柄的方向是 45°的整数倍方向。

（1）绘制直线路径：单击直线路径的起点，松开鼠标左键后再单击直线路径的终点，即可绘制一条直线路径，如图 7-1-19 所示。

（2）绘制折线路径：单击折线路径起点，再单击折线路径的下一个转折点，不断依次单击各转折点，最后双击折线路径的终点，即可绘制一条折线路径，如图 7-1-20 所示。

（3）绘制多边形路径：单击折线路径的起点，再单击折线路径的下一个转折点，不断依次单击各转折点，最后将鼠标指针移到折线路径的起点处，此时鼠标指针将在原指针 的右下方增加一个"。"号，单击该起点即可绘制一条多边形路径，如图 7-1-21 所示。

在绘制完路径后，单击工具箱内任何一个按钮，即可结束路径的绘制。

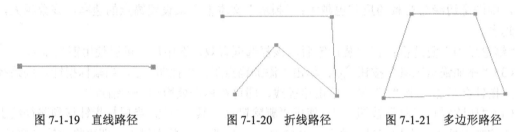

图 7-1-19　直线路径　　　　图 7-1-20　折线路径　　　　图 7-1-21　多边形路径

3．创建曲线路径的两种方法

（1）先绘直线再定切线：它的操作方法如下。

◎ 单击工具箱内的"钢笔工具"按钮 。

◎ 选中曲线路径起点，松开鼠标左键；再单击下一个锚点，则在两个锚点之间会产生一条线段。在不松开鼠标左键的情况下拖曳鼠标，会出现两个控制点和两个控制点间的控制柄，如图 7-1-22 所示。控制柄线条是曲线路径线的切线。拖曳鼠标改变控制柄的位置和方向，从而调整曲线路径的形状。

◎ 如果曲线有多个锚点，则应依次单击下一个锚点，并在不松开鼠标左键的情况下拖曳鼠标以产生两个锚点之间的曲线路径，如图 7-1-23 所示。

◎ 曲线绘制完毕，单击任一按钮，结束路径绘制。绘制完毕的曲线如图 7-1-24 所示。

（2）先定切线再绘曲线：它的操作方法如下。

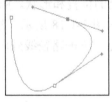
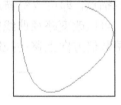

图 7-1-22　控制柄线条　　　　图 7-1-23　曲线路径　　　　图 7-1-24　绘制的曲线

◎ 单击工具箱内的"钢笔工具"按钮 。

◎ 选中曲线路径起点，不松开鼠标左键，拖曳以形成方向合适的控制柄，然后松开鼠标左键，此时会产生一条控制柄线。再单击下一个锚点，则该锚点与起始锚点之间会产生一条曲线路径，如图 7-1-25 所示。然后再单击下一个锚点处，即可产生第 2 条曲线路径，按住鼠标左键不放，拖曳即可产生第 3 个锚点的控制柄，拖曳鼠标可调整曲线路径的形状，如图 7-1-26

所示。松开鼠标左键，即可绘制一条曲线，如图 7-1-27 所示。

◎　如果曲线路径有多个锚点，则应依次单击下一个锚点，并在不松开鼠标左键的情况下拖曳鼠标以调整两个锚点之间曲线路径的形状。

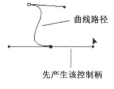
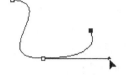

图 7-1-25　曲线路径　　　　图 7-1-26　调整曲线路径　　　　图 7-1-27　绘制的曲线

4．创建、删除和复制路径

（1）创建一个空路径层：单击"路径"面板（图 7-1-28）中的"创建新路径"按钮，即可在当前路径层下边创建一个新的空路径层。以后可以在该路径层内绘制路径。

也可以单击"路径"面板菜单中的"新建路径"命令，打开"新建路径"对话框，如图 7-1-29 所示。在"名称"文本框内输入路径层的名称，再单击"确定"按钮。

图 7-1-28　"路径"面板　　　图 7-1-29　"新建路径"对话框　　　图 7-1-30　输入文字

（2）利用文字工具创建路径层：使用"文字工具"按钮 T，再在画布窗口内输入文字（例如，"ABC"，如图 7-1-30 所示），单击"图层"→"文字"→"创建工作路径"命令，即可将文字的轮廓线转换为路径。使用"路径选择工具"按钮，拖曳一个矩形，选中文字对象，显示出路径锚点，如图 7-1-31 所示。另外，单击"图层"→"文字"→"转换为形状"命令，可以将选中的文字轮廓线转换为形状路径。

图 7-1-31　路径的锚点　　　　　　图 7-1-32　"复制路径"对话框

（3）按键删除锚点和路径：按 Delete 或 Backspace 键，可以删除选中的锚点。选中的锚点呈实心小正方形状。如果锚点都呈空心小正方形状，则删除的是最后绘制的一段路径。如果锚点都呈实心小正方形状，则删除整个路径。

（4）"路径"面板删除路径：选中"路径"面板中要删除的路径，如图 7-1-28 所示。将它拖曳到"删除当前路径"按钮　　之上，松开鼠标左键后，即可删除选中的路径。

单击"路径"面板中的"删除路径"命令，可以删除选中的路径。

（5）复制路径：单击"路径选择工具"按钮 或"直接选择工具"按钮，拖曳围住部分路径或单击路径线（只适用于路径选择工具），将路径中的所有锚点（实心小正方形）显示出来，表示选中整个路径。按住 Alt 键，同时拖曳路径，可复制一个路径。

（6）复制路径层：选中"路径"面板中要复制的路径层。单击"路径"面板中的"复制路径"命令，打开"复制路径"对话框，如图 7-1-32 所示。在"名称"文本框内输入新路径层名称，单击"确定"按钮，即可在当前路径层之上创建一个复制的路径层。

5．路径与选区的相互转换

（1）路径转换为选区：选中"路径"面板中要转换为选区的路径。然后，单击"路径"面板中的"将路径作为选区载入"按钮（右边的 ○ 按钮），即可将选中的路径转换为选区。

单击"路径"面板中的"建立选区"命令，打开"建立选区"对话框，如图 7-1-33 所示。利用该对话框进行设置后单击"确定"按钮，也可以将路径转换为选区。

（2）选区转换为路径：创建选区。然后，单击"路径"面板中的"建立工作路径"命令，打开"建立工作路径"对话框，如图 7-1-34 所示。利用该对话框进行容差设置，再单

图 7-1-33　"建立选区"对话框

击"确定"按钮，即可将选区转换为路径。单击"路径"面板中的"从选区生成工作路径"按钮 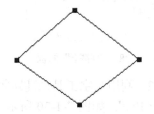，可以在不改变容差的情况下，将选区转换为路径。

6．填充路径与路径描边

（1）填充路径：创建一个路径如图 7-1-35 所示。填充路径的方法如下。

图 7-1-34　"建立工作路径"对话框

图 7-1-35　路径

◎ 设置前景色。选中"路径"面板中要填充的路径层。选中"图层"面板中普通图层。单击"路径"面板中的"用前景色填充路径"按钮 ◎，即可用前景色填充路径。

◎ 单击"路径"面板中的"填充路径"命令，打开"填充路径"对话框。利用该对话框设置填充方式和其他参数。按照如图 7-1-36 所示进行设置，再单击"确定"按钮，即可完成填充，填充后的效果图如图 7-1-37 所示。

（2）路径描边：创建一个路径如图 7-1-35 所示。路径描边的方法如下。

◎ 设置前景色。选中"路径"面板中要描边的路径。使用"画笔工具"按钮 ✎，或者使用"图案图章工具"按钮 ✦ 等绘图工具，设置相关参数。

◎ 单击"路径"面板菜单中的"描边路径"命令，打开"描边路径"对话框，如图 7-1-38 所示。在"工具"下拉列表框内选择一种绘图工具。选中"模拟压力"复选框（在选项栏内单击"绘图压力大小"按钮 ✎ ）后可以在使用画笔时模拟压力笔的效果，单击"确定"按钮，也可以设定描边的绘图工具。

图 7-1-36　"填充路径"对话框

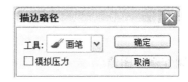

图 7-1-37　路径填充　　　　　　　　　　　图 7-1-38　"描边路径"对话框

另外，单击"路径"面板中左边的"用前景色描边路径"按钮 ○ ，可以用前景色和设定的画笔形状给当前路径描边。

图 7-1-39 所示为用"画笔工具"描边后的图像，图 7-1-39（a）是没有选中"模拟压力"复选框的效果，图 7-1-39（b）是选中"模拟压力"复选框（在选项栏内单击 "绘图压力大小"按钮 ）的效果。用"图案图章工具"按钮 描边后的图像如图 7-1-40 所示。

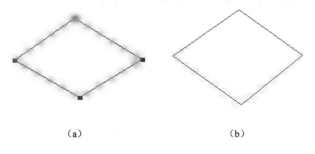

（a）　　　　　　　　　　（b）

图 7-1-39　前景色描边效果　　　　　　　　　图 7-1-40　图案图章描边效果

思考练习 7-1

1. 采用创建路径再将路径转换为选区的方法，将图 7-1-41 所示图像中的飞机选出来。

2. 制作一幅"电磁"毛刺文字图像，如图 7-1-42 所示。

提示：①创建"电磁"文字选区，将选区转换为路径，删除文字图层，再创建"图层 1"图层；②使用画笔工具，导入新画笔，选中"星形放射小"画笔，在"画笔"面板内选中"动态颜色"选项和进行其他设置，然后创建新画笔；③将前景色设置为红色，背景色设置为黄色；使用创建的画笔进行路径描边，再删除路径。

3. 制作一幅"手写字"图像，它是手写立体文字图像，如图 7-1-43 所示。

图 7-1-41　"飞机"图像　　　图 7-1-42　"电磁"毛刺文字图像　　　图 7-1-43　"手写字"图像

7.2 【实例24】彩珠串

"彩珠串"图像如图7-2-1所示。

制作方法

1. 制作基本图像

（1）新建宽为1000像素，高为1000像素，背景为白色的画布。新建"图层1"图层，绘制一个蓝色彩球，如图7-2-2所示，调整该图形的位置。

（2）6次复制"图层1"图层，得到6个复制的图层，将各图层内的蓝色彩球图形一字线排开。选中左起第2个彩球，按Ctrl+T组合键，进入自由变换状态，在它的选项栏内的"W"和"H"文本框内输入85%，将图像等比例调小，按Enter键确定。

（3）按照上述方法，依次调整其他蓝色彩球图形的大小和位置，如图7-2-3所示。

（4）将"图层1"及其所有的副本图层合并，将合并后的图层命名为"图层1"。

图7-2-1 "彩珠串"图像

图7-2-2 彩球

图7-2-3 变换并复制

2. 制作动作和使用动作

（1）单击"动作"面板内的"新建组"按钮 ，打开"新建组"对话框，在"名称"文本框内输入"彩珠串"，再单击"确定"按钮，在该面板内创建一个"彩珠串"新组。

（2）单击"创建新动作"按钮 ，打开"新建动作"对话框，在"名称"文本框内输入"动作1"，单击"确定"按钮，创建一个动作，进入动作录制状态。下面就录制该动作。

（3）按Ctrl+Alt+T组合键，进入"自由变换并复制"状态，按住Alt+Shift组合键，将控制框的中心点移到如图7-2-4所示的位置。

（4）在其选项栏内的 文本框中输入45，设置逆时针旋转45度，按Enter键确定。单击"动作"面板中的"停止播放/记录"按钮 ，"动作"面板如图7-2-5所示。

（5）连续单击"播放选定动作"按钮 ，直至得到如图7-2-6所示的效果。

图7-2-4 设置旋转中心点

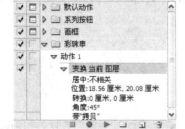

图7-2-5 "动作"面板

图7-2-6 连续应用动作后效果

（6）将"图层 1"图层和所有它的副本图层合并，将合并后的图层命名为"图层 1"。选中"背景"图层，按 Ctrl+R 组合键，显示标尺，再分别在水平和垂直方向上添加如图 7-2-7 所示的辅助线。使用"移动工具"按钮▶▣，将彩珠串图像移到如图 7-2-8 所示的位置。

（7）在"动作"面板中新建一个"动作 2"动作，下面开始录制动作。

（8）按 Ctrl+Alt+T 组合键，进入"自由变换并复制"状态，按住 Alt+Shift 组合键，将控制框的中心点移到图 7-2-9 所示的位置。在其选项栏内的 ◢ 文本框中输入 30，设置逆时针旋转 30 度，按 Enter 键确定。

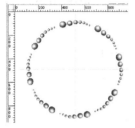

图 7-2-7　添加辅助线　　　　图 7-2-8　调整图像位置　　　　图 7-2-9　设置旋转中心点

（9）单击"动作"面板中的"停止播放/记录"按钮▣，此时的"动作"面板如图 7-2-10 所示。连续单击"播放选定动作"按钮▶，直至得到如图 7-2-11 所示的效果。

图 7-2-10　"动作"面板　　　　　　　　图 7-2-11　动作效果

（10）复制"图层 1"图层，将复制的图层命名为"图层 2"，将"图层 2"及其所有的副本图层合并，将合并后的图层命名为"图层 2"。将"图层 2"图层隐藏眼睛图标👁。使用"移动工具"按钮▶▣，将"图层 1"图层的图像置于画布内右上角，如图 7-2-12 所示。

（11）单击"动作"面板中的"播放选定动作"按钮▶，得到如图 7-2-13 所示的效果。将"图层 1"图层和它的副本图层合并到"图层 1"图层。

图 7-2-12　图像位置　　　　　　　　图 7-2-13　变换复制图像

（12）将"图层 2"图层显示出眼睛图标👁来，同时选中"图层 1"图层和"图层 2"图层。按 Ctrl+T 组合键，进入"自由变换"状态，在其选项栏内的"W"和"H"文本框内输入 90%，将图像等比例调小，按 Enter 键确定。

（13）分别调整"图层1"和"图层2"图层内图形的位置，效果如图7-2-1所示。

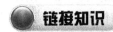 **链接知识**

1."动作"面板

动作是一系列操作（命令）的集合。动作的记录、播放、编辑、删除、存储、载入等操作都可以通过"动作"面板和"动作"面板菜单来实现。"动作"面板如图7-2-14所示。下面先对"动作"面板进行初步的介绍。

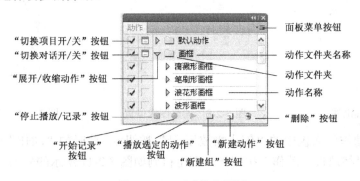

图7-2-14　"动作"面板

（1）"切换项目开/关"按钮：如果该按钮没显示✔图标，则表示该动作文件夹内的所有动作都不能执行，或表示该动作不能执行，或该操作不能执行。如果该按钮显示黑色✔图标时，表示该动作文件夹内的所有动作和所有操作都可以执行。如果该按钮显示红色✔图标时，表示该动作文件夹内的部分动作或该动作下的部分操作可以执行。

（2）"切换对话开/关"按钮：当它显示黑色▢图标时，表示在执行动作的过程中，会打开对话框并暂停，等用户单击"确定"按钮后才可以继续执行。当该按钮没有显示▢图标时，表示在执行动作的过程中，不打开对话框就暂停。当该按钮显示红色▢图标时，表示动作文件夹中只有部分动作会在执行过程中打开对话框并暂停。

（3）"展开/收缩动作"按钮：单击动作文件夹左边的"展开动作"按钮▷，可以将该动作文件夹中所有的动作展开，此时，"展开动作"按钮变为▽形状。再单击▽按钮，又可以将展开的动作收回。单击动作名称左边的展开按钮▷，即可展开组成该动作的所有操作名称，此时展开按钮会变为▽形状。单击▽按钮，可收回动作的所有操作名称。同样，每项操作的下边还有操作和选项设置，也可以通过单击▷按钮展开，单击▽按钮收回。

（4）"停止播放/记录"按钮▣：单击它可以使当前正在录制动作的工作暂停。

（5）"开始记录"按钮●：单击它可以开始录制一个新的动作。

（6）"播放选定的动作"按钮▶：单击它可以执行当前的动作或操作。

（7）"新建组"按钮▢：它是存储动作的文件夹，单击该按钮，可创建一个新的组，它的右边给出动作文件夹名称。

（8）"新建动作"按钮⅃：单击它可新建一个动作，它将存放在当前动作文件夹内。

（9）"删除"按钮☷：单击它可以删除当前的动作文件夹、动作或操作等。

2.使用动作

（1）关于动作的注意事项：不是所有操作都可以进行录制，例如，使用绘画工具、色彩调整和工具选项设置等都不能进行录制，但可以在执行动作的过程中进行这些操作。另外，高版本 Photoshop 可以使用低版本 Photoshop 创建的动作，低版本 Photoshop 不可以使用高版本 Photoshop 创建的动作。

（2）选中多个动作的方法：按住 Ctrl 键，同时单击动作或动作文件夹，可以选中多个动作或动作文件夹。按住 Shift 键，同时单击起始和终止动作或动作文件夹，可以选中多个连续的动作或动作文件夹。选中动作文件夹，也就选中动作文件夹中的所有动作。

（3）使用动作：选中一个或多个动作，单击"动作"面板中的"播放选定的动作"按钮 ，或单击"动作"面板中的"播放"命令，即可依次执行选中的动作。

（4）设置动作的执行方式：单击"动作"面板中的"回放选项"命令，可打开"回放选项"对话框，如图 7-2-15 所示。该对话框中各选项的作用如下。

图 7-2-15 "回放选项"对话框

◎"加速"单选钮：选中该单选钮后，动作执行的速度最快。

◎"逐步"单选钮：选中该单选钮后，以蓝色显示每一步当前执行的操作命令。

◎"暂停"单选钮：选中该单选钮后，每执行一个操作就暂停设定的时间。暂停时间由其右边文本框内输入的数值决定。文本框中输入数的范围为 1～60，单位为秒。

（5）"为语音注释而暂停"复选框：选中它后，可暂停声音注释。

单击"回放选项"对话框中的"确定"按钮，即可完成动作执行方式的设置。

3．动作基本操作

完成载入、替换、复位和存储动作的操作都需要执行"动作"面板的命令。为了介绍方便，下面先给出进行这些操作前的"动作"面板状态，如图 7-2-16 所示。

图 7-2-16 "动作"面板

（1）载入动作：单击"动作"面板菜单的"载入动作"命令，打开"载入"对话框。选中该对话框中的文件名称（文件的扩展名是".ATN"），再单击"载入"按钮。

也可以直接单击"动作"面板菜单中第六栏中的动作名称，直接载入选中的动作。例如，单击"动作"面板菜单中的"画框"命令，此时"动作"面板如图 7-2-17 所示。

（2）替换动作：单击"动作"面板菜单的"替换动作"命令，打开"载入"对话框。选中该对话框中的文件名称，再单击"载入"按钮，即可将选中的动作载入"动作"面板中，并取代原来的所有动作。

图 7-2-17 "动作"面板

（3）复位动作：单击"动作"面板的"复位动作"命令，打开提示框。单击其中的"追加"按钮，将默认动作追加到"动作"面板中原有动作的后面，如图 7-2-18 所示。单击提示框中的"确定"按钮，即可用默认动作替换原来的所有动作。

（4）存储动作：选中"动作"面板中动作的文件夹序列名称。单击"动作"面板的"存储动作"命令，打开"存储"对话框，输入文件的名字，再单击"存储"按钮。

图 7-2-18 "动作"面板

（5）复制动作：在"动作"面板中，将要复制的动作拖曳到"创建新动作"按钮 上。或选中要复制的动作，再单击"动作"面板中的"复制"命令。

（6）移动动作：在"动作"面板中，将要移动的动作拖曳到目标位置。

（7）删除动作：在"动作"面板中，将要删除的动作拖曳到"删除"按钮 上。

（8）更改动作名称：双击"动作"面板中的动作名称，即进入动作名称修改状态。

（9）更改动作文件夹名称（组名称）：双击"动作"面板中要更改的组名称，进入组名称修改状态，修改动作文件夹名称。

4．插入菜单项目、暂停和路径

（1）插入菜单项目：它是在动作的操作中插入命令。选中"动作"面板中的动作名称或操作名称，然后单击"动作"面板中的"插入菜单项目"命令，打开"插入菜单项目"对话框，如图 7-2-19 所示。例如，单击"编辑"→"复制"命令。此时，"插入菜单项目"对话框如图 7-2-20 所示。单击该对话框中的"确定"按钮。即可将操作的命令加入到当前操作的下边。

图 7-2-19 "插入菜单项目"对话框　　　　图 7-2-20 "插入菜单项目"对话框

注意：如果选中的是"动作"面板中的动作名称，则增加的命令会自动增加在当前动作的最后面。如果选中的是"动作"面板中的操作名称，则增加的命令会自动增加在当前操作的后面。

（2）插入暂停：它是在动作的操作中插入暂停和提示框。可以在动作暂停时，进行不能录制的手动操作。暂停时的提示框还能以文字提示用户进行何种操作。单击"动作"面板中的"插入停止"命令，打开"记录停止"对话框，如图 7-2-21 所示。

如果选中该对话框内的"允许继续"复选框，则在执行该动作执行到"停止"操作时，会打开一个"信息"提示框，如图 7-2-22 所示。单击"继续"按钮后，会继续执行"停止"操作下面的其他操作。单击"停止"按钮，会停止执行动作。

图 7-2-21 "记录停止"对话框　　　　图 7-2-22 "信息"提示框

（3）插入路径：选中动作名称或操作名称，再单击"动作"面板中的"插入路径"命令，即可在当前操作的下面插入"设置工作路径"操作。

注意：如果选中的是"动作"面板中的动作名称，则增加的"设置工作路径"操作会自动增加在当前动作的最后面。

思考练习 7-2

1．制作"网页导航栏按钮"图像，如图 7-2-23 所示，这是给网页导航栏制作的一组具有相同特点、不同文字的立体文字按钮。

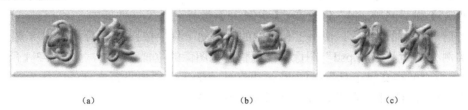

(a) (b) (c)

图 7-2-23 "网页导航栏按钮"图像

2．制作一幅"折扇"图像，如图 7-2-24 所示。制作该图像需使用图 7-2-25 所示的"杨柳"图像。

图 7-2-24 "折扇"图像　　　　　　　　图 7-2-25 "杨柳"图像

7.3 【实例25】"世界名胜"网页

"世界名胜"网页主页画面，如图 7-3-1 所示。单击其中一个世界名胜小图像，即可打开相应的高清晰度世界名胜大图像的网页，如图 7-3-2 所示。

图 7-3-1 "世界名胜"网页的主页画面

图 7-3-2 高清晰度图像网页

制作方法

1．制作网页主页画面

（1）将 8 幅小图像（大小基本一样，高为 100 像素，宽为 150 像素）的名称为"凡尔赛宫 1"～"埃及金字塔 1"，8 幅内容一样的大图像 "凡尔赛宫 2"～"埃及金字塔 2"等保存在"【实例 25】世界名胜"文件夹中。

（2）新建宽为 900 像素，高为 160 像素，模式为 RGB 颜色，背景为浅蓝色的画布，以名称"【实例 25】世界名胜.psd"保存在"【实例 25】世界名胜"文件夹中。

（3）打开 8 幅图像文件。使用工具箱中的"移动工具"按钮 ，分别将这 8 幅小图像拖曳到"【实例 25】世界名胜.psd"图像中。调整这些图像的位置和大小，如图 7-3-1 所示。

（4）使用"横排文字工具"按钮 T ，再在其"选项"栏内设置文字的字体为隶书，字大小为 80 点。单击画布上半部分，输入"世界名胜"文字。

（5）给"世界名胜"文字添加"斜面和浮雕"和"投影"图层样式，使文字呈立体状，效果如图 7-3-1 所示。将除"背景"图层外的所有图层合并，该图层命名为"图层 1"。

2．制作网页和建立网页链接

（1）打开"【实例 25】世界名胜"文件夹内的 8 幅大图像。选中"巴特农神庙 2.jpg"图像，单击"文件"→"存储为 Web 和设备所用格式"命令，打开"存储为 Web 和设备所用格式"对话框，如图 7-3-3 所示，利用它将图像优化，减少文件字节数。

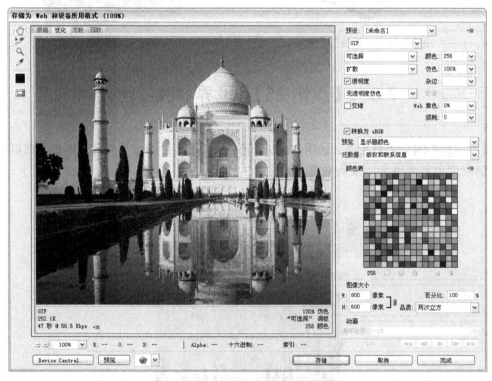

图 7-3-3 "存储为 Web 所用格式"对话框

（2）单击"存储"按钮，打开"将优化结果存储为"对话框。选择"【实例 25】世界名胜"文件夹，在"格式"下拉列表框中选择"HTML 和图像"选项，在"文件名"文本框中输入文件的名字"巴特农神庙 2.html"。单击"保存"按钮，保存为网页文件（图像以 GIF 格式保存在"【实例 25】世界名胜"文件夹内的"images"文件夹中。

（3）按照上述方法，将其他 7 幅图像也保存为网页文件和 GIF 图像文件，文件名分别为"凡尔赛宫 2.htm"、"凯旋门 2.htm"等。然后关闭这 8 幅图像。

（4）选中"【实例 25】世界名胜.psd"图像"图层"面板内的"图层 1"图层，单击工具箱内的"切片工具"按钮 ，在其选项栏内的"样式"下拉列表框中选择"正常"选项，再在画布内拖曳选中左边第 1 幅图像，即可创建一个切片。按照相同的方法，再使用"切片工具"按钮 ，为其他 7 幅图像创建独立的切片，最后效果如图 7-3-4 所示。

图 7-3-4　将 8 幅图创建切片

（5）将鼠标指针移到第 1 幅图像之上，右击打开一个快捷菜单，单击该菜单中的"编辑切片选项"命令，打开"切片选项"对话框。在该对话框的 URL 文本框中输入要链接的网页名称，此处输入"凡尔赛宫 2.htm"，如图 7-3-5 所示。然后，单击"确定"按钮，即可建立该切片与当前目录下"凡尔赛宫 2.htm"网页文件的链接。

（6）按照上述方法，建立另外 7 幅图像切片与其他 7 个网页文件的链接。

（7）将加工的图像进行保存。再单击"文件" → "存储为 Web 所用格式"命令，打开"存储为 Web 所用格式"对话框。按照上述方法，将它以名字"【实例 25】世界名胜.psd"保存为网页文件。

图 7-3-5　"切片选项"对话框

链接知识

1．切片工具

"切片工具"按钮 的作用是将画布切分出几个矩形热区切片。它的选项栏如图 7-3-6 所示。

图 7-3-6　"切片工具"的选项栏

（1）"切片工具"的选项栏中各选项的作用如下。

◎ "样式"下拉列表框：它用来设置选取切片长宽限制的类型。它有三个选项："正常"（自由选取）、"固定长宽比"、"固定大小"（固定切片的长宽数值）。

◎ "宽度"和"高度"文本框：在"样式"下拉列表框选择了"固定长宽比"或"固定大小"选项后，用来输入"宽度"和"高度"的比值或大小。

（2）用户切片和自动切片：单击工具箱内的"切片工具"按钮 ，在画布内拖曳鼠标（"样式"下拉列表框选择"正常"或"固定长宽比"选项时）或单击鼠标左键（"样式"下拉列表框选择"固定大小"选项时），即可创建切片，如图 7-3-7 所示。

切片分为用户切片和自动切片，用户切片是用户自己创建的，自动切片是系统自动创建的。用户切片的外框线的颜色与自动切片的外框线的颜色不一样，而且是高亮蓝色显示，如图 7-3-7

所示。将鼠标指针移到自动切片内，单击鼠标右键，打开一个快捷菜单，再单击菜单中的"提升到用户切片"命令，即可将自动切片转换为用户切片。

（3）切片的超级链接：右击切片内，打开一个快捷菜单，再单击菜单中的"编辑切片选项"命令，打开"切片选项"对话框，如图7-3-3所示。在该对话框内的"URL"文本框中输入网页的URL，即可建立切片与网页的超级链接。

如果在"切片类型"下拉列表框内选择"无图像"选项，则"切片选项"对话框如图7-3-8所示。可以在"显示在单元格中的文本"文本框内直接输入HTML标识符。

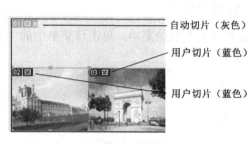

图7-3-7　用户切片和自动切片

图7-3-8　"切片选项"对话框

2. 切片选择工具

"切片选择工具"按钮 ✂ 主要用来选取切片。它的选项栏如图7-3-9所示。

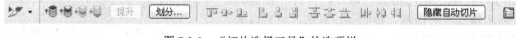

图7-3-9　"切片选择工具"的选项栏

（1）"切片选择工具"的选项栏中各选项的作用如下。

◎ 按钮组：它用来移动多层切片的位置。 按钮是将切片移到最上边； 按钮是将切片向上移一层； 按钮是将切片向下移一层； 按钮是将切片移到最下边。

◎ 提升 按钮：将选中的自动切片转换为用户切片。单击切片即可选中切片。

◎ 划分... 按钮：单击它可打开"划分切片"对话框，如图7-3-10所示。

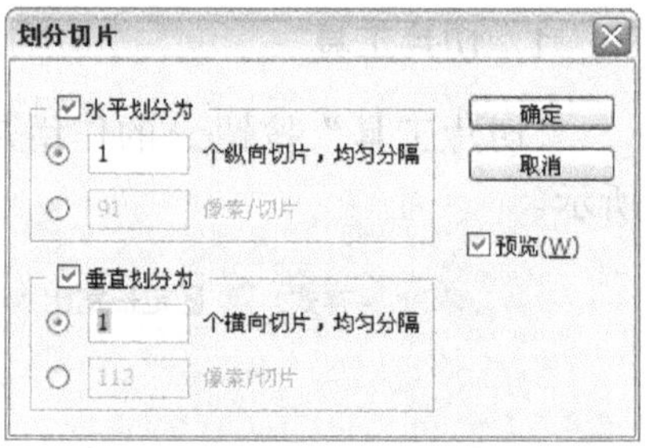

◎ 隐藏自动切片 按钮：单击它可隐藏自动切片，同时该按钮变为 显示自动切片 。再单击"显示自动切片"按钮，可显示隐藏的自动切片，同时该按钮变为 隐藏自动切片 。

（2）调整切片的大小与位置：在单击"切片选择工具"按钮 ✂ 后，选中要调整的用户切片。拖曳用户切片，可移动切片；拖曳用户切片边框上的灰色方形控制柄，可调整用户切片的大小。

图7-3-10　"划分切片"对话框

思考练习 7-3

1. 参考本实例网页的制作方法，制作一个"舌尖上的中国"网页。

2. 参考本实例网页的制作方法，制作一个"我的校园生活"网页。

第 8 章

3D 模型

本章提要

本章通过学习两个实例的制作，可以了解创建和导入 3D 模型方法，3D 图层的特点，调整 3D 的方法，以及"3D"面板的设置方法等。在安装了支持 OpenGL 标准的视频适配器的计算机系统中，可以显示 3D 轴、地面和光源，大大提高创建和编辑 3D 模型的性能。

8.1 【实例 26】透视鲜花图像

案例效果

"透视鲜花图像"图像，如图 8-1-1 所示。可以看到，在一幅鲜花图像之上，有一组具有透视效果的胶片图像和一幅具有透视效果的鲜花图像。

制作方法

1. 制作"胶片"图像

（1）新建宽为 1000 像素，高为 300 像素，背景为白色的画布窗口。创建 5 条参考线。在"背景"图层之上创建"图层 1"图层。再以名称"胶片.psd"保存。

图 8-1-1　"透视鲜花图像"图像

（2）选中"图层 1"图层，使用"矩形选框工具"按钮 ，创建一个正方形选区，填充黑色，如图 8-1-2 所示。然后，单击"选择"→"变换选区"命令，调整正方形选区是原来的 2 倍，如图 8-1-3 所示。按 Enter 键，完成选区调整。

（3）单击"编辑"→"定义图案"命令，打开"图案名称"对话框，在"名称"文本框内输入"黑白相间"文字，如图 8-1-4 所示。单击"确定"按钮，完成定义图案。

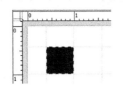
图 8-1-2 矩形选区填充黑色

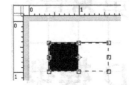
图 8-1-3 调整选区

图 8-1-4 "图案名称"对话框

（4）回到新建状态，创建高度与原来选区高度一样、宽度接近 1000 像素的矩形选区，填充"黑白相间"图案，如图 8-1-5 所示。然后，按 Ctrl+D 组合键，取消选区。

图 8-1-5 矩形选区内填充"黑白相间"图案

（5）在"图层"面板内，将"图层 1"图层拖曳到"创建新图层"按钮 ▢ 之上，复制一个"图层 1"图层，得到"图层 1 副本"图层。选中"图层 1 副本"图层，使用工具箱内的"移动工具"按钮 ▶⊕，将该图层内的图形垂直移到画布内的下边。

（6）选中"背景"图层，填充黑色，形成胶片图形，如图 8-1-6 所示。然后，所有图层合并到"背景"图层。保存后再以名称"【实例 26】透视鲜花胶片.psd"保存。

2．制作透视效果

（1）打开 5 幅鲜花图像，将其中四幅图像进行裁切和大小调整，再分别拖曳复制到【实例 26】透视鲜花胶片.psd"图像中，调整复制图像的大小和位置，效果如图 8-1-7 所示。

图 8-1-6 胶片图形

图 8-1-7 添加四幅鲜花图像

（2）将"图层"面板内的所有图层合并到"背景"图层。单击"3D"→"从图层新建明信片"命令，将"背景"2D 图层转换为名称仍为"背景"的 3D 图层。

（3）单击"图像"→"画布大小"命令，打开"画布大小"对话框，单击"定位"栏内按钮 ◤，设置"高度"为 500，单击"确定"按钮，将画布高度调整为 500 像素。

在上述操作时可能会弹出图 8-1-8 所示提示对话框，单击"确定"按钮。

（4）使用工具箱内"3D 对象工具"组内的"3D 对象旋转工具"按钮 ✍，旋转"背景"3D 图层内的图像；使用"3D 对象比例工具"按钮 ✍，缩放"背景"3D 图层内的图像；再使用"3D 对象平移工具"按钮 ✥，平移"背景"3D 图层内的图像；效果如图 8-1-9 所示。

（5）将第 5 幅图像拖曳复制到"【实例 26】透视鲜花胶片.psd"图像中，调整复制图像的大小和位置，效果如图 8-1-10 所示。同时，在"图层"面板内"背景"3D 图层之上新增一个"图层 1"2D 图层，保存新复制的图像。

图 8-1-8 提示对话框

图 8-1-9 调整 3D 图层的图像

图 8-1-10 复制图像

（6）选中"图层 1"2D 图层，单击"3D"→"从图层新建明信片"命令，将"图层 1"图层转换为 3D 图层。然后，旋转"图层 1"3D 图层内的图像，再平移和缩放"图层 1"3D 图层内的图像，效果如图 8-1-11 所示。此时的"图层"面板如图 8 1-12 所示。

（7）使用工具箱内的"裁剪工具"按钮 ，将图 8-1-11 所示的图像进行裁切，删除右边的空白部分。然后，打开一幅鲜花图像，将该图像拖曳复制到"【实例 26】透视鲜花胶片.psd"图像中。同时在"图层"面板内生成一个"图层 2"图层。

（8）将"图层 2"图层移到"图层"面板内最下边，调整复制图像的大小和位置。单击"图像"→"调整"→"曲线"命令，打开"曲线"对话框，调整曲线，使图像变亮一些。单击"确定"按钮。画布图像如图 8-1-1 所示。

图 8-1-11　调整"图层 1"3D 图层内的图像　　　　图 8-1-12　"图层"面板

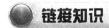

1. 创建 3D 模型

（1）创建 3D 形状对象：打开 2D 图像并选择要转换为 3D 形状的图层，再单击"3D"→"从图层新建形状"命令，打开它的菜单，再单击该菜单内的一个形状名称命令，即可将 2D 图层图像作为材料应用于新创建的 3D 对象，成为 3D 对象的"漫射"纹理。新创建的 3D 对象可以是圆锥、圆柱、易拉罐和酒瓶等，如图 8-1-13 所示。

图 8-1-13　创建的几种 3D 形状对象

（2）创建 3D 明信片：可以将 2D 图层（或多图层）转换为 3D 明信片，即具有 3D 属性的平面。如果 2D 图像的图层是文本图层，则会保留所有透明度。打开一幅 2D 图像并选择要转换为明信片的图层，再单击"3D"→"从图层新建明信片"命令，可以将"图层"面板中的 2D 图层转换为 3D 图层，2D 图层图像作为材料应用于明信片两面，成为 3D 明信片对象的"漫射"纹理。3D 图层保留了原始 2D 图像的尺寸。

（3）创建 3D 网格：可以将 2D 图像的灰度信息转换为深度映射，从而将明度值转换为深度不一的表面，创建凸出的 3D 网格。较亮的值生成表面上凸起的区域，较暗的值生成凹下的区域。对于 RGB 图像，绿色通道会被用于生成深度映射。

打开 2D 图像并选中一个或多个要转换为 3D 网格的图层，然后，单击"3D"→"从灰度新建网格"命令，打开它的菜单。单击该菜单中的一项命令，即可创建 3D 网格。该菜单中有四个命令，分别可以创建平面、双面平面、圆柱体和球体效果。

例如，打开一幅"别墅 6.jpg"2D 图像，如图 8-1-14 所示，选中要转换为明信片的"背景"

图层，单击"3D"→"从灰度新建网格"→"平面"命令，即可将"背景"图层转换为明信片的 3D 图层，效果如图 8-1-15 所示。

图 8-1-14 "别墅 6.jpg" 2D 图像　　　图 8-1-15 从灰度新建网格（平面）效果

2. 导入 3D 模型

可以打开 3D 文件，或将 3D 文件添加到打开的 Photoshop 文件中，作为 3D 图层添加。生成的 3D 图层包含 3D 模型和透明背景，不保留原 3D 文件中的背景和 Alpha 信息。

（1）打开 3D 文件：单击"文件"→"打开"命令，可以打开"打开"对话框，在该对话框内的"文件类型"下拉列表框中选择文件类型，再选中要打开的文件，单击"打开"按钮，即可打开 3D 文件。Photoshop CS5 可以打开 U3D、3DS、OBJ、Collada（DAE）或 Google Earth4（KMZ）格式文件。

（2）将 3D 文件作为 3D 图层添加：在有 Photoshop 文件打开时，单击"3D"→"从 3D 文件新建图层"命令，打开"打开"对话框，选择要打开的 3D 文件，单击"打开"按钮，即可打开 3D 文件，将该 3D 文件作为图层添加到当前的文档中。

3. 3D 图层

在导入 3D 模型或创建 3D 模型后，都会在"图层"面板内产生包含 3D 模型的 3D 图层。例如，图 8-1-16 所示是一个贴图的圆柱体，它的"图层"面板如图 8-1-17 所示。

3D 图层的特点是，它的缩略图右下角有一个 图标，在 3D 图层内包含纹理贴图信息。从图 8-1-17 可以看到，它的纹理是"漫射"类型，有"美丽"和"节日 5"两幅图像。

图 8-1-16 圆锥体

单击"纹理"文字左边的 图标，使它消失，同时使 3D 模型不具有贴图效果；再单击此处，使 图标出现，同时也使 3D 模型重新具有贴图效果。单击纹理贴图名称左边的 图标，使它消失，同时使 3D 模型的纹理贴图效果消失；再单击此处，使 图标出现，同时也使 3D 模型重新具有贴图效果。

图 8-1-17 "图层"面板

4. 使用 3D 对象工具调整 3D 对象

工具箱内有一组 3D 对象工具，共有 5 个工具，单击不同的工具按钮，可以切换 3D 对象工具。通过单击 3D 对象工具选项栏内第 2 栏中的 5 个工具按钮 ，也可以切换 3D 对象工具。可以使用 3D 对象工具来旋转、缩放 3D 模型和调整 3D 模型的位置。当使用 3D 对象工具调整 3D 模型时，相机视图保持固定不变。

"3D 对象工具"的选项栏（旋转）如图 8-1-18 所示，其内各选项的作用如下。

图 8-1-18 "3D 对象工具"的选项栏

（1）"返回到初始对象位置"按钮 ：单击该按钮，可以使 3D 模型返回初始状态。

（2）"旋转"按钮：单击该按钮后，上下拖曳，可以将模型围绕其 X 轴旋转；水平拖曳，可以将模型围绕其 Y 轴旋转。按住 Alt 键的同时进行拖曳，可以滚动模型。

（3）"滚动"按钮：水平拖曳，可以使 3D 模型围绕其 Z 轴旋转。

（4）"平移"按钮：水平拖曳，可以沿水平方向移动 3D 模型；上下拖曳，可以沿垂直方向移动 3D 模型。按住 Alt 键的同时拖曳，可以沿 X/Z 方向移动 3D 模型。

（5）"滑动"按钮：水平拖曳，可以沿水平方向移动 3D 模型；上下拖曳，可以将 3D 模型移近或移远。按住 Alt 键的同时进行拖曳，可以沿 X/Z 方向移动 3D 模型。

（6）"比例"按钮：拖曳 3D 模型，可以放大或缩小该 3D 模型；按住 Alt 键的同时拖曳，可以沿 Z 轴方向缩放 3D 模型。

（7）"位置"下拉列表框：用来选择 3D 模型的不同面的位置视图和自定义的位置视图。

（8）"存储当前位置视图"按钮：单击该按钮，可打开"新建 3D 视图"对话框，在"视图名称"文本框内输入视图名称，单击"确定"按钮，即可将当前状态的视图保存，以后在"位置"下拉列表框内可以看到该视图的名称。

（9）"删除当前位置视图"按钮：单击该按钮，可以删除当前位置视图。

（10）"方向"栏：选中不同 3D 对象工具时，该栏的名称会有变化（位置或缩放），三个文本框的含义也不相同，其内的数值用来精确调整 3D 模型的旋转角度、位置和缩放量。

按住 Shift 键并进行拖曳，可以将"旋转"、"拖移"、"滑动"或"缩放"工具限制为沿单一方向运动。

5．使用 3D 相机工具调整 3D 对象

工具箱内有一组 3D 相机工具，共有 5 个工具，可以用来旋转、缩放 3D 对象视图，即调整摄像机的机位。单击不同的工具按钮，可以切换 3D 相机工具。通过单击 3D 相机工具选项栏内第 2 栏中的 5 个工具按钮，也可以切换 3D 相机工具。

"3D 相机工具"的选项栏如图 8-1-19 所示，其内各选项的作用如下。

图 8-1-19　"3D 相机工具"的选项栏

（1）"返回到初始对象位置"按钮：单击该按钮，可以使摄像机返回初始状态。

（2）"环绕"按钮：单击该按钮后，拖曳以将摄像机沿 X 或 Y 轴方向环绕移动。按住 Ctrl 的同时进行拖曳，可以滚动摄像机。

（3）"滚动视图"按钮：水平拖曳，可以使摄像机围绕其 Z 轴旋转。

（4）"平移视图"按钮：水平拖曳，可以沿水平方向移动摄像机；上下拖曳，可以沿垂直方向移动摄像机。按住 Alt 键的同时拖曳，可以沿 X 或 Z 方向移动摄像机。

（5）"移动视图"按钮：水平拖曳，可沿水平方向移动摄像机；上下拖曳，可将摄像机移近或移远。按住 Alt 键的同时拖曳，可以在 Z/Y 方向移动摄像机。

（6）"缩放"按钮：上下拖曳，可以更改摄像机的变焦，放大或缩小 3D 模型。

（7）"视图"下拉列表框：用来选择摄像机的不同视图和自定义摄像机视图。

（8）"存储当前相机视图"按钮：可将当前摄像机视图保存。

（9）"删除当前相机视图"按钮：单击该按钮，可以删除当前摄像机视图。

（10）"相机视图坐标"栏：在三个文本框中输入数字，可以精确调整摄像机位置。

6．3D 轴

3D 轴显示 3D 空间中 3D 模型当前 X、Y 和 Z 轴的方向，可以用来直观地调整 3D 对象，

在 3D 空间中移动、旋转、缩放 3D 模型。显示 3D 轴的前提是启用 OpenGL 绘图、选中一个 3D 图层和选中工具箱内的一个 3D 工具。启用 OpenGL 绘图，需要计算机安装支持 OpenGL 标准的视频适配器，还需要在 Photoshop 中单击"编辑"→"首选项"→"性能"命令，打开"首选项"对话框，选中"启用 OpenGL 绘图"复选框。

3D 轴如图 8-1-20 所示。将指针移动到 3D 轴上可显示控制栏。单击"视图"→"显示"→"3D 轴"命令，可以在显示或隐藏 3D 轴之间切换。使用 3D 轴调整 3D 对象的方法如下。

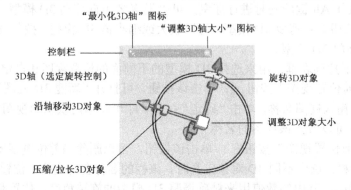

图 8-1-20　3D 轴（选定旋转控制）

（1）调整 3D 轴：拖曳控制栏，可以移动；单击"最小化 3D 轴"图标，可以使 3D 轴最小化成图标，移到左上角；单击"最小化"图标，可以使 3D 轴恢复；拖曳"调整 3D 轴大小"图标，可以调整 3D 轴的大小。

（2）整体缩放 3D 对象：向上或向下拖曳 3D 轴中心的"调整 3D 大小"控制柄。

（3）沿轴移动 3D 对象：将鼠标指针移到 3D 轴中的 X、Y 或 Z 轴的"压缩/拉长 3D 对象"控制柄处，高亮显示轴的锥尖，拖曳调整，可以沿轴的方向移动 3D 对象。

（4）沿轴缩放 3D 对象：将鼠标指针移到 3D 轴中的 X、Y 或 Z 轴的"压缩/拉长 3D 对象"控制柄处，高亮显示该控制柄，向内或向外拖曳，可沿轴的方向缩放 3D 对象。

（5）旋转 3D 对象：将鼠标指针移到 3D 轴中的 X、Y 或 Z 轴的"压缩/拉长 3D 对象"控制柄处，高亮显示该控制柄，并显示一个黄色圆环，围绕 3D 轴中心沿顺时针或逆时针拖曳，可以旋转 3D 对象，并在黄色圆环内显示相应大小的扇形，如图 8-1-21 所示。

（6）限制在某个平面内移动 3D 对象：请将鼠标指针移到两个轴的交叉区域（靠近中心立方体），两个轴之间出现一个黄色的"平面"图标，如图 8-1-22 所示。然后拖曳。

将指针移动到中心立方体的下半部分，也会出现一个黄色的"平面"图标，如图 8-1-23 所示。然后拖曳，也可以在某个平面内移动 3D 对象。

　　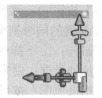

图 8-1-21　旋转对象时的 3D 轴　　图 8-1-22　移动 3D 对象　　图 8-1-23　调整 3D 对象大小

思考练习 8-1

1．制作一幅"透视鲜花胶片"图像，如图 8-1-24 所示。

2．制作一幅"贴图圆锥体"图像，如图 8-1-25 所示。

图 8-1-24　"透视鲜花胶片"图像　　　　　　　　　　　　图 8-1-25　"贴图圆锥体"图像

3．制作一幅"凸起文字"图像，如图 8-1-26 所示。该图像制作的提示：①输入红色、华文彩云文字，添加"外发光"、"斜面和浮雕"和"投影"图层样式效果，如图 8-1-27 所示。②单击"3D"→"从灰度新建网格"→"平面"命令，使用"3D 对象比例工具"按钮 ，向上拖曳 3D 对象，将 3D 对象调大一些。再给"背景"图层填充黑色。

图 8-1-26　"凸起文字"图像　　　　　　　　　　　　图 8-1-27　添加图层样式

8.2　【实例 27】贴图立方体

"贴图立方体"图像如图 8-2-1 所示。可以看到，在图 8-2-2 所示的"九寨沟.jpg"图像之上有一个立方体图像，它的 6 个平面贴有不同的风景图像。

图 8-2-1　"贴图立方体"图像　　　　　　　　　　　　图 8-2-2　"九寨沟.jpg"图像

● 制作方法

1．制作贴图立方体

（1）新建一个宽为 400 像素，高为 300 像素，背景为白色的画布窗口。再以名称"【实例 27】贴图立方体.psd"保存。设置前景色为浅绿色。

（2）单击"3D"→"从图层新建形状"→"立方体"命令，即可在"背景"图层创建一个立方体图像，如图 8-2-3 所示。将"图层"面板内的"背景"图层转换为"背景"3D 图层，再将"背景"3D 图层的名称改为"图层 1"。

图 8-2-3　立方体图像

（3）单击"窗口"→"3D"命令，打开"3D"面板，单击该面板内顶部的"材质"按钮 ，切换到"3D"（材质）面板，如图 8-2-4 所示。在该面板内下边会显示所选材质的设置选项。选中该面板内上边的"右侧材质"材质行，如图 8-2-4 所示。

（4）单击"编辑漫射纹理"按钮 ，打开纹理漫射菜单，如图 8-2-5 所示。单击"载入纹理"命令，打开"打开"对话框，选中"建筑 0.jpg"图像文件，再单击"打开"按钮，载入该图像为漫射纹理。其他参数如图 8-2-4 所示。

图 8-2-4　"3D"（材质）面板

在"3D"（材质）面板内，将鼠标指针移到文本框名称文字之上，当鼠标指针变为状时，拖曳鼠标可以改变文本框内的数值；将鼠标指针移到文本框内，鼠标指针变为Ⅰ状，单击后可以修改文本框内的数值。将鼠标指针移到颜色矩形（包括白色）之上，鼠标指针变为状，单击可以打开一个相应的拾色器对话框，用来设置相应的颜色。

在修改文本框内数值和在拾色器对话框内选择颜色时，可以同时看到画布贴图的变化。

（5）单击"图层"面板内"图层 1"图层下边文字 纹理 左边，使文字左边出现一个眼睛图标 纹理 ，同时显示载入的纹理。

使用工具箱内"3D 对象旋转工具"按钮，旋转立方体图像，效果如图 8-2-6 所示。

图 8-2-5　菜单

（6）按照上述方法，在"3D"（材质）面板内的上边选中不同的材质行，单击"编辑漫射纹理"按钮，打开纹理漫射菜单。单击"载入纹理"命令，打开"打开"对话框，选中不同的图像文件，再单击"打开"按钮，给相应的侧面贴图。

图 8-2-6　右侧贴图

（7）单击"3D"面板内顶部的"场景"按钮，切换到"3D"（场景）面板，如图 8-2-7 所示。选中各材质行，切换到"3D（网格）"面板，如图 8-2-8 所示。利用该对话框可以进行相应侧面的材质调整。单击 按钮，可使栏目内的文字收缩，同时按钮 变为按钮 ；单击 按钮，可使栏目内的文字展开，同时按钮 变为按钮 。

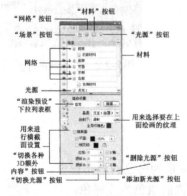

图 8-2-7　"3D"（场景）面板

图 8-2-8　"3D"（网格）面板

（8）单击"3D"面板内顶部的"光源"按钮，切换到"3D（光源）"面板，如图 8-2-9 所示。选择"无限光 1"选项，将鼠标指针移到"强度"文字处，当鼠标指针变为双箭头状时，水平拖曳，可以调整"强度"文本框内的数值，使立方体贴图变亮。接着，选择"无限光 2"选项，再调整它的光照强度大小，使立方体贴图变亮。

（9）使用工具箱内的 3D 对象工具，调整 3D 模型的位置、大小和旋转角度。

2．制作背景图像

（1）打开一幅如图 8-2-2 所示的"九寨沟.jpg"风景图像，调整它的宽为 400 像素，高为

300像素。使用"移动工具"按钮 ，将该图像拖曳复制到"【实例27】贴图立方体.psd"图像内，调整复制图像的位置，使它刚好将整个画布覆盖。在"图层"面板内，将新生成图层名称改为"图层0"，将该图层拖曳到"图层1"图层的下边。

（2）打开"3D"面板，选中"3D明信片"单选钮，如图8-2-9所示。单击"3D"面板内的"创建"按钮，将选中的"图层0"2D图层转换为3D图层。

（3）单击"3D"面板内上边的"光源"按钮 ，切换到"3D"（光源）面板。单击该面板内的"创建新光源"按钮 ，打开它的菜单，单击该菜单内的"新建点光"命令，在该面板内创建一个名称为"点光1"的点光源。再创建一个聚焦灯光源和1个无限光源。这些光源会自动分类放置，如图8-2-10所示。

（4）选中"点光1"光源，设置光源颜色为金黄色，强度为0.12，其他设置如图8-2-10（a）所示；选中"聚光灯1"光源，设置光源颜色为红色，其他设置如图8-2-10（b）所示；选中"无限光1"光源，设置光源颜色为绿色，其他设置如图8-2-10（c）所示。

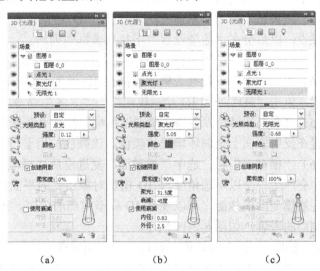

（a）　　　　　　　　（b）　　　　　　　　（c）

图8-2-9　"3D"（光源）面板　　　　　　图8-2-10　"3D"（光源）面板

链接知识

1."3D"面板简介

单击"窗口"→"3D"命令或双击"图层"面板内3D图层的图标 ，都可打开"3D"面板，其内上边有"场景"、"网格"、"材质"和"光源"按钮，单击相关按钮可切换"3D"面板标签，改变面板内的组件和选项。单击"场景"按钮 ，切换到"3D"（场景）面板，在上边显示"网格"、"材质"和"光源"等所有组件，如图8-2-7所示。单击"网格"按钮 ，只显示"网格"组件，与图8-2-8所示近似；单击"材质"按钮 ，只显示"材质"组件，如图8-2-4所示；单击"光源"按钮 ，只显示"光源"组件，如图8-2-10所示。

在上边的列表框中选中不同的3D组件，可以使"3D"面板内底部的不同按钮有效。只有启用OpenGL时，才能启用"切换各种3D额外内容"按钮 。

2.3D文件包含的组件

（1）网格组件：它提供3D模型的底层结构。3D模型至少包含一个网格，也可能包含多个网格。可以在多种渲染模式下查看网格，还可以分别对每个网格进行操作。

（2）材质组件：一个网格有一种或多种相关的材质，这些材质控制整个网格的外观或局部网格的外观。这些材质依次构建于被称为纹理映射的子组件。纹理映射本身是一种 2D 图像文件，它可以产生颜色、图案和反光度等品质。

（3）光源组件：光源有无限光、聚光灯和点光三种类型。

3．"3D"（场景）面板设置

单击"3D"面板中的"场景"按钮 ，再单击该面板内顶部的"场景"选项，即可切换到"3D"（场景）面板，如图 8-2-7 所示。利用该面板设置可以更改渲染模式、选择要在其上绘制的纹理或创建横截面。"3D"（场景）面板内部分选项的作用如下。

（1）"渲染设置"下拉列表框：用来指定 3D 模型的渲染预设，决定了如何绘制 3D 模型，它提供了一些常用的默认预设。需要为每个 3D 图层分别指定渲染设置。

（2）"编辑"按钮，单击它，可打开"3D 渲染设置"对话框，利用该对话框，可以定义渲染预设，以后会在"渲染设置"下拉列表框中列出。

（3）"品质"下拉列表框：用来选择显示 3D 模型的品质。

（4）"绘制于"下拉列表框：直接在 3D 模型上绘画时，在该下拉列表框内可选纹理映射模式。单击"3D"→"3D 绘画模式"→"××"命令，也可以选择纹理映射模式。

（5）"全局环境色"色块：单击该色块，打开"选择全局环境色"对话框，利用该对话框可设置在反射表面上全局环境光的颜色。该颜色与用于特定材质的环境色相互作用。

（6）"横截面"栏：选中"横截面"复选框后"横截面"栏会变为有效。此时，3D 模型对象中会产生一个以所选角度与 3D 模型对象相交的平面横截面将 3D 模型对象切割。这样，可以观察模型的横截面，可以观察 3D 模型内部的内容。该平面以任意角度切入模型并仅显示一个侧面的内容，如图 8-2-11 所示。

◎ 选中"平面"复选框，可以显示平面横截面，如图 8-2-12 所示。单击其右边的色块，可打开一个拾色器，用来设置平面的颜色。在其右边的文本框内可以设置不透明度。

◎ 选中"相交线"复选框，可以显示平面横截面与 3D 模型相交的线。单击其右边的色块，可以打开一个拾色器，用来设置相交线的颜色。

◎ 单击"翻转横截面"按钮 ，可以显示 3D 模型隐藏的另一侧面，同时将显示的 3D 模型侧面隐藏，如图 8-2-13 所示。

图 8-2-11　将 3D 模型对象切割　　图 8-2-12　显示平面横截面　　图 8-2-13　显示另一侧面

◎ "位移"文本框：可以沿平面的轴移动平面，而不更改平面的斜度。

◎ "倾斜"文本框：可以将平面朝任一方向旋转至 360°。对于特定的轴，倾斜设置会使平面沿其他两个轴旋转。例如，可以将与 Y 轴对齐的平面绕 X 轴（"倾斜 A"）旋转。

◎ 对齐方式栏：它有三个单选按钮，可以为交叉平面选择一个轴（X、Y 或 Z）。该平面将与选定的轴垂直。

4．"3D"（网格）面板设置

单击"3D"面板内顶部的"网格"按钮，即可切换到"3D"（网格）面板，与图 8-2-8 所示相似。单击"3D"（场景）面板或"3D"（网格）面板内上边栏中有图标的网格行，可以选择相应的网格，在"3D"面板内的下边栏中会显示应用于所选网格的材质、纹理数量、顶点数和表面数信息。"3D"（网格）面板内各选项的作用如下。

（1）显示或隐藏网格：单击网格名称左边的眼睛图标，使眼睛图标消失，可以隐藏该网格；再单击此处，使眼睛图标恢复显示，可以显示该网格。

（2）对网格进行操作：在"3D"（网格）和"3D"（场景）面板内的下边有一列网格调整工具，可以用来只对选中的网格进行移动、旋转和缩放操作。3D 模型的其他部分不动。网格调整工具的操作方法与工具箱内的 3D 对象工具的操作方法相同。

（3）"捕捉阴影"复选框：在"光线跟踪"渲染模式下，选中该复选框后，可以控制选定网格是否在其表面显示来自其他网格的阴影。要求必须设置光源以产生阴影。

（4）"投影"复选框：在"光线跟踪"渲染模式下，选中该复选框后，可以控制选定网格是否在其他网格表面产生投影。

（5）"不可见"复选框：选中该复选框后，可以隐藏网格，但显示其表面的所有阴影。

5．"3D"（材质）面板设置

单击"3D"面板内顶部的"材质"按钮，切换到"3D"（材质）面板，如图 8-2-4 所示。单击"3D"（场景）面板或"3D"（材质）面板内上边栏中有图标的材质行，可以选择相应的材质，在"3D"面板内的下边栏中会显示所选材质的设置选项。

可以使用一种或多种材质来创建 3D 模型的整体外观。如果模型包含多个网格，则每个网格都可以设置与之关联的多种材质。在"3D"面板内，选中一个网格的材质行后，下边会显示该材质所使用的特定纹理映射。一些纹理映射依赖于 2D 图像文件来提供创建纹理的特定颜色或图案。如果材质使用纹理映射，则纹理文件名会显示出来。

可以单击每个纹理类型旁的"纹理编辑"按钮，或。打开它的菜单，利用该菜单中的命令，可以新建、载入、打开、编辑或移去纹理映射的属性。也可以通过直接在模型区域上绘制纹理。根据纹理类型，可以通过改变数值来调整材质的光泽度、反光度、不透明度或反射。"3D"（材质）面板内中各选项的作用如下。

（1）"漫射"栏：用来设置材质的颜色或 2D 图像。如果载入 2D 图像作为漫射纹理，则设置的漫射颜色无效。单击"编辑漫射纹理"按钮，打开纹理漫射菜单如图 8-2-10 所示。单击"载入纹理"命令，可以打开"打开"对话框，利用该对话框可以载入作为漫射纹理的 2D 图像。另外还可以通过直接在模型上绘画来创建漫射映射。

（2）"不透明度"栏：用来设置材质的不透明度。

（3）"凹凸"栏：用来在材质表面创建凹凸效果。可以创建或载入凹凸映射文件。"凹凸强度"文本框用来设置增加或减少崎岖度。从正面观看时，崎岖度最明显。

（4）"正常"按钮：可以编辑正常纹理，设置表面的细节程度，使网格表面平滑。

（5）"环境"按钮：用来编辑环境纹理，设置 3D 模型周围环境的纹理。

（6）"反射"栏：用来增加 3D 场景、环境映射和材质表面上其他对象的反射。

（7）"发光"栏：创建从内部照亮 3D 对象的效果。不依赖于光照的颜色或 2D 图像。

（8）"光泽"栏：用来定义来自光源的光线经表面反射，折回到人眼中的光线数量。

（9）"镜像"色块：用来设置有镜面属性显示的颜色（例如，高光光泽度和反光度）。

（10）"环境"色块：设置在反射表面上可见的环境光的颜色。

（11）"折射"文本框：设置折射率。折射率不同的介质相交时，光线会产生折射。

6."3D"（光源）面板设置

3D 光源从不同角度照亮模型，从而添加逼真的深度和阴影。单击"3D"面板内顶部的"光源"按钮 ⚲，切换到"3D"（光源）面板，如图 8-2-8 所示。单击"3D"（场景）面板或"3D"（光源）面板内上边栏中有 ⚲ 图标的光源行，可以选择光源，在"3D"面板内的下边栏中会显示所选光源的设置选项。"3D"（光源）面板内中各选项的作用如下。

（1）"光照类型"下拉列表框：用来选择点、聚光灯和无限光三种类型的光源。

（2）添加光源：单击"3D"面板内的"创建新光源"按钮 ⛢，然后选择光源类型。

（3）删除光源：选择"3D"面板内的光源行，再单击该面板内的"删除"按钮 🗑。

（4）调整光源属性：在"3D"（光源）面板内下边的列表框内进行光源属性的调整。

◎ "强度"文本框：用来调整亮度。

◎ "颜色"色块：定义光源的颜色。单击该色块，可以打开相应的拾色器。

◎ "创建阴影"复选框：从前景表面到背景表面、从单一网格到其自身或从一个网格到另一个网格的投影。禁用此选项可稍微改善性能。

◎ "柔和度"数字框：用来设置模糊阴影边缘的柔和程度，产生逐渐的衰减。

◎ "聚光"文本框（仅限聚光灯）：用来设置光源明亮中心的宽度。

◎ "衰减"文本框（仅限聚光灯）：用来设置光源的外宽度。

（5）"使用衰减"复选框（仅限点光或聚光灯）：选中它，再在"内径"和"外径"文本框内输入数值，用来确定衰减锥形。光源从"外径"最大强度到"外径"光源强度为零，线性衰减。将鼠标指针移到"聚光"、"衰减"、"内径"和"外径"文字之上时，其右侧显示框内会显示红色轮廓，指示受影响的光源元素。

（6）调整光源位置："3D"（光源）面板内有一列调整光源位置的工具。

（7）面板菜单：用来存储、添加和替换光源等；单击 "面板菜单"按钮 ☰，打开面板菜单，利用该菜单内的命令可以存储光源预设、添加光源和替换光源等。

思考练习 8-2

1. 制作一幅"贴图金字塔"图像，如图 8-2-14 所示。

2. 制作一个"饮料瓶"图像，如图 8-2-15 所示。

3. 制作一幅"贴图立方体"图像，如图 8-2-16 所示。

图 8-2-14　"贴图金字塔"图像　　图 8-2-15　"饮料瓶"图像　　图 8-2-16　"贴图立方体"图像

第9章

中文 CorelDRAW X5 基础

本章提要

本章介绍了中文 CorelDRAW X5 工作区的组成和文件与对象的基本操作。CorelDRAW X5 为创建各种图形提供了一整套的工具，这些工具除了有形象的图标外，还有文字提示，当鼠标指针在一个工具按钮上停留片刻，会显示该工具的文字提示。

9.1 中文 CorelDRAW X5 工作区

9.1.1 中文 CorelDRAW X5 欢迎窗口和工作区简介

1. CorelDRAW X5"欢迎窗口—快速入门

单击"开始"→"CorelDRAW Graphics Suite X5"→"CorelDRAW X5"命令，可以启动中文 CorelDRAW X5，屏幕显示一个"CorelDRAW X5"欢迎窗口的"快速入门"选项卡，如图 9-1-1 所示。单击左上角的"欢迎"链接文字，可以切换到上一级"CorelDRAW X5"的欢迎窗口，如图 9-1-2 所示。单击其内左边的选项卡名称文字，可以切换到相应的选项卡。

"CorelDRAW X5"欢迎窗口有 5 个选项卡，通过单击右边的标签，可以切换选项卡。

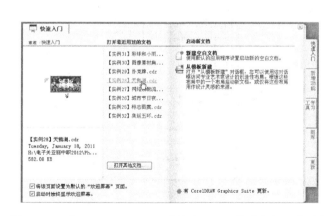

图 9-1-1　"CorelDRAW X5"欢迎窗口—"快速入门"选项卡

"快速入门"选项卡如图 9-1-1 所示，其内有四个栏、两个复选框和一个按钮，"启动新文档"栏内有两个选项，它们的作用简单介绍如下。

（1）"打开最近用过的文档"栏：其内列明最近打开过的几个图形文件的名称，单击图形文件的名称，可以打开相应的图形文件。

在"打开最近用过的文档"栏内左边，其内上边显示选中图形文件的图形，其内下边显示选中图形文件的名称、路径和创建日期、大小字节数等信息。

（2）"打开其他文档"按钮：单击该按钮，会打开"打开绘图"对话框，如图 9-1-3 所示。在"查找范围"下拉列表框内选中保存文件的文件夹，在"文件类型"下拉列表框内选中一种文件类型；在"查找范围"下拉列表框下边的"文件"列表框中选中图形文件名称，也可以在"文件名"下拉列表框中选择一个图形文件名称；选中"预览"复选框，即可在"预览"框内显示选中图形文件的缩小图形；在右下边会显示文件的特性，选中"保存图层和页面"复选框。另外，

图 9-1-2　欢迎窗口

在"排序类型"下拉列表框中可以选择一种排序类型，通常选择"默认"类型；在"代码页"下拉列表框中选择代码类型，默认选择的是"936（ANSI/OEM-简体中文 GBK"代码类型。单击"打开"按钮，即可打开选中的图形文件。

在"文件"列表框中，按住 Ctrl 键，同时单击图形文件名称，可以同时选中多个图像文件名称；按住 Shift 键，同时单击起始图像文件名称和终止图像文件名称，可以选中连续的多个图像文件名称。然后，单击"打开"按钮，可以同时打开选中的多个图形文件。

（3）"启动新文档"栏"新建空白文档"选项：单击该选项，可以打开"创建新文档"对话框，如图 9-1-4 所示。将鼠标指针移到各选项的名称之上，即可在"描述"栏显示相应的说明文字，例如，将鼠标指针移到"渲染分辨率"下拉列表框的文字之上，即可在"描述"栏显示关于"渲染分辨率"下拉列表框的说明文字，如图 9-1-4 所示。

图 9-1-3　"打开绘图"对话框

图 9-1-4　"创建新文档"对话框

在该对话框内可以设置新建文档的大小、宽度、高度、原色模式和渲染分辨率等，单击"添加预设"按钮，可以打开"添加预设"对话框，在其内的文本框中输入预设名称（例如，"预设 1"），单击"确定"按钮，即可将当前设置以输入的名称保存，以后可以在"预设目标"下拉列表框内选中该预设选项。在"预设目标"下拉列表框内选中"预设"选项后，"移除预设"

按钮⬜变为有效，单击该按钮，可以删除选中的预设。

　　单击"创建新文档"对话框内的"确定"按钮，即可创建一个新的图形文件。

　　（4）"启动新文档"栏"从模板新建"选项：单击该选项，可打开"从模板新建"对话框，如图 9-1-5 所示。利用它可以选择一种系统提供的或者自己制作的绘图模板，单击"打开"按钮，即可打开选中的模板。

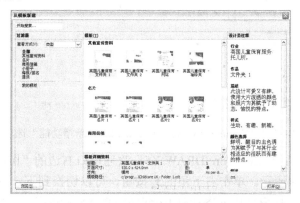

图 9-1-5　"从模板新建"对话框

　　（5）"CorelDRAW Graphics Suite 更新"链接文字：单击它，可以打开"更新"对话框，获得更新消息，按照提示，连接互联网，进行更新。

　　（6）"启动时始终显示欢迎屏幕"复选框：选中该复选框，则在启动中文 CorelDRAW X5 时会显示"CorelDRAW X5"欢迎窗口，否则不显示"CorelDRAW X5"欢迎窗口，直接进入 CorelDRAW X5 工作区。

2．中文 CorelDRAW X5 欢迎窗口其他选项卡

　　（1）"新增功能"选项卡：单击"CorelDRAW X5"欢迎窗口右边的"新增功能"标签，切换到"新增功能"选项卡，"快速入门"标签自动移到左边，如图 9-1-6 所示。

　　单击右边 6 行链接文字中任意一行链接文字，都可以切换到相应的新增功能介绍窗口，其左边是文字介绍，其右边是图片说明；单击右下角的 ⊙ 按钮，可以切换到下一页，同时出现 ⊙ 按钮，单击该按钮，可以切换到上一页。单击左上角的"新增功能"链接文字，可以回到图 9-1-6 所示的"新增功能"选项卡。

图 9-1-6　"CorelDRAW X5"欢迎窗口—"新增功能"选项卡

　　（2）"学习工具"选项卡：单击"CorelDRAW X5"欢迎窗口右边的"学习工具"标签，切换到"学习工具"选项卡，如图 9-1-7 所示。通过连接的 DVD 光盘或互联网，可以获取大量

有关学习的信息。

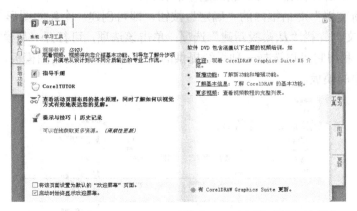

图 9-1-7 "CorelDRAW X5"欢迎窗口—"新增功能"选项卡

（3）"图库"选项卡：单击"CorelDRAW X5"欢迎窗口右边的"图库"标签，切换到"图库"选项卡，如图 9-1-8 所示。单击右下角的 ▶ 按钮，可以切换到下一页；单击左下角的 ◀ 按钮，可以切换到上一页。拖曳选中的图像到 CorelDRAW X5 文档窗口，可将选中的图像导入绘图页面。

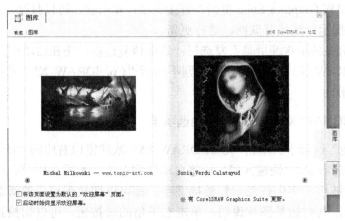

图 9-1-8 "CorelDRAW X5"欢迎窗口—"图库"选项卡

（4）"更新"选项卡：单击"CorelDRAW X5"欢迎窗口右边的"更新"标签，切换到"更新"选项卡，如图 9-1-9 所示。利用该选项卡，可以获得更新消息，连接互联网，进行更新。

图 9-1-9 "CorelDRAW X5"欢迎窗口—"图库"选项卡

3．工作区简介

当启动中文 CorelDRAW X5 后，新建一个空白文档，即可显示如图 9-1-10 所示的中文 CorelDRAW X5 工作区。中文 CorelDRAW X5 所有的绘图工作都是在这里完成的，熟悉工作区，就是使用 CorelDRAW X5 软件的开始。CorelDRAW X5 的工作区主要由菜单栏、标准工具栏、工具箱、属性栏、绘图页面、泊坞窗和调色板等组成。单击"窗口"→"工具栏"→"×××"命令，可以显示或隐藏相应的工具栏（"×××"是工具栏名称）；单击"窗口"→"调色板"命令，可以显示或隐藏调色板；单击"窗口"→"泊坞窗"→"×××"命令，可以打开或关闭相应的泊坞窗（"×××"是泊坞窗的名称）。泊坞窗是中文 CorelDRAW X5 特有的一种窗口，位于泊坞窗停靠位处，具有较强的智能特性，类似于 Photoshop 中的面板。

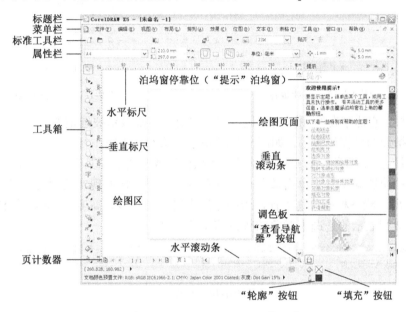

图 9-1-10　CorelDRAW X5 的工作区

9.1.2　绘图区和调色板

1．绘图区、页计数器和状态栏

（1）绘图区组成：绘图区通常在属性栏的下边，它相当于一块画布。可以在绘图区中的任意位置绘图，并可以保存，但如果要将绘制的图形打印输出到纸上，就必须将图形放在绘图页面内。绘图区的上边是水平标尺，左边是垂直标尺，下边的左半部分是页计数器，中间是绘图页面，如图 9-1-10 所示。在水平滚动条的右侧有一个"查看导航器"按钮，单击该按钮，可打开一个含有当前文档绘图区内图形的迷你窗口，在该窗口中移动鼠指针，可以显示绘图区内不同区域的图形，如图 9-1-11 所示。该功能对放大编辑的图形特别有效。

（2）页计数器：页计数器位于绘图区的左下边，如图 9-1-12 所示。利用它可以显示绘图页面的页数、改变当前编辑的绘图页面和增加新绘图页面。单击页计数器内左边的 按钮，可以

图 9-1-11　视图导航窗口

在第 1 页之前增加一个绘图页面；单击页计数器内右边的 🖻 按钮，可以在最后一页之后增加一个绘图页面。右击页计数器中的页面页号，打开页计数器的快捷菜单，如图 9-1-13 所示。再利用该快捷菜单中的命令，可以重新给页面命名，在右击的页面后面或前面插入新的绘图页面，复制页面（可以复制该页面内的图形和图像），删除右击的页面，切换页面方向，发布页面等。

单击▶或◀按钮，可以使当前编辑的绘图页面向后或向前跳转一页。图 9-1-12 中的"1/3"表示共有 3 页绘图页面，当前的绘图页面是第 1 页，此时当前被选中的页号标签为"页面 1"。单击"页面 1"、"页面 2"……中的任一标签，即可切换到相应的绘图页面。单击◀按钮，可使切换到第 1 页；单击▶按钮，可切换到最后一页。

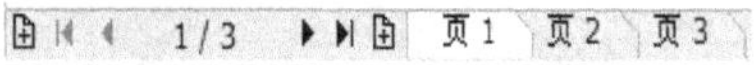

图 9-1-12　页计数器 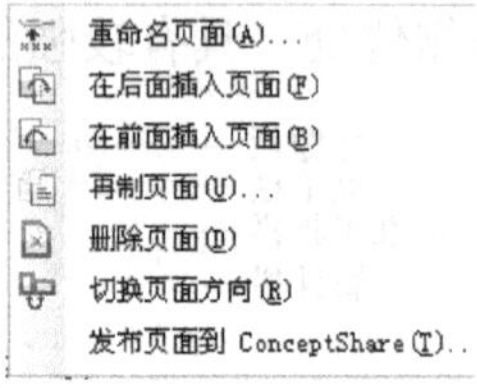　　　　　　　图 9-1-13　快捷菜单

（3）状态栏：它通常在绘图区的下边，它的作用是用来显示被选定的对象或操作的有关信息，以及鼠标指针的坐标位置等，如图 9-1-14 所示。状态栏内第 1 行可以显示"对象细节"或"鼠标指针位置"文字信息，第 2 行可以显示"颜色"或"所选工具"文字信息。通过单击▶按钮，打开它的快捷菜单，再单击该菜单内的命令，可以切换要现实的信息类型。

图 9-1-14 所示状态栏内，第 1 行显示的是选中对象的宽度、高度、中心坐标值，位图类型和清晰度；第 2 行显示的是选中对象的颜色信息等。

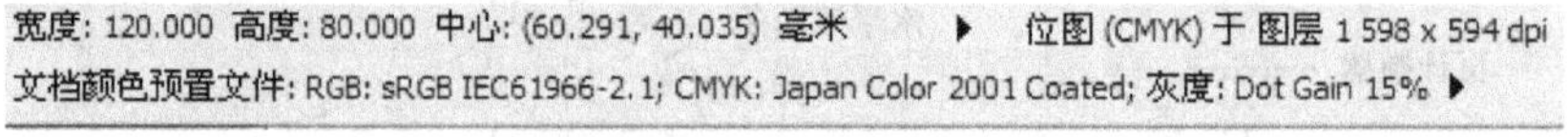

宽度: 120.000 高度: 80.000 中心: (60.291, 40.035) 毫米　　▶　位图 (CMYK) 于 图层 1 598 x 594 dpi
文档颜色预置文件: RGB: sRGB IEC61966-2.1; CMYK: Japan Color 2001 Coated; 灰度: Dot Gain 15% ▶

图 9-1-14　状态栏

2．调色板和设置颜色

调色板：常用的默认调色板有 CMYK 调色板和 RGB 调色板。调色板位于右边时，单击调色板上边或下边的滚动按钮▲与▼，可以改变调色板中显示的色块；单击最下边的◀按钮，可以使单列调色板变为多列调色板，单击调色板以外的任何地方，可变回单列调色板。拖曳调色板内上边的，可以将调色板从绘图区内的右边移到任意处时，如图 9-1-15 所示。

单击"窗口"→"调色板"命令，打开"调色板"菜单，单击该菜单内的"默认 RGB 调色板"命令，可打开"默认 RGB 调色板"调色板。单击其他命令，可以打开相应的调色板。

将鼠标指针移到色块之上，稍等片刻后，会显示 RGB 或 CMYK 数值，如图 9-1-16 所示。单击色块一段时间后，会弹出一个小调色板，显示与色块颜色相近的一些色块，供用户选择，如图 9-1-17 所示。

选中一个由闭合路径构成的图形，单击调色板内的一个色块，可以用该色块的颜色填充选中的对象；右击调色板内的一个色块，可以用该色块的颜色改变轮廓线颜色。

单击调色板中的⊠按钮，可以取消填充的颜色；右击调色板中的⊠按钮，可以取消轮廓线的颜色。单击调色板中的调色板菜单按钮▶，可以打开调色板的菜单，利用该菜单中的命令，可以改变轮廓色和填充色，可以编辑调色板，新建、保存、打开或关闭调色板等。单击▶按钮，鼠标指针呈吸管状，将鼠标指针移到屏幕任何颜色之上，都会显示该处颜色的数值，单击后即可将此处的颜色添加到调色板内。

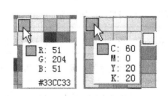

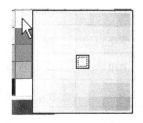

图 9-1-15　调色板　　　　　　图 9-1-16　颜色数值　　　　　图 9-1-17　小型调色板

工作区右下角的"填充"按钮右边会显示设置填充颜色的数值，双击该按钮，可以打开"均匀填充"对话框，用来设置各种颜色；工作区右下角的"轮廓"按钮右边会显示设置轮廓颜色的数值，双击该按钮，可以打开"轮廓笔"对话框，用来设置各种轮廓。

9.1.3　工具箱、标准工具栏和属性栏

1．工具箱

工具箱的默认位置是在绘图区的左边。如果工具按钮的右下角有黑色三角形◢图标，表示这是一个工具组。单击该黑色三角形◢图标，可以展开该工具组栏，其内有相关的工具按钮。单击工具按钮，即可使用相应的工具。例如，单击工具箱内的"矩形工具"按钮□，再在画布窗口内拖曳，即可绘制一幅矩形图形，单击调色板内的一个色块，可以给矩形填充该色块的颜色；右击调色板内的一个色块，可以改变矩形轮廓线颜色。

右击工具箱、状态栏、属性栏、标准工具栏或菜单栏，打开它的快捷菜单，单击该菜单内的"锁定工具栏"命令，使该命令左边出现 ✓ 图标，即可将工具箱、状态栏、属性栏、标准工具栏和菜单栏锁定，它们上边或左边的 ⋯⋯ 或 图标消失，不能移动它们；再单击该菜单内的"锁定工具栏"命令，使该命令左边的 ✓ 图标消失，它们上边或左边的 ⋯⋯ 或 图标显示，将鼠标移到工具箱内上边的 ⋯⋯ 图标处拖曳，可以调整它的位置，如图 9-1-18 所示。

图 9-1-18　工具箱

将鼠标指针移到工具箱内的工具按钮之上，即可显示该工具按钮的名称和作用说明。

2．标准工具栏

标准工具栏通常在菜单栏的下边，它提供了一些按钮和下拉列表框，用来完成一些常用的操作。将鼠标指针移到该工具栏左边的两条三维竖线 图标处，再拖曳鼠标，可以将标准工具栏移到窗口的其他位置。将鼠标指针移到标准工具栏的按钮上，屏幕上会显示出该按钮的名称和快捷键提示信息。标准工具栏内各工具按钮下拉列表框的名称、图标与作用如表 9-1-1所示。单击其中一个按钮，就是选择了该工具。

表 9-1-1 标准工具栏内各按钮与下拉列表框的名称、图标和作用

名　　称	图　标	作　　用
新建		单击该按钮，可以新建一个绘图页面
打开		单击该按钮，可打开"打开绘图"对话框，利用该对话框可以打开图形文件
保存		单击该按钮，可以将当前编辑的图形以原文件名保存到磁盘中
打印		单击该按钮，可打开"打印"对话框，进行打印设置并打印当前绘图文件
剪切		单击该按钮，可以将选中的对象剪切到剪贴板中
复制		单击该按钮，可以将选中的对象复制到剪贴板中
粘贴		单击该按钮，可以将剪贴板内的对象粘贴到当前的绘图页面中
撤销		单击该按钮，可以撤销一步操作；单击它的 ▼ 按钮，可撤销以前的多步操作
重做		只有在执行"撤销"操作后，该按钮才有效，可以恢复一步或多步撤销操作
导入		单击该按钮，可打开"导入"对话框，利用它可以导入外部图形文件
导出		单击该按钮，可以打开"导出"对话框，利用它可以将当前图形文件保存
启动器		单击该按钮，可打开一个菜单，其中包含与 CorelDRAW 配套的应用程序命令
欢迎屏幕		单击该按钮，可打开如图 9-1-6 所示的"CorelDRAW X5"欢迎窗口
缩放级别	100%	利用该下拉列表框可以选择或输入数值，调整绘图页面的显示比例
贴齐	贴齐 ▼	单击该按钮，打开"贴齐"菜单，单击其内的命令，可设置不同的贴齐方式
选项		单击该按钮，可打开"选项"对话框，利用该对话框可设置默认选项

3．属性栏

属性栏提供了一些按钮和列表框，它是一个感应命令栏，会随着选定的对象和工具的不同，而显示出相应的命令按钮和列表框等，这给绘图操作带来了很大的方便。中文 CorelDRAW X5 的属性栏相当于 Photoshop CS5 中的选项栏。将鼠标指针移到属性栏内各选项之上，会显示该选项的作用文字提示信息。

例如，单击工具箱中的"裁剪工具"按钮 🔲，在绘图页面内拖曳一个矩形，此时的"属性栏：裁剪"面板如图 9-1-19 所示。再如，单击工具箱中的"缩放工具"按钮 🔍，不做任何操作，此时的"属性栏：缩放工具"面板，即属性栏，如图 9-1-20 所示。

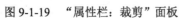

图 9-1-19　"属性栏：裁剪"面板　　　　图 9-1-20　"属性栏：缩放工具"面板

9.1.4 中文 CorelDRAW X5 工作区设置

1．设置多个按钮外观

单击"工具"→"选项"命令或单击"属性"栏内的"选项"按钮 ，可打开"选项"

对话框。该对话框左边是它的目录栏，右边是它的参数设置区。单击目录名称左边的 + 图标，可以展开该目录；单击目录名称左边的 – 图标，可以收缩该目录下的展开目录。单击目录名称，会在目录栏右边的参数设置区显示相应目录的参数设置选项。选择该对话框中目录栏内 "自定义" 目录下的 "命令栏" 选项，弹出 "选项" 对话框如图 9-1-21 所示。

在命令栏内，可以查看和设置所有命令栏（工具栏）的名称列表和属性栏，选中不同的工具栏名称文字左边的复选框，即可在工作区内显示相应的工具栏；选中不同的工具栏名称后，可以在其右边栏内设置选中工具栏按钮的大小和外观等属性。

在 "大小" 栏内的 "按钮" 下拉列表框可以选择按钮的大小，在 "边框" 数字框可以调整工具箱的边框大小，在 "默认按钮外观" 下拉列表框内可以选择按钮的外观，在 "××栏模式" 下拉列表框中可以选择不同类型的栏。如果选中 "显示浮动式工具栏的标题" 复选框，则选中栏有标题栏，否则没有标题栏。在调整上述选项时可以随时看到效果；如果选中 "锁定工具栏" 复选框，则会锁定工具箱、状态栏、属性栏、标准工具栏和菜单栏。

例如，选中 "命令栏" 栏内的 "属性栏" 文字，在 "按钮" 下拉列表框选择 "1-大"，在 "边框" 数字框内选择数值 2，在 "默认按钮外观" 下拉列表框内选择 "标题在图像下边" 选项，在 "属性栏模式" 下拉列表框中在 "辅助线" 选项，如图 9-1-21 所示。此时的属性栏内按钮图像的右边是提示文字，"属性栏：辅助线" 面板如图 9-1-22 所示。

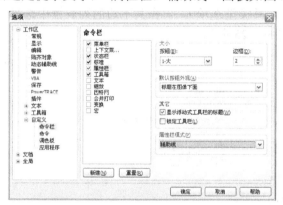 

图 9-1-21　"选项"（命令栏）对话框　　　　图 9-1-22　"属性栏：辅助线" 面板

2. 设置工具按钮和命令的外观

（1）设置单个工具按钮和命令外观：右击标准工具栏、工具箱或菜单栏等单个按钮或命令，打开其快捷菜单，单击该菜单中 "工具栏项" 或 "菜单栏项" 命令，打开三级菜单，单击该菜单内的命令，可设置右击按钮或命令的外观。

例如，右击工具箱内的一个工具按钮，打开它的快捷菜单，单击该菜单内的 "自定义" → "工具栏项" 命令，打开 "工具栏项" 菜单，如图 9-1-23 所示，单击其内的命令，可以设置工具箱内右击的工具按钮的表现形式和大小等。

（2）设置多个工具按钮和命令外观：右击标准工具栏、工具箱内工具栏、属性栏或菜单栏或单个按钮或命令等，打开其快捷菜单，单击该菜单中 "菜单栏"、"标准工具栏" 或 "工具箱工具栏" 命令，打开三级菜单，单击该菜单内的命令，可设置按钮的外观。

例如，右击工具箱，打开它的快捷菜单，单击该菜单内的 "自定义" → "工具箱 工具栏" 命令，打开 "工具箱 工具栏" 菜单，如图 9-1-24 所示，单击其内的命令，可以设置工具箱内工具的表现形式，设置工具箱内按钮的大小。

图 9-1-23 "工具栏项"菜单　　　　　　　　图 9-1-24 "工具箱 工具栏"菜单

3．创建新工具栏

利用"选项"对话框可以创建新工具栏，其内以放置一些常用工具。具体操作方法如下。

（1）单击如图 9-1-25 所示"选项"（命令栏）对话框内的"新建"按钮，在"命令栏"列表框中新建一个"新工具栏 1"工具栏名称，同时显示新建的"新工具栏 1"空白工具栏。

（2）在"命令栏"列表框中新建的"新工具栏 1"名称处可以修改新工具栏的名称。

（3）选中"自定义"目录内的"命令"选项，再在右侧的参数设置区内的"命令"下拉列表中挑选工具类型（例如，选中"文件"工具类型选项）。再在其下边的列表框中选择各种工具（例如，选中"打开"工具选项），如图 9-1-25 所示。

图 9-1-25 "选项"（命令）对话框

（4）依次将"命令"栏内下边的列表框中需要的命令（工具）拖曳到工作区内新建的"新工具栏 1"空白工具栏中，即可完成自定义工具栏的设置，如图 9-1-26 所示。

4．创建工作区

单击"工具"→"选项"命令，打开"选项"对话框，选中该对话框内左边目录栏中的"工作区"目录名称，即可将右侧的参数设置区切换到"工作区"栏，如图 9-1-27 所示。利用"选项"对话框选择、设置、导入和导出工作区的方法如下。

（1）选择工作区：在"工作区"栏内，选中不同的复选框（只可以选中一个），如图 9-1-27 所示，可以切换不同的工作区，而且立即看到工作区的变化。单击"确定"按钮，可以完成选择工作区的任务。

（2）创建新工作区：调整完工作区后，打开"选项"对话框，选中"工作区"目录名称，如图 9-1-27 所示。单击"新建"按钮，打开"新工作区"对话框，如图 9-1-28 所示。在"新工作区"对话框内的"新工作区的名字"文本框中输入新工作区的名称（例如，输入"GZQ1"），在"新工作区的描述"文本框中输入新工作区的描述文字。单击"确定"按钮，回到"选项"对话框，可以看到，在"工作区"栏内已经添加了设置的新工作区。

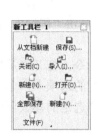

图 9-1-26　"新工具栏 1"工具栏　　图 9-1-27　"选项"对话框　　图 9-1-28　"新工作区"对话框

（3）导出工作区：打开"选项"对话框，选中"工作区"目录名称，如图 9-1-27 所示。单击"导出"按钮，打开"导出工作区"对话框，如图 9-1-29 所示。选中要保存的内容，单击"保存"按钮，打开"另存为"对话框。利用该对话框可以保存工作区。

（4）导入工作区：单击"导入"按钮，打开"导入工作区"对话框，如图 9-1-30 所示。

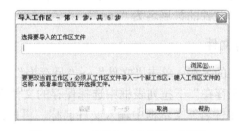

图 9-1-29　"导出工作区"对话框　　　　图 9-1-30　"导入工作区"对话框

按照对话框中的提示，单击"浏览"按钮，打开"打开"对话框，选择工作区文件，单击"打开"按钮，关闭"打开"对话框，回到"导入工作区"对话框。再单击"下一步"按钮，打开下一个"导入工作区"对话框，选择要导入的项目。以后继续单击"下一步"按钮，共分 5 步完成。在最后一步单击"完成"按钮，即可导入外部保存的新工作区。

设置好后，单击"选项"对话框内的"确定"按钮，关闭该对话框，完成相应的工作。

思考练习 9-1

1．启动中文 CorelDRAW X5，了解中文 CoreLDRAW 工作区的组成，依次关闭和打开菜单栏、标准工具栏、工具箱、属性栏、状态栏、调色板和"对象管理器"泊坞窗。

2．设置工具箱内"椭圆形工具展开工具栏"工具栏内按钮大小为中，标题在图像的右边。设置菜单栏"帮助"按钮大小为小，标题在图像的下边。然后，以名称"PH1"保存工作区。

3．创建一个新文档，设置两个绘图页面，分别绘制一幅矩形和一幅椭圆形图形。

9.2 中文 CorelDRAW X5 的基本操作

9.2.1 文件基本操作

1. 新建图形文件

（1）创建空绘图页面的图形文件：单击"文件"→"新建"命令或单击标准工具栏的"新建"按钮 📄，打开"创建新文档"对话框，如图 9-1-4 所示，进行设置后，单击"确定"按钮，即可创建只有一个空绘图页面的图形文件。

（2）创建模板绘图页面的图形文件：单击"文件"→"从模板新建"命令，打开"从模板新建"对话框，如图 9-1-5 所示。单击不同标签，可以切换到不同模板类型的选项卡。单击列表框内一种模板名称，可在预览窗口内预览。单击"确定"按钮，即可按照选定的模板创建一个新绘图页面的图形文件。

2. 打开图形文件

（1）如果要打开的图形文件是在上几次使用中文 CorelDRAW X5 软件时最后保存的那个图形文件，则单击如图 9-1-1 所示"CorelDRAW X5"欢迎窗口—"快速入门"选项卡内的图形文件名称，即可打开该图形文件。

（2）单击"文件"→"打开"命令或单击标准工具栏的"打开"按钮 📂，打开"打开绘图"对话框，如图 9-1-3 所示。在该对话框内选择文件名，单击"打开"按钮，可将选定的图形文件打开。图形文件的扩展名为".cdr"。

3. 保存文件

（1）文件的另存：单击"文件"→"另存为"命令，打开"保存绘图"对话框，如图 9-2-1 所示。在"保存在"下拉列表框中选择保存的文件夹，在"保存类型"下拉列表框中选择文件类型，在"文件名"文本框中输入文件名称，再单击"保存"按钮，保存文件。

图 9-2-1 "保存绘图"对话框

（2）文件的保存：单击"文件"→"保存"命令或单击标准工具栏内的"保存"按钮 ，即可将当前的图形文件（包括该文件的所有绘图页面）以原来的文件名保存。

如果当前的图形文件还没有保存过，则也会打开"保存绘图"对话框，如图 9-2-1 所示。

（3）自动备份存储设置：单击"工具"→"选项"命令，打开"选项"对话框。再单击左边目录栏内的"保存"选项。选中"自动备份间隔"复选框，选择自动备份存储的间隔时间；选中"特定文件夹"单选钮，单击"浏览"按钮，打开"浏览文件夹"对话框，利用该对话框选择保存文件的默认文件夹，再单击"确定"按钮，回到"选项"对话框，如图 9-2-2 所示。单击"确定"按钮，完成自动备份存储的设置。

4．导入图像文件

（1）单击"文件"→"导入"命令，打开"导入"对话框，在右下角的下拉列表框中选择"全图像"默认选项，选中一幅图像，如图 9-2-3 所示。单击"导入"按钮，关闭"导入"对话框，单击绘图页，即可导入选中图像，图像大小与原图像一样；另外，在绘图页拖曳出一个矩形，可导入大小与拖曳出的矩形大小一样的选中图像。

图 9-2-2　"选项（保存）"对话框　　　　　　图 9-2-3　"导入"对话框

（2）如果在"导入"对话框内右下角的下拉列表框中选择"重新取样"选项，则单击"导入"按钮后会关闭该对话框，打开"重新取样图像"对话框，如图 9-2-4 所示。可以在该对话框内"宽度"和"高度"栏设置导入图像的大小，如果选中"保持纵横比"复选框，在调整宽度或高度时可以保证宽高比不变。单击"确定"按钮，关闭该对话框。

然后，在绘图页内拖曳或单击，都可导入选中的图像，图像大小与设置的大小一样。

（3）如果在"导入"对话框内右下角的下拉列表框中选择"裁剪"选项，则单击"导入"按钮后，关闭"导入"对话框，打开"裁剪图像"对话框，如图 9-2-5 所示。在该对话框内显示导入的图像，拖曳 8 个黑色控制柄，可以裁切图像，在"选择要裁切的区域"栏内可以精确调整裁切后图像的上边与右边距原图像上边缘和左边缘的距离，还可以调整裁切或图像的宽度与高度。单击"全选"按钮，可以去除裁切调整。

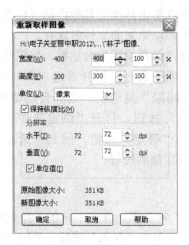

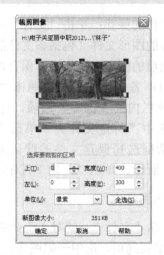

图 9-2-4 "重新取样图像"对话框 图 9-2-5 "裁剪图像"对话框

单击"确定"按钮，关闭"裁剪图像"对话框。然后在绘图页内拖曳一个矩形，可导入裁切后的图像，大小决定于矩形大小；单击绘图页，可以导入裁切后的图像。

5. 关闭文件

（1）关闭当前文件：单击"文件"→"关闭"命令，单击"文件"→"关闭"命令，或单击菜单栏右边的"关闭"按钮×，或者单击绘图页面内右上角的"关闭"按钮 × ，都可以关闭当前的图形文件（包括该文件的所有绘图页面）。如果当前的图形文件在修改后没有保存，会打开一个提示框。单击"是"按钮后可以保存该图形，然后关闭当前图形文件。

（2）关闭全部窗口：单击"文件"→"全部关闭"命令，或者单击"窗口"→"全部关闭"命令，都可以关闭所有打开的图形文件。

（3）退出程序：单击"文件"→"退出"命令或单击标题栏右边的"关闭"按钮✕，都可以关闭所有打开的图形文件，同时退出 CorelDRAW X5 应用程序。

9.2.2 网格、标尺和辅助线

为了在绘图过程中更为方便与准确，利用如图 9-2-6 所示的"视图"菜单第 4 栏内的"标尺"、"网格"和"辅助线"命令，可设置标尺、网格、辅助线是否显示；利用第 5 栏内的几个命令，可以确定所绘制的图形和谁对齐；利用第 1 栏内的命令，可以确定图形的显示方式，从上到下图形的显示精度逐级增加，图形显示速度逐级变慢。

1. 网格和标尺

单击"视图"菜单内的"设置"命令，打开"设置"菜单，单击该菜单内的命令，可以打开相应的"选项"对话框，进行相关参数的设置。

（1）网格的设置：单击"视图"→"网格和标尺设置"命令，打开"选项"（网格）对话框，对话框右边为"网格"选项栏，如图 9-2-7 所示。利用"网格"选项栏的参数设置，可以确定背景网格是以网格线形式显示还是以点的形式显示，以及设置网格线的间距等。

(a)　　　　　　　　　(b)

图 9-2-6　"视图"菜单

图 9-2-7　"选项"（网格）对话框

标尺的设置：选择"选项"对话框左边目录栏中的"标尺"选项，打开"标尺"选项栏。利用"标尺"选项栏的，进行参数设置，可以确定标尺的刻度单位、原点位置、标尺刻度疏密等。标尺有正负，即以坐标原点为中心，水平坐标轴从原点向右为正，反之从原点向左为负，垂直坐标轴从原点向上为正，反之从原点向下为负。单击"视图"→"标尺"命令和"视图"→"网格"命令，可以在绘图页面内显示或隐藏标尺和网格。

将鼠标指针指向水平标尺与垂直标尺的交点 之上，拖曳出两条垂直相交的辅助线，其交点位置就是鼠标指针的尖部，可以移动到需要的位置，松开鼠标左键，此时标尺的原点位置就移动到松开鼠标左键时鼠标指针所指的位置上。

2．创建辅助线的一般方法

单击"视图"→"辅助线"命令，可以在绘图页面内显示或隐藏辅助线。在显示辅助线的状态下，将鼠标指针指向水平标尺，向绘图区内拖曳，可以创建一条水平的辅助线。将鼠标指针指向垂直标尺，向绘图区内拖曳，来创建垂直辅助线。

选中某条辅助线，使辅助线产生双箭头控制控制柄 和中心标记 ，拖曳调整旋转中心标记 的位置，再拖曳双箭头控制柄，可以使辅助线围绕其旋转中心标记旋转。

3．创建辅助线的精确方法

（1）"选项"（辅助线）对话框：单击"视图"→"设置"→"辅助线设置"命令，打开"选项"（辅助线）对话框，如图 9-2-8 所示。通过该对话框可以设置辅助线的颜色及是否显示辅助线和图形是否与辅助线对齐。辅助线选项中还包含有"水平"、"垂直"、"辅助线"和"预设"四个选项，如图 9-2-8 所示。单击每个选项都可以打开相应的选项栏。

（2）设置水平辅助线：选择目录栏内的"水平"选项，切换到"水平"选项栏，如图 9-2-9 所示（还没有输入数据），在上面的文本输入框中输入要设定

图 9-2-8　"选项"（辅助线）对话框

水平辅助线的垂直标尺位置的数字，然后单击"添加"按钮，可以精确定位设置水平辅助线。

例如，在图 9-2-16 所示的辅助线列表中已经设定了垂直标尺位置为 50、100、150 和 200 像素四条定位辅助线，在绘图区中显示的水平辅助线情况如图 9-2-10 所示。

图 9-2-9　"选项"对话框

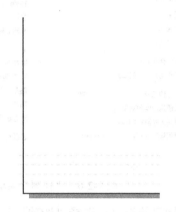

图 9-2-10　水平辅助线

（3）设置垂直辅助线：设置方法与水平辅助线的设置方法相同，其选项栏的内容也相同。

（4）设置倾斜辅助线：选择目录栏内"辅助线"选项，切换到"辅助线"选项栏，如图 9-2-11 所示。设置倾斜辅助线时需要在"指定"选项栏内的下拉列表框内选择定义倾斜辅助线的方式，其方式有"角度和 1 点"及"2 点"两个选项，此处选择"角度和 1 点"选项，在 "X"数值框（水平标尺位置）和"Y"数值框（垂直标尺位置）中设置来确定一个点，在"角度"数值框中设置辅助线的倾斜角度，如图 9-2-11 所示。单击"添加"按钮，就可以产生一条倾斜的辅助线，如图 9-2-12 所示。

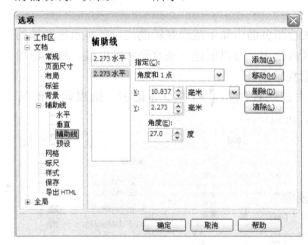

图 9-2-11　"选项"（导线）对话框

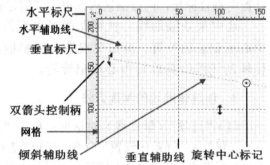

图 9-2-12　显示出标尺、网格和辅助线

9.2.3　设置绘图页面

单击"布局"主菜单名，打开"布局"菜单，如图 9-2-13 所示。右击"页计数器"中的某一页号，打开"页计数器"菜单，如图 9-1-13 所示，前面已经介绍了利用"页计数器"和它的快捷菜单可以进行绘图页面设置的方法，下面介绍利用"布局"菜单进行绘图页面设置的方法。

一些绘图页面的常用参数可以在属性栏中进行设置。

1. "布局"菜单使用

（1）插入页面：单击"布局"→"插入页"命令，打开"插入页面"对话框，如图 9-2-14 所示。利用该对话框，可以对插入绘图页面的位置、大小、形状与方向进行设置。设置完毕后，单击"确定"按钮，即可按要求插入新的页面。

（2）页面更名：单击"布局"→"重命名页面"命令，打开"重命名页面"对话框，在该对话框内的"页名"文本框内输入页面名称，单击"确定"按钮，即可将当前页面更名。

图 9-2-13 "布局"菜单

（3）删除页面：单击"布局"→"删除页面"命令，打开"删除页面"对话框，如图 9-2-15 所示。利用它可以删除指定的页面。

图 9-2-14 "插入页面"对话框

图 9-2-15 "删除页面"对话框

（4）改变当前的页面：单击"布局"→"转到某页"命令，打开"定位页面"对话框，如图 9-2-16 所示。在"定位页面"文本框内输入页号后，单击"确定"按钮。

（5）切换页面方向：单击"布局"→"切换页面方向"命令，即可改变当前页面的方向，使纵向变为横向或使横向变为纵向。

单击属性栏内的"横向"或"纵向"按钮，也可以改变当前页面的方向。

图 9-2-16 "定位页面"对话框

2. 页面设置

单击"布局"→"页面设置"命令或单击属性栏中的"选项"按钮 ，都可以打开"选项"（页面尺寸）对话框，如图 9-2-17 所示。利用它设置当前绘图页面属性的方法如下。

（1）设置页面大小：在"大小"下拉列表框内可以选择预置的标准纸张样式。在"宽度"和"高度"下拉列表框中选择数值的单位，在其数字框中设置自定义纸张的尺寸。可以直接输入数据，可以单击数字框右边的按钮，或者向上或向下拖曳两个按钮之间的水平线，来调整"宽度"和"高度"数字框内的数值，使数值增加或减小。

（2）设置绘图页面方向：单击"纵向"按钮 和"横向按钮"按钮，设置页面方向。

（3）选中"只将大小应用到当前页面"复选框，各项设置参数仅对当前绘图页面生效。

（4）选中"显示页边框"复选框，给绘图页面添加边框。

（5）在"大小"下拉列表框中选中"自定义"选项后，"保存"按钮 变为有效，单击该按钮，打开"自定义页面类型"对话框，在该对话框内的"另存自定义页面类型为"文本框中输入页面名称，例如，"有边框 600 像素-160 像素"。单击"确定"按钮，关闭该对话框，同时将设置的页面以名字"有边框 600 像素-160 像素"保存。此时，"选项"（大小）对话框内"大小"下拉列表框中增加了"有边框 600 像素-160 像素"选项，可供用户以后使用。

图 9-2-17　"选项"（大小）对话框

（6）在"选项"（大小）对话框内的"大小"下拉列表框中选中一个自定义页面选项后，"删除"按钮回变为有效，单击该按钮可以删除在"大小"下拉列表框中选中的自定义页面。

（7）单击"从打印机获取页面尺寸"按钮回，可以获取打印机设置的页面尺寸。

（8）设置绘图页面的标签：选择"选项"对话框内左边栏中的"标签"选项，选中"标签"单选钮，如图 9-2-18 所示。在列表框中可以选择预置的绘图页面的标签类型。

单击"自定义标签"按钮，可以打开"自定义标签"对话框，如图 9-2-19 所示。用户可以用来对自定义标签的"标签样式"、"布局"、"卷标尺寸"、"页边距"及"栏间距"等参数进行设定，以确定自定义标签的大小和形式，设置完成后单击➕按钮或"确定"按钮，可以将自定义的绘图页面的标签参数保存到新文件中，生成新的"标签样式"。

图 9-2-18　"选项"（标签）对话框

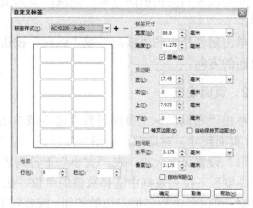

图 9-2-19　"自定义标签"对话框

（9）设置绘图页面的背景：单击"选项"对话框左边栏内的"背景"选项，切换到"选项"（背景）对话框。通过对"背景"选项栏内各选项的设置，可以对当前绘图页面的背景颜色、背景图案等进行设置。

选中"位图"单选钮，单击"Browse"（浏览）按钮，打开"导入"对话框，与图 9-2-3

所示基本一样。利用该对话框选择背景图像文件，单击"导入"按钮，导入图像，作为页面背景图像。此时的"选项"对话框如图 9-2-20 所示。

思考练习 9-2

1. 创建一个 CorelDRAW X5 的文档，设置它的绘图页面的宽为 600 像素，高为 400 像素，分辨率为 96，背景颜色为黄色，绘图页面名称为"图形 1"。然后，在绘图页面内显示标尺、网格和辅助线（三条水平、两条垂直和两条倾斜的辅助线）。设置三个页面，分别绘制一幅图形。然后将加工好的图形以名称"图形 1.cdr"保存。

图 9-2-20　"选项"（背景）对话框

2. 在"图形 1.cdr"图形文件内添加一个绘图页面，在该绘图页面内导入一幅风景图像，使该图像刚好将整个绘图页面覆盖。

9.3　对象的基本操作

9.3.1　对象基本操作

1. 选择对象

（1）选择对象：单击工具箱内的"挑选工具"按钮 ，再单击某个对象（图形、位图图像和文字等），可以选中该对象。按住 Shift 键并单击各对象，可以同时选中多个对象，拖曳出一个矩形选取框，圈中多个对象，也可以同时选中被圈中的多个对象。

（2）选择重叠对象中的一个对象：对于多个重叠的对象，如果通过使用"挑选工具" ，选中其中一个对象会比较困难，这时可以先单击"视图"→"线框"命令，使图形对象只显示线框，则以后可以比较好选择。另外，按住 Alt 键，一次或多次单击对象（即便该对象被遮挡住），依次选中重叠的对象中的不同对象，也可以方便地选中要选中的对象。

2. 复制与移动对象

（1）拖曳移动对象：选中要移动的对象，将鼠标指针移到对象 中心处或外框线处（如果是已经填充颜色的对象，则只需要将鼠标指针移到对象处），拖曳对象，移到目标处即可。

（2）按键复制对象：选中要复制的对象，按 Ctrl+D 组合键或按小键盘的+键。

（3）菜单复制和移动对象：选中要复制或移动的对象，按下鼠标右键拖曳选中的对象到目标处，松开鼠标右键会打开一个快捷菜单，单击菜单中的"复制"命令，即可在新的位置复制一个选中的对象；如果单击"移动"命令，则可以移动选中的对象。

（4）利用剪贴板复制和移动对象：利用"工具栏"内的"复制"按钮 、"剪切"按钮 和"粘贴"按钮 ，可以利用剪贴板复制和移动对象。

3. 缩放、旋转和倾斜对象

（1）使用"选择工具"按钮 调整：单击"挑选工具"按钮 ，选中一个对象，选中的对象周围有 8 个黑色控制柄,中间有一个中心标记 ✕,如图 9-3-1(a)所示。拖曳选中对象四周的控制柄,可以调整它的大小和形状;拖曳中心标记 ✕,可以调整它的位置。

在选中对象后再单击该对象,控制柄会变为双箭头状,中心标记变为 ⊙ 状,如图 9-3-1(b)所示。拖曳四角的双箭头状控制柄,可以旋转对象;垂直拖曳左右两边的双箭头状控制柄,可以垂直倾斜对象,如图 9-3-1(b)所示;水平拖曳上下两边的双箭头状控制柄,可以水平倾斜对象,如图 9-3-1(c)所示;拖曳中心标记 ⊙,可以改变对象的旋转中心。

(2)使用属性栏调整:使用"选择工具"按钮 ⸱,选中要调整的对象(例如,矩形图形),打开它的属性栏,如图 9-3-2 所示。在属性栏内的"x"和"y"文本框内可以调整选中对象的位置;在"旋转角度"文本框 ⟳ 内可以调整选中对象的旋转角度。

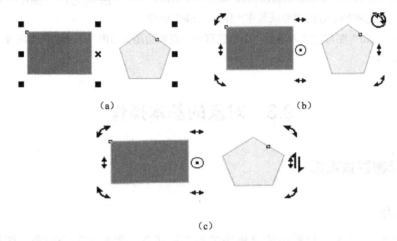

图 9-3-1　选中对象和旋转对象

在属性栏内的 ⟺ 和 ⤓ 文本框中可以调整选中对象的宽度和高度,在"缩放因素"文本框内可以按照百分比调整选中对象的宽度和高度,如果单击 "不成比例"按钮,则可以分别改变宽度和高度的大小,否则在宽度或高度数值时,高度或宽度数值也会随之变化。

同时调整旋转角度、"x"或"y"文本框、⟺ 或 ⤓ 文本框内的数据,可倾斜对象。

4.镜像对象

选中图形对象,单击其属性栏中的"水平镜像"按钮 ⸱,可以使图形以图形的中心为轴,产生水平镜像图形;单击其属性栏中的"垂直镜像"按钮 ⸱,可以使图形以图形的中心为轴,产生垂直的镜像图形。水平和垂直镜像效果如图 9-3-3 所示。

按住 Ctrl 键,向与它相对的一边或一角拖曳对象周围的控制柄,会产生不同的镜像图。

图 9-3-2　"属性栏:矩形"属性栏

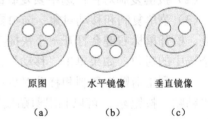

图 9-3-3　垂直和水平镜像图形

9.3.2　多重对象调整

1．群组和取消群组

多个对象的群组：选中多个对象后（例如，选中三个对象），单击其属性栏中的"群组"按钮或单击"排列"→"群组"命令，可将选中的多个对象组成一个群组，如图 9-3-4 所示（三个对象的颜色没变），其属性栏为"属性栏：组合"属性栏，如图 9-3-5 所示。

将非群组的对象组成的群组称为第一层群组，将多个第 1 层群组对象与其他对象做成群组称为第 2 层群组，将多个第 2 层群组对象与其他对象做成群组称为第 3 层群组……。

单击该属性栏中的"取消组合"按钮或单击"排列"→"取消群组"命令，可取消一层群组。单击该属性栏中的"取消全部群组"按钮，可以取消所有层次的群组。

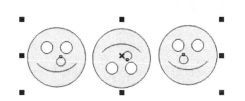

图 9-3-4　多个对象群组后的效果　　　　图 9-3-5　"属性栏：组合"属性栏

多个对象群组后，可以同时对多个对象进行一些统一的操作，例如，调整大小、移动位置、改变填充颜色、改变轮廓线颜色和进行顺序的排列等。

2．结合与取消结合

选中多个图形后，单击属性栏中的"结合"按钮或单击"排列"→"结合"命令，即可完成多个对象的结合，如图 9-3-6 所示（注意：三个对象的颜色均变为黄色），其属性栏改为"属性栏：曲线"属性栏，如图 9-3-7 所示。

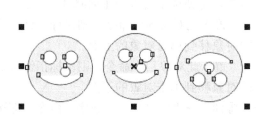

图 9-3-6　多个对象结合后的效果　　　　图 9-3-7　"属性栏：曲线"属性栏

再单击"属性栏：曲线"属性栏中的"拆分曲线"按钮或单击"排列"→"拆分曲线"命令，又可以取消多个对象的结合。

3．群组和结合特点

多个对象群组或结合后，可以同时对多个对象进行一些统一的操作，例如，调整大小、移动位置、改变填充颜色、改变轮廓线颜色和进行顺序的排列等。它们的区别主要如下。

（1）结合后对象的颜色会变为一样，结合的各个对象仍保持每个对象各个节点的可编辑性，可以使用工具箱内的"形状"工具 ，调整各个对象的节点，改变每一个对象的形状。

（2）对于群组后的对象，只能对合成的对象进行整体操作，要对群组中每个对象的各个节点进行调整，需要首先选中群组中的一个对象，其方法是按住 Ctrl 键的同时单击该对象。可以拖曳节点来调整群组中单个对象的形状。

4．排列顺序

当多个对象相互重叠时，存在着前后顺序，如图 9-3-8 所示，笑脸图形在最上边，其次是心脏图形，最下边是圆形图形。图形的排列顺序由绘图的过程来决定，最后绘制的图形堆叠的顺序最高（在最上边）。对象排列顺序的调整常用的几种方法简单介绍如下。

图 9-3-8　多个对象相互堆叠

（1）选中一个对象（例如，心脏图形），单击"排列"→"顺序"命令，打开"顺序"命令如图 9-3-9 所示，单击"到图层前面"命令，即可使选中对象（例如，心脏图形）的排列最高，即在所有对象的最上面（或称为最前面），如图 9-3-10 所示。

图 9-3-9　"顺序"命令

图 9-3-10　调整顺序后的效果

（2）单击"排列"→"顺序"→"到图层后面"命令，可使选中对象的排列最低。

（3）单击"排列"→"顺序"→"向前一层"命令，可使选中对象向前提高一层。

（4）单击"排列"→"顺序"→"向后一层"命令，可使选中对象的排列降低一层。

（5）选中一个对象，单击"排列"→"顺序"→"置于此对象前"命令，则鼠标指针会变为黑色的大箭头状，单击某一个对象，即可将选中的对象移到单击对象的上面。

（6）选中一个对象，单击"排列"→"顺序"→"置于此对象后"命令，则鼠标指针会变为黑色的大箭头状，单击某一个对象，即可将选中的对象移到单击对象的下面。

（7）如果选中两个或两个以上的对象，则单击"排列"→"顺序"→"逆序"命令，即可将选中的对象的排列顺序颠倒。

5．对齐和分布

（1）多重对象的对齐：选中多个图形对象，如图 9-3-11 所示。打开"属性栏：多个对象"属性栏。单击其内的"对齐与分布"按钮，打开"对齐与分布"（对齐）对话框，如图 9-3-12（a）所示。进行设置后，单击"应用"按钮，即可按选择的方式对齐对象。

（2）多重对象的分布：选中多个对象后，单击"分布"标签，切换到"分布"选项卡，如图 9-3-12（b）所示。进行设置后，单击"应用"按钮，即可按选择的方式分布对象。

图 9-3-11　选中多个对象

可以在设完对齐和分布方式后，再单击"应用"按钮，同时进行对齐和分布调整。

（a）

（b）

图 9-3-12　"对齐与分布"对话框

6. 锁定和解锁

（1）对象锁定：是使一个或多个对象不能被鼠标移动，以防止对象被意外地修改。首先选中要锁定的对象，如图 9-3-11 所示，单击"排列"→"锁定对象"命令，可将选定的对象锁定，如图 9-3-13 所示。

（2）对象的解锁：选中锁定的对象，如图 9-3-13 所示，单击"排列"→"解除锁定对象"命令，即可将锁定的对象解锁。单击"排列"→"解除锁定全部对象"命令，即可将多层次的锁定对象解锁。

图 9-3-13　对象被锁定

思考练习 9-3

1. 绘制一幅如图 9-3-14 所示的图形，左边椭圆轮廓线为红色、填充绿色，右边椭圆轮廓线为紫色、填充粉色，中间矩形轮廓线为绿色、填充黄色。然后，对它们进行如下操作练习。

① 选中左边椭圆图形，改变填充色和轮廓线颜色；② 选中三幅图形并垂直移动；③ 调整椭圆图形大小；④ 旋转和倾斜矩形图形；⑤ 复制矩形图形；⑥ 将三幅图形垂直居中对齐；⑦ 将三幅图形组成群组；⑧ 将三幅图形结合；⑨ 改变三幅图形的前后顺序；⑩ 将三幅图形锁定和解锁。

2. 绘制如图 9-3-15（a）所示图形，然后对该图形进行复制、调整，获得图 9-3-15（b）和图 9-3-15（c）所示图形。然后对图形进行移动、旋转、倾斜、复制和镜像等操作，还可以将图 9-3-15 所示三幅图形进行对齐、分布、锁定、解锁、改变排列顺序等操作。

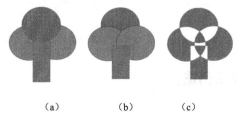
（a）　　　　（b）　　　　（c）

图 9-3-14　三幅图形　　　　　　　　　图 9-3-15　图形

第 10 章

绘制基本图形

本章提要

　　本章通过学习三个实例的制作，可以了解使用"矩形工具展开工具"、"椭圆形工具展开工具"、"对象展开式工具"、"完美形状展开工具栏"和"曲线展开工具"栏内工具绘制图形的方法，利用"插入字符"对话框插入特殊图形的方法。在 CorelDRAW 中，基本图形中有曲线、直线、矩形、椭圆、多边形和完美形状图形等，复杂图形是由基本图形合成的。

10.1　【实例 28】公共场所标志图案

● 案例效果

　　"公共场所标志图案"图形如图 10-1-1 所示。通过本实例学习，可以掌握绘图页面设置，使用标尺和辅助线，绘制圆形、梯形和直线图形，填充颜色，复制和移动对象，插入特殊的字符图案，组成群组对象和调整对象前后顺序等方法，以及了解"形状"工具 的使用等。

图 10-1-1　"公共场所标志图案"图形

● 制作方法

1．页面设置

　　（1）单击"文件"→"新建"命令，新建一个 CorelDRAW 文档。

　　（2）单击"布局"→"页面设置"命令，打开"选项"（页面尺寸）对话框。在"单位"下拉列表框中选择"像素"，在"宽度"数字框内均输入 600，在"高度"数字框内输入 160，设置绘图页面的宽为 600 像素，高为 160 像素。

（3）单击"添加页框"按钮，给绘图页面添加边框。单击"保存"按钮，打开"自定义页面类型"对话框，利用该对话框给页面命名为"有边框 600 像素-160 像素"。

（4）选择该对话框左边列表框中的"背景"选项，切换到"背景"选项卡，如图 10-1-2 所示。选中"纯色"单选钮，单击"纯色"下拉列表框的箭头按钮，打开一个颜色板，单击该颜色板中的黄色色块，如图 10-1-3 所示，设置绘图页面背景色为黄色。

　　图 10-1-2　"选项"（背景）对话框　　　　图 10-1-3　颜色板

（5）单击对话框中的"确定"按钮，关闭该对话框，完成页面大小和背景色的设置。

2．绘制"影院"图案

（1）单击"椭圆形工具展开工具栏"内的"椭圆图形"按钮○，按住 Ctrl 键，同时在绘图页面内拖曳，绘制一幅圆形图形，给该图形轮廓线和填充着深蓝色，如图 10-1-4 所示。在其"属性栏：椭圆形"属性栏内的↔和↕文本框内输入 70px，设置宽和高均为 70 像素。

（2）绘制一幅宽为 16px，高为 16px 小圆形图形，给该图形填充白色，轮廓线着深蓝色，如图 10-1-5 所示。

（3）四次按 Ctrl+D 组合键，复制四份，将其中一幅圆形图形的宽度和高度调整为 8 px。

（4）单击工具箱内的"选择工具"按钮，将这些白色圆形移到深蓝色圆形之上，如图 10-1-6 所示。选中所有图形，单击"排列"→"群组"命令，将它们组成群组。

（5）使用"椭圆工具"按钮○，按住 Ctrl 键，同时在绘图页面内拖曳，绘制一幅宽为 50px，高为 50px，轮廓线宽度为 1.0pt 的圆形图形（在"属性栏：椭圆形"属性栏内的"轮廓宽度"下拉列表框内选择"1.0pt"选项或者输入 1）。再给圆形轮廓线着深蓝色，如图 10-1-7 所示。

图 10-1-4　深蓝色圆形　　图 10-1-5　白色圆形　　图 10-1-6　6 个圆形　　图 10-1-7　深蓝色圆形

（6）单击"属性栏：椭圆形"属性栏内的"弧"按钮，使选中的深蓝色圆形图形变成弧形图形，如图 10-1-8 所示。

（7）单击"形状编辑展开式工具"栏内的"形状"按钮，拖曳弧形图形端点，调整弧形图形的形状，如图 10-1-9 所示。如果在调整中弧形图形变为饼形图形，则再单击"属性栏：椭圆形"属性栏内的"弧"按钮。

（8）使用工具箱内的"选择工具"按钮，拖曳弧形图形到图 10-1-6 所示图形的右下方。

图 10-1-8　弧线

（9）单击工具箱中的"文本工具"按钮字，打开"属性栏：文本"属性栏。单击绘图页面内左下角，进入美术字输入状态，此时鼠标指针变为一条竖线。在"属性栏：文本"属性栏中选择字体为华文行楷，字体大小为 8pt，如图 10-1-10 所示。然后，输入文字"影院"。

| 图 10-1-9　调整弧形 | 图 10-1-10　"属性栏：文本"属性栏 |

（10）使用工具箱内的"选择工具"按钮，选中美术字"影院"，单击调色板内的红色色块，使文字呈红色。

3．绘制"学校"图案

（1）单击"矩形工具展开工具栏"内的"矩形工具"按钮□，在绘图页面内拖曳，绘制一幅宽为 20px，高为 8px 的矩形图形，给矩形轮廓线和填充着青色，如图 10-1-11 所示。

（2）使用工具箱内的"选择工具"按钮，两次按 Ctrl+D 组合键，复制两份青色矩形，并移到原矩形图形的右边。选中中间的矩形图像，在其属性栏内将它的宽度调整为 50px，宽度调整为 20px，将矩形轮廓线和填充颜色调整为蓝色，如图 10-1-11 所示。

图 10-1-11　三个矩形

（3）使用工具箱内的"选择工具"按钮，拖曳右边两个矩形图形的位置，使三幅矩形图形水平之间没有间隙。拖曳选中所有矩形图形，单击"排列"→"对齐和分布"→"对齐与分布"命令，打开"对齐与分布"对话框。切换到"对齐"选项卡，选中左边的"下"复选框，单击"应用"按钮，使三幅矩形图形下边框对齐；切换到"分布"选项卡，选中上边的"中"复选框，单击"应用"按钮，使三幅矩形图形间距相等，效果如图 10-1-12 所示。

（4）单击工具箱内的"矩形"按钮□，在绘图页面内拖曳，绘制一幅宽为 50px，高为 2px 的矩形图形，给矩形轮廓线和填充着浅灰色。然后，使用工具箱内的"选择工具"按钮，将它拖曳移动到蓝色矩形的中间，可以在其属性栏内精确调整它的位置，效果如图 10-1-13 所示。

（5）使用工具箱内的"选择工具"按钮，拖曳选中所有矩形，单击"排列"→"群组"命令，将选中的所有矩形图形组成一个群组，形成一个独立的对象。

| 图 10-1-12　三个矩形排列 | 图 10-1-13　四个矩形排列 |

（6）绘制一幅宽为 10px，高为 50px 矩形图形，给矩形轮廓线和填充着蓝色，三次按 Ctrl+D 组合键，复制三份蓝色矩形，并移到群组图形的上边，按照图 10-1-14 所示排列。然后，拖曳选中这四幅矩形图形，利用"对齐与分布"对话框将它们底部对齐，水平间距相等。

（7）单击"对象展开式工具"栏内的"多边形工具"按钮○，在其"属性栏：多边形"属性栏内的"点数或边数"数字框中输入 3，设置多边形的边数为 3，在"轮廓宽度"下拉列表框中选择 0.5pt。然后，拖曳绘制一幅三角形，调整该图形的宽为 120px，高为 24px，再给三角形轮廓线着青色，填充着蓝色，如图 10-1-15 所示。

（8）单击"文本"→"插入符号字符"命令，打开"插入字符"对话框。在该对话框的"代码页"下拉列表框中选择"所有字符"选项、在"字体"列表框中选择"Webdings"字体，选中图形列表中的人物符号，在"字符大小"文本框内输入 200，如图 10-1-16 所示。单击"插入"按钮，即可在页面内插入人物图形。调整人物图形大小，并将人物图形移到合适的位置，如图 10-1-1 所示。

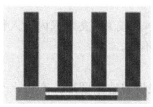

图 10-1-14　深蓝色矩形　　　　图 10-1-15　蓝色三角形图形　　　图 10-1-16　"插入字符"对话框

（9）选中"影院"文字，按 Ctrl+D 组合键，复制三份，将复制的一个文字移到学校图形的下边。使用工具箱中的"文本工具"按钮 字，拖曳选中复制的文字，输入文字"学校"。

4．绘制"公园"图形

（1）绘制一幅圆形图形，给矩形轮廓线和填充着绿色。然后复制 5 份，调整它们的位置。

（2）利用"对齐与分布"对话框将下边一行的三个圆形图形底部对齐。

（3）绘制一幅矩形图形，给矩形轮廓线和填充着棕色，调整它的位置，组成一棵树的图形。然后，将它们组成一个群组。

（4）按照图 10-1-1 所示再绘制三幅矩形图形，给矩形轮廓线和填充着蓝色，调整它们的位置，组成公园图形。再将一个复制的"影院"文字改为"公园"，移到适当位置。

按照上述方法，再绘制"酒店"标志图案图形，如图 10-1-1 所示，这由读者自行完成。

链接知识

1．绘制和调整几何图形

使用"椭圆形工具展开工具"、"矩形工具展开工具"和"对象展开式工具"栏内的工具，可以绘制相应的几何图形。按住 Ctrl 键的同时拖曳，可以绘制等比例图形；按住 Shift 键的同时拖曳，绘制的图形是以单击点为中点的图形；按住 Shift+Ctrl 组合键的同时拖曳，绘制的图形是以单击点为中点的等比例图形。

使用工具箱中的"选择工具"按钮 ，选中图形，可以调整图形。单击工具箱中的"形状"按钮 ，将鼠标指针移到图形的节点处时，拖曳节点，可以改变图形的形状。

通过直接改变几何图形对象属性栏中的数据，可以精细调整几何图形。在文本框内输入数值后按 Enter 键，即可按照新的设置改变几何图形。"属性栏：椭圆形"属性栏如图 10-1-17 所示，"属性栏：矩形"属性栏如图 10-1-18 所示，其内各共有选项的作用如下。

图 10-1-17　"属性栏：椭圆形"属性栏

图 10-1-18 "属性栏：矩形"属性栏

（1）"x"和"y"文本框：分别用来调整图形的水平和垂直位置。

（2） ↔ 和 ↕ 文本框：分别用来调整图形的宽度和高度。

（3）"成比例的比率"（锁定比率）按钮：单击该按钮后，在 ↔ （或 ↕ ）文本框内输入数值后 ↕ （或 ↔ ）文本框内的数值会自动调整，保证图形的宽高比例不变。

（4）"旋转角度"文本框 ↻ ：用来调整图形的旋转角度。

（5）"水平镜像"按钮 ⬄ 和"垂直镜像"按钮 ⬍ ：分别用来调整选中图形，产生水平和垂直镜像。

（6）"轮廓宽度"下拉列表框：用来选择或输入轮廓线的粗细数值，调整轮廓线的粗细。

（7）"到图层前面"按钮：单击该按钮，可使选中的图形移到其他层图形的前边（上边）。

（8）"到图层后面"按钮：单击该按钮，可使选中的图形移到其他层图形的后边（下边）。

（9）"转换为曲线"按钮：单击该按钮，可以使选中的图形转换为曲线，图形的各项点的小圆点变为曲线节点。

2. 饼形和弧形图形

（1）椭圆形改变为弧形或饼形的调整：使用"形状"工具 ⬚ ，将鼠标指针移到椭圆形的节点处，如图 10-1-19 所示。拖曳节点，将椭圆形改变为弧形或饼形（派形），如图 10-1-20 所示。随着调整，"属性栏：椭圆形"属性栏中的数据会发生相应的变化。

（2）图形转换：单击属性栏中的"饼图"按钮 ◔ ，可以将椭圆形转换为饼形；单击其"弧"按钮 ◜ ，可以将椭圆形转换为弧形。调整两个"起始和结束角度"数字框内的数据，可以精确改变饼形或弧形的张角角度。

（3）方向转换：选中要转换的椭圆图形对象，单击其"方向"按钮 ↻ ，可以改变饼形或弧形张角的方向与角度（用 360 度减原来的角度）。

图 10-1-19 鼠标指针移到椭圆节点处　　　　图 10-1-20 弧形图案和饼形图案

3. 圆角矩形图形

（1）调整矩形边角圆滑度：调整两个"圆角半径"数字框 内数字的大小，可以精确调整矩形四个边角的圆滑度。

如果"同时编辑所有角"按钮处于按下状态 🔒 （"闭锁"状态）时，则四个矩形边角圆滑度同时相等变化，即改变一角的参数时，其他三组同时改变；如果"同时编辑所有角"按钮处于抬起状态 🔓 （"开锁"状态）时，可以分别改变矩形四个边角的圆滑程度。

（2）使用"形状工具"按钮 ⬚ ，在四个节点被选中的情况下，拖曳其中任意一个节点，可以同时改变矩形四个边角的圆滑程度，产生圆角效果，如图 10-1-21 所示。

（3）使用工具箱中的"形状工具"按钮 ，在 1 个节点被选中的情况下，对其进行任意拖曳，只对选中节点的角，产生圆角效果，其他的角没有变化，如图 10-1-22 所示。

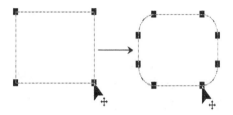
图 10-1-21　同时改变矩形四个边角的圆滑程度

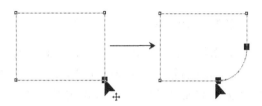
图 10-1-22　只对选中节点的角产生圆角效果

思考练习 10-1

1．绘制一些不同填充色和轮廓线颜色的圆形、椭圆、正方形、矩形和多边形。

2．绘制一幅"标志图案"图形，如图 10-1-23 所示。

3．绘制一幅"公司标志图案"图形，如图 10-1-24 所示。

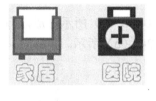

（a）

（b）

（c）

图 10-1-23　"标志图案"图形　　　　　图 10-1-24　"公司标志图案"图形

4．绘制一幅"交通标志"图形，其内有 5 幅标志图案图形，如图 10-1-25 所示。

（a）

（b）

（c）

（d）

（e）

图 10-1-25　"交通标志"图形

10.2 【实例 29】城市节日夜晚

"城市节日夜晚"图形如图 10-2-1 所示。高楼大厦、博物馆、汽车、飞机和人物，一派城市景象，繁星和月亮照亮了夜空，还有四柱探照灯照射到夜空当中。通过本实例的学习，可以掌握绘制和调整多边形、星形、复杂星形、棋盘格和螺纹图形的方法，进一步掌握插入特殊字符图案的方法，多个对象前后顺序调整

图 10-2-1　"城市节日夜晚"图形

和群组的方法，初步掌握使用工具箱中"形状工具"按钮 和"调和工具"按钮 的方法等。

制作方法

1．绘制楼房图形

（1）设置绘图页面的宽度为 500mm，高度为 200mm，背景颜色为深灰色。

（2）单击工具箱中"对象展开式工具"栏内的"图纸工具"按钮，在其"属性栏：图形和螺旋工具"属性栏内的"列数和行数"两个数字框内分别输入 10 和 40，如图 10-2-2 所示。然后，在绘图页面内拖曳，创建一个 40×10 的网格，再设置填充色为黄色，轮廓线为棕色，如图 10-2-3 所示。

图 10-2-2　属性栏

（3）按 Ctrl+D 组合键，复制一份网格图形，将复制的网格图形移到原图形的右上方一些。单击工具箱中"交互式展开式工具"栏内的"调和工具"按钮，在两个网格图形之间拖曳，创建调和，效果如图 10-2-4（a）所示。

（4）在"属性栏：交互式调和工具"属性栏内"调和对象"按钮数值框中输入 20，增加交互式调和的偏移量，增加在进行调和时两幅网格图形之间过度图形的个数，效果如图 10-2-4（b）所示。

（5）按照上述方法，创建一个 3×3 的网格，然后制作如图 10-2-5（a）所示图形，将该图形调小一些，再将它移到图 10-2-4（b）所示图形之上，如图 10-2-5（b）所示。

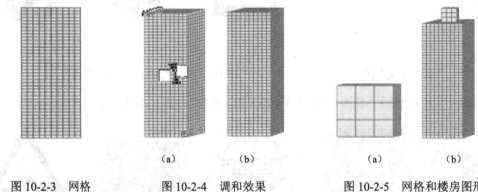

（a）　　　　　（b）　　　　　　　　　（a）　　　　　（b）

图 10-2-3　网格　　　图 10-2-4　调和效果　　　图 10-2-5　网格和楼房图形

（6）拖曳一个矩形，选中整个楼房图形，单击"排列"→"群组"命令，将选中楼房图形和网格图形组成一个楼房图形的群组。

（7）使用工具箱中的"选择工具"按钮，选中楼房群组图形，5 次按 Ctrl+D 组合键，复制 5 份楼房图形，再移到相应位置，如图 10-2-1 所示。

（8）绘制一幅绿色矩形图形，调整它的宽为 800px，高为 85px，单击"排列"→"顺序"→"到页面后面"命令，将选中的矩形图形置于楼房群组图形的后边，如图 10-2-1 所示。

2．绘制博物馆和人物图形

（1）单击工具箱中的"选择工具"按钮，再参看前面的介绍，打开"插入字符"对话框，将该对话框中图形列表中的博物馆图案拖曳到绘图页面内的中间，拖曳博物馆图形四周的控制柄，将图形适当调大，再给图形填充黄色，给轮廓着棕色，如图 10-2-6 所示。

图 10-2-6　博物馆图形

（2）选中博物馆图形，按 Ctrl+D 组合键，复制一份选中的图形，将复制的图形移到一旁。单击"排列"→"拆分曲线"命令，将选中复制的博物馆图形拆分为博物馆主体、支架和顶盖图形。将各部分图形分别移开，给博物馆支架图形填充红色，如图 10-2-7 所示。

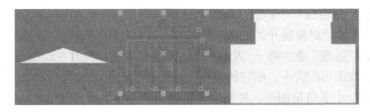

图 10-2-7　博物馆各部分图形

（3）拖曳一个矩形，选中所有博物馆支架图形，将选中的图形组成一个群组。然后，将红色博物馆支架图形移到图 10-2-6 所示的博物馆图形之上，如图 10-2-8 所示。

（4）拖曳一个矩形，选中所有博物馆和博物馆支架图形，单击"排列"→"群组"命令，将选中的图形组成一个博物馆群组。

（5）拖曳一个矩形，选中所有拆分的其他图形，按 Delete 键，删除选中的图形。

图 10-2-8　博物馆图形

（6）将"插入字符"对话框内图形列表中的几种不同形式的人物图案拖曳到绘图页面内，分别调整各人物图形大小，再填充不同颜色，将它们移到不同的位置，如图 10-2-9 所示。

图 10-2-9　添加人物图形

3．绘制汽车、飞机、月亮和星形图形

（1）将"插入字符"对话框内图形列表中的汽车图案拖曳到绘图页面内，再给图形填充蓝色，如图 10-2-10 所示。选中汽车图形，按 Ctrl+D 组合键，复制一份选中的图形。

（2）将复制的图形移到一旁。单击"排列"→"拆分曲线"命令，将复制图形拆分为几部分图形。将车头填充棕色，将车厢填充红色，如图 10-2-11 所示。

（3）将复制的汽车图形移到图 10-2-10 所示的蓝色汽车图形之上，再将该图形移到蓝色汽车图形的后边，然后将它们组成群组，如图 10-2-12 所示。

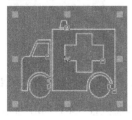

图 10-2-10　汽车图形

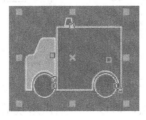

图 10-2-11　改变颜色

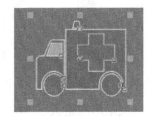

图 10-2-12　调整顺序后的效果

（4）利用"插入字符"对话框创建一幅飞机图形，如图 10-2-1 所示。

（5）将"插入字符"对话框内图形列表中的月亮图案拖曳到绘图页面内，适当旋转月亮图形，如图 10-2-13 所示。单击"排列"→"拆分曲线"命令，将月亮图形拆分，给其中的一个月亮图形填充黄色，再组成一个群组，删除其他拆分出的图形，如图 10-2-14 所示。

（6）使用工具箱中"对象展开式工具"栏内的"星形工具"按钮 ☆，在其"属性栏：星形"属性栏内的"点数或边数"数字框 ☆ 内输入 5，按住 Ctrl 键，同时在绘图页内拖曳绘制一个正五角星图形，调整该图形的大小，给它的填充和轮廓线着黄色，如图 10-2-15 所示。

（7）将其复制一个五角星图形。使用工具箱中的"选择工具"按钮 ➘，将复制的五角星图形缩小并填充白色，将其移动到黄色五角星的中心，效果如图 10-2-16 所示。

图 10-2-13　月亮图形　　图 10-2-14　黄色月亮图形　　图 10-2-15　黄色五角星　　图 10-2-16　两个五角星

（8）单击工具箱内"交互式展开式工具"栏中的"调和工具"按钮 ⌗，从中间白色五角星向上拖曳到黄色五角星上，制作出白色到黄色的混合效果。再在其属性栏内"调和对象"数字框 ⌗ 内输入调和对象步长数 20。完成后的图形效果如图 10-2-17 所示。

（9）将图 10-2-17 所示的星形图形组成群组，将该图形调小一些，然后复制多份，分别移到页面内上边的不同位置，如图 10-2-1 所示。

4．绘制探照灯图形

（1）单击"矩形工具展开工具栏"内的"矩形工具"按钮 □，在绘图页面内拖曳，绘制一幅宽为 18px，高为 60px 的矩形图形，给矩形轮廓线和填充着黄色，如图 10-2-18 所示。

图 10-2-17　混合图形

（2）单击"效果"→"添加透视"命令，进入矩形透视编辑状态。水平向右拖曳右上角控制点，水平向左拖曳左上角控制点，同时透视焦点向上移动，如图 10-2-19 所示。

（3）单击工具箱中"交互式展开式工具"栏的"透明度工具"按钮 ♀，再在矩形图形中从下向上拖曳，如图 10-2-20 所示，松开鼠标按键后，即可产生使矩形图形产生从下向上逐渐增加透明度的透明效果，如图 10-2-21 所示。

图 10-2-18　黄色矩形　　图 10-2-19　透视调整　　图 10-2-20　添加透明效果　　图 10-2-21　透明效果

拖曳矩形网格状区域的黑色节点，可以产生焦点透视的效果。如果按住 Ctrl+Shift 组合键的同时拖曳，可使对应的节点沿反方向移动等距离。

（4）使用工具箱中的"选择工具"按钮 ▷，将图 10-2-21 所示图形在垂直方向调大，获得探照灯效果。适当调整探照灯图形的旋转角度和大小，将它移到绘图页面内的左边。

（5）将探照灯图形复制一份，单击其属性栏内的"水平镜像"按钮 ，将复制的探照灯图形水平颠倒，再将它移到绘图页面内的右边，颜色改为粉红色，效果如图 10-2-1 所示。

（6）使用工具箱内"对象展开式工具"栏的"复杂星形"按钮 ，在其"属性栏：复杂星形"属性栏内"点数或边数"数字框内输入 9，在飞机图形下边拖曳，绘制一个 9 角星形图形，将该图形的填充色设置为黄色，轮廓线颜色设置为棕色。

（7）调整 9 角星形图形大小，复制 7 份，再将它们移到不同的位置，如图 10-2-1 所示。

（8）单击工具箱中"对象展开式工具"栏内的"螺纹工具"按钮 ，在其"属性栏：图纸和螺旋工具"属性栏内的"螺纹回圈"数字框内输入 9，如图 10-2-22 所示。再拖曳绘制一个有 9 圈的螺纹图形。然后复制一份，分别调整它们的大小，颜色分别调整为黄色和白色，如图 10-2-23 所示。

图 10-2-22　属性栏

（9）单击工具箱中"交互式展开式工具"栏内的"调和工具"按钮 ，在两个螺纹图形之间拖曳，创建调和，效果如图 10-2-24（a）所示。在"属性栏：交互式调和工具"属性栏内的 数值框内输入 50，增加交互式调和的偏移量，效果如图 10-2-24（b）所示。

（10）使用工具箱中的"选择工具"按钮 ▷，将图 10-2-24（b）所示图形在垂直方向调大，获得探照灯效果。适当调整探照灯图形的旋转角度和大小，将它移到博物馆图形的左边。

（11）将探照灯图形复制一份，将该图形移到博物馆图形的右边，如图 10-2-1 所示。

（12）使用工具箱中的"文本工具"按钮 字，打开"属性栏：文本"属性栏。单击绘图页面内左上角，在"属性栏：文本"属性栏内设置字体为华文隶书，字大小为 8pt，输入黄色文字"城市节日夜晚"。然后，单击工具箱中"交互式展开式工具"栏内的"立体化"按钮 ，再在文字对象上拖曳，产生立体效果，如图 10-2-1 所示。

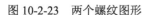

图 10-2-23　两个螺纹图形

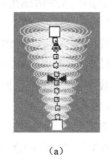（a）　　　　（b）

图 10-2-24　图形调和效果

链接知识

1．绘制多边形与星形图形

（1）绘制星形图形：单击工具箱中"对象展开式工具"栏内的"星形"按钮 ，在其"属性栏：星形"属性栏内的"点数或边数"数字框 内设置角数（数值范围是 3～500）；在"锐度"数字框 内设置星形角的锐度（数值范围是 1～99），如图 10-2-25 所示。在页面内拖曳，即可绘制出一个星形图形。

在角数或边数为 5 时，"锐度"数字框 内的数值为 1 时，星形图形变为多边形，如图 10-2-26 所示；该数字框内的数值为 99 时，星形图形如图 10-2-27 所示。

（2）绘制多边形图形：单击工具箱中"对象展开式工具"栏内的"多边形工具"按钮 ，调整其"属性栏：多边形"属性栏内的"多边形、星形和复杂星形的点数或边数"数字框内的数据，可以调整多边形图形的边数（数值范围是 3～500）。

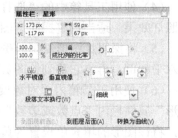

图 10-2-25　"属性栏：星形"属性栏

（3）绘制复杂星形图形：单击 "复杂星形"按钮 ，在其"属性栏：复杂星形"属性栏内的"点数或边数"数字框 内设置点数或边数，再在页面内拖曳，即可绘制一个复杂星形，如图 10-2-28 所示。复杂星形的点数为 10，锐度为 3 的图形如图 10-2-28 所示。

图 10-2-26　多边形

图 10-2-27　星形

图 10-2-28　复杂星形

2．绘制网格和螺纹线图形

（1）绘制网格图形：单击工具箱中的"图纸工具"按钮 ，再在其"属性栏：图形纸张和螺旋工具"属性栏内的"图纸行和列数"两个数字框内分别输入网格的行和列数，如图 10-2-2 所示。然后在页面内拖曳，即可绘制出网格图形，如图 10-2-3 所示。

（2）绘制螺纹线图形：螺纹线有两种类型，一种是"对称式"型，即每圈的螺纹间距不变；另一种是"对数式"型，即螺纹间距向外逐渐增加。

单击工具箱中的"螺纹工具"按钮 ，单击"属性栏：图纸和螺旋工具"属性栏内的"对称式"按钮，在"螺纹回圈"数字框 内输入圈数，如图 10-2-22 所示。在页面内拖曳，即可绘制对称式螺纹线，如图 10-2-29 所示。

单击"属性栏：图纸和螺旋工具"属性栏内的"对数式"按钮，调整"螺纹扩展参数"数字框内数值（可以拖曳滑块来调整），如图 10-2-30 所示，再拖曳鼠标，即可绘制对数式螺纹线，如图 10-2-31 所示。

使用工具箱中的"形状工具"按钮 ，选中螺纹线，因为螺纹线是曲线，所以曲线上的小圆点即为节点，将鼠标指针移到图形的节点处时，鼠标指针变为大箭头状，如图 10-2-31 所示。拖曳节点，可以调整螺纹线图形的形状。

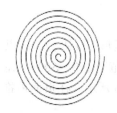

图 10-2-29　对称式螺纹线

图 10-2-30　对数式螺纹线属性栏

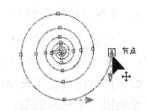

图 10-2-31　对数式螺纹线

思考练习 10-2

1．绘制一幅绿色填充、蓝色轮廓的 10 边形图形，再进行透视处理。
2．绘制一幅角数为 9 的复杂星形，一幅 30 行、50 列的网格，一幅 15 圈对数式螺纹线。
3．利用"插入字符"对话框，制作 10 幅不同形状和颜色的图形。
4．参考本案例的制作方法，绘制一幅"农家乐"图形。

10.3　【实例 30】网络购物流程图

"网络购物流程图"图形如图 10-3-1 所示，它是一个介绍在网络上购物的流程图。通过制作该图形，可以掌握"完美形状展开工具栏"栏内工具的使用方法。

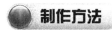 **制作方法**

1．绘制标题旗帜图形

（1）设置页面宽为 280mm，高为 260mm。

（2）单击工具箱中"完美形状展开工具栏"栏内的"标题形状"按钮 ，单击"属性栏：完美形状"属性栏内的"标题形状"按钮 ，打开一个图形列表，单击该图形列表中的"标题旗帜"图标 。再在绘图页内拖曳绘制一个标题旗帜图形，设置其轮廓线为蓝色，效果如图 10-3-2 所示。

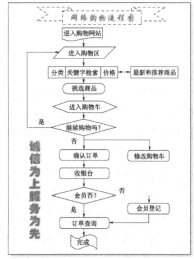

图 10-3-1　"网络购物流程图"图形

（3）使用工具箱中的"选择工具"按钮 ，选中标题旗帜图形，单击其"属性栏：完美形状"属性栏中"线条样式"下拉列表框中的"其他"按钮，打开"编辑线条样式"对话框，拖曳三角滑块，调整虚线的间隔量，如图 10-3-3 所示。

（4）设置点状线后单击"添加"按钮，将设计的线样式添加到"线条样式"下拉列表框中，同时改变了选中的标题旗帜图形的轮廓线样式。

（5）在其"属性栏：完美形状"属性栏中的"轮廓宽度"下拉列表框 内输入 1.4mm 选项，设置线宽度为 1.4mm，更改标题旗帜图形轮廓线后的效果如图 10-3-1 所示。

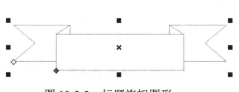

图 10-3-2　标题旗帜图形

图 10-3-3　"编辑线条样式"对话框

（6）使用工具箱中的"文本工具"按钮字，单击绘图页面内左上角，在"属性栏：文本"属性栏设置字体为华文行楷，字大小为 48pt，输入文字"网络购物流程图"，单击调色板内的红色色块，使文字呈红色。然后，单击工具箱中"交互式展开式工具"栏内的"阴影"按钮 ，再在文字对象上拖曳，产生阴影效果，如图 10-2-1 所示。

2．绘制流程图图形

（1）单击工具箱中"完美形状展开工具栏"栏内的"流程图形状"按钮 ，单击其"属性栏：完美形状"属性栏内的"完美形状"按钮，打开一个图形列表，单击该图形列表中的 图案。然后在绘图页内拖曳，绘制出一个流程图图形。在其属性栏中设置流程图图形的"轮廓宽度"为 1.0mm，设置轮廓线颜色为蓝色，制作的图形如图 10-3-4（a）所示。

（2）按照上述方法，绘制选择图形列表中的 图案，如图 10-3-4（b）所示；绘制选择图形列表中的 图标，如图 10-3-4（c）所示；绘制选择图形列表中的 图标，如图 10-3-4（d）所示。设置这些流程图图形的轮廓线宽度为 1.0mm，颜色为蓝色，

图 10-3-4　绘制流程图图形

（3）绘制一个矩形，如图复制一份 10-3-5（a）所示。选中复制的矩形图形，在其属性栏中设置矩形四个角的"边角圆滑度"都为一定值、"轮廓宽度"为 1.0mm，轮廓线为蓝色，如图 10-3-5（b）所示。将圆角矩形图形复制 5 份放在下边相应的位置。

（4）使用工具箱中的"多边形工具"按钮 ，在其属性栏内设置多边形的边数为 4。然后，在绘图页面内拖曳绘制一个菱形，再在其属性栏中选择"轮廓宽度"为 1.0mm，设置轮廓线为蓝色，如图 10-3-5（c）所示。将菱形图形复制一份放在下边相应的位置。

（5）单击工具箱中"完美形状展开工具栏"栏内的"标题形状"按钮 ，单击"属性栏：完美形状"属性栏内的"标题形状"按钮 ，打开一个图形列表，单击该图形列表中的"标题旗帜"图标 。在绘图页内拖曳绘制一个标题旗帜图形，再设置"轮廓宽度"为 1.0mm，轮廓线为蓝色，如图 10-3-5（d）所示。

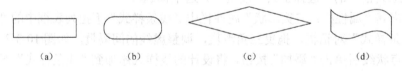

图 10-3-5　绘制流程图图形

（6）同时选中垂直排列的 11 个对象（不包括最上边的标题图形和标题文字），单击属性栏中的"对齐与分布"按钮 ，打开"对齐与分布"（对齐）对话框。在该对话框中选中垂直"中"复选框，单击"应用"按钮，将所有的对象以垂直居中的方式对齐。其他图形也调至相应位置，如图 10-3-1 所示。

3．输入文字与绘制连线

（1）使用工具箱内的"文本工具"按钮 ，在属性栏中设置文字的字体黑体，字大小为 30pt，在页面输入"进入购物网站"文字。然后，将"需求调查"文字复制 17 份，将复制的文字分别更改为"进入购物区"、"分类"、"关键字检索"、"是"和"否"等文字，再将"是"和"否"文字分别复制一份，将它们分别移到相应的图框中，如图 10-3-1 所示。

（2）单击工具箱"曲线展开工具栏"内的"手绘工具"按钮 ，在"进入购物网站"和"进入购物区"文字图框之间垂直拖曳鼠标，绘制一条垂直直线。使用工具箱内的"选择工具"按

钮 ⬚，选中该直线，在其"属性栏：曲线"属性栏内的"终止箭头"下拉列表框中选中一种箭头，设置"轮廓宽度"为 1.4mm，效果如图 10-3-6（a）所示。

（3）采用相同方法，绘制一条带箭头的水平直线如图 10-3-6（b）所示；绘制一条双箭头的水平直线，如图 10-3-6（c）所示；绘制一条无箭头的水平直线和一条无箭头的垂直直线，再分别调整它们的"轮廓宽度"为 1.4mm。然后，根据需要将这些直线复制多份，分别移到相应的位置，调整直线的长度，效果如图 10-3-1 所示。

另外，使用工具箱"曲线展开工具栏"内的"2 点线工具"按钮 ⬚ 等工具也可以绘制直线。

（4）使用工具箱"连接工具展开"栏内的"直线连接器"按钮 ⬚ ，在其"属性栏：连接器"属性栏进行设置，再在绘图页内拖曳，也可以绘制如图 10-3-6 所示的直线；使用工具箱"连接工具展开"栏内的"直角连接器"按钮 ⬚ ，在其属性栏进行设置，再在绘图页内拖曳，可以绘制如图 10-3-7 所示的直角折线；使用工具箱"连接工具展开"栏内的"直角圆角连接器"按

图 10-3-6　箭头连接直线

钮 ⬚ ，在其属性栏进行设置，再在绘图页内拖曳，可以绘制直角圆角折线。

（5）单击工具箱中"完美形状展开工具栏"栏内的"箭头形状"按钮 ⬚ ，单击其属性栏内的"完美形状"按钮，打开一个图形列表，单击该图形列表中的 ⬚ 图标，在绘图页内拖曳，绘制出一个箭头图形，再为其内部填充红颜色。在其属性栏中设置箭头图形的"轮廓宽度"为"无"，如图 10-3-8 所示。也可以绘制其他类型的剪头图案。

图 10-3-7　连接折线　　　　　　　　图 10-3-8　箭头完美形状图形

（6）单击工具箱内的"文本工具"按钮 字 ，在其"属性栏：文本"属性栏内，设置字体为华文琥珀，大小为 60pt，单击 "垂直文本"按钮。然后在标题旗帜内输入"诚信为上服务为先"红色文字。

（7）使用工具箱中"交互式展开式工具"栏内的"阴影工具"按钮 ⬚ ，在竖行文字之上向右上方微微拖曳，即可产生阴影，效果如图 10-3-1 所示。

链接知识

使用工具箱中"完美形状展开工具栏"栏内的工具，可以在绘图页面内绘制各种形状的自选图形。单击工具箱中的该栏内的"基本形状"按钮 ⬚ ，其属性栏如图 10-3-9 所示。

图 10-3-9　"属性栏：完美形状"属性栏

1．绘制完美形状图形

使用"完美形状展开工具栏"栏内的工具可以绘制各种完美形状图形。选择"完美形状展开工具栏"栏内的不同工具，则其属性栏中"完美形状"按钮的图标会发生相应变化，单击"完美形状"按钮后打开的图形列表也会随之变化。下面简单介绍各种工具的使用方法。

（1）绘制基本形状图形：单击"完美形状展开工具栏"栏内的"基本形状"按钮 ，再单击其属性栏内的"完美形状"按钮，打开的图形列表，如图 10-3-10 所示。单击其中的一种图案后，在绘图页面中拖曳，即可绘出相应的图形，如图 10-3-11 所示。将鼠标指针移到红色菱形控制柄（有的图形还有黄色控制柄）处，当鼠标指针变为黑色箭头状时，拖曳图形中的菱形控制柄，可以调整图形的形状，如图 10-3-12 所示。

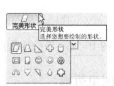
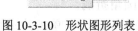

图 10-3-10　形状图形列表　　　　图 10-3-11　绘制图形　　　　图 10-3-12　调整图形的形状

（2）绘制箭头形状图形：选择"完美形状展开工具栏"栏内的"箭头形状"按钮 后，单击"完美形状"按钮，打开的图形列表如图 10-3-13 所示。选中一种图案后，在绘图页面中拖曳，即可绘制出相应的图形。

（3）绘制流程图形状图形：选择"完美形状展开工具栏"栏内的"流程图形状"工具 后，单击"完美形状"按钮，打开的图形列表如图 10-3-14 所示。单击其中的一种图案后，在绘图页面中拖曳，即可绘制出相应的图形。

图 10-3-13　箭头形状　　　　　　　　　　图 10-3-14　流程图形状

（4）绘制标题形状图形：选择了"完美形状展开工具栏"栏内的"标题形状"工具 后，单击"完美形状"按钮，打开的图形列表如图 10-3-15 所示。单击其中一种图案后，在绘图页面中拖曳，可以绘制出相应的图形。

（5）绘制标注形状图形：选择了"完美形状展开工具栏"栏内的"标注形状"工具 后，单击"完美形状"按钮，打开的图形列表如图 10-3-16 所示。单击其中一种图案后，在绘图页面中拖曳，可绘制出相应的图形。

如果绘制的图形中有彩色菱形控制柄，则拖曳控制柄，可以调整图形的形状。

图 10-3-15　标题形状

图 10-3-16　标注形状

2．绘制直线和折线

绘制直线和折线主要使用工具箱内"曲线展开工具"栏和"连接工具展开"栏中的部分工具，下面重点介绍"手绘工具"按钮 、"折线工具"按钮 、"2 点线工具"按钮 、"直线连接器"按钮 、"直角连接器"按钮 和"直角圆角连接器"按钮 的使用方法。

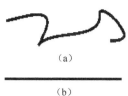

（a）

（b）

图 10-3-17　曲线和直线

（1）"手绘工具"按钮 ：单击"手绘工具"按钮 后，在页面内可以像使用笔一样拖曳绘制一条曲线，如图 10-3-17（a）所示；单击直线起点后再单击直线终点，可以绘制一条直线，如图 10-3-17（b）所示。绘制完线条后的"属性栏：曲线"属性栏如图 10-3-18 所示。前面没有介绍过的选项作用介绍如下。

◎ "自动闭合"按钮：使不闭合的曲线闭合，即起始端和终止端用直线相连接。

◎ "起始箭头"下拉列表框：用来选择线的起始端箭头的状态。

◎ "线条样式"下拉列表框：用来选择线的状态（实线还是各种虚线）。

◎ "终止箭头"下拉列表框：用来选择线的终止端箭头的状态。

（2）"折线工具"按钮 ：它的用法与"手绘工具"绘制直线的方法类似，单击折线起始端，再依次单击各端点，最后双击终点，即可绘制出一条折线，如图 10-3-19 所示。

图 10-3-18　"属性栏：曲线"属性栏

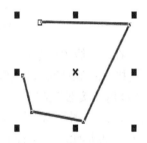

图 10-3-19　折线

"属性栏：折线工具"属性栏如图 10-3-20 所示，其中各选项的作用均在前面介绍过了。

（3）"2 点线工具"按钮 ：可以由两个点确定一条直线。单击"曲线展开工具"栏内"2 点线工具"按钮 后，其"属性栏：2 点线"属性栏如图 10-3-21 所示。其内第 2 行右边有三个按钮，单击相关按钮，可以切换到相应的 2 点线工具。简单介绍如下。

图 10-3-20　"属性栏：折线工具"属性栏

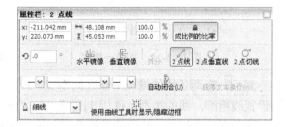

图 10-3-21　"属性栏：2 点线"属性栏

◎ "2 点线"按钮：鼠标指针呈 状，单击直线起点，拖曳鼠标到终点，松开鼠标左键，可绘制一条直线，如图 10-3-22（a）所示。

◎ "2 点垂直线"按钮：鼠标指针呈 状，单击一条直线后拖曳鼠标，即可产生一条该直线的垂直线，拖曳鼠标可以调整垂直线的整体位置，如图 10-3-22（b）所示。

◎ "2 点切线"按钮：鼠标指针呈 状，单击一圆轮廓线或弧线，后拖曳鼠标，即可产生圆或弧线的切线，拖曳鼠标可以调整切线的整体位置，如图 10-3-22（c）所示。

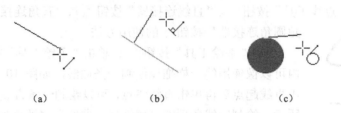

图 10-3-22　绘制直线、垂直线和切线

（4）"直线连接器"按钮：单击工具箱中"连接工具展开"栏内的"直线连接器"按钮，其"属性栏：连接器"属性栏如图 10-3-23 所示。同时，页面内所有线的两端和其他节点显示出红色正方形轮廓线状控制柄，如图 10-3-24 所示。

图 10-3-23　"属性栏：连接器"属性栏

然后，在两条线的端点节点之间拖曳，绘制出连接线，如图 10-3-24（a）所示。在其属性栏内可以设置连接线的粗细和线的类型。绘出的带箭头连接线如图 10-3-24（b）和图 10-3-24（c）所示。

（5）"直角连接器"按钮：单击工具箱中"连接工具展开"栏内的"直角连接器"按钮，其"属性栏：连接器直角"属性栏如图 10-3-25 所示。同时，页面内所有线的两端和其他节点显示出红色正方形轮廓线状控制柄，鼠标指针呈状。

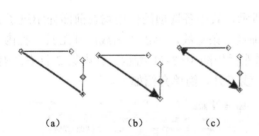

图 10-3-24　直线连接线　　　　　　图 10-3-25　"属性栏：连接器直角"属性栏

然后，在两条线的端点节点之间拖曳，绘制连接线如图 10-3-26（a）所示。在其属性栏内可以设置线粗细，线的类型。使用工具箱内的"选择工具"按钮，拖曳连接的对象，可以调整节点之间的直角连接线，绘出的带箭头直角连接线和调整后的结果如图 10-3-26（c）所示。

改变其属性栏内"圆形直角"数字框内的数值，可以调整使用工具箱内的"选择工具"按钮选中的或当前的直角连接线的直角角度，使直角连接线变为直角圆角连接线。

（6）"直角圆角连接器"按钮：该工具的使用方法与"直角连接器"按钮的使用方法一样，只是绘制的是直角圆角连接线，其属性栏也一样。改变其属性栏内"圆形直角"数字框内的数值，可以将直角圆角连接线变为直角连接线。

绘制出来的折线上带有若干个节点，可以使用工具箱中的"形状"按钮调节。

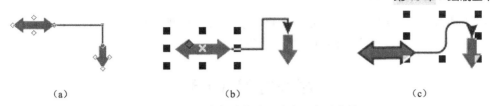

（a）　　　　　　　　　　　　（b）　　　　　　　　　　　　（c）

图 10-3-26　直角连接线和直角圆角连接线

3. 尺度工具

（1）"平行度量"按钮 ：单击工具箱中"尺度工具"栏内的"平行度量"按钮 ，其"属性栏：尺度工具"属性栏如图 10-3-27 所示。鼠标指针呈 状。

然后，在两个要测量的点之间拖曳出一条直线，松开鼠标左键后，向一个垂直方向拖曳，绘制出两条平行的注释线，单击后的效果如图 10-3-28 所示。在其属性栏内可以设置线粗细、线的类型，数值的进制类型等，还可以给数字添加前缀与后缀等。

单击"显示单位"按钮 后，可以在数字后边显示单位，"显示单位"按钮 抬起后，在数字后边不显示单位。单击"文本位置"按钮 ，打开它的面板，单击该面板内的按钮，可以调整注释的数字文本的相对位置。

图 10-3-27　"属性栏：尺度工具"属性栏　　　　　图 10-3-28　尺度标注

（2）"水平或垂直度量"按钮 ：单击工具箱中"尺度工具"栏内的"平行度量"按钮 ，其"属性栏：尺度工具"属性栏与如图 10-3-27 所示基本一样。鼠标指针呈 状。

然后，从第 1 个测量点垂直向下拖曳一段距离，再水平拖曳到第 2 个测量点，松开鼠标左键后再垂直向下拖曳一段距离，松开鼠标左键后，效果如图 10-3-29 所示。

（3）"角度量"按钮 ：单击工具箱中"尺度工具"栏内的"平行度量"按钮 ，其"属性栏：尺度工具"属性栏与如图 10-3-27 所示基本一样，只是第 1 个下拉列表框变为无效，"度量单位"下拉列表框内的选项变为角度单位选项。鼠标指针呈 状。

然后，从角的一边沿边线拖曳一段距离，松开鼠标左键后，再顺时针或逆时针拖曳到角的另一边的边线延长线处，双击后效果如图 10-3-30 所示。

（4）"线段度量"按钮 ：单击工具箱中"尺度工具"栏内的"平行度量"按钮 ，其"属性栏：尺度工具"属性栏与如图 10-3-27 所示基本一样，只是新增一个"自动连续度量"按钮。鼠标指针呈 状。在线段间拖曳一个矩形，松开鼠标左键后再朝着与注释线垂直的方向拖曳，单击后即可产生线段的尺度标注效果，如图 10-3-31 所示。

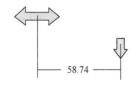
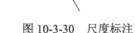
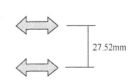

图 10-3-29　水平或垂直尺度标注　　图 10-3-30　尺度标注　　图 10-3-31　线段尺度标注

单击"自动连续度量"按钮后，可以同时自动生成各段线段的尺度标注。

（5）"3 点标注"按钮 ✏：单击第 1 个点并按下鼠标左键，再拖曳到第 2 个点，松开鼠标左键后拖曳到第 3 个点，单击后即可绘制一条折线。

思考练习 10-3

1．绘制一幅"医院看病流程图"图形，它显示出一所医院看病的流程图。
2．绘制一幅"单位行政结构"图像，它显示出一个单位的各层行政结构图。

10.4　【实例 31】天鹅湖

"天鹅湖"图形如图 10-4-1 所示。背景的上半部分是蓝色，下半部分是从上到下由浅蓝色到深蓝色的渐变色，左右两边有两束小花，上边有一些气球，下边有许多金鱼。图形中央展示了一对由简单的线条构成的白天鹅，相对浮在湖面上，还有倒影。通过本实例的学习，可以掌握手绘工具、形状工具、贝塞尔工具、钢笔工具、艺术笔工具的使用方法，初步了解渐变工具和交互式变形工具的使用方法。

图 10-4-1　　"天鹅湖"图形

 **制作方法**

1．绘制天鹅轮廓线

（1）设置绘图页面的宽为 220mm，高为 160mm，背景色为深蓝色。

（2）使用工具箱中"曲线展开工具"栏内"贝塞尔工具"按钮 、或者使用"钢笔工具"按钮 ，按照本节"链接知识"内介绍的方法绘制一条如图 10-4-2 所示的曲线。

（3）使用工具箱中"形状编辑展开式工具"栏内的"形状"按钮 ，单击曲线上边的节点，拖曳节点或者拖曳节点处的蓝色箭头状的切线，修改所绘制的曲线，如图 10-4-3 所示。修改好的曲线像天鹅的头部与颈部，如图 10-4-4 所示。

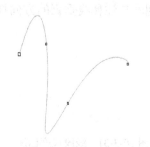

图 10-4-2　绘制曲线　　　　　　图 10-4-3　调整曲线　　　　图 10-4-4　天鹅的头部与颈部曲线

（4）选中该曲线，使用工具箱中"曲线展开工具"栏内的"艺术笔工具"按钮 ，单击"属性栏：艺术笔预置"属性栏内的"预设"按钮，在"预设笔触"下拉列表框中选择倒数第 5 种笔触，在"手绘平滑"数字框中输入数值为 100，在"笔触宽度"数字框中设置为 1.9，如图 10-4-5 所示。

（5）沿着图 10-4-4 所示的曲线，从左上角端点到右下角端点拖曳，绘制出接近图 10-4-6（a）所示的曲线。然后使用工具箱中"形状"按钮 调整该曲线，如图 10-4-6（a）所示。调整完后，将原曲线删除，效果如图 10-4-6（b）所示。

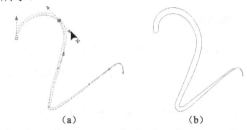

（a）　　　　　　　　　（b）

图 10-4-5　"属性栏：艺术笔预设"属性栏　　　图 10-4-6　使用艺术笔后的效果及调整后的效果

（6）采用同样的方法，绘制天鹅背部曲线，使用"艺术笔工具"按钮 ，单击其属性栏内的"预设"按钮，在其"预设笔触列表"列表框中选择倒数第 6 种笔触，沿着曲线绘制新的曲线，再使用工具箱中的"形状"按钮 进行修改。完成后的效果如图 10-4-7 所示。

（7）采用同样的方法，绘制其他曲线，再根据不同的需要，选择不同设置的"艺术笔工具"按钮 进行绘制，使用"形状"按钮 修改。绘制完的天鹅轮廓线图形如图 10-4-8 所示。

图 10-4-7　天鹅的背部曲线　　　　　　图 10-4-8　天鹅的轮廓线

（8）使用"贝塞尔工具"按钮 或"手绘工具"按钮 绘制出一条曲线，作为天鹅的嘴。

2．制作天鹅轮廓线的镜像图形

（1）单击工具箱中的"选择工具"按钮 ，拖曳出一个矩形，将图形全部选中，再单击"排列"→"群组"命令，将选中的图形组成一个群组（又称为组合）。

（2）按 Ctrl+D 组合键，复制一份天鹅轮廓线，选中复制的天鹅轮廓线，再单击其"属性栏：组合"属性栏内的"水平镜像"按钮 ，将复制的天鹅轮廓线水平镜像。然后，调整两幅天鹅轮廓线的位置，最后效果如图 10-4-9 所示。然后，将它们组成后一个群组图形。

（3）选中群组图形，复制一份该图形，单击其"属性栏：组合"属性栏内的"垂直镜像"按钮 ，将复制的天鹅轮廓线垂直镜像。再调整其位置，位于图 10-4-9 所示图形的下边。

（4）单击工具箱内"交互式展开式工具"栏中的"扭曲"（又称为"变形"）按钮 ，再单击其属性栏内的"推拉"按钮，在"推拉失真振幅"文本框内输入 3，"属性栏：交互式变形—推拉效果"属性栏如图 10-4-10 所示。使垂直镜像后的图形有一点变形。

（5）调整两个群组图形的位置，如图 10-4-11 所示。将两个群组图形组成一个群组。

图 10-4-9　两幅天鹅轮廓线　　　图 10-4-10　　"属性栏：交互式变形—推拉效果"属性栏

3．创建背景

（1）使用工具箱内的"矩形工具"按钮□，在蓝色背景的下半部分绘制一个浅蓝色轮廓的矩形，作为湖面。单击工具箱内"填充展开工具栏"工具栏中的"渐变填充"按钮■，打开"渐变填充"对话框。

（2）在"渐变填充"对话框内的"类型"下拉列表框中选择"线性"选项，设置填充的颜色为线性渐变类型，选中"颜色调和"栏内的"双色"单选钮。

（3）单击"从"按钮，打开它的颜色面板，如图 10-4-12 所示。单击该颜色面板内的"冰蓝"色块，设置起始填充色；单击"到"按钮，打开它的颜色面板，单击该面板内的"天蓝"色块，设置终止填充色；在"中点"文本框内输入 60，在"角度"数字框内输入 90，在"边界"数字框内输入 0。单击"确定"按钮，关闭该对话框。图形如图 10-4-13 所示。

图 10-4-11　天鹅和它的倒影图形　图 10-4-12　"从"按钮的颜色面板　　图 10-4-13　背景

（4）使用工具箱内的"选择工具"按钮⌨，选中整幅天鹅轮廓线图形群组，将天鹅图形填充为白色。然后，单击"排列"→"顺序"→"到图层前面"命令，将它们移到背景图形之上，如图 10-4-14 所示。

4．绘制小花等图形

（1）单击工具箱中"曲线展开工具栏"栏内的"艺术笔工具"按钮╲，单击其属性栏中的"喷涂"按钮，此时"属性栏：艺术笔对象喷涂"属性栏如图 10-4-15 所示。

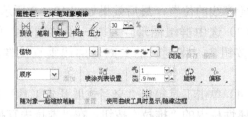

图 10-4-14　天鹅着白色和背景图形　　　图 10-4-15　　"属性栏：艺术笔对象喷涂"属性栏

（2）在"类别"下拉列表框中选择"植物"选项，在"喷射图样"下拉列表框中选择一种小花图案，再单击"喷涂列表设置"按钮，打开"创建播放列表"对话框，如图 10-4-16 所示。

单击该对话框内的"Clear"（清除）按钮，将"播放列表"列表框内的所有对象删除。

（3）按住 Ctrl 键，同时选择"喷涂列表"列表框内的"图像 1"和"图像 60"选项，再单击"添加"按钮，在"播放列表"列表框内添加"图像 1"和"图像 6"选项，如图 10-4-17 所示。然后，单击"确定"按钮，关闭"创建播放列表"对话框。

（4）在"属性栏：艺术笔对象喷涂"属性栏内的"喷涂对象大小"数值框中输入 30，设置绘制图形的百分数为 30%；在"喷涂顺序"下拉列表框中选择"顺序"选项；在 数字框内输入 1，在 数字框内输入 0.9。设置后的"属性栏：艺术笔对象喷涂"属性栏如图 10-4-15 所示。

图 10-4-16 "创建播放列表"对话框　　　　图 10-4-17 "创建播放列表"对话框

（5）在绘图页面内水平拖曳，绘制一条较长的水平直线，得到相应的小花图形，如图 10-4-18 所示。如果绘制的水平直线较长，则会产生较多的小花图形；如果绘制的水平直线较短，则会产生较少的小花图形。然后调整图形的大小和位置。

（6）使用工具箱内的"选择工具"按钮 ，选中小花图形，单击"排列"→"拆分艺术笔群组"命令，将选中的小花图形和一条水平直线分离。再单击"排列"→"取消群组"命令，将多个小花图形再分离，使小花图形独立。

（7）选中图 10-4-19（a）所示的一组小花图形，将它移到一旁，单击其"属性栏：群组"属性栏内的"垂直镜像"按钮 ，使小花图形垂直翻转，如图 10-4-19（b）所示。拖曳选中剩余的水平直线和小花图形，按 Delete 键，删除选中的图形。

（8）调整小花图形的大小，单击其"属性栏：组合"属性栏内的"垂直镜像"按钮 ，将复制的天鹅轮廓线垂直镜像。然后，复制一幅小花图形。

（9）分别将两幅小花图形移到天鹅图形的两边，选中右边的小花图形，单击其"属性栏：组合"属性栏内的"水平镜像"按钮 ，将复制的小花图形水平镜像。

（a）　　　　　（b）

图 10-4-18 小花图形　　　　　　　　　图 10-4-19 选中小花图形

（10）使用工具箱中"曲线展开工具栏"栏内的"艺术笔工具"按钮 ，单击其属性栏中的"喷涂"按钮，在"类别"下拉列表框中选择"其他"选项，在"喷射图样"下拉列表框中选择一种金鱼图案。按照上述方法，添加一些金鱼图形，如图 10-4-1 所示。

然后再按照上述方法，添加一些气球图形，如图 10-4-1 所示。

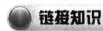

链接知识

1. 使用"3点切线"和"B-Spline"工具绘制曲线

绘制曲线主要使用工具箱内"曲线展开工具栏"中的"3 点切线"按钮 、"B-Spline"按钮 、"贝塞尔工具"按钮 和"钢笔工具"按钮 。下面先介绍前两种工具的使用方法。

（1）"3 点切线"按钮 绘制曲线：单击"3 点切线"按钮 ，单击第 1 个点并按下鼠标左键，再拖曳到第 2 个点，松开鼠标左键后拖曳到第 3 个点，形成曲线，拖曳调整曲线形状，单击第 3 点后即可绘制一条曲线。如图 10-4-20 所示。"属性栏:3 点曲线工具"属性栏如图 10-4-21 所示，其中各选项的作用前面基本已经介绍过。

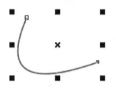

图 10-4-20　曲线

图 10-4-21　"属性栏：3 点曲线工具"属性栏

（2）"B-Spline"按钮 绘制曲线：单击"B-Spline"按钮 ，拖曳出一条直线，如图 10-4-22（a）所示；单击后拖曳到第 3 点，如图 10-4-22（b）所示；单击后再移到下一点，如此继续，最后双击，完成曲线的绘制，如图 10-4-22（c）所示。

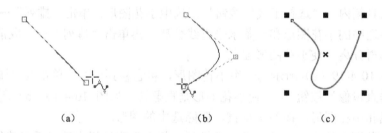

(a)　　　　　　　　　(b)　　　　　　　　　(c)

图 10-4-22　曲线

2. 贝塞尔工具和钢笔工具绘制线

（1）先绘制曲线再定切线方法：单击"贝塞尔工具"按钮 ，单击曲线起点处，然后松开鼠标左键，再单击下一个节点处，则在两个节点之间会产生一条线段；在不松开鼠标左键的情况下拖曳鼠标，会出现两个控制点和两个控制点间的蓝色虚线，如图 10-4-23（a）所示，蓝色虚线是曲线的切线，再拖曳鼠标，可以改变切线的方向，以确定曲线的形状。

如果曲线有多个节点，则应依次单击下一个节点，并在不松开鼠标左键的情况下拖曳鼠标以产生两个节点之间的曲线，如图 10-4-23（b）所示。曲线绘制完后，按 Space 键或双击鼠标，即可结束该曲线的绘制。绘制完的曲线如图 10-4-23（c）所示。

（2）先定切线再绘制曲线方法：单击"贝塞尔工具"按钮 ，在绘图页面内，单击要绘制曲线的起点处，不松开鼠标左键，拖曳鼠标以形成方向合适的蓝色虚线的切线，然后松开鼠标左键此时会产生一条直线切线，如图 10-4-24（a）所示。再用鼠标单击下一个节点处，则该节点与起点节点之间会产生一条曲线。如果曲线有多个节点，则应依次单击下一个节点，并在不松开鼠标左键的情况下拖曳鼠标以产生两个节点之间的曲线，如图 10-4-24（b）所示。曲线绘制完后，按 Space 键或双击结束，即可绘制一条曲线，如图 10-4-24（c）所示。

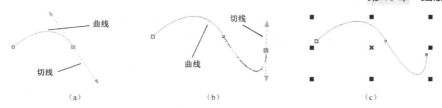

图 10-4-23　贝塞尔绘图方法之一

使用贝塞尔工具确定节点后，如果没有松开鼠标左键，则按下 Alt 键的同时拖曳鼠标，可以改变节点的位置和两节点之间曲线的形状。

使用"钢笔工具"按钮 绘制曲线的方法与使用"贝塞尔工具"按钮 绘制曲线的方法基本一样，只是在拖曳鼠标时就会显示出一条直线或曲线，而使用"贝塞尔工具"按钮 在拖曳鼠标时，不显示直线或曲线，只是在再次单击后才显示一条直线或曲线。

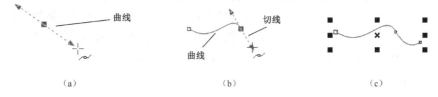

图 10-4-24　贝塞尔绘图方法之二

3．手绘与贝塞尔工具属性的设置

绘制完线后，"选择工具"按钮 会自动呈按下状态，同时绘制的线会被选中，此时的"属性栏：曲线"属性栏如图 10-3-18 所示。利用该属性栏可以精确调整曲线的位置与大小，以及设定曲线两端是否带箭头和带什么样的箭头、曲线的粗细和形状等。

单击"工具"→"选项"命令，打开"选项"对话框，再单击该对话框内右边目录栏中的"工具箱"→"手绘/贝塞尔工具"选项，这时的"选项"对话框内"手绘/贝塞尔工具"栏如图 10-4-25 所示。利用该对话框可以进行"手绘工具"与"贝塞尔工具"属性的设置。

（1）手绘平滑：决定手绘曲线与鼠标拖曳的匹配程度，数字越小，匹配的准确度越高。

（2）边角阈值：决定边角突变节点的尖突程度，数字越小节点的尖突程度越高。

（3）直线阈值：决定一条线相对于直线路径的偏移量，该线在直线阈值内视为直线。

（4）自动连结：决定两个节点自动结合所需要的接近程度。

4．艺术笔工具

单击 "艺术笔工具"按钮 ，打开它的属性栏，艺术笔工具的使用方法如下。

（1）"预设"方式：单击 "预设"按钮，此时"属性栏：艺术笔预设"属性栏如图 10-4-5 所示。在"手绘平滑"数字框内输入平滑度，在"笔触宽度"数字框内设置笔宽，在"预设笔触"下拉列表框内选择一种艺术笔触样式，再拖曳绘制图形。

（2）"笔刷"方式：单击"笔刷"按钮，此时的"属性栏：艺术笔刷"属性栏如图 10-4-26 所示。在其"类别"下拉列表框中选择一种类型，设置"手绘平滑"、"笔触宽度"数值，在"笔刷笔触"下拉列表框内选择一种笔触样式，再拖曳绘制图形。

（3）"喷涂"方式：单击 "喷涂"按钮，此时的"属性栏：艺术笔对象喷涂"属性栏如图 10-4-15 所示。在其"类别"下拉列表框中选择一种类型，在"喷射图样"下拉列表框内选择一种喷涂图形样式。设置"喷涂对象大小"数值，在"喷涂顺序"下拉列表框中选择一种喷涂对象的顺序，在两个数字框内设置组成喷涂对象的图像个数和图像间距参数。单击"喷涂列表设置"按钮，打开"创建播放列表"对话框，如图 10-4-16 所示。利用它可以设置喷涂图像的种类。然后，再在绘图页面内拖曳鼠标，即可绘制图形。

图 10-4-25　"选项"对话框"手绘/贝塞尔工具"栏　　　　　图 10-4-26　"属性栏：艺术笔刷"属性栏

（4）"书法"方式：又称为书写方式。单击"书法"按钮，此时的"属性栏：艺术笔书法"属性栏如图 10-4-27 所示。在其内设置"手绘平滑"、"笔触宽度"，在"书法的角度"数值框内设置书写的角度。然后，再在绘图页面内拖曳，即可绘制图形。

（5）"压力"方式：单击"压力"按钮，此时的"属性栏：艺术笔压感笔"属性栏如图 10-4-28 所示。在属性栏内设置"手绘平滑"、"笔触宽度"。然后，再在绘图页面内拖曳绘制图形。在绘图中，按键盘上的↑或↓方向键，可以增加或减少笔的压力。

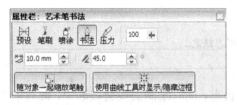

图 10-4-27　"属性栏：艺术笔书法"属性栏　　　　　图 10-4-28　"属性栏：艺术笔压感笔"属性栏

5．节点基本操作

（1）选中节点：在对节点进行操作以前，应首先选中节点。要选中节点，应首先单击工具箱中的"形状"按钮 。选中节点的方法很多，简单介绍如下。

◎ 曲线起始和终止节点：按 Home 键，可以选中曲线起始点节点；按 End 键，可以选中曲线终止点节点。

◎ 选中一个或多个节点：单击节点，可以选中该节点。按住 Shift 键，单击各个节点，可以选中多个节点。也可以拖曳鼠标圈绕要选择的所有节点，来选中多个节点。

◎ 选中所有节点：按住 Shift+Ctrl 组合键，同时单击任何一个节点，即可选中所有节点。

（2）取消节点选中：按住 Shift 键，同时单击选中的节点，可以取消节点的选中。

（3）添加节点：单击曲线上非节点处的一点，单击其"属性栏：编辑曲线、多边形和封套"属性栏中的"添加"按钮，可以添加一个节点。双击曲线上非节点处的一点，也可以在双击点处添加一个节点。

（4）删除节点：选中曲线上一个或多个节点，单击其属性栏中的"删除"按钮或按 Delete 键，可以删除选中的节点。双击曲线上的一个节点，也可以删除该节点。

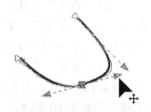

（5）调整节点位置：使用"形状"按钮 ，选中节点。拖曳节点，可以调整节点的位置，同时也改变了曲线的形状。

（6）调整节点处的切线：对于一些曲线图形，选中的节点处有切线，切线两端有蓝色箭头，可以拖曳切线的箭头，调整曲线的形状，如图 10-4-29 所示。如果节点处没有切线，可单击其属

图 10-4-29　选中的节点

性栏内的"转换为曲线"按钮 ⟳，将选中的节点转换为曲线节点，曲线节点处会产生切线。

思考练习 10-4

1．使用"对象展开式工具"栏内的工具，绘制一幅"棋盘格"图形，要求棋盘格有 10 行和 10 列网格，颜色为深蓝色。

2．利用"插入字符"对话框，制作如图 10-4-30 所示的 5 幅图形。

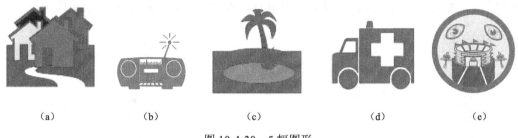

（a）　　　　　（b）　　　　　（c）　　　　　（d）　　　　　（e）

图 10-4-30　5 幅图形

10.5 【实例 32】扑克牌

"扑克牌"图形如图 10-5-1 所示，其中图 10-5-1（a）是扑克牌的背面，其他是扑克牌的正面。通过本实例的学习，可以掌握曲线节点调整等操作。

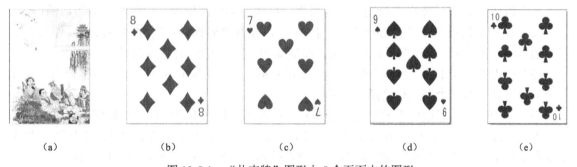

（a）　　　　　（b）　　　　　（c）　　　　　（d）　　　　　（e）

图 10-5-1　"扑克牌"图形内 5 个页面中的图形

制作方法

1．设置页面大小和背景图案

（1）设置绘图页面的宽度为 105mm，高度为 148mm。

（2）四次单击页面计数器中"1/1"左边或右边面的 ⊞ 图标，增加四个页面，如图 10-5-2 所示。单击页计数器中的"页 1"按钮，将绘图页面转换到第 1 页。

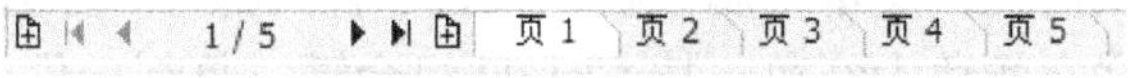

⊞ ◄◄ ◄　1/5　► ►► ⊞　页 1 页 2 页 3 页 4 页 5

图 10-5-2　页计数器

（3）单击"布局"→"页面背景"命令，打开"选项"（背景）对话框。选中"位图"单选钮，表示使用位图作为扑克牌的背景图像。再单击"Browse"（浏览）按钮，打开"导入"对话框。选择一幅图像，单击"导入"按钮，回到"选项"（背景）对话框。

（4）选中"选项"（背景）对话框内的"自定义尺寸"单选钮，不选中"保持纵横比"复选框，分别在"水平"和"垂直"数字框内输入 105 和 148，如图 10-5-3 所示。再单击"确定"按钮，将选中的图像作为背景图像置于画布中，如图 10-5-1（a）所示。

（5）切换到"贴齐对象"选项卡。单击该对话框内的"全部清除"按钮，不选中"捕捉模式"列表框内的所有复选框，选中"贴齐对象"复选框，"贴齐半径"数字框设置为 5，如图 10-5-4 所示。单击"确定"按钮。以后调整节点位置和改变曲线时可以得心应手。

图 10-5-3　"选项"（背景）对话框

图 10-5-4　"选项"（贴齐对象）对话框

2. 绘制方块 8 扑克牌

（1）单击页计数器中的"页面 2"按钮，将绘图页面转换到第 2 页。使用工具箱中的"矩形工具"按钮□，在绘图页内绘制一个与页面一样大小的黑色轮廓、白色填充的矩形图形。

（2）使用工具箱中的"多边形工具"按钮○，在其"属性栏：对称多边形"属性栏内设置多边形的边数为 4。在绘图页面内拖曳，绘制如图 10-5-5 所示的菱形图形。

（3）使用工具箱中的"形状"按钮，单击菱形，可看出它有 8 个节点，对称分布，调节一个节点，其他的三个节点也会随之变化。

（4）选中菱形图形四边中的任意一个节点，单击属性栏内的"到曲线"按钮，再单击"平滑"按钮，将选中的节点转换为曲线节点和平滑节点，再将其他三个边上的节点也转换为曲线节点和平滑节点。依次拖曳四边中间节点，使直线稍稍向内弯曲，如图 10-5-6 所示。

（5）使用工具箱内的"选择工具"按钮，选中菱形图形，调整菱形图形的宽为 21mm，高为 28mm，为其内部填充红色、取消轮廓线，效果如图 10-5-7 所示。

（6）8 次按 Ctrl+D 组合键，将菱形图形复制 8 个，并将复制的一个菱形图形缩小，设置宽为 9mm，高为 11mm。将小菱形图形复制 1 个。

（7）将各菱形图形移到相应位置，单击"排列"→"对齐和分布"→"对齐与分布"命令，打开"对齐与分布"对话框，利用该对话框调整 3 行菱形图形对齐、2 列菱形图形对齐和等间距分布，如图 10-5-1 所示。

（8）单击工具箱中的"文本工具"按钮字，单击绘图页面内左上角，即进入美术字输入状态。同时打开相应的"属性栏：文本"属性栏，设置字体为黑体，字体大小为 48pt 等。然后，输入文字"8"，再设置文字颜色为红色。按 Ctrl+D 组合键，复制一份。

（9）将复制的"8"字移到绘图页面的右下角。然后，单击其"属性栏：文本"属性栏内的"垂直镜像"按钮，使选中的"8"字垂直颠倒。

3．绘制红桃 7 扑克牌

（1）切换到绘图页面的第 3 页。在绘图页内绘制一个与页面一样大小的白色矩形。

（2）单击工具箱内"完美形状展开工具"栏中的"基本形状"按钮，单击属性栏中的"完美形状"按钮，打开图形列表，单击该列表内的♡图案。按住 Ctrl 键，同时在绘图页内拖曳绘制一个心形图形，为其填充红色，取消轮廓线，如图 10-5-8（a）所示。

（3）选中红桃图形，在其属性栏内调整图形宽为 20mm，高为 20mm。单击其"属性栏：完美形状"属性栏内的"垂直镜像"按钮，使红桃图形垂直颠倒，如图 10-5-8（b）所示。

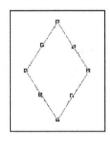
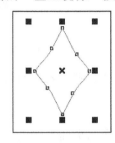

（a）　　　　　（b）

图 10-5-5　菱形图形　　　图 10-5-6　调整菱形　　　图 10-5-7　填充颜色　　　图 10-5-8　红桃图形

（4）5 次按 Ctrl+D 组合键，将红桃图形复制 5 个，并将复制的一个红桃图形缩小为宽和高均为 7.8mm。然后，将小红桃图形复制 1 个。

（5）选中一个大红桃图形，单击其"属性栏：完美形状"属性栏内的"垂直镜像"按钮，使选中的大红桃图形垂直颠倒。选中垂直颠倒的大红桃图形，两次按 Ctrl+D 组合键，将选中的大红桃图形复制两个。

（6）选中复制的小红桃图形，单击其"属性栏：完美形状"属性栏内的"垂直镜像"按钮，使选中的小红桃图形垂直颠倒。

（7）将各红桃图形移到绘图页面内的相应位置。将左上角的大红桃图形移到正确位置，按住 Shift 键，选中左边一列三个大红桃图形，再单击"排列"→"对齐和分布"→"左对齐"命令，将左边一列三个大红桃图形左边对齐。

（8）单击"排列"→"对齐和分布"→"对齐与分布"命令，打开"对齐与分布"对话框，单击"分布"标签，选中左边的"间距"复选框。单击"应用"按钮，使左边一列三个大红桃图形的间距相等。按照相同的方法，将其他红桃图形对齐和等间距分布。

（9）按照前面介绍的方法，创建两个文字"7"。

4．绘制黑桃 9 扑克牌

（1）切换到绘图页面的第 4 页。在绘图页内绘制一个与页面一样大小的白色矩形。

（2）绘制一个无轮廓线黑色心形图形，调整该图形的宽为 20mm，高为 20mm，如图 10-5-9 所示。然后，使用工具箱内的"贝塞尔工具"按钮或"钢笔工具"按钮，在黑色桃形图形的下边绘制一个梯形轮廓线，如图 10-5-10（a）所示。

图 10-5-9　心形图形

（3）单击工具箱中的"形状"按钮，调整梯形轮廓线四个顶点节点的位置，从而调整梯形轮廓线的形状，如图 10-5-10（b）所示。然后，为其内部填充"黑色"，取消轮廓线，形成黑色梯形图形，如图 10-5-10（c）所示。

（4）单击工具箱内的"选择工具"按钮 ▷，将黑色梯形图形移到黑色心形图形的下边，重叠一部分，形成一个黑桃图形，如图 10-5-11 所示。拖曳出一个矩形，将整个黑桃图形全部选中，单击"排列"→"群组"命令，将它们组成一个群组。

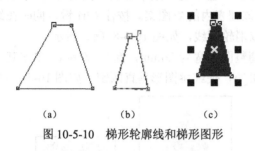

(a)　　　　　(b)　　　　　(c)

图 10-5-10　梯形轮廓线和梯形图形

图 10-5-11　黑桃图形

（5）按照上面制作红桃 8 扑克牌的方法制作黑桃 9 扑克牌，效果如图 10-5-1 所示。

5．绘制草花 10 扑克牌

（1）切换到绘图页面的第 5 页。在绘图页内绘制一个与页面一样大小的白色矩形。

（2）在绘图页面内拖曳绘制一个圆形图形，其内部填充黑色，再复制两个大小完全相同的圆形图形，将它们移到适当的位置，完成后的效果如图 10-5-12 所示。

图 10-5-12　三个圆形

（3）使用工具箱中"完美形状展开工具"栏内的"基本形状"按钮 ⬡，单击属性栏中的"完美形状"按钮，打开图形列表，单击该列表内的 △ 图标。在绘图页内拖曳，绘制一个无轮廓线的黑色梯形图形，适当调整其形状，作为草花图形。

图 10-5-13　草花图形

（4）再绘一个三角形图形，并将它拖曳到三个圆的交接处，盖住其中的空隙，完成草花图形的绘制，如图 10-5-13 所示。

（5）采用上面介绍过的方法，完成草花 10 扑克牌的绘制，如图 10-5-1 所示。

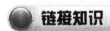 **链接知识**

1．形状工具调整曲线

曲线是由一条或多条线段组成的，包括直线、折线和弧线等。线段是保持同一矢量特性的曲线。一条线段的起点、终点和转折点称为节点。从起点到终点所经过的节点与线段组成了路径，路径分闭合路径和开路路径，闭合路径的起点与终点重合。只有闭合路径才允许填充。

在绘图页面内绘制一个图形，再单击其属性栏内的"转换为曲线"按钮，使几何图形转换为曲线图形。使用工具箱中的"形状"按钮 ▷，选中一个节点，此时的"属性栏：编辑曲线、多边形和封套"属性栏如图 10-5-14 所示。利用该属性栏可以对节点进行操作。

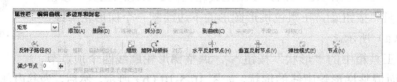

图 10-5-14　"属性栏：编辑曲线、多边形和封套"属性栏

（1）调整节点和节点切线：使用工具箱中的"形状"按钮 ![形状按钮]，选中一个或多个节点。拖曳节点可以调整节点的位置，同时也改变与节点连接的曲线的形状。拖曳曲线节点的切线两端的蓝色箭头，可以调整曲线的形状。如果节点处没有切线，可单击其属性栏内的"转换为曲线"按钮 ![转换按钮]，将选中的节点转换为曲线节点。

（2）缩放曲线图形：使用"形状"按钮 ![形状按钮]，选中一个或多个节点。其属性栏中的"缩放"与"旋转与倾斜"按钮变为有效。单击其内的"缩放"按钮，则选中的节点与它们之间的曲线周围有 8 个黑色控制柄，如图 10-5-15（a）所示。此时拖曳句柄，可以缩放选中与节点相连接的曲线图形，如图 10-5-15（b）所示。

（3）旋转曲线图形：选中一个或多个节点。单击其属性栏中的"旋转与倾斜"按钮，则选中的节点及与它们相连的曲线周围出现 8 个双箭头句柄，如图 10-5-16（a）所示。此时拖曳句柄，可以旋转或倾斜选中与节点相连接的曲线图形，如图 10-5-16（b）所示。

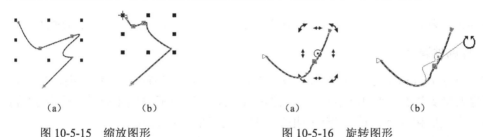

（a）　　　　　（b）　　　　　　　　　　（a）　　　　　（b）

图 10-5-15　缩放图形　　　　　　图 10-5-16　旋转图形

2. 合并与拆分节点

（1）合并节点：单击工具箱中的"形状"按钮 ![形状按钮]，按住 Shift 键，选中两个节点，此时"属性栏：编辑曲线、多边形和封套"属性栏中的"连接"按钮变为可以使用，再单击"连接"按钮，即可合并节点，如图 10-5-17 所示。

另外，还可以将不同图形的起点和终点节点合并，但是需要在合并前，先将两个图形进行结合，方法是，选中两幅图形，再按 Ctrl+L 组合键。

（2）拆分节点：使用工具箱中的"形状"按钮 ![形状按钮]，选中一个节点（不是起点或终点节点），此时"属性栏：编辑曲线、多边形和封套"属性栏中的"拆分"按钮 ![拆分按钮] 变为可以使用，再单击"拆分"按钮，即可拆分该节点。拖曳拆分的节点，可将两个节点分开，如图 10-5-18 所示。

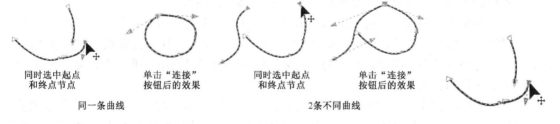

同时选中起点　　　单击"连接"　　　同时选中起点　　　单击"连接"　　　　
和终点节点　　　　按钮后的效果　　　和终点节点　　　　按钮后的效果

同一条曲线　　　　　　　　　　　　　2条不同曲线

图 10-5-17　合并节点　　　　　　　　　　图 10-5-18　拆分节点

3. 曲线反转和封闭

（1）反转曲线方向：一条非封闭的曲线，有起始节点与终止节点之分，可以通过按 Home 键或 End 键来选择判断。选中一条或多一条非封闭的曲线（图 10-5-17 第 3 幅图），使用工具箱中的"形状"按钮 ![形状按钮]，再单击"属性栏：编辑曲线、多边形和封套"属性栏中的"反转子路径"按钮 ![反转按钮]，即可将选中曲线的起始与终止节点互换，如图 10-5-19 所示。

（2）曲线闭合：绘制两条线，使用工具箱中的"形状"按钮 🔾，选中两条线各一个节点，如图 10-5-19 所示。再单击"属性栏：编辑曲线、多边形和封套"属性栏中的"闭合"按钮 🔾，即可产生一条连接两个节点的直线，如图 10-5-20 所示。

（3）曲线封闭：选中曲线的起始与终止节点，如图 10-5-21（a）所示，单击其属性栏的"自动闭合"按钮，可产生一条连接起始节点与终止直线，将曲线封闭，如图 10-5-21 所示。

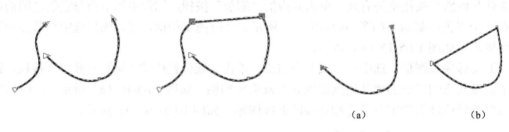

（a）　　　　（b）

图 10-5-19　反转子路径　　　图 10-5-20　闭合曲线　　　　图 10-5-21　自动闭合曲线

4．节点属性调整

节点有直线节点和曲线节点两类，曲线节点又可分为尖突节点（又称为尖角节点）、平滑节点（又称为缓变节点）和对称节点。不同类型节点之间可以通过图 10-5-14 所示的"属性栏：编辑曲线、多边形和封套"属性栏进行相互转换，转换的方法如下。

（1）直线节点和曲线节点的相互转换：使用工具箱中的"形状"按钮 🔾，选中图 10-5-22 所示折线中间的节点，拖曳中间的节点，会发现随着节点位置的变化，两边直线的长短也会随之变化，但仍为直线。这说明该节点是一个直线节点。

此时，属性栏中的"到曲线"按钮变为可用，单击"到曲线"按钮，即可将直线节点转换为曲线节点。拖曳中间的节点，会发现随着节点位置的变化，该节点与上一个节点（本例中的起始节点）间的直线会变为曲线，如图 10-5-23 所示，这说明该节点是曲线节点。

选中中间的节点，此时属性栏中的"到直线"按钮变为可用，单击该按钮即可将曲线节点转换为直线节点，该节点与上一个节点间的曲线会变为直线，如图 10-5-22 所示。

（2）尖突节点和平滑节点的相互转换：尖突节点和平滑节点都属于曲线节点。拖曳尖突节点时，节点两边的路径会完全不同，节点处呈尖突状，如图 10-5-23 所示。用鼠标拖曳平滑节点时，节点两边的路径在节点处呈平滑过渡，如图 10-5-24 所示。

使用工具箱中的"形状"按钮 🔾，选中节点。此时，如果选中的节点是尖突节点，则属性栏中的"平滑"按钮变为可以使用，单击"平滑"按钮，即可将尖突节点转换为平滑节点；如果选中的节点是平滑节点，则属性栏中的"尖突"按钮变为可以使用，单击"尖突"按钮，即可将平滑节点转换为尖突节点。

（3）对称节点：使用工具箱中的"形状"按钮 🔾，选中图 10-5-22 所示图形中中间的节点，再单击属性栏中的"平滑"按钮，使该节点变为曲线节点，则中间的曲线节点两边的线均变为曲线。

如果选中终点或起始节点，则"平滑"按钮无效。选中中间的曲线节点时属性栏中的"对称"按钮变为可使用，单击"对称"按钮，即可将该节点变为对称节点。

拖曳对称节点时，对称节点两边的路径的幅度会有相同的变化，变化的方向相反，而且在同一条直线上，如图 10-5-25 所示。拖曳平滑节点时，平滑节点一边的路径幅度会有变化。

图 10-5-22　直线节点　图 10-5-23　曲线节点　图 10-5-24　平滑节点　图 10-5-25　对称节点

5．对齐节点与弹性模式设定

（1）对齐节点：将几条曲线进行结合，选中两个或两个以上的节点，例如，选中两个节点，如图 10-5-26 所示。此时"属性栏：编辑曲线、多边形和封套"属性栏中的"对齐"按钮变为可用，单击"对齐"按钮 ，打开"节点对齐"对话框，如图 10-5-27 所示。

选择对齐方式后（例如，只选中"垂直对齐"复选框），单击"确定"按钮，即可将选中的节点按要求（此处为垂直对齐）对齐，如图 10-5-28 所示。

图 10-5-26　选中两个节点　图 10-5-27　"节点对齐"对话框　图 10-5-28　将选中节点对齐

（2）弹性模式设定：使用工具箱中的"形状"按钮 ，单击其属性栏中的"节点"按钮，选中图 10-5-26 所示图形中四个节点，然后拖曳一个节点，会发现整个图形会随之移动。如图 10-5-29 所示。此时单击属性栏中的"弹性模式"按钮，再拖曳一个节点（如终止节点），会发现起始节点位置不变，曲线随之移动，如图 10-5-30 所示。

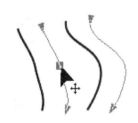

图 10-5-29　整个图形会随之移动　图 10-5-30　其他节点与曲线随之移动

思考练习 10-5

1．制作一幅"丘比特箭"图形，如图 10-5-31 所示。该图形是一幅丘比特之箭图形，一支绿色的箭射穿红色的心脏，它表示思恋着心中的人。

2．绘制一幅如图 10-5-32 所示的"海中小岛"图形，图形中绘制的是海洋中的小岛，岛上生长着一棵椰子树，有一个小孩在上面坐着，在海面上绘制有白色的波浪。

提示：单击"文件"→"导入"命令，打开"导入"对话框，利用该对话框选择一幅小孩图像，再单击"导入"按钮；然后在页面内拖曳出一个长方形，即可导入该图像。

3. 制作一幅"海岛风情"图形，如图 10-5-33 所示。这是一幅旅游宣传海报。其内绘有几个小岛、一棵椰子树和一些草丛，还有太阳悄悄地从小岛后面伸出头来。

图 10-5-31 "丘比特箭"图形 图 10-5-32 "海中小岛"图形 图 10-5-33 "海岛风情"图形

4. 使用"手绘工具"、"贝塞尔工具"、"钢笔工具"和"形状工具"等工具绘制图 10-5-34 所示的几幅图形。

(a) (b) (c) (d)

图 10-5-34 "网页生活黄页内标志"图形

5. 绘制一幅"CPU 咖啡"图形，该图形是由三个字母组成的咖啡杯图标，如图 10-5-35 所示。CPU 是中央处理器的简称，它是计算机的心脏。"CPU"咖啡杯图标图形是由 CPU 这三个字母组成的，其中咖啡杯的上半部分由字母"C"组成；咖啡杯的手把由字母"P"组成；咖啡杯的下半部分由字母"U"组成。从整体来看它是一杯香浓的咖啡。

6. 绘制一幅"卡通动物"图形，如图 10-5-36 所示。

图 10-5-35 "CPU 咖啡"图形 图 10-5-36 "卡通动物"图形

第 **11** 章

编辑文字和对象变换

本章提要

　　本章通过三个实例，介绍对象的组织和变换方法，以及文本的输入和编辑方法，环绕文字的制作方法，渐变填充的方法等，特别介绍了"变换"和"造形"泊坞窗的使用方法等。对象的组织是指利用多重对象属性栏来加工多个对象，对多个对象进行群组、变换、对齐、分布、合并、拆分、锁定、造形和管理等操作。对象的变换是指对对象进行移动定位、旋转、等比例缩放、大小调整、倾斜、镜像、变形和套封等操作。

11.1　【实例33】图像素材集锦

案例效果

　　"图像素材集锦"图像如图 11-1-1 所示，它是由"图像素材集锦"套装光盘盒的封面和封底图像组成的。封面图像如图 11-1-1（a）所示，它以填充蓝色颗粒状底纹为背景，由叠放的 6 张光盘盘面、立体标题名称、责任编辑和封面设计人员名称、出版单位名称和地址等组成。封底图像如图 11-1-1（b）所示，其内有一些白色轮廓线的六边形图案，各六边形内有图像，有介绍光盘内容的段落文字，段落文字有分栏和首字放大，还有按椭圆状分布的文字，以及条形码等。通过制作该图像，可以进一步掌握输入美术字和段落文字、选择文字和编辑文本的方法，裁切图像、文字环绕方法，掌握段落文字首字下沉和分栏等技术，以及插入条形码、导入图像、在图形内镶嵌图像的方法等。

（a）

（b）

图 11-1-1　"图像素材集锦"图像

制作方法

1．制作光盘背景图

（1）设置绘图页面的宽度为 360mm，高度为 260mm，背景为"底纹 1.jpg"图像，效果可参看图 11-1-2。然后，创建两条相互垂直的辅助线，其交点在绘图页面中心处。

（2）使用工具箱中的"椭圆工具"按钮〇，按住 Ctrl+Shift 组合键的同时，从两条辅助线交点处向外拖曳绘制一幅圆形。在其"属性栏：椭圆形"属性栏内的"x"和"y"数字框内均输入 65mm，两个"对象大小"数字框内均输入 110mm。调整后的圆形和背景如图 11-1-2 所示。

（3）单击"文件"→"导入"命令，打开"导入"对话框，选中一个风景图像文件。单击"导入"按钮，在圆形图形旁边拖曳，导入一幅风景图像，如图 11-1-3 所示。

（4）单击"效果"→"图框精确剪裁"→"放置在容器中"命令，这时鼠标指针呈黑色大箭头状，单击圆形图形轮廓线，将选中图像镶嵌到圆形图形内。同时，绘图页面外部导入的风景图像会消失。如果圆形图形内没有镶嵌选中的图像或者图像大小和位置不好，可以选中圆形图形，单击"效果"→"图框精确剪裁"→"编辑内容"命令，进入镶嵌图像的编辑状态，显示出镶嵌图像。调整该图像的大小和位置，再单击"效果"→"图框精确剪裁"→"结束编辑"命令，完成镶嵌图像，如图 11-1-4 所示。

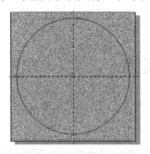　　

图 11-1-2　圆形图形　　　　图 11-1-3　风景图像　　　　图 11-1-4　镶嵌风景图像

（5）再绘制一幅，在其"属性栏：椭圆形"属性栏内的"x"和"y"数字框内均输入 65mm，"对圆形图形象大小"栏内"宽"和"高"数字框内均输入 27mm，填充浅灰色。该浅灰色圆形图形位于图 11-1-4 所示圆形的正中间，圆形较小。

（6）单击工具箱中的"交互式展开式"工具栏内的"透明度"按钮 ♀ ，在圆形图形之上拖曳，添加透明效果。然后，在"属性栏：交互式渐变透明"属性栏内的"透明度类型"下拉列表框中选择"辐射"选项，效果如图 11-1-5 所示。

（7）选中镶嵌的图像和交互式透明效果的圆形图形，将它们组成一个群组。

（8）绘制一幅圆形图形，在其"属性栏：椭圆形"属性栏内的"x"和"y"数字框内均输入 65mm，"对象大小"栏内"宽"和"高"数字框内均输入 15mm。

（9）选中刚刚绘制的圆形图形，单击"窗口"→"泊坞窗"→"造形"命令，打开"造形"（修剪）泊坞窗，不选中任何复选框，单击"应用"按钮，鼠标指针呈 ⬛，单击群组图形，将圆形图形内的群组图形删除，效果如图 11-1-6 所示。

2．制作环绕文字

（1）输入字体为隶书，字大小为 67pt，颜色为红色的"世界名胜美景"美工字。

（2）绘制一个圆形图形，作为文字旋绕的路径，在其"属性栏：椭圆形"属性栏内的"x"

和 "y" 数字框内均输入 65mm，"对象大小" 栏内 "宽" 和 "高" 数字框内均输入 65mm。

（3）使用工具箱中的 "选择工具" 按钮 ，选中文字。单击 "文字"→"使文本适合路径"命令，这时鼠标指针呈黑色大箭头状，单击圆形路径线上边，在路径线处会出现沿路径线分布的文字，拖曳调整文字位置，单击后将文字沿圆形路径环绕，如图 11-1-7 所示。

图 11-1-5　交互式渐变透明　　　　图 11-1-6　删除圆形内图形　　　图 11-1-7　文字沿圆形路径环绕

如果，美工字沿圆形图形路径环绕的效果不理想，可以重新进行上述操作。

（4）使用工具箱中的 "选择工具" 按钮 ，选中圆形路径，单击 "排列"→"拆分一路经上的文本" 命令，将圆形路径与环绕它的 "世界名胜美景" 文字分离。

（5）为了下边制作其他 5 个光盘盘面，选中圆形路径线，右击调色板的 图标，隐藏路径。再将 "世界名胜美景" 光盘盘面全部选中，5 次按 Ctrl+D 组合键，复制 5 份，将复制的 5 个光盘盘面移到绘图页面的外边。然后，将原 "世界名胜美景" 光盘盘面内的圆形路径线恢复显示。

（6）使用工具箱中的 "文本工具" 按钮 字 ，输入字体为 Rosewood Std Regular，字大小为 16pt 的美工字 "SHI JIE MING SHENG"，设置文字颜色为紫色，如图 11-1-8 所示。

（7）选中紫色美工字 "SHI JIE MING SHENG"，单击 "文字"→"使文本适合路径" 命令，单击圆形路径线上边线的下边处，在路径线下边处出现沿路径线分布的文字，拖曳调整文字的位置，单击后将选中的文字沿圆形路径环绕，如图 11-1-9 所示。

图 11-1-8　美工字 "SHI JIE MING SHENG　　　　　　　图 11-1-9　美工字沿圆形路径环绕

（8）使用工具箱中的 "文本工具" 按钮 字 ，输入字体为黑色，字大小为 15pt，红色美工字 "介绍全世界 100 个著名的世界名胜，有中国长城、颐和园、九寨沟等"。使用工具箱中的 "选择工具" 按钮 ，选中圆形路径，单击 "排列"→"拆分一路径上的文本" 命令，将圆形路径与环绕它的美工字分离。

单击绘图页外边，再选中圆形路径，在其 "属性栏：椭圆形" 属性栏内 "宽" 和 "高" 数字框内均输入 85mm，将圆形路径调大一些。

（9）选中红色美工字，单击 "文字"→"使文本适合路径" 命令，单击圆形路径下半边路径线的下边处，在圆形路径线下边会出现文字，拖曳调整文字的位置，单击确定，效果如图 11-1-1 所示。然后，将圆形路径线隐藏。

3．制作 6 个光盘盘面

（1）选中一个复制的 "世界名胜美景" 光盘盘面，使用工具箱中的 "文本工具" 按钮 字 ，拖曳选中环绕文字中的"名"字，将它改为"著"，再将其他花绕文字一个字一个字地修改。从而将环绕文字"世界名胜美景"改为"世界著名鲜花"。然后，调整文字颜色为黄色。

（2）导入一幅世界著名建筑图像，选中该图像，单击"效果"→"图框精确剪裁"→"放置在容器中"命令，单击圆形轮廓线，将选中图像镶嵌到圆形图形内。

（3）单击"效果"→"图框精确剪裁"→"编辑内容"命令，进入图像剪裁的编辑状态，如图11-1-10所示。此时可以调整圆形图形内填充的图像的大小和位置等。调整好后，单击"效果"→"精确剪裁"→"结束编辑"命令，效果如图11-1-11所示。

图11-1-10　图像剪裁编辑状态　　　　图11-1-11　编辑后效果

（4）选中修改后的"世界著名鲜花"光盘盘面，单击"排列"→"群组"命令，将"世界著名鲜花"光盘盘面组成一个群组。然后，在其属性栏内调整它的宽和高均为92mm。

（5）按照上述方法，调整其他各光盘盘面内的文字和填充的图像，组成群组，以及调整各群组的宽和高均为92mm，最后效果如图11-1-12所示。

（6）将各光盘盘面移动，调整它们的前后顺序，旋转它们的角度，效果如图11-1-1所示。

（a）　　　　　　（b）　　　　　　（c）　　　　　　（d）　　　　　　（e）

图11-1-12　5个光盘盘面

4．制作条形码和文字

（1）选中"世界名胜美景"光盘盘面，单击"编辑"→"插入条形码"命令，打开"条码向导"对话框。在"从下列行业标准格式中选择一个"列表框中选择"EAN-13"（中国标准）选项。再在"输入12个数字"文本框中输入条形码的编码，如图11-1-13所示。

（2）单击"下一步"按钮，打开下一个"条码向导"对话框。在该对话框中，根据需要对分辨率进行设置，如图11-1-14所示。

图11-1-13　"条码向导"对话框　　　　图11-1-14　"条码向导"对话框

（3）单击"下一步"按钮，打开下一个"条码向导"对话框。在其内根据需要进行设置，如图 11-1-15 所示。单击"完成"按钮，制作出条形码图形，如图 11-1-16 所示。

图 11-1-15 "条码向导"对话框　　　　　图 11-1-16 制作出标准的条形码图形

（4）使用工具箱中的"选择工具"按钮 ，将条形码缩小并移到绘图页面内适当的位置。

（5）使用工具箱中的"文本工具"按钮字，设置字体为黑体，字大小为 28pt，颜色为黄色，然后在绘图页面内左下角拖曳出一个文本框矩形，再输入段落文字（换行需按 Enter 键）。

（6）选中段落文字，单击"文本"→"段落文本框"→"显示文本框"命令，取消选中该命令，使段落文本四周没有虚线框，如图 11-1-17 所示。

（7）在刚刚输入的段落文字下边单击，然后输入一行黑色文字，文字内容是光盘号；再输入一行黑色文字，文字内容是定价。最后效果如图 11-1-18 所示。

（8）使用工具箱中的"文本工具"按钮字，在绘图页中输入字体为华文行楷，字大小为 72pt，颜色为红色的"图像素材集锦"美术字。右击调色板内的黄色色块，给美术字轮廓着黄色。

（9）使用工具箱中"交互式展开式工具"栏内的"立体化"按钮 ，在美术字上向上拖曳，产生立体字。再单击其"属性栏：交互式立体化"属性栏内的"颜色"按钮，打开"颜色"面板，如图 11-1-19 所示。在该面板内，单击"使用递减颜色"按钮 ，再单击"从"按钮，打开它的颜色面板，单击其内的红色色块，是指颜色为红色；在设置"到"颜色为黄色，此时的立体文字效果如图 11-1-20 所示。

图 11-1-17 段落文字　　　　　　图 11-1-18 文字　　　　图 11-1-19 "颜色"面板

（10）使用工具箱中的"选择工具"按钮 ，适当调整立体美术字的大小，将它移到绘图页面内的右上角，完成整个光盘"图像素材集锦"套装光盘盒封面的制作，如图 11-1-1 所示。

5．绘制六边形图案和填充图像

（1）单击工具箱中"对象展开式工具"栏内的"多边形"按钮 ，在其属性栏内的"点数或边数"数字框内输入 6。按下 Ctrl 键，同时在绘图页面内拖曳，绘制一幅六边形图形。设置该六边形没有填充，轮廓线宽为 1.4pt，颜色为白色。

（2）8 次按 Ctrl+D 组合键，复制 8 份，并将它们分别移到如图 11-1-21 所示位置。

（3）单击"文件"→"导入"命令，打开"导入"对话框，按住 Ctrl 键，选中 9 幅图像。

再单击"导入"按钮，关闭"导入"对话框。

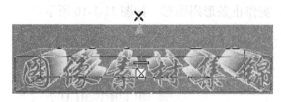

图 11-1-20　立体文字

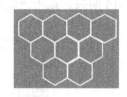

图 11-1-21　9 个六边形位置

（4）在绘图页面外拖曳一个矩形，导入第 1 幅图像，接着依次拖曳 8 个矩形，再导入选中的其他 8 幅图像。导入的 9 幅图像如图 11-1-22 所示。

（5）选中第 1 幅图像，单击"效果"→"图框精确剪裁"→"放置在容器中"命令，此时鼠标指针呈大黑箭头状，单击一个白色轮廓线的六边形，即可将导入的图像填充到该白色轮廓线的六边形内，如图 11-1-23 所示。

图 11-1-22　导入的 9 幅图像

图 11-1-23　填充图像

（6）使用工具箱中的"选择工具"按钮，选中填充了图像的白色轮廓线六边形，再单击"效果"→"图框精确剪裁"→"编辑内容"命令，进入图像剪裁的编辑状态，如图 11-1-24 所示。此时可以调整六边形内填充的图像的大小和位置等。调整好后，单击"效果"→"精确剪裁"→"结束编辑"命令，效果如图 11-1-25 所示。

（7）按照上述方法，将其他 8 幅图像分别填充到不同的六边形内，如图 11-1-26 所示。

图 11-1-24　编辑内容　　　　图 11-1-25　编辑效果　　　　图 11-1-26　9 个填充效果

6．制作段落文字和椭圆内文字

（1）创建第 2 页面。使用工具箱中的"文本工具"按钮字，设定文字的字体为黑体，字大小为 24pt，颜色为白色，然后输入左边的段落文字。

注意：第一个文字左边没有空格。

（2）使用工具箱中的"选择工具"按钮，选中该段落文字。然后，单击其属性栏内的"编辑文本"按钮或单击"文本"→"编辑文本"命令，打开"编辑文本"对话框，如图 11-1-27 所示。利用该对话框可以编辑段落文字。

（3）使用工具箱中的"文本工具"按钮字，拖曳选中第 1 个字"图"，将其颜色设置为红色。再拖曳选中其他段落文字。单击"属性栏：文本"属性栏内的"文本格式化"按钮，打开"格式化文本"对话框。利用该对话框可以调整字体、大小等。

（4）拖曳选中所有段落文字，单击"属性栏：文本"属性栏内的"使用首字下沉"按钮，使选中的文字段内的第 1 个字"图"首字放大并下沉。

（5）单击"文本"→"首字下沉"命令，打开"首字下沉"对话框，如图 11-1-28 所示。利用该对话框可以设置首字下沉的行数、首字下沉后的空格大小等特性。

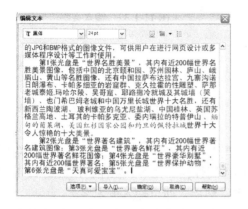

图 11-1-27　"编辑文本"对话框　　　　　　　图 11-1-28　"首字下沉"对话框

（6）单击"文本"→"栏"命令，打开"栏设置"对话框，利用"栏设置"对话框可以调整段落文字的分栏个数、栏宽和栏间距等。在该对话框内的"宽度"数字框内输入 117.485mm，在"栏间宽度"数字框内选择 5.149mm，选中"保持当前图文框宽度"单选钮，不选中"栏宽相等"复选框，如图 11-1-29 所示。最后，单击"确定"按钮，关闭"栏设置"对话框，完成分栏工作。分栏后的效果图如图 11-1-30 所示。

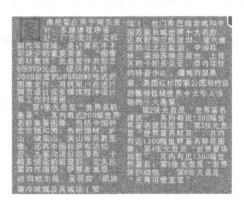

图 11-1-29　"栏设置"对话框　　　　　　　　图 11-1-30　分栏效果

（7）使用工具箱中的"椭圆工具"按钮○，绘制一幅椭圆图形。再使用工具箱中的"文本工具"按钮字，按住 Shift 键，单击椭圆顶部的外缘边线处，这时鼠标指针变为"I"字形。然后单击，则椭圆内部会出现一个虚线的椭圆，如图 11-1-31 所示。

（8）输入文字，如图 11-1-32 所示。可以看出文字自动在椭圆内分布。然后，单击工具箱内的"选择工具"按钮，结束椭圆形分布文字的制作。适当调整按椭圆分布的美术字大小，将它移到背景图像之上的右边。

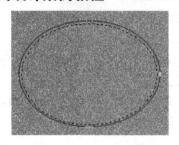

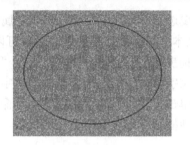

图 11-1-31　出现一个虚线的椭圆　　　　　　图 11-1-32　输入文字

 链接知识

1. 美术字与段落文本

文本有两种类型，一种是美术字（或称为美工字），另外一种是段落文字。美术字可以加工成醒目的艺术效果，段落文字可以方便编排。

（1）输入美术字：单击工具箱中的"文本工具"按钮字，单击绘图页面，进入美术字输入状态，绘图页面出现一条竖线光标，同时打开的"属性栏：文本"属性栏，如图 11-1-33 所示。在该属性栏中的下拉列表框中选择字体与字号等，然后，即可输入美术字。

使用"选择工具"按钮，选中美术字，再单击调色板内的一个色块，即可改变美术字的颜色。在选中美术字的情况下，右击调色板内的一个色块，可改变美术字轮廓线的颜色。

（2）输入段落文字：文本框有两种：一是大小固定的文本框，另一个是大小可以自动调整的文本框。默认的状态是大小固定的文本框。如果要使默认的状态是大小，可以自动调整的文本框，可以单击"工具"→"选项"命令，打开"选项"对话框，在该对话框内左边的显示框中单击选择"文本"→"段落"目录，如图 11-1-34 所示。在该对话框内选中"按文本缩放段落文本框"复选框。然后，单击"确定"按钮，即可完成设置。

单击工具箱中的"文本工具"按钮字，打开"属性栏：文本"属性栏。在绘图页内拖曳出一个矩形，可产生一个段落文本框。在其内可以输入段落文字，如图 11-1-35 所示。

图 11-1-33　"属性栏：文本"属性栏　　　图 11-1-34　"选项"对话框　　　图 11-1-35　段落文字

（3）用导入方法输入文字：使用工具箱中的"文本工具"按钮字，在绘图页内单击或拖曳出一个文本框，再单击"文件"→"导入"命令，打开"导入"对话框。利用该对话框选择文本文件，单击"导入"按钮，关闭该对话框。然后，在绘图页面内拖曳，即可导入文本。如果文字量较多，在一个绘图页面内放不下，会自动增加绘图页面，放置剩余的文字。

另外，也可以在 Word 文档或文本文件中选中一段文字，再将文字复制到剪贴板。回到CorelDRAW X5，单击"编辑"→"粘贴"命令，将剪贴板内文字粘贴到段落文本框内。

（4）美术字与段落文本的相互转换：使用"选择工具"按钮选中文字后，按下述方法操作。

◎ 美术字转换成段落文本：单击"文本"→"转换为段落文本"命令。

◎ 段落文本转换成美术字：单击"文本"→"转换为美术字"命令。

2．选中文本

（1）使用"选择工具"按钮：使用工具箱内的"选择工具"按钮，单击文本对象，可以选中一个文本；按住 Shift 键，同时单击文本，或者拖曳一个矩形圈住所有要选中的文本，可以选择一个或多个美术字或段落字文本对象。选中文本后，可以像对图形一样对选择的文本进行移动等操作。还可以对美术字进行透视、阴影、立体化、调和、透镜和轮廓线等操作。

（2）使用"文本工具"按钮字：使用工具箱内的"文本工具"按钮字，可以拖曳选中一部分文字，如图 11-1-36 所示。选中文字后，也可以对文本进行上述的操作。

（3）使用"形状"按钮：单击"形状"按钮，再选中美术字或段落文本，如图 11-1-37 所示。可以看出，每个文字的左下角都有一个小正方形控制柄，整个文字段的左下角与右下角各有一个控制柄。如果要选择一段文本，可以用鼠标双击这段文字。

单击某个文字左下角的小正方形控制柄，可以选中这个文字。如果要选中多个文字，可以按住 Shift 键的同时，再单击各个文字左下角的小正方形控制柄，如图 11-1-38 所示。

图 11-1-36　选择部分文本

图 11-1-37　选择文本

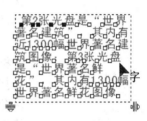
图 11-1-38　选中多个文字

在选中一个或多个文字时，其属性栏变为"属性栏：调整文字间距"属性栏，如图 11-1-39 所示。利用该属性栏可以对选定文字的字体、大小和格式等进行调整。拖曳选中的控制柄，可以移动选中的单个文字。

3．编辑文本和将美术字转换为曲线

（1）字符格式化：选中段落文本，单击其"属性栏：文本"属性栏中的"字符格式化"按钮或单击"文本"→"字符格式化"命令，打开"字符格式化"泊坞窗，如图 11-1-40（a）所示。利用该泊坞窗可调整字体、大小、字符效果、对齐方式和字符偏移量等操作。

单击"字符格式化"泊坞窗内的"字符效果"按钮后的展开选项如图 11-1-40（b）所示。拖曳选中段落文本，单击"字符格式化"泊坞窗内的"字符位移"按钮后的展开选项如图 11-1-41 所示。

（a）

（b）

图 11-1-39　属性栏：调整文字间距　　图 11-1-40　"格式化文本"泊坞窗和"字符效果"展开选项

（2）段落格式化：单击"文本"→"段落格式化"命令，打开"段落格式化"泊坞窗，如图 11-1-42 所示。利用该泊坞窗，可以调整段落文字的参数。

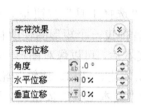

图 11-1-41　"字符位移"展开　　　　图 11-1-42　"段落格式化"泊坞窗

（3）编辑文本：单击"属性栏：文本"属性栏的"编辑文本"按钮或单击"文本"→"编辑文本"命令，可打开"编辑文本"对话框，如图 11-1-27 所示。利用该对话框可以编辑选中的文本，还可以导入文本、格式化文本和检查文本等。

（4）文本替换、查询、校对与统计：单击图 11-1-27 所示"编辑文本"对话框内的"选项"

图 11-1-43　"选项"菜单

按钮，打开一个菜单，如图 11-1-43 所示。利用该菜单可以进行文字的改变大小写、查询与替换、拼字与文法检查等操作。

例如，单击该菜单的"替换文本"命令，会打开"替换文本"对话框，如图 11-1-44 所示。在该对话框内的"查找"文本框内输入要查找的内容，在"替换为"文本框内输入要替换的内容，确定是否要区分大小写，单击"替换"或"全部替换"按钮。如果单击的是"替换"按钮，则指替换第一个要替换的文字，要替换下一个文字还需单击"查找下一个"按钮。

（5）统计文本：单击工具箱中的"选择工具"按钮，再选中要统计的文字，然后单击"文本"→"文本统计信息"命令，打开"统计"对话框，如图 11-1-45 所示。

图 11-1-44　"替换文本"对话框

图 11-1-45　"统计"对话框

（6）将美术字转换为曲线：单击工具箱中的"选择工具"按钮，再选中美术字，如图 11-1-46 所示。单击"排列"→"拆分美术字"命令，将选中的美术字拆分为独立的文字。拖曳选中全部文字，右击选中的文字，打开它的快捷菜单，单击该菜单中的"转换为曲线"命令，将文字转换成曲线。

单击工具箱内的"形状工具"按钮，转换为曲线的文字上的节点会显示出来，它有许多曲线节点，如图 11-1-47 所示。拖曳一些节点，可以改变美术字曲线的形状。

図 11-1-46　选中美术字　　　　　　　　　図 11-1-47　将美术字转换成曲线

4．调整填入路径的文字

（1）输入一段美术字，再绘制一个轮廓线或曲线图形（例如，椭圆图形），选中这段美术字，再单击"文字"→"使文本适合路径"命令，这时鼠标指针呈浮动光标形状，将鼠标指针移到图形路径处，可以随意调节文本排列的形状和位置，图中会出现美术字的蓝色虚线，调节好之后单击，即可将选定的美术字沿路径排列。

（2）使用工具箱中的"选择工具"按钮，选中美术字，打开"属性栏：曲线/对象上的文字"属性栏，如图 11-1-48 所示。在该属性栏的"文本方向"列表框中选择　**ABC**　，向内或向外拖曳文字，可以调整环绕文字与路径的间距大小；顺时针或逆时针拖曳，可以旋转环绕文字。利用该属性栏可以精确调整美术字的环绕形状和与路径的间距等。

图 11-1-48　"属性栏：曲线/对象上的文字"属性栏

单击工具箱中的"形状"按钮，再选中路径图形，然后单击常用工具栏的"剪切"按钮，删除路径图形。

思考练习 11-1

1．制作一幅"用镜头探索大自然"图书的封底画面，如图 11-1-49 所示。

2．制作一幅"北京颐和园小板报"图像，如图 11-1-50 所示。这是一个宣传北京颐和园的北京颐和园小板报，它的背景是一幅水印效果的颐和园图像，立体标题文字"北京颐和园"，椭圆形图形内填充有经裁剪的图像，文字有分栏和首字放大，还有按椭圆状分布的文字。

3．制作"中文 CorelDRAW X CS5 设计 100 例"图书的封面、封底和书脊画面。

图 11-1-49　图书封底画面

图 11-1-50　"北京颐和园小板报"图像

11.2 【实例34】彩球和小雨伞

"彩球和小雨伞"图形如图 11-2-1 所示。可以看到，背景是金光四射的图形，其上左边一幅蓝色小雨伞图形，右边是一幅红色小雨伞图形，中间是一个红绿相间的彩球图形，彩球图形上边是呈弯曲状的图像文字"彩球和小雨伞"。

通过制作该实例，可以进一步掌握对象组合、前后顺序调整、合并调整，使用"渐变填充"工具的方法等，掌握"转换"泊坞窗和"造形"泊坞窗的使用方法，多重对象的修整方法等。

图 11-2-1　"彩球和小雨伞"图像

制作方法

1. 绘制背景图形

（1）设置绘图页面的宽度为 300mm，高度为 300mm，背景色为白色。

（2）单击工具箱内的"矩形工具"按钮□，在绘图页面外拖曳，绘制一幅宽度和高度均为 300mm 的矩形图形。选中该矩形图形。

（3）单击工具箱中"填充展开工具栏"栏内的"渐变填充"按钮▇，打开"渐变填充"对话框。在该对话框内的"类型"下拉列表框中选中"线性"选项，在"角度"数字框内输入–90，"边界"数字框内输入 15；在"颜色调和"栏内选中"双色"单选钮，单击"从"按钮，打开它的颜色板，单击其内的"浅橘红"色块，设置"从"为浅橘红色，再设置"到"为白色，如图 11-2-2 所示。单击"确定"按钮，对矩形图形渐变填充，效果如图 11-2-3 所示。

图 11-2-2　"渐变填充"对话框

将图 11-2-3 所示矩形图形复制一份，再将复制的矩形图形移到绘图页面内，刚好将整个绘图页面内完全覆盖。然后，再绘制一幅矩形，如图 11-2-4（a）所示。

图 11-2-3　填充矩形图形

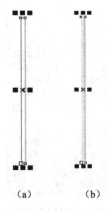

（a）　　　（b）

图 11-2-4　矩形和填充

（4）打开"渐变填充"对话框，设置类型为"线性"，角度为 180，边界为 0，选中"自定义"单选钮，在"颜色调和"栏内单击预览带上边中间处，使预览带上边出现一个▼标记。单击预览带左上角的□标记，在右边的调色板内单击金黄色色块，设置起始颜色为金黄色。按照相同方法设置完金黄色到黄色，再到金黄色的线性渐变色，如图 11-2-5 所示，单击"确定"按钮，填充矩形，再取消轮廓线，效果如图 11-2-4（b）所示。

（5）选中图 11-2-4（b）所示图形。单击"排列"→"变换"→"旋转"命令，打开"转换"（旋转）泊坞窗。在其内"角度"数字框内输入-90 度，选中"相对中心"复选框，选中下边中间的复选框，在"副本"数字框内输入 0，如图 11-2-6（a）所示。单击"应用"按钮，可以将选中的矩形图形以底部为中心，顺时针旋转 90 度，使矩形图形水平放置。

（6）重新设置"转换"（旋转）泊坞窗，在该泊坞窗中的"角度"数字框内输入 5 度（180÷5=36），选中"相对中心"复选框，选中左边中间的复选框，在"副本"数字框内输入 36（表示复制 36 个图形副本），如图 11-2-6（b）所示。

单击"应用"按钮，可以将选中的矩形图形以左边中心点为中心，逆时针旋转 5 度，同时复制一份图形，一共复制 36 个，效果如图 11-2-7 所示。然后，使用工具箱中的"选择工具"按钮，将它们都选中，再组成群组，并选中该群组。

（7）选中图 11-2-7 所示的群组图形，单击"效果"→"图框精确剪裁"→"放置在容器中"命令，这时鼠标指针呈黑色大箭头状，单击图 11-2-3 所示图形，将选中群组图形到矩形图形内。同时，绘图页面外部导入的风景图像会消失。单击"效果"→"图框精确剪裁"→"编辑内容"命令，显示出镶嵌的图形。调整该图像的大小和位置，再单击"效果"→"图框精确剪裁"→"结束编辑"命令，完成背景图形的制作，效果如图 11-2-8 所示。

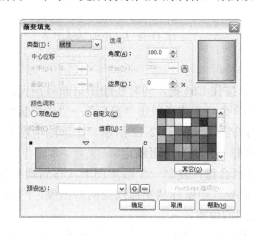

（a）

（b）

图 11-2-5　"渐变填充"对话框　　　　图 11-2-6　"转换"泊坞窗

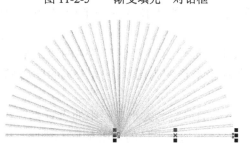

图 11-2-7　37 个角度相差 5 度的矩形　　　图 11-2-8　图形填充效果

（8）单击工具箱中"交互式展开式工具"栏的"透明度"按钮 🍸 ，再在绘图页面外的矩形图形中从下向上拖曳，松开鼠标按键后，即可产生从下向上逐渐透明的效果。

然后，在其"交互时间变透明"属性栏内的"透明度类型"下拉列表框内选择"辐射"选项，再拖曳调整白色控制柄 □ 和黑色控制柄 ■ ，如图 11-2-9 所示。

（9）使用工具箱中的"选择工具"按钮 ⬚ ，将图 11-2-9 所示矩形图形移到图 11-2-8 所示图形之上，效果如图 11-2-10 所示。

（10）参考【实例 31】中介绍的方法，制作一些气球图形，再使用工具 "选择工具"按钮 ⬚ ，选中气球图形，单击"排列"→"拆分艺术笔群组"命令，将选中的气球图形和线条分离。再单击"排列"→"取消群组"命令，将多个气球图形再分离，使气球图形独立。选中气球线条，按 Delete 键，删除所有气球线，效果如图 11-2-11 所示。

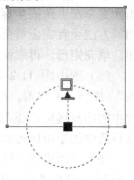

图 11-2-9　渐变透明效果

图 11-2-10　背景图形

图 11-2-11　添加气球图形

2．绘制红绿彩球

（1）使用工具箱中的"椭圆工具"按钮 ◯ ，按住 Ctrl 键，同时在绘图页面外拖曳，绘制一个圆形图形。单击"排列"→"变换"→"大小"命令，或者单击"窗口"→"泊坞窗"→"变换"→"大小"命令，打开"转换"（大小）泊坞窗，如图 11-2-12 所示。在该泊坞窗内的"大小"栏中设置水平与垂直数值均为 100mm，单击"应用"按钮确定。

（2）选中刚刚绘制的圆形图形，按 Ctrl+D 组合键，复制一个圆形图形，移到画布窗口外，以备后用。然后，单击"视图"→"辅助线"命令，用鼠标从左标尺处向右拖曳，产生一条垂直的辅助线，将辅助线移到与椭圆垂直直径相同的位置。

（3）选中绘制的圆形图形，将复制的圆形移到其垂直直径与辅助线重合的位置。在泊坞窗内不选中"按比例"复选框，在"大小"栏中设置"水平"数字框数值为 70，在"副本"数字框内输入 1，单击"应用"按钮，复制一个水平半径变为圆半径的 70% 的同心椭圆，如图 11-2-13（a）所示。

（4）选中绘制的圆形图形，将"转换"（大小）泊坞窗"大小"栏中的"水平"数字框数值改为 35，单击"应用"按钮，再复制一个水平半径变为圆半径的 35% 的同心椭圆，如图 11-2-13（b）所示。

（5）选中绘制的圆形图形，将"转换"（大小）泊坞窗"大小"栏中的"垂直"数字框数值改为 70，单击"应用"按钮，再复制一个垂直半径变为圆半径的 70% 的同心椭圆；再将"转换"（大小）泊坞窗"大小"栏中的"垂直"数字框数值改为 35，单击"应用"按钮，再复制一个垂直半径变为圆半径的 35%的同心椭圆。最后效果如图 11-2-13（c）所示。

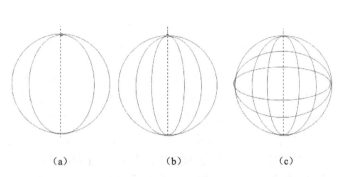

图 11-2-12　"转换"泊坞窗　　　　　　　　图 11-2-13　同心椭圆

（6）选中全部椭圆，单击"排列"→"合并"命令，将它们合并成一个对象。再填充红色，右击调色板内的⊠按钮，取消轮廓线，效果如图 11-2-14 所示。

（7）选中前面复制的圆形图。单击工具箱中"填充展开工具栏"栏内的"渐变填充"按钮██。打开了一个"渐变填充"对话框。在"类型"下拉列表框中选中"辐射"选项，选中"双色"单选钮，设置"从"颜色为绿色，"到"颜色为白色，设置中间点值为 50，在"中心位移"一栏中"水平"偏移值为-21，"垂直"偏移值为 21，如图 11-2-15 所示。单击"确定"按钮，绘制一个绿色彩球，再取消它的轮廓线，如图 11-2-16 所示。

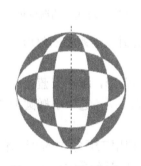

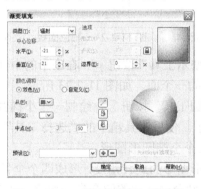

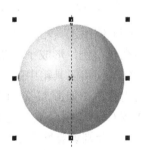

图 11-2-14　填充红色　　　　图 11-2-15　"渐变填充"对话框　　　　图 11-2-16　绿色彩球

（8）将绿色彩球移到红颜色球之上，与红颜色球重合，再单击"排列"→"顺序"→"到页面后面"命令，可得到如图 11-2-1 所示图形。

3．绘制小伞图形

（1）使用工具箱中的"椭圆工具"按钮○，绘制四个椭圆轮廓线图形，先绘制最大的椭圆轮廓线图形，再绘制其他椭圆轮廓线图形，最大的椭圆图形在最后面，如图 11-2-17 所示。

（2）使用工具箱中的"选择工具"按钮，同时选中四个椭圆图形。单击"排列"→"造形"→"移除前面对象"命令，用后面的椭圆图形减去前面的椭圆图形，如图 11-2-18 所示。

（3）选中造形后的图形，单击"排列"→"拆分曲线"命令，将其拆分为两个图形。再选中下半部分无用的图形，按 Delete 键，将其删除。使用工具箱中的"形状"按钮，分别将图形两侧的节点向两外移动一些，形成伞形图形图，如图 11-2-19 所示

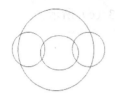  

图 11-2-17　四个椭圆　　　图 11-2-18　"后减前"命令效果　图 11-2-19　拆分后剩余图形

（4）单击工具箱中"填充展开工具栏"栏内的"渐变填充"按钮，打开"渐变填充"对话框，如图 11-2-20 所示。在"类型"下拉列表框内选择"辐射"选项，在"水平"和"垂直"数字框内分别输入 37 和-37，在"边界"数字框内输入 0；选中"双色"单选钮，单击"从"按钮，打开它的颜色面板，如图 11-2-21 所示。单击颜色面板内的天蓝色，设置为"从"颜色为天蓝色；接着设置"到"颜色为白色，其他设置如图 11-2-20 所示。然后，单击"确定"按钮，完成对图形的渐变填充，形成小伞图形，如图 11-2-22 所示。

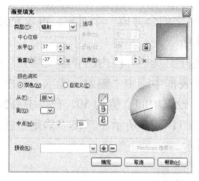  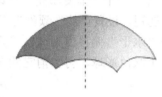

图 11-2-20　"渐变填充"对话框　　图 11-2-21　颜色面板　　图 11-2-22　对图形的渐变填充

（5）使用工具箱中的"贝塞尔工具"按钮，在小伞的中间绘制一个弧度三角形图形，为其填充灰白色，形成小伞图形的一个面，如图 11-2-23 所示。

（6）使用工具箱中的"椭圆工具"按钮○，绘制一个小椭圆形图形，填充天蓝色，设置轮廓线为黑色，如图 11-2-24 所示。使用工具箱中的"选择工具"按钮，选中小椭圆形图形，三次按 Ctrl+D 组合键，复制三个小椭圆形图形。

（7）分别调整四个小椭圆形图形的旋转角度，形成四个伞骨，使用工具箱中的"选择工具"按钮，将这四个伞骨图形移到伞面下边的四个尖端部位，如图 11-2-25 所示。

（8）使用工具箱中的"钢笔工具"按钮，绘制两个封闭的图形，为其填充海军蓝色，构成伞把的两个部件，如图 11-2-26 所示。使用工具箱中的"选择工具"按钮，将两个部件移到伞的顶部，作为伞把顶部的图形，如图 11-2-25 所示。

图 11-2-23　弧度三角形　　图 11-2-24　伞骨　　图 11-2-25　伞骨和伞把顶部　　图 11-2-26　两个部件

（9）使用"矩形工具"按钮□，绘制一个矩形图形，为其填充海军蓝色。单击"排列"→"顺序"→"到图层后边"命令，将其置于小伞图形的后面，作为伞把，如图 11-2-27 所示。

（10）使用工具箱中的"贝塞尔工具"按钮 ，绘制一个封闭的把手图形。单击"填充展开工具栏"栏内的"渐变填充"按钮，打开"渐变填充方式"对话框。在其内"类型"下拉列表框中选中"线性"选项；选中"双色"单选钮，设置"从"为海军蓝色、"到"为冰蓝色，其他设置不变。单击"确定"按钮，完成对把手图形的渐变填充，如图 11-2-28 所示。

图 11-2-27　伞把

（11）使用工具箱中的"选择工具"按钮 ，将把手图形移动到伞把的下面。然后选中所有的图形，将所有的图形组合成一个组合，如图 11-2-29 所示。选中组合的小雨伞图形，在其属性栏中设置"旋转角度"为 330 度，完成旋转后的小雨伞图形如图 11-2-30 所示。

图 11-2-28　把手填充

图 11-2-29　小雨伞

图 11-2-30　旋转小雨伞

（12）将小雨伞图形复制一个，再将它们分别移到彩球图形的两边，再将左边的小雨伞图形水平镜像。选中右边的小雨伞图形，单击"排列"→"取消组合"命令，将小雨伞图形取消群组，再调整其颜色为紫色。然后，再将紫色小雨伞图形的各部分图形组成群组。

4．制作图像文字

（1）输入字体为华文琥珀，字号为 60 磅，颜色为红色的"彩球和小雨伞"美术字。然后，按照【实例 33】介绍的方法，制作沿着椭圆路径环绕的文字，如图 11-2-31 所示。

（2）选中环绕文字和椭圆路径，单击"排列"→"拆分在一路径上的文本"命令，将环绕文字和椭圆路径拆分，再删除椭圆路径。

（3）导入一个风景图像，调整它的大小，将文字移到图像之上，如图 11-2-32 所示。

（4）单击"窗口"→"泊坞窗"→"造形"命令，打开"造形"泊坞窗。在下拉列表框中选中"相交"选项，取消选中"保留对象"选项栏内的两个复选框，如图 11-2-33 所示。

（5）选中"彩球和小雨伞"美术字，单击"造形"（相交）泊坞窗内的"相交对象"按钮，鼠标指针呈 状，单击图像，即可获得图像文字，如图 11-2-1 所示。

（6）调整绘图页面内各对象的大小和位置，最后效果如图 11-2-1 所示。

图 11-2-31　环绕文字

图 11-2-32　文字在图像之上

图 11-2-33　"造形"（相交）泊坞窗

链接知识

1. 多重对象造形处理

绘制两个相互重叠一部分的图形，如图 11-2-34 所示（下边的图形是绿色的，上边的图形是红色的）。选中它们，此时的"属性栏：多个对象"属性栏如图 11-2-35 所示。利用该属性栏中的按钮，或者单击"排列"→"造形"命令，都可以进行多重对象的造形加工。

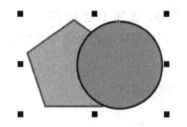

图 11-2-34　相互重叠一部分　　　　　图 11-2-35　"属性栏：多个对象"属性栏

（1）多重对象的焊接：单击"属性栏：多个对象"属性栏中的"合并"按钮，或单击"排列"→"造形"→"合并"命令，两个重叠一部分的对象变为一个只有单一轮廓的一个对象，如图 11-2-36 所示（两幅图形的颜色均变为绿色）。

（2）多重对象的修剪：单击"属性栏：多个对象"属性栏中的"修剪"按钮，或单击"排列"→"造形"→"修剪"命令，则下边的对象与上边对象重叠的部分被修剪掉，同时选中被修剪的对象。移开左边的图形，如图 11-2-37 所示。

如果按住 Shift 键进行多个对象的选择，则最后被选中的对象是被修剪的对象。

（3）多重对象的相交：单击"属性栏：多个对象"属性栏中的"相交对象"按钮，或单击"排列"→"造形"→"相交"命令，两个对象重叠部分的图形会形成一个新的对象，而且处于被选中状态，用鼠标拖曳它，将它单独移出来，如图 11-2-38 所示。

图 11-2-36　合并效果　　　　　　　　　图 11-2-37　修剪效果

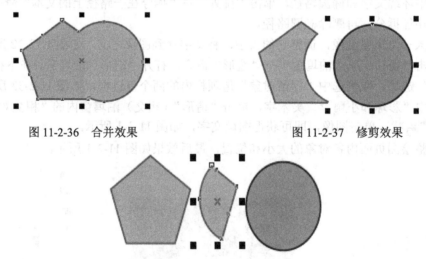

图 11-2-38　相交效果

（4）多重对象的简化：单击"属性栏：多个对象"属性栏中的"简化"按钮，或单击"排列"→"造形"→"简化"命令，则下边图形对象中被上边图形对象遮挡的部分被简化掉，效果与"修剪"效果基本一样，如图 11-2-37 所示，只是简化后仍选中所有对象。

（5）移除后面对象：单击"属性栏：多个对象"属性栏中的"移除后面对象"按钮，或单击"排列"→"造形"→"移除后面对象"命令，则下边的图形对象（包括图形重叠部分）被上边的图形对象修剪掉，并只保留上边图形对象不重叠的部分，如图 11-2-39 所示。

（6）移除前面对象：单击"属性栏：多个对象"属性栏中的"移除前面对象"按钮，或单击"排列"→"造形"→"移除前面对象"命令，则上边的图形对象及图形重叠的部分被下边的图形对象修剪掉，只保留下边图形对象不重叠的部分，如图 11-2-40 所示。

（7）多重对象的边界：单击"属性栏：多个对象"属性栏中的"边界"按钮，或单击"排列"→"造形"→"边界"命令，则会创建一个多重对象的轮廓线，如图 11-2-41 所示。原来的多个对象不变。

  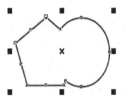

图 11-2-39　移除后面对象　　　　图 11-2-40　移除前面对象　　　　图 11-2-41　创建边界

2."造形"泊坞窗

单击"窗口"→"泊坞窗"命令，打开"泊坞窗"菜单，单击该菜单内的一个命令，即可打开相应的泊坞窗。"泊坞窗"是 CorelDRAW X5 特有的一种窗口，它除了具有许多与一般对话框相同的功能外，还具有更好的交互性能。例如，在进行设置后，它仍然保留在屏幕上，便于继续进行其他各种操作，直到单击 ✖ 关闭按钮才关闭。另外，单击"泊坞窗"右上角的▲按钮，可以将"泊坞窗"卷起来，以节约屏幕空间。

单击"窗口"→"泊坞窗"→"造形"命令，或者单击"排列"→"造形"命令，都可以打开"造形"泊坞窗，如图 11-2-33 所示。在"造形"泊坞窗内的下拉列表框内可以选择修正的类型。在"造形"泊坞窗内的"保留原件"栏内有"来源对象"和"目标对象"两个复选框，如果选中"来源对象"复选框，则表示经修正后还保留"来源对象"图形；如果选中"目标对象"复选框，则表示经修正后还保留"目标对象"图形。

例如，选中图 11-2-34 所示的两个部分重叠的图形，不选中两个复选框，在下拉列表框内选择"相交"选项，再单击"相交对象"按钮，将鼠标指针移到右边图形，当鼠标指针呈黑色箭头状时单击，即可将单击的目标对象的重叠部分剪裁出来，如图 11-2-42（a）所示；如果选中"来源对象"和"目标对象"两个复选框，则单击右边图形后，不但裁剪出图 11-2-42（a）所示图形，还保留原来图形，同时还保留两个原图形（单击对象称为"目标对象"，另外的对象是"来源对象"），如图 11-2-42（b）所示。

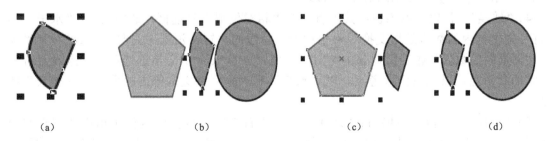

（a）　　　　　　　　（b）　　　　　　　　（c）　　　　　　　　（d）

图 11-2-42　对象的几种相交造形处理效果

如果单击的是左边图形，则左边的图形是目标对象，可将单击的目标对象的重叠部分剪裁出来，同时还保留两个原图形，如图 11-2-38 所示。

如果只选中"来源对象"复选框，则单击"相交对象"按钮后，再单击右边的图形，效果如图 11-2-42（c）所示；如果只选中"来源对象"复选框，则单击"相交对象"按钮后，再单击左边的图形，效果如图 11-2-42（d）所示。如果不选中任何复选框，则单击"相交对象"按钮后，再单击右边的图形，效果如图 11-2-38 所示。

3．"转换"泊坞窗

（1）单击"排列"→"变换"命令或单击"窗口"→"泊坞窗"→"变换"命令，都可以打开一个相同的"变换"（"转换"）菜单，单击该菜单内不同的命令，可以打开相应的不同类型的"转换"泊坞窗。例如，单击"排列"→"变换"→"旋转"命令，或者单击"窗口"→"泊坞窗"→"变换"→"旋转"命令，可以打开"转换"（旋转）泊坞窗，如图 11-2-6 所示。再如，单击"变换"菜单内的"位置"命令，可以打开"转换"泊坞窗内（位置）泊坞窗，如图 11-2-43（a）所示。

（2）单击"转换"泊坞窗内的 5 个按钮中的其他按钮，可以使"转换"类型改变，"转换"泊坞窗也会随之发生改变。5 个按钮的作用从左到右分别为"位置"、"旋转"、"缩放和镜像"、"大小"与"倾斜"对象。"转换"泊坞窗内（旋转）泊坞窗如图 11-2-6 所示，其他类型的"转换"泊坞窗如图 11-2-43 所示。

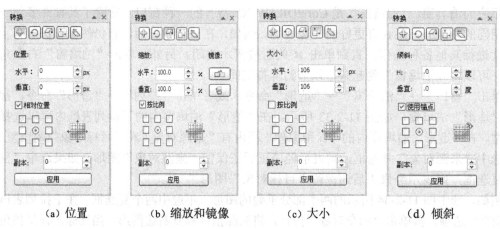

(a) 位置　　　　(b) 缩放和镜像　　　　(c) 大小　　　　(d) 倾斜

图 11-2-43　"转换"泊坞窗

（3）当"副本"数字框内为 0 时，单击"应用"按钮，可以转换选中的对象，原对象消失；当"副本"数字框内为非零的正整数时，单击"应用"按钮，可以将选中的对象复制"副本"数字框内给出的份数并将复制的对象进行转换。

（4）"转换"（位置）泊坞窗：其内有一个"相对位置"复选框，选中它时，"水平"和"垂直"文本框内的数值是指变换对象相对于原对像的位置；没选中它时，"水平"和"垂直"文本框内的数值是指变换对象的绝对坐标值。区域有 9 个单选选项，用来设置对象变换时的参考点，以该点为参考点，以"水平"和"垂直"文本框内的数值为依据来变换对象。

（5）"转换"（旋转）泊坞窗："水平"和"垂直"文本框内的数值是指旋转中心的坐标位置，区域内 9 个单选选项用来确定旋转中心的位置，选中"相对中心"复选框时，

"水平"和"垂直"文本框内数值是指旋转中心点相对于原对象的中心点数值；没选中"相对中心"复选框时，"水平"和"垂直"文本框内数值是指旋转中心点相对于原点的绝对坐标值。

（6）"转换"（缩放和镜像）泊坞窗：单击"水平镜像"按钮 ，可以以选中对象的参考点为中心点产生一个水平镜像的对象；单击按下"垂直镜像"按钮 ，可以以选中对象的参考点为中心点产生一个垂直镜像的对象。 区域有 9 个单选选项，用来设置对象变换时的参考点，以该点为参考点，以"水平"和"垂直"文本框数值为依据来变换对象。

选中"按比例"复选框，可以产生按比例变化的对象；没选中"按比例"复选框，"水平"和"垂直"文本框内的数值等量同步变化，可以产生不按比例变化的对象。"水平"和"垂直"文本框内的数值用来控制变换后的对象与原对象的百分比。

（7）"转换"（大小）泊坞窗："按比例"复选框的作用与前面所述一样。"水平"和"垂直"文本框内的数值用来控制变换后的对象宽和高的数值。

（8）"转换"（倾斜）泊坞窗：选中"使用锚点"复选框，则 区域内 9 个单选选项有效，用来确定锚点的位置，变换的对象以锚点为倾斜的参考点；没选中"使用锚点"复选框，则 区域内 9 个单选选项无效，变换的对象以原对象的中心点为倾斜的参考点。

思考练习 11-2

1．绘制一幅"闹钟"图形，如图 11-2-44 所示。绘制一幅"学习"图形，如图 11-2-45 所示。绘制一幅"钥匙"图形，如图 11-2-46 所示。

图 11-2-44 "闹钟"图形　　　图 11-2-45 "学习"图形　　　图 11-2-46 "钥匙"图形

2．绘制"保护家园"图形，如图 11-2-47 所示。

3．绘制两幅"花纹图案"图形，如图 11-2-48 所示。

　　　　　　　　　　　　　　　　　（a）　　　　　　　　（b）

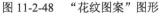

图 11-2-47 "保护家园"图形　　　图 11-2-48 "花纹图案"图形

11.3 【实例 35】奥运五环

"奥运精神"图形如图 11-3-1 所示。它展示了一幅奥运五环标志图形,以及三色文字"奥运五环"。奥运五环标志图形由五种不同颜色(蓝、黄、黑、绿和红色)的圆环圈套在一起,象征着奥运会的团结精神。"奥运五环"文字是红、绿、黄三色文字。通过本案例的学习,可以进一步掌握"造形"和"转换"泊坞窗的使用方法和图框精确剪裁的方法,掌握切割对象和擦除图形的方法,掌握使用涂抹笔刷工具和粗糙笔刷工具加工图形的方法,以及初步掌握"交互式轮廓图"工具的使用方法等。

图 11-3-1 "奥运五环"图形

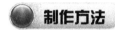

1. 绘制圆环图形

(1)设置绘图页面的宽度为 240mm,高度为 80mm,在绘图页面内绘制一幅圆形图形,如图 11-3-2 所示。单击工具箱中"交互式展开式工具"栏内的"轮廓图"按钮，拖曳圆形图形,拉出一个向内的箭头,如图 11-3-3 所示。

(2)在其"属性栏:交互式轮廓线工具"属性栏内设置"轮廓图步长值"为 1,表示只建立 1 层轮廓图。"轮廓图偏移"数字框为 7 mm,表示轮廓图与原图的距离为 7mm,如图 11-3-4 所示。这时原来的圆形图形内部出现了一个圆环图形,如图 11-3-3 所示。

图 11-3-2 圆形

图 11-3-3 轮廓对象

图 11-3-4 "属性栏:交互式轮廓线工具"属性栏

(3)选中所绘对象,单击"排列"→"拆分轮廓图群组"命令,将所选对象拆分,形成内外两个单独的圆形。同时选中两个圆形,单击"排列"→"合并"命令,将所选对象合并,组成一个圆环图形。设置它无轮廓线,设置填充色为天蓝色,如图 11-3-5 所示。

（4）选中蓝色圆环图形，按 Ctrl+D 组合键，复制一份蓝色圆环图形，并选中该图形，再将它的填充色设置为黑色。然后，将黑色圆环图形移到蓝色圆环图形的右边。

（5）按照上述方法，再制作一个红色圆环图形、一个黄色圆环图形和一个绿色圆环图形，并将它们移到适当位置，如图 11-3-6 所示。

（6）选中黑色圆环图形，单击"排列"→"顺序"→"置于此对象前"命令，再将黑色箭头状鼠标指针移到黄色圆环图形之上单击，即可将黑色圆环置于黄色圆环的前面。

图 11-3-5　蓝色圆环

（7）按照上述方法，调整绿色圆环图形到红色圆环图形的后边，效果如图 11-3-7 所示。

图 11-3-6　5 个圆环图形　　　　　　图 11-3-7　调整前后顺序

2. 切割图形

由图 11-3-7 可以看到，黄色圆环图形在蓝色圆环图形的上边，在黑色圆环图形的下边；绿色圆环图形在黑色圆环图形的上边，在红色圆环图形的下边。

下面的操作是将黄色圆环图形与蓝色圆环图形上边相交处的黄色圆环图形裁减掉，显示出下边的蓝色圆环图形，从而形成黄色圆环与蓝色圆环的相互圈套。

（1）单击"窗口"→"泊坞窗"→"造形"命令，打开"造形"（相交）泊坞窗。选中其内的两个复选框，如图 11-3-8 所示。

（2）使用工具箱中的"选择工具"按钮 ，选中黄色圆环，单击"造形"（相交）泊坞窗内的"相交对象"按钮，再单击要切割的蓝色圆环图形，将蓝色圆环与黄色圆环相交处的两小块蓝色圆环图形的部分图形剪裁出来，如图 11-3-9 所示。

图 11-3-8　"造形"（相交）泊坞窗

（3）单击"排列"→"拆分曲线"命令，将两小块蓝色圆环图形的部分图形分离。

（4）单击非图形处，不选取两小块蓝色图形。再选中下边的一块蓝色图形，如图 11-3-10 所示。然后，按 Delete 键，删除选中的蓝色小块图形，即可获得蓝色圆环图形与黄色圆环图形相互圈套的效果，如图 11-3-11 所示。

图 11-3-9　图形剪裁出来　　　图 11-3-10　图形剪裁出来　　　图 11-3-11　圆环相互圈套

（5）按照上述方法，将黄色圆环图和黑色圆环形成圈套，将黑色圆环和绿色圆环形成圈套，将红色圆环和绿色圆环形成圈套。最终效果如图 11-3-1 所示。

（6）拖曳出一个矩形选中 5 种不同颜色（蓝、黄、黑、绿和红色）的圆环圈套图形，单击"排列"→"群组"命令，将选中的所有图形组成一个群组，形成奥运五环标志图形。

3．制作双色文字

（1）使用工具箱中的"文本工具"按钮 字，在绘图页面中输入"字体"为华文琥珀，"字号"为 200 磅的"奥运五环"美工字。将光标定位在"运"字的右边，按 Enter 键，使"奥运精神"美工字分为两行，如图 11-3-12 所示。

（2）绘制一个矩形轮廓线，将它放置在"奥运精神"美术字的左边，如图 11-3-13 所示。单击"窗口"→"泊坞窗"→"造形"命令，打开"造形"泊坞窗，在下拉列表框内选择"相交"选项，只选中"目标对象"复选框，如图 11-3-14 所示。

图 11-3-12　输入文字　　　图 11-3-13　左侧矩形　　　图 11-3-14　"造形"泊坞窗

（3）单击"造形"泊坞窗内的"相交对象"按钮，再将鼠标指针移到"奥运五环"美术字上单击，裁剪出矩形轮廓线内的文字。再单击调色板内的红色色块，给裁剪出的部分文字着红色，此时的美术字如图 11-3-15 所示。

（4）绘制一个矩形，将它放置在"奥运精神"美术字的右边，如图 11-3-16（a）所示。单击"造形"泊坞窗内的"相交对象"按钮，再将鼠标指针移到"奥运五环"美术字上单击。再单击调色板内的黄色色块，此时美术字如图 11-3-16（b）所示。

图 11-3-15　修整文字

（a）　　　　　　　　　　　　（b）

图 11-3-16　右侧矩形和修整文字

（5）使用"选择工具"按钮 ⬚，选中"奥运五环"美术字，单击"排列"→"群组"命令，将它们组合成一个群组。然后将该群组移到绘图页面内的右上角处，如图 11-3-1 所示。

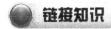 链接知识

1. 自由变换工具简介

单击工具箱中的"形状编辑展开式工具"栏中的"自由变换工具"按钮 ，此时的属性栏变为"属性栏：自由变形工具"属性栏，如图 11-3-17 所示。该属性栏内一些前面没有介绍过的选项的作用介绍如下。

（1）四个按钮：用来选择自由变换的类型。单击"旋转"、"反射"、"缩放"和"倾斜"按钮中的一个，即可对选中图形对象进行相应的旋转、反射（自由角度镜像）、按比例调节（缩放）和扭曲（倾斜）调整。

图 11-3-17　"属性栏：自由变形工具"属性栏

（2）"旋转中心的位置"文本框 和 ：用来改变旋转中心的水平和垂直坐标位置。

（3）"旋转角度"文本框 ：用来调节选中对象的旋转角度。

（4）"倾斜角度"文本框 和 ：用来改变选中对象的水平和垂直倾斜角度。

（5）"应用到再制"按钮：用来控制是否应用于复制对象。当"应用于再制"按钮呈按下状态时，表示在对图形对象做变形操作时，是将原图形对象复制后，再对图形副本做变形操作，而不改变原图形的位置和形状；当"应用到再制"按钮呈抬起状态时，表示在对图形做变形操作时，只是对原图形进行变形操作。

（6）"相对于对象"按钮：它的作用是改变选中的图形对象的坐标原点。当"相对于对象"按钮呈按下状态时，其坐标原点位置是相对于图形对象中心的位置；当"相对于对象"按钮呈抬起状态时，其坐标原点位置是标尺坐标的实际位置。

2. 自由变换调整

（1）缩放调节：可以使对象在水平及垂直方向上做任意的延展和收缩。使用工具箱中的"选择工具"按钮 ，选中对象，单击工具箱中的"自由变换工具"按钮 。单击其"属性栏：自由变换工具"属性栏中的"缩放"按钮，在绘图页面内任意处单击并拖曳，对象的轮廓会随之缩放变化，如图 11-3-18 所示；松开鼠标左键后对象即按照轮廓线的变化而改变。

在拖曳时对象以单击处为基点进行缩放，向上拖曳可以在垂直方向放大对象，向下拖曳可以在垂直方向缩小对象，当向下拖曳使对象缩小过基点时，可使对象产生垂直镜像，并放大镜像的对象；向右拖曳可以在水平方向放大对象，向左拖曳可以在水平方向缩小对象，当鼠标向左拖曳使对象缩小过基点时，即可使对象产生水平镜像，并放大镜像的对象。

（2）旋转：可以使对象围绕着任意的轴心进行任意角度的旋转。选中对象，单击其"属性栏：自由变换工具"属性栏中的"旋转"按钮，在"旋转中心的位置"文本框中设置旋转中心的坐标位置。然后，在绘图页面内任意处单击并拖曳，此时屏幕上会产生一条以单击处为原点的辐射，如图 11-3-19 所示，辐射及对象的轮廓会以辐射的原点为圆心而旋转，松开鼠标左键，旋转操作结束。

（3）倾斜：可以使对象进行任意角度的倾斜扭曲。选中对象，单击"属性栏：自由变换工具"属性栏中的"倾斜"按钮；在绘图页面内任意处单击并拖曳，拖曳时对象的轮廓会随鼠标的拖曳而变化，如图 11-3-20 所示。

（4）反射：可以使对象在镜像后围绕着任意的轴心进行任意角度的旋转。选中对象，单击"属性栏：自由变换工具"属性栏内的"反射"按钮，然后在绘图页面内任意处单击并拖曳，会产生一条以鼠标单击处为原点的直线，并产生以直线为镜面的镜像对象的轮廓，拖曳时直线及对象的轮廓会以直线的原点为圆心而旋转，如图 11-3-21 所示。

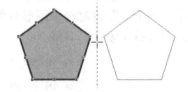

图 11-3-18　缩放变化　图 11-3-19　旋转变化　图 11-3-20　倾斜变化　图 11-3-21　反射变化

3．刻刀和橡皮擦工具

（1）刻刀工具：对于绘制好的一个图形，可以使用工具箱中"裁剪工具展开"栏内的"刻刀"按钮 ，将它切割成两个或多个部分。单击"刻刀"按钮 后，其属性栏如图 11-3-23 所示。其中，"自动闭合"按钮按下时，表示将路径线切割断开，切割点间产生封闭的曲线；"自动闭合"按钮抬起时，表示只将路径线切割断开，切割点间不产生封闭的曲线。

另外，"成为一个"按钮抬起时，表示切割后的图形被分为两个图形；"成为一个"按钮按下时，表示切割后的图形仍为一个图形。图形的切割方法如下。

◎ 单击"刻刀"按钮 ，打开相应的属性栏，单击按下属性栏中的"自动闭合"按钮，使"保留一个"按钮呈抬起状态，如图 11-3-22 所示。如果属性栏中的"保留一个"呈按钮按下状态，则不会产生两个对象。

◎ 将鼠标指针（美工刀状）移到图形的切割点处，此时美工刀变为竖直状，单击后再将鼠标指针移到另一个切割点处（例如，五边形下边线中点处），此时美工刀会立起来，再单击，会在两个切割点处产生两个节点，两个节点间会产生一条连接直线，如图 11-3-23 所示。如果属性栏中的"自动闭合"按钮呈抬起状态，则不会产生两个切割点间的连接直线。另外，还可以从第 1 个切割点拖曳到第 2 个切割点处，会产生一条切割曲线，如图 11-3-24 示。

图 11-3-22　"属性栏：刻刀和橡皮擦工具"属性栏　　图 11-3-23　结束切割　　图 11-3-24　切割曲线

（2）橡皮擦工具：对于绘制好的一个图形，可以使用工具箱中的"橡皮擦"按钮 将选中图形的一部分擦除，还可以通过擦除将原来的图形分成两个或多个部分。它的"属性栏：刻刀和橡皮擦工具"属性栏如图 11-3-25 所示。其中，修改"橡皮擦厚度"文本框内的数据，可以改变橡皮擦的大小。

在"属性栏：刻刀和橡皮擦工具"属性栏中的"圆形/方形"按钮抬起时，表示橡皮擦（鼠标指针）形状为圆形；"圆形/方形"按钮按下时，表示橡皮擦形状为方形。"自动减少"

按钮抬起时，表示橡皮擦擦除过的图形所产生的连接线上会有许多节点，如图 11-3-26 所示；"自动减少"按钮按下时，表示橡皮擦擦过的图形所产生的连接线上的节点会自动减少，如图 11-3-27 所示。使用"形状"按钮 ，选中橡皮擦擦除过的图形，即可显示出节点。

 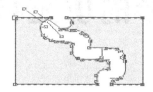 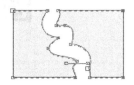

图 11-3-25 "属性栏：刻刀和橡皮擦工具"属性栏 图 11-3-26 连接线上节点 图 11-3-27 节点会自动减少

4．涂抹笔刷和粗糙笔刷工具

（1）涂抹笔刷工具：将绘制好的图形对象用"涂抹笔刷"按钮 做涂抹处理后，可以使矢量图形对象沿其轮廓变形。"涂抹笔刷"按钮 只能应用于曲线对象。

单击工具箱中的"涂抹笔刷"按钮 ，属性栏随之改变为如图 11-3-28 所示。通过对属性栏中的"笔尖大小"、"笔压"等参数的修改，可以对"涂抹笔刷"进行相应的设置。

（2）粗糙笔刷工具：将绘制好的图形对象的轮廓用"粗糙笔刷"按钮 做粗糙处理后，可以使矢量的图形对象光滑的轮廓变形为粗糙的轮廓。"粗糙笔刷"只能应用于曲线对象。

单击工具箱中的"粗糙笔刷"按钮 ，属性栏随之改变为如图 11-3-29 所示。通过对属性栏中的"笔尖大小"、"笔压"等参数的修改，可以对"粗糙笔刷"进行相应的设置。

图 11-3-28 "属性栏：涂抹笔刷"属性栏 图 11-3-29 "属性栏：粗糙笔刷"属性栏

思考练习 11-3

1．绘制一幅"连环套"图形，图中两个七彩矩形环套在一起，如图 11-3-30 所示。

2．绘制一幅"馨港庄园"图像，如图 11-3-31 所示。该图像是一幅宣传"馨港庄园"房产的宣传画，宣传了"馨港庄园"别墅绿色环保，地处市中心，多彩的生活环境。

图 11-3-30 "连环套"图形 图 11-3-31 "馨港庄园"图形

第 **12** 章
图形的填充和透明处理

本章提要

　　本章通过两个实例，介绍了图形的填充和透明处理工具的使用方法。填充就是给图形内部填充某种颜色、渐变颜色、图案、纹理、花纹和图像，以及网格填充和交互式填充等。透明类似于填充，是对填充的进一步处理，使填充具有透明效果。填充与透明不但适用于单一对象闭合路径的内部，而且适用于单一对象不闭合路径的内部，可以将不闭合路径封闭。如果要对不闭合路径进行填充，需要先进行设置，方法是选中"选项"（常规）对话框内的"填充开放式曲线"复选框。填充使用"填充展开工具栏"和"交互式填充展开工具"栏内的工具，透明使用"交互式展开式工具"栏内的"透明度"。

12.1 【实例 36】春节快乐

案例效果

　　"春节快乐"图形如图 12-1-1 所示。可以看到，正中间是礼花和两个拿着倒"福"字的儿童，儿童两旁是黄色到红色渐变色的彩条上面填变化的"春节"和"快乐"两组文字，两边各有一只大红灯笼，大红灯笼下边有一串鞭炮。大红灯笼中间亮四周暗，有阴影，给人一种强烈的三维效果。通过制作该图形，可以掌握图形的渐变填充和其他填充的方法，初步掌握"调和"工具和"阴影"工具的使用方法等。

图 12-1-1　"春节快乐"图形

制作方法

1．绘制灯笼图形

（1）设置绘图页面的宽为 200mm，高为 100mm，背景颜色为红色。使用工具箱中的"椭圆工具"按钮○，在绘图页面外绘制一个椭圆作为灯笼的主体。然后，按 Ctrl+D 组合键，复制一份，将复制的椭圆图形移到绘图页面的外边。

（2）使用工具箱中的"矩形工具"按钮□，在椭圆图形的下面绘制一个矩形。单击其属性栏中的"转换为曲线"按钮，将矩形转换为可编辑的曲线。再使用工具箱中的"形状"按钮，调整矩形的节点成如图 12-1-2 所示的样子，完成灯笼底部图形的绘制。

（3）使用工具箱中的"选择工具"按钮，选中刚刚调整的矩形，按 Ctrl+D 组合键，复制一份，再单击其属性栏内的"垂直镜像"按钮，使选中的对象垂直翻转。然后，将垂直翻转的对象移到灯笼主体的上边，如图 12-1-3 所示。

（4）在图 12-1-3 所示图形处绘制一个椭圆图形，选中这两个图形，如图 12-1-4 所示。单击"排列"→"造形"→"修剪"命令，形成灯笼的顶部图形，如图 12-1-5 所示。

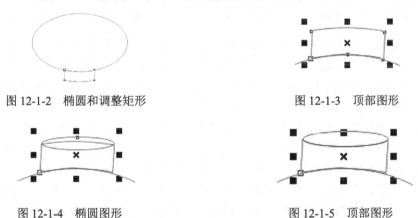

图 12-1-2　椭圆和调整矩形　　　　　图 12-1-3　顶部图形

图 12-1-4　椭圆图形　　　　　图 12-1-5　顶部图形

（5）在灯笼的中央绘制一条竖直的直线，并将所绘竖线设置为绿色，如图 12-1-6 所示。单击工具箱中"交互式展开式工具"栏内的"调和工具"按钮，在其"属性栏：交互式调和工具"属性栏中的"调和对象"数值框内输入 4，设置调和形状之间的偏移量。将鼠标指针移到椭圆中间的竖线上，水平向右拖曳到椭圆轮廓线处，形成一系列渐变曲线，制作出灯笼的骨架对象，如图 12-1-7 所示。

（6）同时选中作为灯笼主体的骨架对象，单击"排列"→"顺序"→"到图层后面"命令，将这两个对象移到其他图形对象的后面。

（7）将绘图页面外边的椭圆图形移到骨架对象之上，单击工具箱中的"填充展开工具栏"栏内的"渐变填充"按钮，打开"渐变填充"对话框，

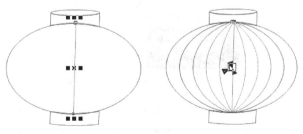

图 12-1-6　绘制直线　图 12-1-7　形成灯笼的骨架

如图 12-1-8（a）所示。在"类型"下拉列表框内选择"辐射"选项，设置渐变填充为"辐射"；选中"双色"复选框，单击"从"按钮，打开调色板，如图 12-1-8（b）所示，单击

红色色块，设置"从"颜色为红色；单击"到"按钮，打开调色板，设置"到"颜色为黄色；拖曳右上角显示框内的黄色，此时"水平"和"垂直"数字框内的数据也会随之变化，最后"水平"和"垂直"数字框内的数值分别为-12和16；在"边界"数字框内输入20，"中心"数字框保持50，如图12-1-8（a）所示。单击"确定"按钮，给灯笼的椭圆部分填充从红到黄色的圆形渐变色，效果如图12-1-9所示。

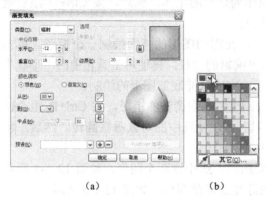

(a)　　　　　　　(b)

图12-1-8　"渐变填充"（辐射）对话框和调色板

图12-1-9　椭圆填充红黄渐变色

（8）选中灯笼顶部和底部的矩形图形，单击工具箱中"填充展开工具栏"栏内的"渐变填充"按钮，打开"渐变填充"对话框。在"类型"下拉列表框内选择"线性"选项，设置渐变填充的类型为"线性"；选中"自定义"复选框，单击"颜色调和"栏内下边预览带左上角的□标记，单击"其他"按钮，打开"选择颜色"对话框，单击"模型"标签，如图12-1-10所示，利用该对话框设置颜色为金黄色。单击"确定"按钮，关闭"选择颜色"对话框，回到"渐变填充"对话框。再单击调色板中的金黄色色块，设置起始颜色为金黄色；单击预览带右上角的□标记，再设置该点的颜色为金黄色，即终止颜色为金黄色。

单击预览带上边，使预览带上边出现一个▼标记，单击"位置"数字框的按钮或拖曳调整▼标记的位置，单击调色板中的白色色块，设置此处颜色为白色，如图12-1-11所示。再单击预览带上靠近右边□标记处，使预览带上边出现一个▼标记，设置此处的颜色为黄色。

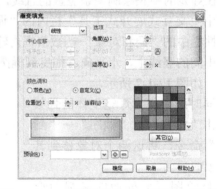

图12-1-10　"选择颜色"对话框　　　图12-1-11　"渐变填充"（线性）对话框

（9）单击"渐变填充"对话框内的"确定"按钮，关闭该对话框，给灯笼顶部和底部填充从金黄-白-黄-金黄色的线性渐变颜色。再将灯笼的骨架线颜色改为金黄色。

（10）使用工具箱中的"矩形工具"按钮□，在灯笼的顶部绘制一个长条矩形，为其填充和顶部矩形相同的渐变色，取消轮廓线，作为灯笼的挂绳，形成的灯笼图形如图12-1-12所示。

2．绘制灯笼穗和灯笼阴影

（1）使用工具箱中的"手绘工具"按钮 ，在灯笼的底部绘制一条垂直的红色直线，线的宽度为 0.5mm。将该垂直直线复制一份。调整两条直线的位置，如图 12-1-13 所示。

（2）单击工具箱中"交互式展开式工具"栏内的"调和工具"按钮 ，在其"属性栏：交互式调和工具"属性栏中的"调和对象"文本框中输入 30，将鼠标指针移到左边的垂直直线之上，水平向右拖曳到另一条垂直直线，形成共 32 条垂直直线，构成灯笼穗图形，如图 12-1-14 所示。然后，将灯笼穗颜色改为黄色。

（3）使用工具箱中的"选择工具"按钮 ，选中红灯笼中的所有对象，单击"排列"→"群组"命令，将所选对象组成一个群组对象，如图 12-1-15 所示。

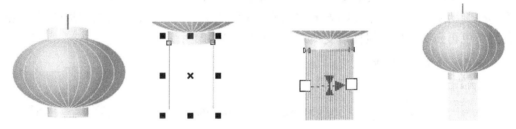

图 12-1-12　灯笼图形　　图 12-1-13　两条直线　　　图 12-1-14　灯笼穗图形　　　图 12-1-15　灯笼穗图形

（4）单击工具箱中"交互式展开式工具"栏内的"阴影"按钮 。从灯笼上向灯笼左上角拖曳出一个箭头，形成灯笼的黑色阴影，效果如图 12-1-1 所示。

（5）选中灯笼和它的阴影，按 Ctrl+D 组合键，复制一份灯笼和它的阴影图形，再将其移动到右边，再水平镜像，效果如图 12-1-1 所示。

3．导入图像和礼花图形

（1）单击"文件"→"导入"命令，打开"导入"对话框，选中"节日.jpg"图像文件，单击"导入"按钮，关闭"导入"对话框。

（2）在绘图页面内拖曳一个矩形，即导入一幅节日图像，如图 12-1-16 所示。

（3）使用工具箱中的"选择工具"按钮 ，选中导入的图像，单击"窗口"→"泊坞窗"→"位图颜色遮罩"命令，打开"位图颜色遮罩"泊坞窗。

（4）选中"隐藏颜色"单选钮，单击"颜色选择"按钮 ，再单击第 1 幅图像的白色背景，选中第 1 个复选框，在"容限"文本框内输入 33，如图 12-1-17 所示。然后，单击"应用"按钮，即可隐藏节日图像的背景白色，如图 12-1-18 所示。

图 12-1-16　节日图像　　　图 12-1-17　"位图颜色遮罩"泊坞窗　　　图 12-1-18　隐藏图像的白色

（5）参考【实例31】中介绍的方法，制作一些礼花图形，如图 12-1-1 所示。

4. 绘制鞭炮和制作文字

（1）使用工具箱中的"矩形工具"按钮 □，在绘图页面外边绘制一个矩形图形，给矩形图形填充红色。单击工具箱内"交互式填充展开工具栏"中的"交互式填充"按钮 ，再在矩形图形内垂直拖曳，给该图形添加红色到白色的线性交互式填充，如图 12-1-19 所示。此时的"属性栏：交互式双色渐变填充"属性栏如图 12-1-20 所示。

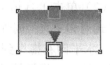

图 12-1-19　交互式填充

（2）拖曳调色板内的深红色色块到交互式填充的白色方形控制柄内，再将调色板内的黄色色块拖曳到交互式填充的两个方形控制柄之间的虚线之上，在原来的两个方形控制柄之间增加一个新的方形控制柄，设置的颜色为黄色。此时给矩形图形填充的是深红色到黄色再到深红色的线性渐变填充色，如图 12-1-21 所示。

图 12-1-20　属性栏

图 12-1-21　填充调整

（3）调整图 12-1-21 所示矩形图形的大小和顺时针旋转一定角度，再复制一份，将复制的矩形逆时针旋转一定角度。再将它们分别复制多份，分别调整它们的位置，并组合在一起。然后，绘制一条紫色的垂直线将这些矩形图形连在一起，形成一串鞭炮，如图 12-1-22 所示。

（4）使用工具箱内的"复杂星形工具"按钮 ，在其属性栏内"锐度"数字框中输入 3，在"点数或边数"数字框内输入 9，然后拖曳绘制一个无轮廓线、黄色的星形图形，如图 12-1-23 所示。再在星形图形中心处绘制一个无轮廓线、黄色圆形，形成一个爆炸效果，如图 12-1-24 所示。然后，将它们组成一个群组对象。

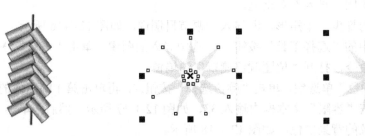

图 12-1-22　一串鞭炮　　　图 12-1-23　复杂的多边形图形　　　图 12-1-24　爆炸效果

（5）使用工具箱中的"文本工具"按钮 字，在绘图页面中输入字体为华文琥珀，字大小为 36pt 的"春节"美工字，设置颜色为红色，如图 12-1-25 所示。将"春节"美工字复制一份，设置颜色为黄色，将它调小，并移到红色"春节"美工字的下方，如图 12-1-26 所示。

（6）单击工具箱中"交互式展开式工具"栏内的"调和工具"按钮 ，在其"属性栏：交互式调和工具"属性栏中的"调和对象"文本框中输入 20，单击"顺时针"按钮。从红色"春节快乐"美工字垂直向下拖曳到黄色"春节"美工字，形成一系列渐变"春节"美工字，如图 12-1-27 所示。

（7）使用工具箱中的"选择工具"按钮 ，选中红色"春节"文字，设置该文字的轮廓线颜色为黄色。再单击"排列"→"顺序"→"到图层前面"命令，将的红色"春节"美工字移到其他图形对象的前面，如图 12-1-28 所示。

 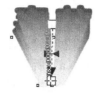 

图 12-1-25　"春节"字　　图 12-1-26　两组文字　　图 12-1-27　调和调整　　图 12-1-28　修改文字

（8）单击工具箱中的"填充展开工具栏"栏内的"底纹填充"按钮 ，打开"底纹填充"对话框，如图 12-1-29（a）所示。在"底纹库"下拉列表框内选择"样品"选项，在"底纹列表"列表框内选择最后一个"紫色烟雾"底纹选项，在"星云"栏内设置个数字框的数值，使"红色软度%"数值为 100，"绿色软度%"数值为 50，"蓝色软度%"数值为 14，"亮度%"数值为 29，单击"预览"按钮，即可在"预览"视图窗口内看到实质效果如图 12-1-29（b）所示。然后，单击"确定"按钮，给红色文字"春节"填充"紫色烟雾"底纹。

（9）选中黄色"春节"文字，拖曳调整它的位置，最后效果如图 12-1-1 所示。

（10）按照上述方法，在制作渐变色文字"快乐"，如图 12-1-1 所示。

（a）　　　　　　　　　　　　　　　（b）

图 12-1-29　"底纹填充"对话框

链接知识

1．调色板管理

单击"窗口"→"泊坞窗"→"调色板管理器"命令，打开"调色板管理器"泊坞窗，如图 12-1-30 所示。"调色板管理器"泊坞窗内还有四个按钮 ，将鼠标指针移到按钮之上可显示按钮名称。利用该泊坞窗可以打开、保存、新建和编辑调色板。

（1）添加和取消调色板：单击"调色板管理器"泊坞窗内调色板名称左边的 图标，使它变为 图标，可以将该调色板添加到 CorelDRAW X5 工作区内右边的调色板区域中。单击 图标，使它变为 图标，可以将该

图 12-1-30　"调色板管理器"泊坞窗

调色板从 CorelDRAW X5 工作区内取消。

另外,单击"窗口"→"调色板"命令,打开"调色板"菜单,选中其内的命令,即可增加一个调色板。单击选中的命令,取消选中该命令,即可取消该调色板。

(2)打开调色板:单击"调色板管理器"泊坞窗内的"打开调色板"按钮 ,打开"打开调色板"对话框,如图 12-1-31(a)所示,在"文件类型"下拉列表框内可以选择调色板的各种类型,如图 12-1-31(b)所示。选中要打开的调色板名称后,单击"打开"按钮,即可将选中的外部调色板打开,同时导入到 CorelDRAW X5 工作区内右边的调色板区域中。

(a)   (b)

图 12-1-31   "打开调色板"对话框和文件类型

(3)编辑调色板:在"调色板管理器"泊坞窗内选中一个自定义调色板名称,再单击"打开调色板编辑器"按钮 ,打开"调色板编辑器"对话框,如图 12-1-32 所示。可以看到该调色板的情况。利用该对话框内的下拉列表框,可以更换自定义调色板;单击右排的按钮,可以给调色板添加新颜色,可以替换调色板内的颜色,可以删除调色板内的颜色,可以将调色板内的颜色色块按照指定的方式排序显示等。

(4)新建调色板:在打开的文档内选中一个对象,单击"调色板管理器"泊坞窗内的"使用选定的对象创建一个新调色板"按钮 ,打开"另存为"对话框,利用该对话框可以将选中对象所使用的颜色保存为一个调色板文件(扩展名为"xml")。如果单击"使用文档创建一个新调色板"按钮 ,打开"另存为"对话框,利用该对话框可以将打开的文档所用的颜色保存为一个调色板文件。如果单击"创建一个新的空白调色板"按钮 ,打开"另存为"对话框,利用该对话框可以保存一个新的空白调色板文件。

(5)删除自定义调色板:在"调色板管理器"泊坞窗内选中一个自定义调色板名称,再单击该泊坞窗内右下角的"删除所选的项目"按钮 ,打开一个提示框,单击"确定"按钮,即可删除"调色板管理器"泊坞窗内选中的自定义调色板。

2.单色着色

(1)使用调色板着色:使用"选择工具"按钮 ,选中图形,将鼠标指针移到调色板内色块之上,稍等片刻,会显示颜色名称。单击色块,即可给选中的图形填充颜色;右击色块,可设置选中图形轮廓的颜色;按住 Ctrl 键并单击色块,可将单击的颜色与原来的颜色混合。

在选中任何对象后,拖曳调色板中的颜色块到对象上方,当鼠标箭头指针指向对象内部时,则给对象内填充颜色;当鼠标箭头指针指向对象轮廓线时,则改变对象轮廓线的颜色。

如果按住 Shift 键,同时单击色块,则会打开"按名称查找颜色"对话框,如图 12-1-33 所示。在该对话框内的"颜色名称"下拉列表框内可以选择一种颜色的名字，再单击"确定"按钮，即可将鼠标指针定位在要选择的颜色的色块处。

图 12-1-32　"调色板编辑器"对话框　　　　图 12-1-33　"按名称查找颜色"对话框

（2）使用"颜色"泊坞窗着色：单击"窗口"→"泊坞窗"→"颜色"命令，或者单击"颜色展开工具栏"栏内的"颜色"按钮，打开"颜色"泊坞窗，如图 12-1-34 所示。

在下拉列表框中可以选择颜色模式。在色条中单击选择某种颜色或在相应的文本框中输入颜色数据。颜色选好后，单击"填充"按钮，即可给图形填充选定颜色，单击"轮廓"按钮即可改变选中对象的轮廓线颜色。

单击"显示颜色滑块"按钮，可以切换"颜色"泊坞窗，如图 12-1-35 所示，拖曳滑块，或者在文本框内输入，都可以调整颜色数据。单击"显示调色板"按钮，可以切换"颜色"泊坞窗，如图 12-1-36 所示；单击右边垂直颜色条中的色条，可以整体改变左边的调色板内容；单击▲按钮，可以向上移动调色板内的色块；单击▼按钮，可以向下移动调色板内的色块。

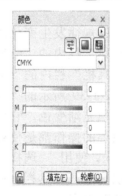

图 12-1-34　"颜色"泊坞窗　　　图 12-1-35　"颜色"泊坞窗　　　图 12-1-36　"颜色"泊坞窗

单击"颜色"泊坞窗内的左下角的"自动应用颜色"按钮，可以使该按钮在和之间切换。当按钮呈状时，表示单击调色板内的色块后，选中对象的填充颜色即可随之变化，轮廓线颜色不变；当按钮呈状时，表示单击调色板内的色块后，需要单击"填充"按钮才可以改变选中对象的填充颜色，需要单击"轮廓"按钮才可以改变选中对象的轮廓颜色。

（3）使用"均匀填充"对话框着色：使用"选择工具"按钮，选中对象，再单击工具箱中的"交互式填充展开工具栏"栏内的"交互式填充"按钮，在其属性栏内的"填充类型"下拉列表框内选择"均匀填充"选项，如图 12-1-37 所示。单击该属性栏中的"编辑填充"按

钮 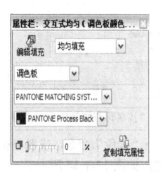，打开"均匀填充"对话框，如图 12-1-38 所示。

单击"混和器"标签，可切换到"混和器"选项卡，单击"调色板"和"模型"标签，可以切换到"调色板"和"模型"选项卡。使用它们也可以选择要填充的颜色，再单击"确定"按钮即可给选中的对象填充选定的颜色。

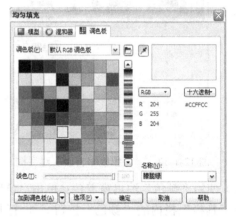

图 12-1-37 "属性栏：交互式均匀"面板

图 12-1-38 "均匀填充"（调色板）对话框

单击工具箱中"填充展开工具栏"的"均匀填充"按钮 ▉，也可以打开"均匀填充"对话框。

（4）使用"对象属性"泊坞窗着色：使用"选择工具"按钮 ▶，右击对象，打开它的快捷菜单，再单击该菜单中的"属性"命令，打开"对象属性"泊坞窗，如图 12-1-39 所示。使用该泊坞窗也可以选择填充的颜色。

3. 渐变填充

渐变填充是给图形填充按照一定的规律发生变化的颜色。使用工具箱中"填充展开工具栏"栏内的"渐变填充"按钮 ▉ 和"交互式填充展开工具栏"栏内的"交互式填充"按钮 ✎ 等工具，以及图 12-1-39 所示的"对象属性"泊坞窗等都可以给选中对象填充渐变色，它们的方法很相似，有着很多共同点，主要的操作都是使用图 12-1-40 所示的"渐变填充"对话框。使用"选择工具"按钮 ▶，选中对象，再单击"填充展开工具栏"栏内的"渐变填充"按钮 ▉，打开"渐变填充"对话框，如图 12-1-40 所示。利用该对话框进行渐变填充的方法如下。

（1）在"类型"下拉列表框内，可以选择渐变填充的类型，有线性、辐射、圆锥和正方形四种类型，选择不同

图 12-1-39 "对象属性"泊坞窗

类型后，"渐变填充"对话框会不一样。例如，选择"圆锥"类型选项后的"渐变填充"对话框如图 12-1-40（a）所示；选择"辐射"类型选项后的"渐变填充"对话框如图 12-1-8 所示；选择"线性"类型选项后的"渐变填充"对话框如图 12-1-11 所示；选择"正方形"类型选项后的"渐变填充"对话框如图 12-1-40（b）所示。

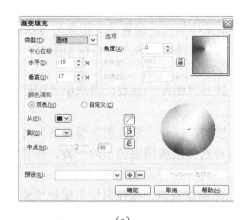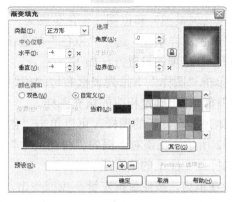

（a）　　　　　　　　　　　　　　　　（b）

图 12-1-40　"渐变填充"（圆锥和正方形）对话框

（2）如果选择的不是线性类型，则还需要在"中心位移"栏内选择起始颜色所在的位置，也可以在"渐变填充"对话框右上角显示框内单击来确定起始颜色所在的点，显示框内的图形会给出渐变填充的效果。在选择类型和确定中心点后，图形会随之发生变化。

（3）在"选项"栏内可以设置颜色渐变效果。在改变"角度"、"步长"和"边界"三个数字框内的数据时，可以同步在显示框内看到设置的颜色渐变效果。单击"步长"按钮🔒，可以使"步长"数字框在有效和无效之间切换。

（4）在"颜色调和"栏内，如果选择"双色"单选钮，则"颜色调和"栏如图 12-1-40（a）所示。此时，可单击"从"和"到"按钮，打开调色板，如图 12-1-8（b）所示。单击调色板内的色块，即可设置起始的"从"颜色为该色块颜色；单击调色板内的"其他"按钮，可以打开"选择颜色"对话框，如图 12-1-10 所示，用来设置"从"颜色；单击调色板内的按钮🖊，鼠标指针呈吸管状，单击屏幕上任何一处的颜色，即可设置该颜色为"从"颜色。

按照上述方法，还可以设置渐变色终止颜色，即"到"颜色。再拖曳调整"中点"的滑块或在其文本框内输入数据，可以调整颜色渐变的中心点。

选中"颜色调和"栏内的三个按钮："直接渐变"按钮🖊、"逆时针渐变"按钮🔄、"顺时针渐变"按钮🔄，可以设置颜色的渐变方式。

（5）在"颜色调和"栏内，如果选中"自定义"单选钮，则"颜色调和"栏如图 12-1-40（b）所示。此时，单击预览带左上角的□或■标记，再单击调色板中的一种颜色，即可设置起始色；单击预览带右上角的□或■标记，再单击调色板中的一种颜色，即可设置终止色。

双击预览带上边，可以使预览带上边出现一个▼标记，单击"位置"数字框的按钮或拖曳▽标记可以改变标记的位置。拖曳▼标记到一定位置处后，单击调色板中的一种颜色，即可设置此处的中间色。可以设置 99 个中间颜色。单击调色板内的"其他"按钮，可以打开"选择颜色"对话框，如图 12-1-10 所示。在"当前"框内会显示▼标记处的颜色。

（6）如果要将设置好的渐变填充方式进行保存，可以在"预设"文本框内输入名字，再单击➕按钮即可。如果要删除某种渐变填充方式，可先选中它的名字，再单击➖按钮。

完成上述设置后，单击"确定"按钮，即可完成对选定对象的渐变填充。

4．图样填充

使用"选择工具"按钮🔧，选中对象，单击工具箱中"填充展开工具栏"的"图样填充"按钮▦，打开"图样填充"对话框，如图 12-1-41 所示。利用该对话框可以进行双色（双色位图）、全色（矢量图）和位图（全色位图）三种类型图样填充。设置填充图案的方法如下。

（1）双色图样填充：选中"双色"单选钮，此时的"图样填充"对话框如图 12-1-41 所示。该对话框中各选项的设置方法如下。

◎ 单击"图样"下拉列表框右边的按钮 ∨，打开"图样"列表，再选中"图样"列表内的某个图样，即可确定相应的填充图样。

◎ 如果要设计新的图样，可以单击"创建"按钮，打开"双色图案编辑器"对话框，如图 12-1-42 所示。在该对话框内"位图尺寸"栏内可选择组成图案的点阵个数，在"笔尺寸"栏内可选择绘制图案的笔大小。

在绘图框内，按住鼠标左键拖曳或单击，可以绘制像素点；按住鼠标右键拖曳或单击，可以擦除像素点。图 12-1-43 给出一种已经设计好的图案。

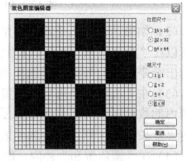

图 12-1-41 "图样填充"   图 12-1-42 "双色图案编辑器"   图 12-1-43 "双色图案编辑器"
对话框   对话框   对话框设计的图案

◎ 单击"前部"与"后部"按钮，都可以打开相应的调色板，用来选择前景色与背景色。在"图样填充"对话框内下边的"原始"（图案中心距对象选择框左上角的距离）、"大小"（图案大小）、"变换"（图案倾斜和旋转角度）和"行或列位移"（图案分布在对象内行或列交错的数值）栏内可以进行图案在对象内拼接（平铺）状况的设置。

◎ 如果选中"将填充与对象一起变换"复选框，则当对象进行旋转和倾斜等变换时，图样填充也会随之变化。如果选中"镜像填充"复选框，则采用镜像填充方式进行填充。

◎ 如果要删除图案，可以首先选择要删除的图案，再单击"删除"按钮。

◎ 如果要使用外部的图像作为图案，可以单击"装入"按钮，打开"导入"对话框，利用该对话框可以载入外部图像。

（2）全色图样填充：选中"全色"单选钮，则对话框上半部分发生变化，如图 12-1-44 所示。单击"图样"下拉列表框右边的 ∨ 按钮，可以打开"图样"列表，选中"图样"列表内某种图案，再进行其他设置，然后单击"确定"按钮即可。

（3）位图图样填充：选中"位图"单选钮，则对话框上半部分发生变化，如图 12-1-45 所示。单击"图样"下拉列表框右边的 ∨ 按钮，打开"图样"列表，选中"图样"列表框内某种图样，再进行其他设置，然后单击"确定"按钮即可。

5. 底纹填充

底纹填充（纹理填充）是用小块的位图随机地填充到对象的内部，以产生天然纹理的效果。纹理位图只能是 RGB 颜色。使用"选择工具"按钮 ↳，选中图形，单击工具箱中"填充展开工具栏"的"底纹填充"按钮，打开"底纹填充"对话框，如图 12-1-46 所示。利用该对话框可以进行各种底纹填充。底纹的种类很多，还可以对底纹进行调整，方法如下。

（1）在"底纹库"下拉列表框内可以选择底纹库类型，在"府纹列表"列表框内可以选择该类型库中的某种底纹图案，在预览框内可以显示选中的底纹图案。

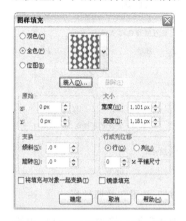  

图 12-1-44　"图样填充"（全色）　　图 12-1-45　"图样填充"（位图）　　图 12-1-46　"底纹填充"
　　　　　　　对话框　　　　　　　　　　　　　　对话框　　　　　　　　　　　　　对话框

（2）单击"选项"按钮，可以打开"底纹选项"对话框，如图 12-1-47 所示。利用该对话框，可以进行位图分辨率和底纹最大平铺（拼接）宽度的设置。

（3）在"纸面"栏内有多个数字框和列表框，可以用来进行底纹图案参数的设置，不同的底纹图案会有不同的参数。底纹图案参数设置完后，单击"预览"按钮，在预览框内会显示修改参数后的底纹图案效果。

（4）单击各参数选项右边的锁状小按钮后，表示选中此参数，再不断单击"预览"按钮，可使选中的参数不断随机变化，同时预览框内的底纹图案也会随之变化。

单击 🞢 按钮，可以保存新底纹图案；单击 ⊟ 按钮，可删除选中的底纹图案。

（5）单击"平铺"按钮，可打开"平铺"对话框，如图 12-1-48 所示。使用该对话框，可以进行底纹图案在对象内拼接状况的设置，

上述设置完成后，单击"确定"按钮，即可将选定的纹理图样填充到选中的对象内。

 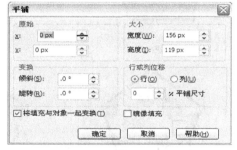

图 12-1-47　"底纹选项"对话框　　　　　　图 12-1-48　"平铺"对话框

6．PostScript 填充

PostScript 填充只有在"增强模式"的视图模式下才会显示填充内容。选中对象，单击"PostScript 填充"按钮，打开"PostScript 底纹"对话框，如图 12-1-49 所示。在列表框内选择样式，在"参数"栏内修改参数，单击"确定"按钮即可填充 PostScript 底纹。

7. 交互式填充

单击工具箱内"交互式填充展开工具栏"中的"交互式填充"按钮 ，再在图形内拖曳，可以给多边图形填充红色到白色的线性交互式填充，如图 12-1-50（a）所示。此时的"属性栏：交互式双色渐变填充"属性栏如图 12-1-50（b）所示。其中各选项的作用如下。

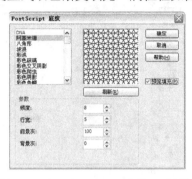

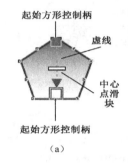

图 12-1-49 "PostScript 底纹"对话框　　　　图 12-1-50 "交互式填充"效果和其属性栏

（1）两个下拉列表框：第 1 个下拉列表框 用来设置填充的起始颜色，第 2 个下拉列表框 用来设置填充的终止颜色。将调色板内的红色和白色色块分别拖曳到起始或终止方形控制柄内，也可以产生相同的效果。如果将调色板内的色块拖曳到起始或终止方形控制柄之间的虚线之上，可以设置多个颜色之间渐变的效果。拖曳虚线至上的控制柄 ，可以调节渐变效果。

（2）"填充类型"下拉列表框：用来选择填充类型，其内有"无填充"、"均匀填充"、"线性"、"辐射"、"圆锥"、"正方形"、"双色图样"、"全色图样"、" 位图图样"、"底纹填充"和"PostScript 填充"填充类型。选择不同类型后填充的样式会发生变化。

选择"线性"选项后的填充效果如图 12-1-50（a）所示。选择"辐射"、"圆锥"、"正方形"、"双色图样"、"全色图样" 和"底纹填充"选项后的填充效果如图 12-1-51 所示。

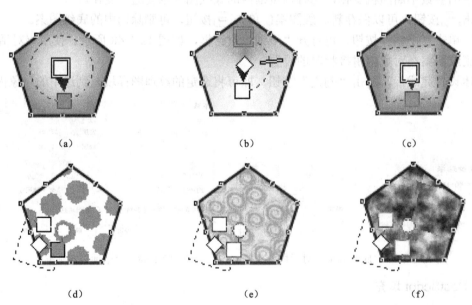

图 12-1-51 "辐射"、"圆锥"、"正方形"、"双色图样"、"全色图样"和"底纹填充"填充效果

选择"双色图样"等填充类型后，不但填充样式会改变，其属性栏也会随之有较大的改变，如图 12-1-52 所示。

图 12-1-52　"属性栏：交互式图样填充"（双色图样）属性栏

（3）"编辑填充"按钮：单击该按钮，会打开相应的有关填充设置的对话框，利用该对话框可以进行相应的填充编辑。

例如，在选择了"线性"填充类型后，单击该按钮，可以打开图 12-1-11 所示的"渐变填充"（线性）对话框；在选择了"辐射"填充类型后，单击该按钮，可以打开图 12-1-8 所示的"渐变填充"（辐射）对话框。

（4）"填充中心点"数字框 ✛：可以调整填充中心点位置。拖曳图 12-1-50（a）所示图形 ═ 内的效果与改变"渐变填充中心点"数字框 ✛ 内数据的效果一样。

（5）"角度和边界"数字框 ：两个数字框分别用来调整起始和终止方形控制柄距离中心点滑块 ｜ 的距离，以及起始和终止方形控制柄连线的旋转角度。拖曳起始和终止方形控制柄，同样可以产生相同的效果。

（6）"渐变步长"数字框：单击"渐变步长锁定/不锁定"按钮，可以在两种状态之间切换。当该按钮呈抬起状态时后，该数字框变为有效。该数字框用来设置渐变颜色的变化步长，此数值越大，颜色渐变的越细腻。

思考练习 12-1

1．绘制一幅"餐桌"图形，如图 12-1-53 所示。

2．绘制一幅"树叶标本"图形，如图 12-1-54 所示。

图 12-1-53　"餐桌"图形

图 12-1-54　"树叶标本"图形

12.2　【实例 37】立体图书

"立体图书"图形如图 12-2-1 所示。它是一幅具有很强立体感的"中文 Photoshop CS5+CorelDRAW X5 案例教程"图书的立体图形。"立体图书"图形由书的正面、侧面、上面和背面组成的。书的正面有象征立体图书的矢量图形、图书的名称、作者名称和出版单位名称等。通过制作该图形，可以进一步掌握渐变填充、导入图像、倾斜变换、竖排文字输入等绘图方法，可以掌握使用渐变透明填充的方法，初步掌握使用位图颜色遮罩技术隐藏位图的白色背景的方法等。

制作方法

1. 绘制背景及输入文字

（1）设置绘图页面宽为160mm，高为180mm，背景色为白色。使用工具箱中的"矩形工具"按钮□，绘制一幅无轮廓线的矩形图形。

（2）选中矩形图形，单击工具箱中的"填充展开工具栏"栏内的"渐变填充"按钮，打开"渐变填充"对话框。在"类型"下拉列表框内选择"线性"选项，选中"自定义"复选框，在"角度"数字框内输入90.0，在"边界"数字框内输入0，如图12-2-2所示（其他还没有设置）。

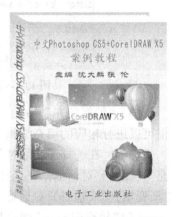

图12-2-1　"立体图书"图形

（3）单击"颜色调和"栏内下边预览带左上角的□图标，单击"其他"按钮，打开"选择颜色"（调色板）对话框，选中金黄色（R=255、G=153、B=0），如图12-2-3所示。单击"加到调色板"按钮，将选中的颜色添加到"渐变填充"对话框内的调色板中。单击"确定"按钮，关闭"选择颜色"对话框，回到"渐变填充"对话框，设置起始颜色为金黄色。

（4）单击预览带右上角□图标，单击调色板中的金黄色色块，设置终止颜色也为金黄色。双击预览带上边的中间位置，使双击处出现一个▼图标，单击"其他"按钮，打开"选择颜色"对话框，选中浅黄色（R=255、G=255、B=153）色块。单击"加到调色板"按钮，将选中的颜色添加到"渐变填充"对话框内的调色板中。再单击"确定"按钮，关闭该对话框，回到"渐变填充"对话框。设置该▼图标的颜色为浅黄色。

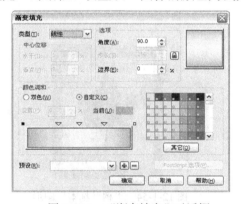

图12-2-2　"渐变填充"对话框

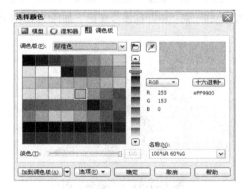

图12-2-3　"选择颜色"对话框

（5）双击预览带上边的1/3位置，使预览带上边出现一个▼图标，单击调色板中的黄色色块，设置此处颜色为黄色。再双击预览带上边的2/3位置，使预览带上边出现一个▼图标，单击调色板中的黄色色块，设置此处颜色也为黄色。

（6）单击"渐变填充"对话框内的"确定"按钮，给矩形图形从上到下填充金黄色、黄色、浅黄色、黄色、金黄色的渐变颜色，作为书侧面，如图12-2-4所示。

（7）将上面绘制的矩形复制一份，然后在水平方向调宽，作为书的正面背景图形，如图12-2-5所示。再将书正面的矩形复制一份，作为书的背面图形，移到一旁。

（8）使用"文本工具"按钮字，输入华文楷体（中文）与黑体（英文和数字）字体、30pt

大小、绿色的"中文 Photoshop CS5+CorelDRAW X5"和华文楷体、30pt 大小、蓝色的"案例教程"文字，再输入隶书字体、24pt、红色的"主编 沈大麟　张 伦"文字。然后，调整文字的大小和位置，如图 12-2-6 所示。

图 12-2-4　书侧面　　图 12-2-5　书正面背景图形　　　　图 12-2-6　输入三行文字

（9）在正面背景图形内的下边，再输入楷体字体、24pt 大小、深蓝色的"电子工业出版社"文字，调整改文字的大小和位置，如图 12-2-1 所示。

2．插入图像和隐藏图像背景白色

（1）准备"CorelDRAW X5.jpg"、"Photoshop CS5.jpg"、"计算机.jpg"和"照相机.jpg"四幅图像，如图 12-2-7 所示。单击"文件"→"导入"命令，打开"导入"对话框，选中"CorelDRAW X5.jpg"图像文件，单击"导入"按钮，关闭该对话框，在正面背景图形内拖曳一个矩形，导入选中的图像，如图 12-2-7（a）所示。

(a)　　　　　　　　　　(b)　　　　　　　　　　(c)　　　　　　　　　　(d)

图 12-2-7　四幅图像

（2）使用工具箱中的"选择工具"按钮 ，选中导入的"图像，单击 "交互式展开式工具"栏内的"透明度"按钮，在图 12-2-7（d）所示图像之上从中间偏左处向左下方拖曳，再调整透镜控制柄（中心点滑块） ，效果如图 12-2-8 所示。

（3）再导入"Photoshop CS5.jpg"图像，调整该图像位于图 12-2-8 所示图像的左下角。单击"交互式展开式工具"栏内的"透明度"按钮 ，在"Photoshop CS5.jpg"图像之上从左下方处向右边偏中间处拖曳，再调整中心点滑块，效果如图 12-2-9 所示。

（4）再导入"照相机.jpg"图像，调整该图像位于图 12-2-9 所示图像的右边。选中该图像，单击"窗口"→"泊坞窗"→"位图颜色遮罩"命令，打开"位图颜色遮罩"泊坞窗。

（5）在"位图颜色遮罩"泊坞窗内，选中"隐藏颜色"单选钮，单击"颜色选择"按钮 ，再单击"照相机.jpg"图像的白色背景，选中第 1 个复选框，在"容限"文本框内输入 15，如图 12-2-10 所示。

 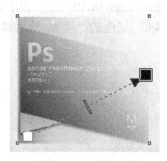 

图 12-2-8　添加交互式透明效果　　图 12-2-9　透明效果　　图 12-2-10　"位图颜色遮罩"泊坞窗

（6）单击"应用"按钮，即可隐藏图像的背景白色。单击其属性栏内的"水平镜像"按钮 ，使"照相机.jpg"图像水平翻转，效果如图 12-2-11 所示

（7）按照上述方法，导入的"计算机.jpg"图像，移到图 12-2-9 所示图像的上方。然后，利用"位图颜色遮罩"泊坞窗，隐藏该图像的背景白色，效果如图 12-2-12 所示。

（8）使用"选择工具"按钮 ，选中如图 12-2-11 所示的图像，单击 "交互式展开式工具"栏内的"透明度"按钮 ，在其"属性栏：交互式渐变透明"属性栏内的"透明度类型"下拉列表框中选择"辐射"选项，调整"透明中心点" 数值为 84，如图 12-2-13 所示

图 12-2-11　隐藏背景白色　　图 12-2-12　隐藏背景白色　　图 12-2-13　"属性栏：交互式渐变透明"属性栏

单击"属性栏：交互式渐变透明"属性栏内的"编辑透明度"按钮，打开"渐变透明度"对话框，如图 12-2-14 所示。它与图 12-1-8 所示的"渐变填充"（辐射）对话框基本一样。在该对话框内可以调整渐变透明度（颜色越深越透明），单击"确定"按钮，完成颜色设置。再在图 12-2-11 所示图像之上从中间向右上方拖曳，添加透明效果，如图 12-2-15 所示。

（9）可以拖曳调整起始控制柄 、终止控制柄 和透镜控制柄 的位置，可以将调色板内的深灰色色块拖曳到起始控制柄 之上，将起始颜色改为深灰色。

（10）按照上述方法，给图 12-2-12 所示的图像添加辐射渐变透明效果，如图 12-2-16 所示。

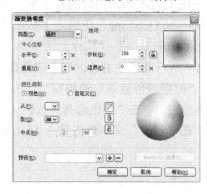 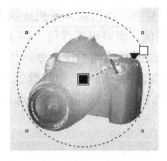 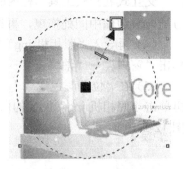

图 12-2-14　"渐变透明度"对话框　　图 12-2-15　辐射渐变透明效果　　图 12-2-16　辐射渐变透明效果

3. 制作立体图书

（1）在图 12-2-4 所示"书侧面"图形之上，输入华文隶书字体、紫色、28pt、竖排的"中文 Photoshop CS5+CorelDRAW X5"文字和"电子工业出版社"文字。

（2）选中书侧面所有对象，将它们组成一个群组对象。

（3）双击书侧面对象，进入对象旋转和倾斜调整状态，将鼠标指针移到右边中间的控制柄处，当鼠标指针呈上下箭头状时，垂直拖曳使书侧面对象倾斜，如图 12-2-1 所示。

（4）绘制一幅白色矩形，选中书侧面图形，单击"排列"→"变换"→"倾斜"命令，打开"变换"（倾斜）泊坞窗。在该泊坞窗"倾斜"栏内"水平"文本框中输入 60.0，再单击"应用"按钮，将该矩形水平倾斜 60 度，形成一个平行四边形，如图 12-2-17 所示。

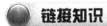

图 12-2-17　平行四边形

（5）将一旁前面复制的作为书背面的矩形图形，与书的正面图形、侧面图形和平行四边形组合成立体书的形状，再将平行四边形的边框线去掉，平行四边形作为书的上面。

（6）最后，将图书的所有部件组合成群组，形成一本立体图书图形，如图 12-2-1 所示。

链接知识

1. 线性渐变透明

创建透明效果就是使填充对象具有透明的效果。当对象具有透明效果后，改变对象的填充内容不会影响其透明效果，改变对象的透明效果也不会影响其填充内容。

（1）为了能够看清楚透明效果，首先绘制一幅圆形图形和一幅五边形图形，并填充不同的花纹和底纹。再在两幅图形之上绘制一个矩形图形，填充另一种底纹。

（2）选中矩形图形。单击工具箱中"交互式展开式工具"栏的"透明度"按钮 ，再在矩形图形中从左向右拖曳，使该矩形图形产生透明效果，如图 12-2-18 所示。

（3）在"属性栏：交互式渐变透明"属性栏内，在"透明度类型"下拉列表框中选择"线性"选项，在"透明度操作"下拉列表框内选择"常规"选项，如图 12-2-19 所示。

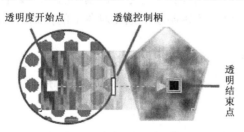

图 12-2-18　使矩形图形产生透明效果

图 12-2-19　"属性栏：交互式渐变透明"属性栏

"透明度类型"下拉列表框提供了"标准"、"线性"和"辐射"等透明度类型。

"透明度操作"下拉列表框提供了"正常"、"添加"和"减少"等操作。

（4）拖曳图 12-2-20 所示中的两个控制柄和"透镜"滑块，或者调整属性栏中的两个"角度和边界"数字框内的数值，均可以调整透明程度与透明的渐变状态。

（5）拖曳属性栏中的"透明中心点"滑块或改变其文本框中的数据，可以调整透明度。

（6）单击"冻结"按钮后，可以使透明效果固定不变。在移动对象或改变背景对象的填充内容后，矩形图形的透明效果不变，如图 12-2-20 所示（移出矩形图形）。如果"冻结"按钮呈抬起状，则矩形图形透明效果会随着图形位置或背景填充内容变化而改变，如图 12-2-21 所示。

图 12-2-20　使透明效果固定不变　　　　　　图 12-2-21　随填充内容而改变

（7）单击"清除透明度"按钮或在"透明度类型"列表框内选择"无"，可清除透明。

2．其他渐变透明

（1）辐射渐变透明：单击工具箱中的"交互式透明工具"按钮 ，选中矩形图形，在其"属性栏：交互式渐变透明"属性栏的"透明度类型"下拉列表框内选择"辐射"类型选项，绘图页面内的图形变为如图 12-2-22 所示。

（2）圆锥渐变透明：在其属性栏的"透明度类型"下拉列表框内选择"圆锥"透明效果类型，则其绘图页面如图 12-2-23 所示。

（3）正方形渐变透明：在其属性栏的"透明度类型"下拉列表框内选择"正方形"透明效果类型，则其绘图页面如图 12-2-24 所示。

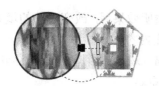
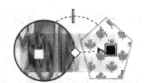
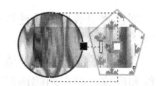

图 12-2-22　"辐射"透明　　　　图 12-2-23　"圆锥"透明　　　　图 12-2-24　"正方形"透明

（4）双色图样渐变透明：在其属性栏的"透明度类型"下拉列表框内选择"双色图样"选项。单击调色板内的绿色色块，绘图页面内的图形如图 12-2-25 所示。

使用属性栏中的按钮，可以改变图案的类别和图案的种类，这与图样填充的相应操作基本一样。拖曳属性栏中的两个滑块，可以调整起点与终点的透明度。拖曳对象上的控制柄，可以调整图案在对象内拼接的状况。

（5）其他渐变透明：在其属性栏的"透明度类型"列表框内还可以选择"全色图样"、"位图图样"和"底纹"选项，其属性栏会随之变化，但相差不大，操作方法基本一样。

3．网格填充

选中对象，单击工具箱内"交互式填充展开工具栏"中的"网状填充"按钮 ，即可给图形添加网格线，如图 12-1-26 所示，用鼠标拖曳网格线和图形的节点，可以改变网格线和图形的形状，如图 12-1-27（a）所示。拖曳调色板内不同的颜色到网格线的不同网格内，即可完成对象内的网状填充，如图 12-1-27（b）所示。

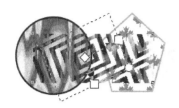 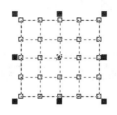 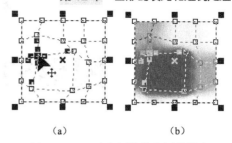

（a）　　　　　　（b）

图 12-2-25　双色图样透明效果　　图 12-2-26　添加网格　　图 12-2-27　改变网格线和网格填充

"属性栏：交互式网状填充工具"属性栏如图 12-2-28 所示。其中各选项的作用如下。

（1）"网格大小"数字框：它是两个数字框，可以改变网格线的水平与垂直线的个数。

（2）"清除网状"按钮：单击该按钮，可以清除图形内网格的调整，回到原状态。

（3）"复制网状填充属性自"按钮：选中一个有网格线的对象，如图 12-2-29 所示，再单击该 钮按钮，此时鼠标指针变为黑色大箭头状，单击另外一个有网格线和填充色的对象，可将该对象的填充色等填充属性复制到第 1 个选中的有网格线的对象中，如图 12-2-30 所示。

  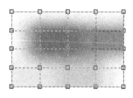

图 12-2-28　"属性栏：交互式网状填充工具"属性栏　　图 12-2-29　网格线　　图 12-2-30　网状填充

（4）"删除"按钮：单击该按钮，可以删除当前选中的节点。

（5）"平滑"等数字框：用来改变节点属性，参看 10.5 节有关内容。

（6）"添加交叉点"按钮：单击非节点处，再单击该按钮，可以创建一个新节点和与之相连的网格线。

思考练习 12-2

1．绘制另外一幅"立体图书"图形。它是一幅关于世界名花方面图书的立体图形。

2．绘制一幅"娱乐天地"图形，如图 12-2-31 所示。

3．绘制一幅"水果与饮料"图像，如图 12-2-32 所示。

图 12-2-31　"娱乐天地"图形　　图 12-2-32　"水果与饮料"图像

第13章

图形的交互式处理

本章提要

本章通过四个实例，介绍了"交互式展开式工具"和"轮廓展开工具栏"栏内一些工具的使用方法。使用这些工具可以创建各种轮廓线，可以进行交互式调和处理，创建轮廓图、交互式变形处理、交互式立体化处理、交互式阴影处理，以及创建透视、封套和透镜等效果。

13.1　【实例38】五彩鸽子

 案例效果

"五彩鸽子"图形如图 13-1-1 所示。五彩鸽子的身体是由一系列调和线段经过变形组成的，鸽子的头部是利用工具箱中的"手绘"工具绘制的，将它们组合在一起，便形成了一个抽象的五彩鸽子图案。通过制作该图形，可以进一步掌握"调和工具"按钮的使用方法，初步掌握交互式立体化工具的使用方法等。

 制作方法

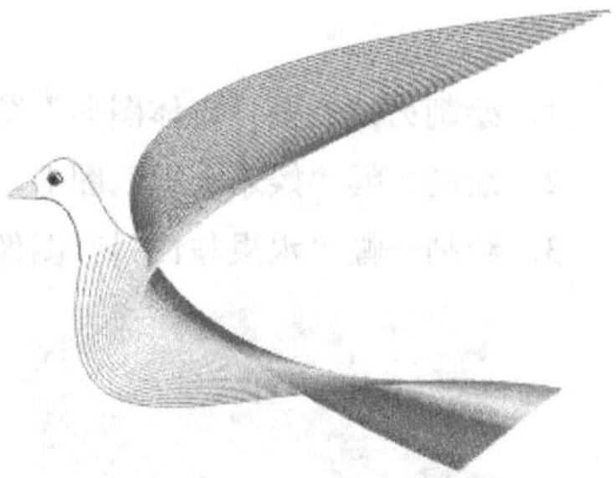

1. 绘制五彩鸽子的身体

（1）设置绘图页面的宽为 200mm，高为 160mm，背景颜色为白色。

图 13-1-1　"五彩鸽子"图形

（2）使用工具箱中的"钢笔工具"按钮，在绘图区中绘制一条曲线。使用工具箱中的"形状"按钮，调整曲线两端的控制柄，形成一条如图 13-1-2 所示的弯曲曲线。

（3）单击工具箱中的"轮廓展开工具栏"栏内的"轮廓画笔"按钮，调出"轮廓笔"对话框，如图 13-1-3 所示。在"颜色"列表框中选择外框的颜色为蓝色，单击"确定"按钮。

（4）选中曲线并单击菜单栏中的"编辑"→"再制"命令，复制一条曲线。将第 2 条曲线移到第 1 条曲线的下面，并将第 2 条曲线设置为红色，如图 13-1-4 所示。

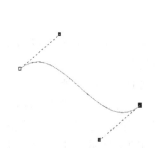

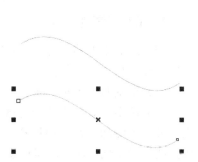

图 13-1-2　一条弯曲的曲线　　　图 13-1-3　"轮廓笔"对话框　　　图 13-1-4　两条曲线

（5）单击工具箱中"交互式展开式工具"栏内的"调和工具"按钮 ，从第 1 条曲线向第 2 条曲线拖曳，生成一组调和曲线。单击其属性栏中的"顺时针"按钮，创建一组五彩调和曲线，如图 13-1-5 所示。

（6）选择第 1 条曲线，使用工具箱中的"形状"按钮 ，调整将该曲线使它变形，如图 13-1-6 所示，形成鸽子的翅膀轮廓曲线。再调整复制的第 2 条曲线，将其变形，如图 13-1-7 所示，形成鸽子的身体轮廓曲线。

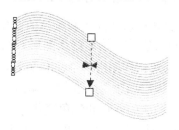

图 13-1-5　一组调和曲线　　　　图 13-1-6　调和曲线变形　　　　图 13-1-7　变形调整

2．绘制鸽子的头部

（1）使用工具箱中的"手绘工具"按钮 ，绘制一条曲线段，作为鸽子头部的上轮廓线，再给所绘制的曲线着红色，如图 13-1-8 所示。

（2）再绘制一条曲线，作为鸽子头部的下轮廓线，给该曲线着蓝色，如图 13-1-9 所示。

（3）绘制出鸽子的嘴部轮廓线，填充为黄色，轮廓线着土黄色，如图 13-1-10 所示。

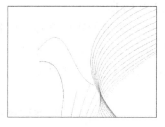

图 13-1-8　鸽子头部上轮廓线　　　图 13-1-9　鸽子头部下轮廓线　　　图 13-1-10　鸽子的嘴部

（4）使用工具箱中的"椭圆形"按钮 ，绘制一个圆形图形，复制一个该圆形图形，将复制的圆形图形调小一些，填充黑色移到第 1 个圆形内左下角作为眼珠。

（5）将眼睛图形移动到鸽子头部适当的位置，如图 13-1-1 所示。

1. 沿直线渐变调和

调和是效果中的一种，它可以产生由一种对象渐变为另外一种对象的过程。调和可以沿指定的路径进行，调和包括了对象的大小、颜色、填充内容、轮廓粗细等的渐变。

（1）绘制两个大小、颜色、填充内容和轮廓粗细均不同的对象，如图 13-1-11 所示。

（2）单击工具箱中"交互式展开式工具"栏内的"调和工具"按钮 ，从一个图形拖曳到另外一个图形。在"属性栏：交互式调和工具"属性栏内"直接"按钮 呈按下状，颜色按直线规律变化；在"调和对象"数字框 10 内的数值为 10，调和的层次数为 10；在"调和方向"数字框内输入 5，如图 13-1-12 所示。交互式调和效果如图 13-1-13 所示。

图 13-1-11　两个对象　　图 13-1-12　"属性栏：交互式调和工具"属性栏　　图 13-1-13　调和效果

（3）拖曳调和对象连接虚线上的两个箭头控制柄，可以调整各层次的间距和颜色的变化。使用工具箱中的"选择工具"按钮 ，调整两个原对象（调和对象的起始和终止图形）的位置、大小、颜色、填充内容和轮廓线宽等属性，也可以改变交互式调和图形的形状和颜色。

（4）单击"属性栏：交互式调和工具"属性栏内的"对象和颜色加速"按钮 ，调出"对象和颜色加速"面板，如图 13-1-14 所示，拖曳滑块，可改变各层次的间距和颜色变化。

"对象和颜色加速"面板内的按钮 呈按下状态（默认状态）时，拖曳"对象"或"颜色"滑块，两个滑块会一起变化，拖曳图 13-1-15 中的两个三角控制柄中的任何一个控制柄，两个控制柄会一起移动，颜色和间距会同时改变。单击 按钮，使该按钮呈抬起状态，可以单独拖曳"对象"滑块和"颜色"滑块，也可以单独拖曳图 13-1-15 中的两个三角控制柄中的任何一个，单独调整层次的间距和颜色变化。

（5）单击"加速大小的调整"按钮 ，可以使各层画面的大小变化加大。

（6）改变属性栏内"调和方向"数字框 5.0 内的数据，可以改变调和的旋转角度，旋转角度为 90 度时的调和对象如图 13-1-16 所示。

（7）单击"顺时针"按钮 后，调和对象的颜色会按顺时针方向变化。单击"逆时针调和"按钮 后，对象的颜色会按逆时针方向变化。单击"环绕"按钮 后，对象的中间层会沿起始和终止画面的旋转中心旋转变化，如图 13-1-17 所示。

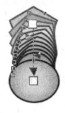

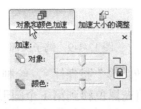

终止控制柄
对象颜色调整控制柄
对象间距调整控制柄
起始控制柄

图 13-1-16　旋转 60 度　图 13-1-17　环绕处理　　　图 13-1-14　面板图　　　图 13-1-15　调整调和

2．沿路径渐变调和

（1）调整上边加工的调和对象的位置和大小，再绘制一条曲线，如图 13-1-18 所示。

（2）单击工具箱中"交互式展开式工具"栏内的"交互调和工具"按钮 🔲，单击交互式调和渐变对象，右击调和对象非起始和终止画面，调出它的快捷菜单，单击该菜单内的"新路径"命令，鼠标指针呈弯曲的箭头状 ↙。然后，再单击曲线路径，即可使调和对象沿曲线路径变化，如图 13-1-19 所示。

另外，单击"属性栏：交互式调和工具"属性栏内的"路径属性"按钮，调出一个"路径属性"快捷菜单，如图 13-1-20 所示。单击该菜单中的"新路径"命令，鼠标指针会变为弯曲的箭头状，再单击曲线路径，也可以使调和沿曲线路径变化，如图 13-1-19 所示。

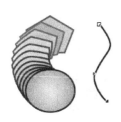

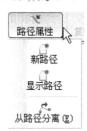

图 13-1-18　绘制曲线　　　　图 13-1-19　调和沿曲线变化　　图 13-1-20　"路径属性"快捷菜单

（3）单击"路径属性"菜单中的"显示路径"命令，可以选中路径曲线。如果改变了路径曲线，则渐变对象的路径也随之变化。单击"路径属性"菜单中的"从路径分离"命令，可以将渐变对象与路径分离。

（4）单击"调和工具"按钮 🔲，按住 Alt 键，从一个对象到另外一个对象拖曳绘出一条曲线路径，松开鼠标右键后，即可产生沿手绘路径调和的对象。

3．"选项"菜单

（1）单击"属性栏：交互式调和工具"属性栏内的"选项"按钮，调出"选项"菜单，如图 13-1-21 所示。选中菜单中的"沿全路径渐变"复选框，可以使渐变对象沿完整路径渐变如图 13-1-22 所示。选中"旋转全部对象"复选框，可以使渐变对象的中间层与路径形状相匹配。

（2）映射节点：单击"选项"菜单的"映射节点"按钮，鼠标指针会变为弯箭头状 ↙，分别先后单击起始和终止画面的节点，可以建立两个节点的映射，不同节点的映射会产生不同的调和效果，交错节点的映射所产生的效果如图 13-1-22 所示。

（3）拆分调和对象：单击"选项"菜单内的"拆分"按钮，鼠标指针会变为弯箭头状 ↙，单击调和对象的中部，即可以将一个调和对象分割为两个调和对象，拖曳对象的中部，效果如图 13-1-23 所示。

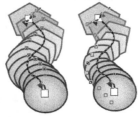
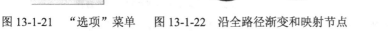
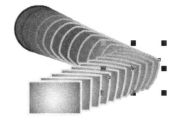

图 13-1-21　"选项"菜单　　图 13-1-22　沿全路径渐变和映射节点　　图 13-1-23　拆分调和对象

4. 复合调和和调和对象的分离

（1）复合调和：就是由两个或多个调和对象组成的一个调和对象，各调和对象之间的连接也是有调和过程的。制作两个调和对象，如图 13-1-24 所示。复合调和的操作如下。

◎ 单击工具箱中的"调和工具"按钮 ，从调和对象的起始或结束画面处，拖曳到另外一个调和对象的起始或结束画面，复合调和的结果如图 13-1-25 所示。

◎单击工具箱中的"调和工具"按钮 ，单击一个调和对象（例如，右边的调和对象），单击"属性栏：交互式调和工具"属性栏内的"起始和结束属性"按钮，调出它的菜单。单击该菜单中的"新起点"命令 ，则鼠标指针呈粗箭头状 ，单击另一个图形对象（例如，左边调和对象内上边的圆形图形），即可改变调和的连接形式，如图 13-1-26 所示。采用此种方法也可以改变复合调和的终止点。

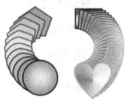

图 13-1-24　两个调和对象　　　　图 13-1-25　复合调和　　　　图 13-1-26　改变复合调和连接形式

◎ 在对复合调和进行对象选择时，如果要选中某一段调和对象的起始或结束图形，可以先使用"选择工具"按钮 ，单击画布空白处，再单击复合调和对象非起始或终止画面处，可以选中整个复合调和对象；如果按住 Ctrl 键并单击一段调和对象，可以选中该段调和对象。

（2）调和对象的分离：使用工具箱中的"选择工具"按钮 ，选中要分离的调和对象，单击"排列"→"拆分×××"命令，再单击"排列"→"取消全部组合"命令，即可将调和对象分离。拖曳调和对象中的一层图形，可以分解成独立的对象。

思考练习 13-1

1. 参考本实例，绘制一幅"五彩蝴蝶"图形，如图 13-1-27 所示。在制作过程中，首先制作一系列调和线段，经过变换，组成彩色蝴蝶的身子，并用椭圆工具、贝塞尔工具分别绘制出了蝴蝶的身体和触角，形成了一个具有抽象美的彩色蝴蝶。

2. 绘制一幅"浪漫足球"图形，如图 13-1-28 所示，它是一幅足球的宣传画，可以看到一串从小到大变化的透明足球，天空中飘浮着多彩透明的曲面，一串逐渐变小和变色的文字。

图 13-1-27　"五彩蝴蝶"图形　　　　　　图 13-1-28　"浪漫足球"图形

13.2 【实例 39】圆形立体按钮

"圆形立体按钮"图形如图 13-2-1 所示，其内有 "图像"、"音频"、"动画"、"视频"和"网页" 5 个透明圆形按钮。通过制作这些按钮图形，可以进一步掌握 "交互式轮廓图工具"、"交互式调和工具"和"交互式变形工具"的使用方法。可以掌握

图 13-2-1 　 "圆形立体按钮"图形

使用"Visual Basic 应用软件"工具栏工具录制操作步骤，并保存为一个 Script 文件（扩展名为.csc），以后可以应用 Script 文件来制作其他具有相同特点的图形。

制作方法

1．制作圆形按钮

（1）设置绘图页面的宽为 180mm，高为 40mm，背景颜色为白色。使用 "椭圆工具"按钮 ○，按住 Ctrl 键的同时，在页面内绘制一幅圆形图形。然后，再绘制两个椭圆图形。

（2）使用"选择工具"按钮 ，选中其中一个椭圆图形，再单击工具箱中 "交互式展开式工具"栏内的"套封工具"按钮 ，此时椭圆图形外添加了虚线套封线，如图 13-2-2 所示。拖曳 8 个控制柄和控制柄处的切线，可以调节椭圆的形状，调整后的效果如图 13-2-3 所示。

（3）调整三个图形的大小和位置，效果如图 13-2-4 所示。

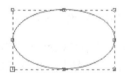
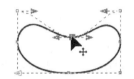

图 13-2-2 　椭圆套封　　　　图 13-2-3 　变形椭圆　　　　图 13-2-4 　三幅图形

（4）将最大的圆形图形填充为深蓝色，将变形椭圆图形填充为天蓝色，将没变形的椭圆形图形填充为白色，并将轮廓线统一设置为无，完成后的图形如图 13-2-5 所示。

（5）使用工具箱中的"调和工具"按钮 ，在其"属性栏：交互式调和工具"属性栏内的"调和对象"数字框 内输入 100，从最大圆形的中央拖曳到底部椭圆之上，让图形产生过渡效果。

（6）使用工具箱中"交互式展开式工具"栏内的"交互式渐变透明"按钮 ，其"属性栏：交互式渐变透明"属性栏如图 13-2-6 所示，从白色椭圆图形的顶端拖曳到其底端，让按钮的高光部分柔和过渡，完成后的图形如图 13-2-7 所示效果。

图 13-2-5 　填充颜色　　　图 13-2-6 　 "属性栏：交互式渐变透明"属性栏　　　图 13-2-7 　透明效果

（7）使用"选择工具"按钮 ，将所有关圆形按钮的所有图形选中，复制 4 个，改变 5 个圆形图形（下面 5 个变形椭圆）的颜色分别为红色（浅红色）和绿色（浅绿色）等颜色，然后将它们等间距、顶部对齐地放置成如图 13-2-8 所示。

图 13-2-8　5 个圆形按钮图形

2. 制作按钮文字

（1）单击工具箱内的"文本工具"按钮 字 ，在绘图页面内单击一下，在其"属性栏：文本"属性栏内，设置字体为"华文琥珀"，大小为 48pt，颜色为浅棕色，单击 "水平文本"按钮然后在它的"属性栏：文本"属性栏内选择字体为然后输入"图像"文字。

（2）复制四份"图像"文字，再分别将它们改为"音频"、"动画"、"视频"和"网页"，颜色也进行改变。选中"图像"文字，然后，单击"排列"→"拆分美术字：××"命令，将文字变成单独的个体，如图 13-2-9 所示。

（3）单击工具箱中"交互式展开式工具"栏内的"扭曲"（应该翻译为变形）按钮 ，再单击其属性栏内的"推拉"按钮 ，在"属性栏：交互式变形－推拉效果"属性栏内设置"推拉振幅"数值为 25，如图 13-2-10 所示。此时的"图"字如图 13-2-11（a）所示。

图 13-2-9　拆分文字

图 13-2-10　"属性栏：交互式变形－推拉效果"属性栏

（4）使用"选择工具"按钮 ，选中"像"字，单击 "属性栏：交互式变形－推拉效果"属性栏内 "拉链"按钮 ，在"属性栏：交互式变形－拉链效果"属性栏内设置"拉链失真振幅"数值为 2，设置"拉链失真频率"数值为 5，如图 13-2-12 所示。此时的"像"字如图 13-2-11（b）所示。

（5）单击工具箱内的"选择工具"按钮 ，选中变形的"图"和"像"字，调整它们的大小，将它们移到第一个圆形按钮之上，如图 13-2-1 所示。

（6）按照上述方法，分别给其他四个圆形按钮添加变形文字。分别将各按钮组成群组。

（a）　　　　　　　　（b）

图 13-2-11　变形文字　　　　　　图 13-2-12　"属性栏：交互式变形－拉链效果"属性栏

（7）采用与上述方法，制作其他不同颜色和不同变形特点的文字，如图 13-2-1 所示。

链接知识

1. 创建和分离轮廓图

轮廓图是指在对象轮廓线的内侧或外侧的一组形状相同的同心轮廓线图形。

（1）创建轮廓图：绘制如图 13-2-13（a）所示图形，单击工具箱中"交互式展开式工具"栏内的"轮廓图"按钮 ▣，在图形处拖曳，形成轮廓图，再在其"属性栏：交互式轮廓线工具"属性栏内，单击"内部"按钮 ▣，在轮廓图偏移"数字框 ▤ 内输入 1mm，在"轮廓图步长"数字框 ▭ 内输入 9，单击"线性"按钮 ▤，如图 13-2-14 所示。此时的图形如图 13-2-13（b）所示。"属性栏：交互式轮廓线工具"属性栏内各选项的作用如下。

（a） （b）

图 13-2-13 绘制图形与形成轮廓图 图 13-2-14 "属性栏：交互式轮廓线工具"属性栏

◎ "到中心"按钮 ▦：单击该按钮，可以创建向对象中心扩展的轮廓图。

◎ "内部"按钮 ▣：单击该按钮，可以创建向对象内部扩展的轮廓图。

◎ "外部"按钮 ▣：单击该按钮，可以创建向对象外部扩展的轮廓图。

◎ "轮廓图步长"数字框 ▭：用来改变轮廓图的层数。

◎ "轮廓图偏移"数字框 ▤：用来改变轮廓图各层之间的距离。

◎ "线性"按钮 ▤、"顺时针"按钮 ▤ 和"逆时针"按钮 ▤：用来控制颜色变化的顺序。

◎ "对象和颜色加速"按钮 ▣：单击该按钮，可以调出"对象和颜色加速"面板，用来调整轮廓线和颜色的变化速度。

◎ "清除轮廓"按钮 ▩：单击该按钮，可以清除对象的轮廓图。

（2）分离轮廓图：是将对象轮廓图的图形分离，使它成为独立的对象。使用"选择工具"按钮 ▨，选中有轮廓图对象。单击"排列"→"拆分轮廓图群组"命令，再单击"排列"→"取消全部群组"命令，将对象的轮廓图分离出来。

2．推拉变形

（1）单击工具箱中"交互式展开式工具"栏内的"变形"按钮 ▨，再单击其属性栏中的"推拉"按钮 ▨，"属性栏：交互式变形－推拉效果"属性栏如图 13-2-10 所示。

（2）在要变形的对象上拖曳，即可将对象变形，如图 13-2-15 所示。拖曳对象上的菱形控制柄，可以改变对象变形的中心点。拖曳对象上的方形控制柄，可以改变对象的变形量和向内或向外变形，同时其属性栏中数字框内的数字也会随之发生变化。

（3）单击"中心"按钮，可以使变形的中心点与对象的中心点对齐。

图 13-2-15 将对象推拉变形

（4）复制变形属性：使用"选择工具"按钮 ▨，选中没变形对象，单击"变形"按钮 ▨，再单击其属性栏中的"复制变形属性"按钮 ▨。此时鼠标指针变为大箭头状，单击变形对象，即可将它的变形属性复制到选中对象。此方法也适用于其他类型变形。

3．拉链变形

（1）单击"变形"按钮，再单击其属性栏中的"拉链"按钮，此时的属性栏如图 13-2-12 所示。然后，在要变形的对象上拖曳，即可将对象变形，如图 13-2-16 所示。同时属性栏中"拉链失真振幅"数字框内的数字也会随之发生变化。

（2）拖曳对象上的透镜控制柄，可以改变对象变形的齿数。同时属性栏中"拉链失真频率"数字框内的数字也会随之发生变化。

（3）单击"随机"按钮，可使变形的齿幅度是随机变化的；单击"平滑"按钮，可使变形的齿呈平滑状态；单击"局部的"按钮，可以使对象四周的变形是局部的。

图 13-2-16　拉链变形

4．扭曲变形

（1）单击"变形"按钮，再单击其属性栏中的"扭曲"按钮，此时的属性栏如图 13-2-17 所示。在对象上拖曳，即可将对象变形，如图 13-2-18 所示。

（2）拖曳对象上的圆形控制柄，可以改变对象扭曲变形的扭曲角度，同时属性栏中"复加角度"数字框内的数字也会随之发生变化。

（3）改变"完全旋转"数字框内的数字，可以确定旋转圈数。单击"顺时针"按钮，可使变形顺时针旋转；单击"逆时针"按钮，可使变形逆时针旋转。

图 13-2-17　"属性栏：交互式变形—扭曲效果"

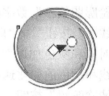

图 13-2-18　扭曲变形

思考练习 13-2

1．绘制一幅"变形文字"图形，如图 13-2-19 所示。
2．绘制一幅"变形图形"图形，如图 13-2-20 所示。

图 13-2-19　"变形文字"图形

图 13-2-20　"变形图形"图形

13.3 【实例40】立体图形集锦

"立体图形集锦"图形如图 13-3-1 所示。该图形内有立体五角星、圆柱体、圆锥体、圆管体、正方体等立体图形。通过制作该图形，可以进一步掌握渐变填充、焊接修整等技术，掌握交互式立体化和交互式阴影等操作方法。

图 13-3-1　"立体图形集锦"图形

制作方法

1．制作圆柱体和圆管体图形

（1）设置绘图页面的宽度为 100mm，高度为 25mm，背景为"底纹 1.jpg"图像。

（2）绘制一个宽为 10mm，高为 18mm 的长方形图形，如图 13-3-2（a）所示。再绘制一个宽为 10mm，高为 4mm 椭圆形，并复制一份，如图 13-3-2（b）所示。调整好各个对象的大小和比例，其中一个椭圆形和矩形图形摆放成如图 13-3- 3（a）所示的圆柱体轮廓线状态。

（3）同时选中椭圆形和矩形图形，单击"排列"→"造形"→"合并"（又称为焊接）命令，将选中的椭圆形和矩形图形合并在一起，如图 13-3-3（b）所示。

（4）将另外一个椭圆形图形移到图 13-3-3（b）所示图形的上面，如图 13-3-4（a）所示。如果椭圆形图形在图 13-3-3（b）所示图形的下面，需要将它的排列顺序移到图 13-3-3（b）所示图形的上面。选中图 13-3-4（a）所示的所有图形，再单击"排列"→"造形"→"修剪"命令，将选中的图形修剪成如图 13-3-4（b）所示圆柱形图形。

（5）选中图 13-3-4（b）所示的圆柱面图形，单击工具箱中"填充展开工具栏"栏内的"渐变填充"按钮，调出"渐变填充方式"对话框。利用该对话框将圆柱面填充成橙、金黄色、白色、金黄色、橙色的渐变色，如图 13-3-5 所示。

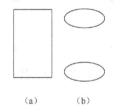 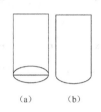 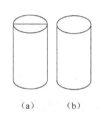 

（a）　（b）	（a）　（b）	（a）　（b）	
图 13-3-2　矩形和椭圆形	图 13-3-3　图形焊接	图 13-3-4　修剪图形	图 13-3-5　填充渐变

（6）选中顶部椭圆图形，单击"渐变填充"按钮，调出"渐变填充方式"对话框，设置浅棕色到白色的线性渐变填充，角度为-45 度。单击"确定"按钮，给顶部的椭圆图形填充渐变色。去掉所有图形的轮廓线，将它们组成群组，形成圆柱体，如图 13-3-6 所示。

（7）将圆柱体图形复制一份，一个作为圆柱体图形。在另一个圆管图形之上绘制一个小一些的椭圆图形，使它位于其他图形的上面，使两个椭圆的中心点对齐，如图 13-3-7 所示。

（8）选中小椭圆图形，利用"渐变填充方式"对话框也给小椭圆图形填充成橙、金黄色、白色、金黄色、橙色的渐变色。然后去掉椭圆图形的轮廓线，如图 13-3-8 所示。

2．制作圆锥体和球体图形

（1）按照制作圆柱体图形的方法，在绘图页面外边绘制如图 13-3-9（a）所示的轮廓线图形，并选中该图形。单击"渐变填充"按钮，调出"渐变填充方式"对话框。利用该对话框给该轮廓线图形填充由紫色到白色再到紫色的线性渐变色，如图 13-3-9（b）所示。

  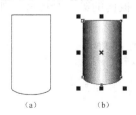

			（a）　（b）
图 13-3-6　圆柱体	图 13-3-7　椭圆图形	图 13-3-8　圆管体	图 13-3-9　轮廓线和填充

（2）使用工具箱中"形状编辑展开式工具"栏内的"形状"按钮 🔧，即可显示出选中图形的 5 个节点。如果选中图形的左右两边有节点，应按住 Shift 键，选中这两个节点，再单击其"属性栏：编辑曲线、多边形和封套"属性栏内的"删除"按钮，删除选中的节点。

（3）选中左上角的节点，观察其"属性栏：编辑曲线、多边形和封套"属性栏内的"到直线"按钮是否有效，如果有效，则说明选中的节点是曲线节点，可以单击"到直线"按钮，将选中的节点转换为直线节点。

（4）水平向右拖曳左上角的节点到中间处，水平向右拖曳右上角的节点到中间处，形成立体圆锥图形，如图 13-3-10 所示。选中立体圆锥图形，取消其轮廓线，如图 13-3-11 所示。

（5）在绘图页面外绘制一个圆形图形，设置无轮廓线、红色填充，如图 13-3-12 所示。

（6）选中圆形图形。单击工具箱中"填充展开工具栏"栏内的"渐变填充"按钮 ▓，调出"渐变填充"对话框。在"类型"下拉列表框中选择"辐射"选项，设置"从"下拉列表框中选择红色，在"到"下拉列表框中选择白色，在显示框内拖曳，使白色起点位于左上边。单击"确定"按钮，制作的图形如图 13-3-13 所示。

  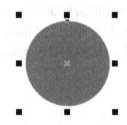 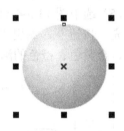

图 13-3-10　节点调整　　图 13-3-11　圆锥体　　图 13-3-12　圆形图形　　图 13-3-13　球体图形

3．制作立方体和立体五角星图形

（1）绘制正方形图形，填充绿色，给轮廓线着黄色。单击"交互式展开式工具"栏内的"立体化"按钮 🧊，从正方形向右上方拖曳，创建立方体，如图 13-3-14 所示。

（2）在其"属性栏：交互式立体化"属性栏的"灭点属性"下拉列表框中选择"灭点锁定到对象"选项。单击"颜色"按钮 🔳，调出它的"颜色"面板，单击该面板内的"使用递减的颜色"按钮 🔳；单击"从"按钮，调出它的面板，设置"从"颜色为绿色；单击"到"按钮，调出它的面板，设置"到"颜色为浅绿色。立方体图形如图 13-3-15 所示。

（3）右击调色板内的黄色色块，给立方体图形的轮廓线着黄色，如图 13-3-1 所示。

（4）按下工具箱中"对象展开式工具"栏内的"星形"按钮 ☆，在其"属性栏：星形"属性栏内的"点数或边数"数字框 ☆ 内设置星形角个数为 5，然后在绘图页面中拖曳绘制一个五角星图形。再给五角星图形填充成红色，设置轮廓线为无，如图 13-3-16 所示。

（5）使用"立体化"按钮 🧊，在从星形图形内中间处向右上方拖曳，创建立体效果。在其"属性栏：交互式立体化"属性栏中，单击"立体化类型"按钮 ▢，调出它的面板，选中该面板内的第 1 个图标，如图 13-3-17 所示，选定该立体类型。

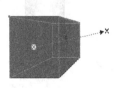 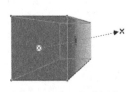 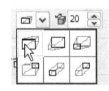

图 13-3-14　正方体　　图 13-3-15　递减颜色　　图 13-3-16　五角星　　图 13-3-17　"立体化类型"面板

（6）在"灭点属性"下拉列表框中选择"灭点锁定到对象"选项，在"灭点坐标"两个数字框内都输入 100px。此时，五角星图形立体化效果如图 13-3-18 所示。

（7）单击"属性栏：交互式立体化"属性栏中的"颜色"按钮，调出它的"颜色"面板，单击该面板内的"使用递减的颜色"按钮，如图 13-3-19 所示；单击"从"按钮，调出它的面板，单击红色色块，设置"从"颜色为红色；单击"到"按钮，调出它的面板，设置"到"颜色为白色。

（8）使用工具箱内的"选择工具"按钮，选中立体五角星图形，右击调色板内的黄色色块，给图形的轮廓线着黄色，在其属性栏内设置笔触宽度为 1px，效果如图 13-3-20 所示。

4．制作其他立体图形和阴影

（1）将立体五角星组成群组。单击工具箱中"交互式展开式工具"栏内的"阴影"按钮，在立体五角星下边向右上方拖曳，即可产生阴影，如图 13-3-21 所示。

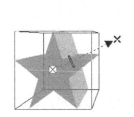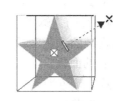

图 13-3-18　立体化　　图 13-3-19　"颜色"面板　　图 13-3-20　立体化调整　　图 13-3-21　添加阴影

（2）使用工具箱中"完美形状展开工具"栏内的"基本形状"按钮和"标题形状"按钮，在其属性栏内的"完美形状"图形列表内选中一种图形，然后在绘图页面外拖曳，即可绘制一幅相应的形状图形。按照这种方法绘制四幅形状图形，在分别给它们填充渐变色或单色，如图 13-3-22 所示。

（3）选中心形图形，单击"交互式展开式工具"栏内的"立体化"按钮，再单击"属性栏：交互式立体化"属性栏中的"复制立体化属性"按钮，此时鼠标指针呈黑色尖头状。单击立体五角星图形（正面五角星图形以外任何部分），将立体五角星图形的立体化属性复制到选中的心形图形，使心形图形立体化，如图 13-3-23（a）所示。

（4）单击"立体化"按钮，单击立体心形图形，将画面显示比例调小一些，使画面中可以看到灭点控制柄，调整灭点控制柄和透镜控制柄，调整立体形状。

（5）单击属性栏中的"颜色"按钮，调出它的"颜色"面板，单击"到"按钮，调出它的面板，如图 13-3-19 所示，设置"到"颜色为黄色，效果如图 13-3-23（b）所示。

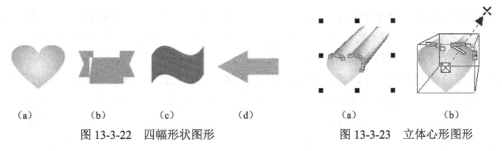

（a）　　　　（b）　　　　（c）　　　　（d）　　　　　　（a）　　　　　　（b）

图 13-3-22　四幅形状图形　　　　　　图 13-3-23　立体心形图形

（6）选中立体心形图形，将它组成群组。单击"阴影"按钮，再单击"属性栏：交互式立体化"属性栏中的"复制阴影的属性"按钮，此时鼠标指针呈黑色尖头状。单击立体五角星的阴影，将该阴影属性复制到选中的立体心形图形，给立体心形图形添加阴影。

（7）再单击"阴影"按钮□，调整阴影的大小、位置和颜色等。

（8）按照上述方法，将图 13-3-22 所示其他三幅图形立体化。再将圆柱体、圆管体、圆锥体和立方体等图形分别组成群组，给这些立体图形添加阴影。给正方体添加的阴影是朝右上方的，如图 13-3-1 所示。

5．制作立体文字

（1）单击工具箱内的"文本工具"按钮 字，在绘图页面外输入字体为华文琥珀，字大小为 72pt 的"立体图形集锦"文字。给文字填充红色，轮廓线着黄色。

（2）使用工具箱中"交互式展开式工具"栏内的"立体化"按钮 ⬡，从文字向右上方拖曳，创建立体文字，如图 13-3-24 所示。

（3）在其"属性栏：交互式立体化"属性栏中，在"灭点属性"列表框中选择"灭点锁定到对象"。单击"属性栏：交互式立体化"属性栏中的"颜色"按钮 ▰，调出它的"颜色"面板，单击该面板内的"使用递减的颜色"按钮 ▰；单击"从"按钮，调出它的面板，单击

图 13-3-24　制作出立体文字

该面板内的红色色块，设置"从"颜色为红色；单击"到"按钮，调出它的面板，单击该面板内的黄色色块，设置"到"颜色为黄色。效果如图 13-3-25 所示

（4）单击属性栏中"立体化类型"下拉列表框按钮，调出它的面板，单击该面板内的第 5 个图案，如图 13-3-26 所示，即可使立体文字图形改为图 13-3-1 所示状态。

图 13-3-25　调整立体文字的递减颜色和灭点位置 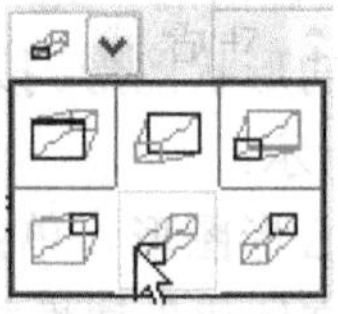　　　图 13-3-26　"立体化类型"下拉列表框面板

（5）使用工具箱内的"选择工具"按钮 ▯，将所有立体图形和立体文字及其阴影移到绘图页面内适当位置，调整好它们的大小，得到图 13-3-1 所示图形。

🔵 链接知识

1．创建和调整立体化图形

（1）绘制心形图形并填充红色，如图 13-3-22（a）所示。单击工具箱中"交互式展开式工具"栏内的"立体化"按钮 ⬡，在心形图形上拖曳产生立体化图形，如图 13-3-27 所示。其"属性栏：交互式立体化"属性栏如图 13-3-28 所示。设置心形轮廓线为黄色。

（2）拖曳透镜控制柄 ┴，可改变图形立体延伸深度，如图 13-3-29 所示，同时属性栏中"深度"数字框 ⬚ 32 ⬚ 中的数字也会变化。改变该数字框中数字，可以调整立体化深度。

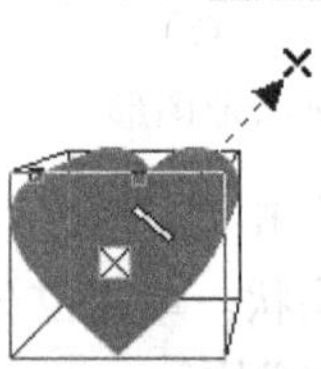

图 13-3-27　立体化图形　　图 13-3-28　"属性栏：交互式立体化"属性栏 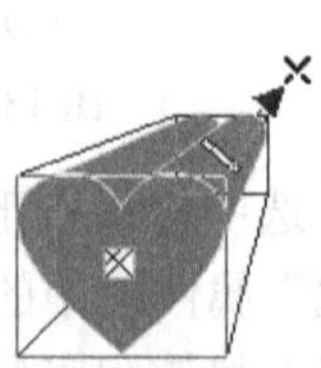　　图 13-3-29　改变延伸深度

（3）选中对象，则透镜控制柄周围出现一个带四个圆圈箭头，鼠标指针呈 ✥ 状，如图 13-3-30（a）所示，此时，可拖曳调整，使对象围绕透镜转圈和伸缩；鼠标指针移到四周的四个绿色箭头处时，鼠标指针呈一条转圈的双箭头状 ⟳，可拖曳调整以使对象围绕自身的轴线旋转，如图 13-3-30（b）所示。

（4）绘图页中箭头所指向的 ✖ 图标称为灭点控制柄（又称为消失点控制柄），它指示了立体化图形的会聚点，拖曳它可以改变会聚点的位置，同时属性栏中的"灭点坐标"数字框 `x: 22.496 mm` `y: 47.826 mm` 中的数字也会发生变化。"灭点坐标"数字框右边是"灭点属性"下拉列表框，它有四个选项，决定了灭点的锁定位置和灭点的复制。它们的含义如下。

◎ "灭点锁定到对象"选项：灭点保持在对象的当前位置不变。

◎ "灭点锁定到页面"选项：灭点保持在页面的当前位置不变。

◎ "复制灭点，自"选项：将灭点复制到另一个对象，产生两个相同的灭点。

◎ "共享灭点"选项：可以与其他对象共有一个灭点。

2."交互式立体化"属性栏

（1）"VP 对象/VP 页面"按钮 📋：单击它后，灭点坐标以页坐标形式描述，页坐标原点在绘图页的左下角。当该按钮呈抬起状时，灭点坐标原点在对象上的 ✖ 处。

（2）"旋转"按钮：单击"旋转"按钮，可以调出"旋转"面板，如图 13-3-31（a）所示。可以在圆盘上拖曳调整对象的三维空间位置。

（3）"预设"下拉列表框：可用来选择不同的立体化样式。当调整好一种立体化后，可以单击"添加预置"按钮，调出"另存为"对话框，将它保存为一种预置样式。当灭点和灭点坐标数字框无效（呈灰色）时，单击它可使它们恢复有效。

（4）"立体化类型"按钮：单击它的箭头按钮 ◻▾，调出"立体化类型图形"面板，单击其内的一种图案，可以选择一种立体化类型。

（5）"颜色"按钮：单击它，可以调出"颜色"面板，如图 13-3-19 所示。使用它可以调整立体化图形表面颜色。在该对话框内，单击 "使用对象填充"按钮 ◼，可以使用图形原来的填充物填充；单击"使用纯色"按钮 ◼，下边的"使用"列表框变为有效，用来确定填充的颜色，使用单色填充；单击"使用递减的颜色"按钮 ◼，下边的"从"和"到"列表框均变为有效，用来确定渐变的两种颜色，使用渐变色填充。再下边的按钮是用来修饰图形边角的颜色，只有在有斜角时才有效。

（6）"倾斜"按钮 ◻：单击它调出"倾斜"面板，如图 13-3-31（b）所示。选中第 1 个复选框，再拖曳其下边显示框内的小方形控制柄，可以调整立体化对象原图形的斜角深度和角度。同时下边的数字框内数字也会变化。可以直接调整两个数字框内的数值。

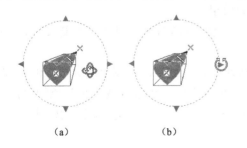

(a)　　　　　　　(b)

图 13-3-30　转圈、伸缩和旋转

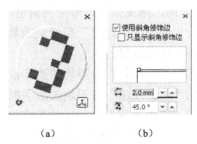

(a)　　　　　　　(b)

图 13-3-31　"旋转"和"修饰斜角边"面板

修饰图形边角后的图形如图 13-3-32（a）所示。修饰对象后，再选中"只显示斜角修饰边"

复选框，此时的图形如图13-3-32（b）所示。

（7）"照明"按钮 ：单击它，会调出一个"照明"面板，如图13-3-33（a）所示。使用它可以给对象加光源。单击1号光源按钮，则"照明"面板改为如图13-3-33（b）所示（还没有②光源标记）。拖曳①光源标记，可以改变光源位置；拖曳滑块，可以改变光线强度。选中"使用全色范围"复选框，可以使光源作用于全彩范围；单击左边的灯泡图标，可添加光源，设置两个光源后的面板如图13-3-33（b）所示，图形如图13-3-34所示。

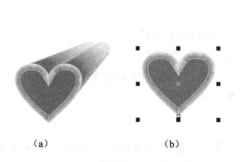
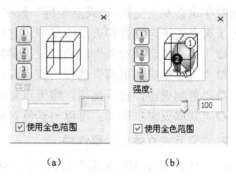

（a）　　　　　　　　　（b）　　　　　　　　　　（a）　　　　　　　　（b）

图13-3-32　修饰图形边角和只显示斜角修饰边　　　　图13-3-33　"照明"面板

3."交互式阴影"属性栏

单击工具箱中"交互式展开式工具"栏内的"阴影"按钮 ，在图形之上拖曳可产生阴影。单击"排列"→"拆分阴影群组"命令，可以将阴影拆分成独立的对象。

此时的"属性栏：交互式阴影"属性栏如图13-3-35所示，其中的一些选项的作用如下。

图13-3-34　设置两个光源后图形　　　　　图13-3-35　"属性栏：交互式阴影"属性栏

（1）"预设"下拉列表框：用来选择阴影样式。

（2）"阴影偏移"数字框：改变这两个数字框内的数据，可以改变阴影的偏移位置。拖曳黑色方形控制柄也可以有相同的，"阴影偏移"两个数字框内的数据会随之发生变化。

（3）"阴影角度"带滑块的数字框 ：调整滑块或输入数字，可以改变阴影的起始位置、形状和方向，拖曳白色方形控制柄也可以有相同的效果。

（4）"阴影的不透明"带滑块的数字框 ：用来改变阴影的不透明度。拖曳长条透镜控制也可以有相同的效果。

（5）"阴影羽化"带滑块的数字框 ：调整滑块或输入数字，可调整阴影边缘的模糊度。

（6）"阴影淡出"带滑块的数字框：调整滑块或输入数字，可以改变阴影颜色的深浅。

（7）"阴影延展"带滑块的数字框：调整滑块或输入数字，可以改变阴影的延伸大小，它的作用与拖曳黑色方形控制柄的作用一样。

（8）"阴影颜色"按钮：单击它，可调出一个调色板，用来确定阴影的颜色。

（9）"方向"按钮：单击它，可调出"方向"面板。使用它可以调整阴影边缘的羽化方向。

（10）"边缘"按钮：给阴影添加羽化方向后该按钮才有效。单击它，可以调出"边缘"面板。使用它可以调整阴影边缘的羽化状态。

思考练习 13-3

1．绘制一幅"立体文字"图形，如图 13-3-36 所示。
2．绘制一幅"圆柱体和圆管体"图形，如图 13-3-37 所示。

（a）　　　（b）

图 13-3-36　"立体文字"图形　　　　　图 13-3-37　"圆柱体和圆管体"图形

3．绘制"三维世界"图形，如图 13-3-38 所示。绘制"冰箱"图形，如图 13-3-39 所示。

图 13-3-38　"三维世界"图形　　　　　图 13-3-39　"冰箱"图形

13.4　【实例 41】放大的熊猫

"放大的熊猫"图形如图 13-4-1 所示。在一幅如图 13-4-2 所示的"熊猫"图像之上，有一个放大镜，同时熊猫头部被放大镜放大了。通过制作该实例，可以进一步掌握使用"交互式透明工具"的方法，掌握使用"透镜"泊坞窗的方法和创建几种类型透镜的方法等。

图 13-4-1　"放大镜"效果图　　　　　图 13-4-2　导入的背景图像

制作方法

1．绘制放大镜

（1）设置绘图页面的宽度为 120mm，高度为 80mm，导入"熊猫.jpg"图像。
（2）使用工具箱中的"椭圆工具"按钮○，按住 Ctrl 键的同时，在页面内拖曳绘制出一个圆形图形。设置该圆形图形无填充、棕色轮廓线。

（3）单击"轮廓展开工具栏"工具栏内的"画笔"按钮🖉，调出"轮廓笔"对话框，如图 13-4-3 所示。在该对话框中，设置轮廓"宽度"为 3mm，其他设置保持不变，如图 13-4-3 所示。单击"确定"按钮，形成放大镜的镜框图形，如图 13-4-4 所示。

（4）绘制一幅矩形图形。单击工具箱中的"渐变填充"按钮▨，调出"渐变填充方式"对话框。设置渐变类型为"线性"，角度为"0"。再设置填充色为橙色、橙色、白色、橙色、橙色的渐变色，如图 13-4-5 所示。单击"确定"按钮，将矩形填充渐变色。

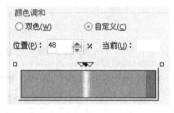

图 13-4-3　"轮廓笔"对话框　　　图 13-4-4　放大镜镜框图形　　　图 13-4-5　渐变色设置

然后，在其"属性栏：矩形"属性栏中设置矩形的"旋转角度"为 48°，再移到圆形轮廓线的右下方，作为放大镜的杆，如图 13-4-6 所示。

（5）绘制一幅矩形图形，为其内部填充橙色、橙色、白色、橙色、橙色的渐变色。在"属性栏：矩形"属性栏中设置矩形四个角的"边角圆滑度"都为 60，设置矩形的"旋转角度"为 48°，再移到放大镜杆的下边，作为放大镜的把，完成后的图形如图 13-4-7 所示。

然后，将绘制的放大镜的镜框、杆和把三部分图形组成一个群组。

（6）绘制一个圆形，为其填充蓝色到白色"辐射"状渐变填充色，如图 13-4-8 所示。

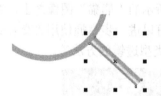

图 13-4-6　绘制放大镜的杆　　　图 13-4-7　放大镜的把　　　图 13-4-8　放大镜镜片

2．制作放大效果

（1）使用工具箱中的"交互式透明工具"按钮🏺，从镜片的中央向外拖曳。在其"属性栏：交互式渐变透明"属性栏中设置透明度类型为"辐射"，使镜片产生射线透明效果，作为放大镜的镜片。将镜片图形的轮廓线设置为无，复制一份并移到绘图页面外。

（2）将放大镜群组和一个镜片图形组成群组，形成放大镜图形，再将放大镜图形移到"熊猫"图像内熊猫头部之上，此时还没有放大作用，透视效果如图 13-4-9 所示。

（3）将绘图页面外的镜片图形移到放大镜图形的圆形框架内，将它移到放大镜图形之上，选中该镜片图形，单击"窗口"→"泊坞窗"→"透镜"命令，调出"透镜"泊坞窗，在下拉列表框中选择"放大"选项，设置"数量"为 1.5，如图 13-4-10 所示。

（4）如果"应用"按钮无效，可以单击🔒按钮，使"应用"按钮变为有效，同时该按钮变为🔓按钮，如图 13-4-9 所示。单击"应用"按钮，获得放大镜效果，如图 13-4-11 所示。

（5）将放大镜图形和放大镜群组对象组成一个群组，形成最后的放大镜图形。

图 13-4-9　透视效果　　　图 13-4-10　"透镜"泊坞窗　　图 13-4-11　放大镜和放大效果

链接知识

1．创建透镜

使用透镜可以使图像产生各种丰富的效果。透镜可以应用于图形和位图，但不能应用于已经应用了立体化、轮廓线或渐变的对象。

（1）输入"透镜"美工字和导入一幅图像，再绘制一个圆形图形，轮廓线为红色，轮廓线粗为 1mm，填充白色，作为透镜，如图 13-4-12 所示。为创建透镜和观看透镜效果做好准备。

（2）将圆形图形，将它移到各美工字和图像之上，单击"效果"→"透镜"命令，调出"透镜"泊坞窗。在"透镜"泊坞窗内的下拉列表框内选择一种透镜（此处选择"颜色添加"选项），单击"颜色"按钮，调出颜色面板，选择紫色，改变"比率"数字框内的数据为 100%（可以改变透镜作用的大小），如图 13-4-13 所示。单击"应用"按钮，可将选中的圆形图形设置为透镜，透镜的效果是透镜内的对象颜色偏紫色，如图 13-4-14 所示。

如果透镜图形在其他对象的下边，则需将透镜图形移到其他对象的上边。

图 13-4-12　绘制图形　　　图 13-4-13　"透镜"泊坞窗　　图 13-4-14　颜色添加效果

（4）选中"冻结"复选框，单击"应用"按钮后，再移动透镜位置后，透镜内的对象仍保持不变，如图 13-4-15 所示。

（5）选中"视点"复选框，"视点"复选框右边会增加一个"编辑"按钮，单击该按钮，会在复选框的上边显示两个数字框，如图 13-4-16 所示，利用它们可以改变视角的位置。另外，还可以通过拖曳透镜内新出现的 ✕ 标记（表示视点）来改变视角的位置。单击"应用"按钮，效果如图 13-4-17 所示。而且移动透镜位置后，透镜内的对象仍保持不变。

（6）在改变视角的位置后，再选中"移除表面"复选框，单击"应用"按钮，透镜下除了显示透镜效果图外，还会显示原对象。而且移动透镜位置后，透镜内的对象仍保持不变。

2．几种类型透镜的特点

（1）"变亮"选项：选择该选项后，调整比率，可以使透镜内的图像变亮或变暗。例如，设置比率为80%后，单击"应用"按钮后，透镜效果如图13-4-18所示。

图13-4-15　透镜内图形不变　图13-4-16　两个数字框　图13-4-17　改变视角　图13-4-18　图像变亮

（2）"颜色添加"选项：可给透镜内的图形等对象添加选定的颜色，如图13-4-14所示。

（3）"色彩限度"选项：选择该选项后，单击"颜色"按钮，调出颜色调板，选择颜色（例如，红色），再调整比率，即可获得类似于照相机所加的滤光镜效果，好像通过有色透镜观察图像一样。加入绿透镜，比率为50%，单击"应用"按钮，透镜效果如图13-4-19所示。

（4）"自定义彩色图"选项：选择该选项后，将滤光镜颜色设置为两种颜色间的颜色（例如，红色到黄色），用来确定图像和背景色。单击"应用"按钮后，效果如图13-4-20所示。

（5）"鱼眼"选项：选择该选项后，再调整比率（例如，比率设置为150%），单击"应用"按钮后，可以使透镜下图像呈鱼眼效果，如图13-4-21所示。

（6）"热图"选项：选择该选项后，再调整调色板旋转角度（例如，比率设置为45度），单击"应用"按钮后，可以使透镜下的图形随调色板的颜色发生变化，如图13-4-22所示。

图13-4-19　色彩限制　图13-4-20　自定义彩色图　图13-4-21　鱼眼透镜　图13-4-22　热图透镜

（7）"反显"选项：选择该选项后，可使透镜下对象呈负片效果，如图13-4-23所示。

（8）"放大"选项：选择该选项后，调整数量，使透镜下对象放大，如图13-4-24所示。

（9）"灰度浓淡"选项：选择该选项后，调整颜色，使透镜下图像呈选定颜色效果。

（10）"透明度"选项：选择该选项后，再调整比率和颜色，可使透镜下图像呈半透果。例如，设置颜色为绿色，比率为50%，单击"应用"按钮后，透镜效果如图13-4-25所示。

（11）"线框"选项：选择该选项后，再调整轮廓和填充颜色，可使透镜下的图形和文字的轮廓线和填充颜色改变。将"透视"文字轮廓着红色，设置"线框"透镜类型，设置填充色为绿色、轮廓色为黄色，单击"应用"按钮，透镜下的文字轮廓线颜色改为黄色，填充色改为绿色，效果如图13-4-26所示。

图13-4-23　反显透镜　图13-4-24　放大透镜　图13-4-25　透明度透镜　图13-4-26　线框透镜

3．轮廓笔

单击"轮廓展开工具"栏内的"画笔"按钮，可以调出"轮廓笔"对话框，如图 13-4-3 所示。使用"轮廓笔"对话框，可以调整轮廓笔的笔尖大小、颜色和形状。

（1）轮廓笔的颜色、宽度和样式设置：使用"轮廓笔"对话框左上角的按钮和下拉列表框可以完成此任务。单击"编辑样式"按钮，可以调出"编辑线条样式"对话框，如图 13-4-27 所示。依据该对话框内的提示，可以设计轮廓笔的线条形状。

（2）轮廓笔的箭头设置：单击"箭头"栏中的左箭头和右箭头下拉列表框按钮，可以调出箭头图案列表框，如图 13-4-28 所示。用来选定左和右箭头的直线，如图 13-4-29 所示。

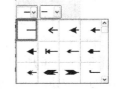
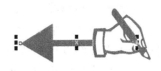

图 13-4-27　"编辑线条样式"对话框　　　图 13-4-28　箭头图案列表框　　　图 13-4-29　直线

在"箭头"栏内的下拉列表框中选中一种箭头图案后，单击"选项"按钮，调出"选项"菜单。单击该菜单中的"编辑"或"新建"命令，可以调出"箭头属性"对话框，如图 13-4-30 所示，可以像绘制图形那样绘制箭头，用来编辑修改或增加箭头图案。使用该菜单，还可以删除箭头图案。

图 13-4-30　"箭头属性"对话框

（3）拐角设置：通过"角"栏来完成。

（4）两端形状设置：通过"线条端头"栏来完成。

（5）笔尖形状与方向设置：通过"书法"栏来完成。

（6）"后台填充"复选框：用来确定轮廓笔在填充色之前，还是在填充色之后。

（7）"按图像比例显示"复选框：用来确定当图形大小变化时，轮廓线宽度是否改变。

4．封套

绘制一幅矩形图形，如图 13-4-31 所示。选中该图形。单击"交互式展开式工具"栏内的"封套"按钮，其"属性栏：交互式封套工具"属性栏如图 13-4-32 所示。此时，对象周围会出现封套网线，如图 13-4-33 所示。拖曳封套网线的节点，可以产生变形的效果。"属性栏：交互式封套工具"属性栏内前面没有介绍过的选项的作用如下。

图 13-4-31　一幅图形　　　图 13-4-32　"属性栏：交互式封套工具"属性栏　　　图 13-4-33　封套网线

（1）在"预设"下拉列表框内选择一种封套样式选项，即可改变封套网线的形状。

（2）单击"直线"按钮 ，可以将曲线节点转换为直线节点。拖曳封套网线的直线节点，可以产生直线变形的效果，如图 13-4-34 所示。

（3）单击"属性栏：交互式封套工具"属性栏内的"单弧"按钮 ，再拖曳封套网线的节点，可以产生单弧线变形的效果，如图 13-4-35 所示。

（4）单击"属性栏：交互式封套工具"属性栏内的"双弧"按钮，再拖曳封套网线的节点，可以产生双弧线变形的效果，如图 13-4-36 所示。

（5）单击属性栏的"非强制的"按钮后，再拖曳封套网线的节点，可以移动节点位置，可以拖曳节点切线的箭头，调整切线的方向，改变切点两边曲线的形状，如图 13-4-37 所示。

图 13-4-34　直线变形　　图 13-4-35　单弧线变形　　图 13-4-36　双弧线变形　　图 13-4-37　非强制变形

（6）在调整封套网格状区域后，单击"添加预设"按钮，调出"另存为"对话框，利用该对话框可以将该封套网格图样保存。

（7）选择"映射模式"下拉列表框中的选项（水平、原始的、自由变形、垂直）后，可以限制在拖曳封套网线时，对象形状的变化方向。

（8）单击 "保留线条"按钮，拖曳调整封套网线的节点，封套网线会随之变化，对象的直线不会随之改变，如图 13-4-38 所示。

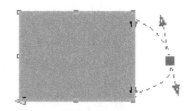

图 11-4-38　对象的直线不会改变

思考练习 13-4

1. 制作有鱼眼效果的放大镜，如图 13-4-39 所示。

2. 制作有鱼眼效果的文字，如图 13-4-40 所示。

3. 制作"套封文字"图形，如图 13-4-41 所示。

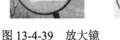

图 13-4-39　放大镜　　　　图 13-4-40　鱼眼效果的文字　　　　图 13-4-41　"套封文字"图形

第14章

位图图像处理

本章提要

本章通过完成三个实例，介绍了 CorelDRAW X5 对位图图像的加工处理方法。图像的加工处理包括亮度、对比度、色调、伽玛值等调整，位图的各种滤镜处理和各种色彩调整等。

14.1 【实例 42】傲雪飞鹰

案例效果

"傲雪飞鹰"图像如图 14-1-1 所示，可以看到一只雄鹰在雪花纷飞中骄傲地展翅飞翔。它是将图 14-1-2（a）所示的"飞鹰"图像添加到图 14-1-2（b）所示的"雪松"图像中，再将"飞鹰"图像中的绿色背景隐藏，然后利用滤镜添加飞雪，制作立体文字和其他加工处理制作而成的。通过制作该实例，可以进一步掌握导入图像的方法，位图颜色遮罩技术，模式转换和使用"天气"和"风"滤镜的方法等。

图 14-1-1 "傲雪飞鹰"图像

（a）   （b）

图 14-1-2 导入的"飞鹰"和"雪松"图像

制作方法

1. 雪松图像之上添加飞鹰

（1）设置绘图页面的宽度为 100 像素，高度为 100 像素，背景色为白色。

（2）在绘图页面内导入"雪松"图像，再在绘图页面外导入"飞鹰"图像。使用"选择工具"按钮 ，调整"飞鹰"图像的大小和位置，如图 14-1-3 所示。

（3）单击"位图"→"位图颜色遮罩"命令，打开"位图颜色遮罩"泊坞窗。单击"颜色选择"按钮 ，再单击"飞鹰"图像的绿色背景，选中要隐藏的颜色，其他设置如图 14-1-4 所示。单击"应用"按钮，即可隐藏背景绿色，如图 14-1-5 所示。

图 14-1-3　两幅图像重叠　　　图 14-1-4　"位图颜色遮罩"泊坞窗　　　图 14-1-5　颜色隐藏效果

（4）选中"雪松"图像，单击"位图"→"模式"→"RGB 颜色（24 位）"命令，将图像原来的 CMYB 模式转换为 RGB 模式。

2．制作下雪和立体文字

（1）单击"效果"→"调整"→"调合曲线"命令，打开"调合曲线"对话框，向右下方拖曳显示框内的黑线，如图 14-1-6 所示，图像效果如图 14-1-7 所示。

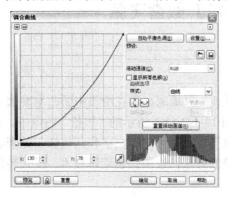 

图 14-1-6　"调合曲线"对话框　　　　　图 14-1-7　"调合曲线"调整效果

（2）单击"位图"→"创造性"→"天气"命令，打开"天气"对话框，在"预报"栏内选中"雪"单选钮，设置气候预报为雪，在设置雪浓度为 13，雪片大小为 1，如图 14-1-8 所示。单击"确定"按钮，关闭该对话框，即可显示一幅沙漠中大雪纷飞、冰天雪地、寒风凛冽的冬天画面，如图 14-1-9 所示。

（3）输入红色"傲雪飞鹰"文字，每输入一个字按一次 Enter 键。然后，按照 11.3 节中介绍的方法，制作立体文字，如图 14-1-9 所示。

图 14-1-8　"天气"对话框

1．位图颜色遮罩

选中一幅图像，单击"位图"→"位图颜色遮罩"命令，打开"位图颜色遮罩"泊坞窗。利用它可以将选中的位图内的几种颜色隐藏，或者只显示选中位图内的几种颜色。

图 14-1-9　立体文字

（1）隐藏位图中的某几种颜色：选中"隐藏颜色"单选钮，再按下述步骤操作。

◎ 在"位图颜色遮罩"泊坞窗内的颜色列表框内选中一个色条。

◎ 单击"颜色选择"按钮，将鼠标指针移到位图内的某处，单击选色。也可以单击"编辑色彩"按钮，打开"选择颜色"对话框，利用它选择相应的色彩。

◎ 拖曳"容限"滑块，调整容限度，颜色列表框内选中的色条右边会显示出容限度的数据。例如，选中图 14-1-3 中的"飞鹰"图像（背景颜色为绿色）。打开"位图颜色遮罩"泊坞窗，在颜色列表框内选中第 1 个色条，单击"颜色选择"按钮，再单击图像的绿色，调整容差度。"位图颜色遮罩"泊坞窗如图 14-1-4 所示。

◎ 在颜色列表框内选中另外一个色条，重复上述步骤。此处只选择一种颜色。

◎ 设置完后，单击"应用"按钮，隐藏选中的颜色，如图 14-1-5 所示。

（2）显示位图中的某几种颜色：选中"显示颜色"单选钮，以后按上述步骤进行。设置完要显示的颜色后，单击"应用"按钮。

2．描摹

描摹就是将位图转换成矢量图。选中绘图页面内的位图图像，单击"位图"命令，打开"位图"菜单，该菜单内第 4 栏中的三个命令可以用来将图像进行描摹。单击"位图"→"轮廓描摹"命令，打开"轮廓描摹"菜单，如图 14-1-10 所示。其内列出了能进行不同方式描摹的几个命令，单击其内的命令，可以进行相应方式的描摹操作。几种描摹方式简单介绍如下。

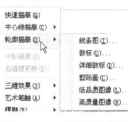

图 14-1-10　"位图"菜单

（1）快速描摹：选中绘图页面内的一幅位图图像（图 14-1-11），单击"位图"→"快速描摹"命令，即可将选中的位图矢量化，如图 14-1-12 所示。再单击"排列"→"取消全部群组"命令，将矢量图图像群组全部取消，分离成多个独立的小矢量图形，如图 14-1-13 所示。

（2）其他描摹：单击"位图"→"轮廓描摹" →"技术图解"（或"线条画"）命令，都可以打开"PowerTRACE"对话框，如图 14-1-14 所示。在该对话框内"描摹类型"下拉列表框内可以选择"中心线"和"轮廓"两个选项；如果选中"中心线"选项，则下边的"图像类型"下拉列表框内可以选择"技术图解"和"线条画"两个选项；如果选中"轮廓"选项，则下边的"图像类型"下拉列表框内可以选择 6 个不同的选项，如图 14-1-15 所示。此处，在"描摹类型"下拉列表框内选择的是"线条图"选项。

在"图像类型"下拉列表框中选择不同的"图像类型"选项，即选择转换后的矢量图类型，对话框中各项参数不变。这与单击"轮廓描摹"菜单中不同命令的效果一样。

在"PowerTRACE"对话框中"预览"下拉列表框中有三个选项，选择"之前及之后"选项后，该对话框内左边显示框有上下两个，上边的是原图像，下边的是转换后的矢量图；选择

"较大浏览"选项后,该对话框内只有一个显示框,用来显示转换后的矢量图;选择"线框叠加"选项后,该对话框内也只有一个显示框,用来显示转换后的矢量图的轮廓线。

单击"PowerTRACE"对话框内上边的按钮⊕后,单击显示框内的图像,可以将显示框内的图像放大,右击显示框内的图像,可以将显示框内的图像缩小。单击⊖按钮后,单击显示框内的图像,可以将显示框内的图像缩小。

图 14-1-11　位图图像

图 14-1-12　快速描摹效果

图 14-1-13　取消群组

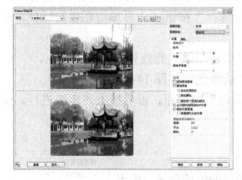

图 14-1-14　"PowerTRACE"对话框

图 14-1-15　"图像类型"下拉列表框

"PowerTRACE"对话框内右边各栏用来设置转换的矢量图形的细节、平滑程度、拐角平滑程度,以及颜色模式和颜色数量等。这些参数值越高,转换后的矢量图越好,但是转换的速度越慢,转换后的矢量图形文件的字节数越大。

在"选项"栏内,如果选中"删除原始图像"复选框,则转换后原图像会自动被删除。选中"移出背景"复选框后,转换的矢量图形的背景颜色会被移除,替代原背景颜色可以指定或由 CorelDRAW X5 自动设置。在"描摹结果详情资料"栏内会显示出转换后的矢量图形的曲线个数、节点个数和颜色数量等信息。

3. 位图颜色模式转换

选中绘图页面内的位图,单击"位图"→"模式"命令,打开"模式"菜单,它列出了可以转换的模式。单击一个命令,即可进行相应的模式转换。举例如下。

(1)转换为黑白模式:单击"黑白(1 位)"命令后,打开"转换为 1 位"对话框。在"转换方式"下拉列表框内可以选择某种转换方式,转换方式不同,其对话框也会有一些变化。调整"强度"滑块或文本框中的数据,效果如图 14-1-16 所示。对话框内的左图为原图;单击"预览"按钮后,右图为转换后的图像。

图 14-1-16　"转换为 1 位"对话框

（2）单击"模式"子菜单中的"灰度"、"Lab 颜色"或"CMYK 颜色"命令，可以直接转换为相应的模式。

（3）转换为双色模式：单击"位图"→"模式"→"双色"命令后，打开"双色调"对话框。在"类型"列表框内选择转换为几种墨水绘制的图像，其对话框会有变化。选中"全部显示"复选框后，在右边同时显示所有颜色的曲线。选中左边的一种颜色，在右边即可拖曳调整相应的曲线，从而调整颜色的百分比，单击"预览"按钮可以在右边显示其效果，如图 14-1-17 所示。单击"保存"按钮可以将调整好的墨水色调曲线保存在文件中。

（4）转换为调色板模式：单击"位图"→"模式"→"调色板色"命令，打开"转换至调色板色"对话框，如图 14-1-18 所示。在"调色板"列表框内选择调色板的类型，在"抖动"列表框内选择抖动方式选项，调整平滑化大小和抖动强度等。单击"确定"按钮即可。

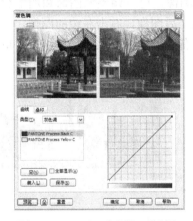

图 14-1-17　"双色调"对话框

图 14-1-18　"转换至调色板色"对话框

4．位图重新取样和扩充位图边框

（1）位图重新取样：选中一幅位图，单击属性栏中的"重新取样"按钮，或者单击"位图"→"重新取样"命令，打开"重新取样"对话框，如图 14-1-19 所示。利用该对话框可以调整图像的大小与清晰度。选中"光滑处理"复选框后，可以在调整图像大小和分辨率的同时对图像进行光滑处理。选中"保持纵横比"复选框后，在改变图像的高度时图像宽度也随之变化，在改变图像的宽度时图像高度也随之变化，保证图像的原宽高比不变。选中"保持原始大小"复选框后，"图像大小"栏的参数不可以修改，只可以修改图像的分辨率。

（2）扩充位图边框：选中一幅位图，单击"位图"→"位图边框扩充"→"手动扩充位图边框"命令，打开"位图边框扩充"对话框，如图 14-1-20 所示。利用该对话框可以调整图像四周边框（白色）的大小，图像原画面大小不变。可以直接调整图像的宽度和高度，也可以调整图像的百分比变化。

图 14-1-19　"重新取样"对话框

图 14-1-20　"位图边框扩充"对话框

5. 位图调整

单击"效果"→"调整"命令可以进行图像色彩的各种调整，简单介绍几个命令如下。

（1）伽玛值的调整：单击"效果"→"调整"→"伽玛值"命令，打开"伽玛值"对话框，如图 14-1-21 所示。拖曳滑块，可以调整图像色彩的伽玛值。单击"预览"按钮，可以在画布内显示调整结果。伽玛值的改变会影响图像中的所有值，但主要影响中间的色调，调整它可以改进低对比度图像的细节部分。

单击"伽玛值"对话框内的按钮 ▣，可以使"伽玛值"对话框内显示原图像和调整后的图像，同时 ▣ 按钮变为 ▣ 按钮，如图 14-1-22 所示。单击"伽玛值"对话框内的 ▣ 按钮，可以使"伽玛值"对话框内只显示调整后的图像，同时按钮 ▣ 变为 ▣。单击 ▣ 按钮，可以使"伽玛值"对话框回到如图 14-1-21 所示状态。拖曳左边的图像，可以调整原图像和加工后图像的显示部位，单击左边的图像，可以放大显示原图像和加工后图像，右击左边的图像，可以缩小显示原图像和加工后图像。单击"预览"按钮，可以在右边显示框内显示调整结果。单击"确定"按钮，完成图像的调整处理。

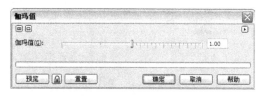

图 14-1-21 "伽玛值"对话框

图 14-1-22 "伽玛值"对话框

（2）曲线调整：单击"效果"→"调整"→"调合曲线"命令，打开"调合曲线"对话框，如图 14-1-23 所示。利用该对话框可以进行图像色调曲线的调整。

在"活动通道"下拉列表框内可以选择不同通道，分别对不同通道内不同颜色的图像进行曲线调整，类似于 Photoshop 中的"曲线"调整。例如，在"活动通道"下拉列表框内选中"绿"选项，在"样式"下拉列表框内选择"伽玛值"选项，则"调合曲线"对话框内增加一个"伽玛值"数字框，调整伽玛值为 2，这时显示框内只显示一条绿色曲线，如图 14-1-24 所示。选中"显示所有色频"复选框，可以显示所有通道的曲线，如图 14-1-23 所示。

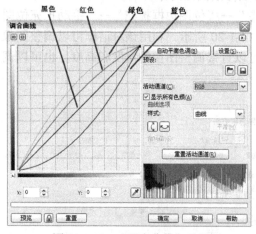

图 14-1-23 "调合曲线"对话框

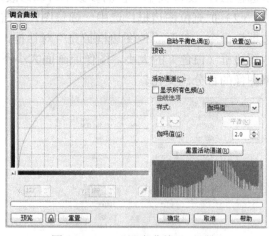

图 14-1-24 "调合曲线"对话框

（3）亮度/对比度/强度的调整：单击"效果"→"调整"→"亮度/对比度/强度"命令，打开"亮度/对比度/强度"对话框，如图 14-1-25 所示。利用该对话框可以调整图像的亮度、对比度和强度。

（4）色调、饱和度和亮度的调整：单击"效果"→"调整"→"色度/饱和度/亮度"命令，打开"色度/饱和度/亮度"对话框，如图 14-1-26 所示。利用该对话框可以调整图像色彩的色调、饱和度和亮度。

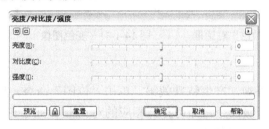

图 14-1-25 "亮度/对比度/强度"对话框

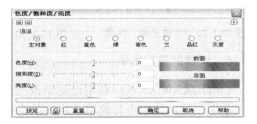

图 14-1-26 "色度/饱和度/亮度"对话框

（5）颜色通道调整：单击"效果"→"调整"→"通道混合器"命令，打开"通道混合器"对话框，如图 14-1-27 所示。利用它可以调整图像的色彩平衡。在"色彩模型"下拉列表框内选择色彩模型；在"输出通道"下拉列表框内选择通道，其内有"红"、"绿"和"蓝"三个通道。选中"仅预览输出通道"复选框后，单击"预览"按钮，所看到的是加工后图像的单通道（在"输出通道"下拉列表框内选中的通道）的黑白图像。

（6）局部平衡调整：单击"效果"→"调整"→"局部平衡"命令，打开"局部平衡"对话框，如图 14-1-28 所示。利用该对话框可以进行图像的局部等化调整，以产生一些特殊的效果。单击 按钮后，可同时调整"宽度"和"高度"的数值。按钮抬起后，可以分别调整"宽度"和"高度"的数值。

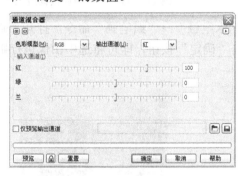

图 14-1-27 "通道混合器"对话框

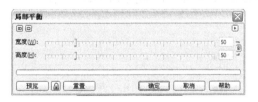

图 14-1-28 "局部平衡"对话框

（7）替换颜色：选中要替换颜色的图像（例如，"柿子椒"图像），如图 14-1-29 所示。单击"效果"→"调整"→"替换颜色"命令，打开"替换颜色"对话框，如图 14-1-30 所示。单击"确定"按钮，即可完成这次颜色的替代调整，将红色"柿子椒"图像变为绿色"柿子椒"图像，如图 14-1-31 所示。该对话框的具体设置方法介绍如下。

◎ 单击"替换颜色"对话框内"原颜色"栏的 按钮，单击图像内的红色柿子椒部分，拖曳"范围"栏的滑块，调整容差的范围为 50。

◎ 单击"新建颜色"栏内颜色列表框的 按钮，打开它的颜色面板，单击该面板内的绿色色块，将红色用绿色替换。

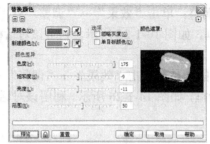

图 14-1-29 "柿子椒"图像 图 14-1-30 "替换颜色"对话框 图 14-1-31 变色图像

6. 滤镜的使用举例

CorelDRAW X5 可以利用过滤器改变位图的外观,产生特殊效果。单击"位图"命令,打开"位图"菜单,单击其内第 6 栏内的命令的下一级命令,即可打开相应的对话框,利用该对话框可进行相应的设置,以产生特殊效果的位图。举例如下。

(1)高斯式模糊滤镜:单击"位图"→"模糊"→"高斯式模糊"命令,打开"高斯式模糊"对话框,如图 14-1-32 所示。在"高斯式模糊"对话框内,拖曳决定半径的滑块或修改数字框内的数字。进行高斯模糊处理的效果如图 14-1-33 所示。

图 14-1-32 "高斯式模糊"对话框 图 14-1-33 产生高斯模糊效果

(2)蜡笔画艺术笔触滤镜:单击"位图"→"艺术笔触"→"蜡笔画"命令,打开"蜡笔画"对话框。按照图 14-1-34 所示进行设置后,单击"确定"按钮,即可将选中图像进行蜡笔画的艺术效果处理,如图 14-1-35 所示。

图 14-1-34 "蜡笔画"对话框 图 14-1-35 蜡笔画艺术效果处理效果

(3)旋涡扭曲滤镜:单击"位图"→"扭曲"→"旋涡"命令,打开"旋涡"对话框,如图 14-1-36 所示。在该对话框内,可以设置旋转方向、角度等。按照图 14-1-36 所示进行设置后,单击"确定"按钮,即可获得旋涡扭曲效果,如图 14-1-37 所示。

(4)查找虚光效果滤镜:单击"位图"→"创造性"→"虚光"命令,打开"虚光"对话框,如图 14-1-38 所示。在该对话框内,选中"其他"单选钮,单击"颜色"按钮,打开调色板,单击棕色色块,设置虚光颜色为棕色。单击"确定"按钮,效果如图 14-1-39 所示。

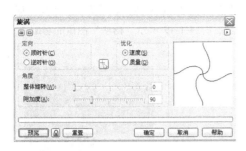

图 14-1-36 "旋涡"对话框

图 14-1-37 旋涡扭曲处理效果

图 14-1-38 "虚光"对话框

图 14-1-39 虚光处理效果

思考练习 14-1

1. 制作一幅"空中飞机"图像,如图 14-1-40 所示。它是利用图 14-1-41 所示的"云图"图像和图 14-1-42 所示的"飞机"图像制成的。

图 14-1-40 "空中飞机"图像

图 14-1-41 "云图"图像

图 14-1-42 "飞机"图像

2. 制作一幅"别墅佳人"图像,如图 14-1-43 所示,它是将图 14-1-44 所示的"佳人"图像中的背景蓝色隐藏,将人物图像添加到图 14-1-45 所示的"别墅"图像中形成的。

图 14-1-43 "别墅佳人"图像

图 14-1-44 "佳人"图像

图 14-1-45 "别墅"图像

3. 制作一幅"小鸭戏水"图像,如图 14-1-46 所示,它是将图 14-1-47(a)所示的"小鸭"图像中的背景白色隐藏，将小鸭图像添加到图 14-1-47（b）所示的"戏水"图像中，再进行其他加工处理后形成的。

4. 制作一幅"春雨"图像，如图 14-1-48 所示，它是在图 14-1-49 所示"杨柳"图像的基础之上，添加下雨效果制作而成的。

（a）　　　　　　　　　　　（b）

图 14-1-46　"小鸭戏水"图像　　　　　图 14-1-47　"小鸭"和"戏水"图像

图 14-1-48　"春雨"图像　　　　　　　图 14-1-49　"杨柳"图像

5. 制作一幅"春、夏、秋、冬"图形，如图 14-1-50 所示。通过对图 14-1-51 所示图像进行不同的"调整"操作，产生春、夏、秋、冬四个季节的效果。

图 14-1-50　"春、夏、秋、冬"图像　　　　图 14-1-51　"沙漠"图像

6. 图 14-1-52 所示的照片图像是一幅逆光拍照的晚秋照片，图像也很暗，一些地方几乎看不清楚。将该图像进行调整，使照片图像好像是春天拍的，如图 14-1-53 所示。

提示：可以首先进行"伽玛值"调整，再进行"调合曲线"调整，再调整图像的亮度、对比度、强度，最后进行几次"替换颜色"调整。

图 14-1-52　照片原图像　　　　　　图 14-1-53　"新春"图像

14.2　【实例 43】鲜花摄影

"鲜花摄影"图像如图 14-2-1 所示，展厅内地面是黑白相间的大理石地面，顶部是倒挂明灯，两边和正面是 5 幅摄影图像，两边的摄影图像具有透视效果，在鲜花摄影的右边有"世界建筑摄影"四个鱼眼文字。通过制作该图像，可以掌握增加透视点、精确剪裁、"透镜"泊坞窗的使用、位图透视三维效果处理等操作。

图 14-2-1　"鲜花摄影"图像

 制作方法

1．制作展厅正面和顶部图像

（1）设置绘图页面的宽度为 460mm，高度为 200mm。单击"视图"→"网格"命令，显示网格。绘制一个宽约为 190mm，高约为 20mm 的矩形，填充灰色，选中该矩形。

（2）单击"效果"→"添加透视"命令，则选中的矩形之上会出现一个矩形网格状区域。向左水平拖曳矩形右下角的控制柄，向右水平拖曳矩形左下角的控制柄，形成一个梯形图形，如图 14-2-2 所示。同时会看到一个透视点 ✕ 也随之变化。

（3）再绘制 6 幅不同颜色的矩形，按照上述方法，将其中的三幅矩形图形进行透视调整，再将它们的位置和大小进行调整，效果如图 14-2-3 所示。

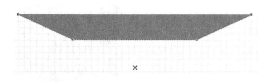

图 14-2-2　矩形图形的透视调整效果

图 14-2-3　矩形图形的透视调整效果

（4）导入三幅鲜花图像，将第 1 幅图像移到展厅正面的左边矩形内，将第 2 幅图像移到展厅正面的中间矩形内，将第 3 幅图像移到展厅正面的右边矩形内，如图 14-2-4 所示。

（5）选中上边的梯形图形，单击工具箱中"填充展开工具栏"的"图样填充"按钮 ，打开"图样填充"对话框，选中"位图"单选钮。单击"装入"按钮，打开"导入"对话框，选中"灯.jpg"图像，单击"导入"按钮，关闭该对话框，回到"图样填充"对话框。

（6）在"图样填充"对话框内将宽度设置为 20mm，高度设置为 20mm，不选中"镜像填充"复选框，其他设置如图 14-2-6 所示。再单击"确定"按钮，将"灯"图像填充到上边的梯形图形内，如图 14-2-5 所示。

图 14-2-4　导入三幅图像

图 14-2-5　将"灯"图像填充到梯形图形内

2．制作两边的透视图像

（1）再导入两幅鲜花图像，如图 14-2-6 所示。

（2）使用"选择工具"按钮 ，将一幅图像移到绘图页面内左边，另一幅图像移到右边。调整它们的高度与展厅的高度一样，宽度分别与两边梯形的宽度一样，如图 14-2-7 所示。

　（a）　　　　　　　　（b）

图 14-2-6　导入的两幅鲜花图像　　　图 14-2-7　两幅图像分别置于两边梯形之上

（3）选中左边的鲜花图像，单击"位图"→"三维效果"→"透视"命令，打开"透视"对话框，按照图 14-2-8 所示，垂直向下拖曳右上角的白色控制柄。然后，单击"预览"按钮，观察鲜花图像的透视效果，如果左边鲜花图像的右上角与正面左起第 1 幅鲜花图像的左上角对齐，如图 14-2-9 所示，则单击"透视"对话框内的"确定"按钮，完成图像的透视调整。如果透视效果不理想，可以单击该对话框内的"重置"按钮，重新进行透视调整。

（4）使用工具箱中的"形状工具"按钮 ，垂直向上拖曳透视图像右下角的节点，移到左边鲜花图像的左下角处；垂直向上拖曳透视图像右上角的节点，移到左边鲜花图像的左上角处，如图 14-2-10 所示。也可以使用"位图颜色遮罩"泊坞窗将鲜花图像的白色背景隐藏。

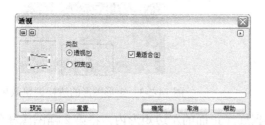　　　　

图 14-2-8　"透视"对话框　　　　　　　图 14-2-9　透视效果

（5）采用上述方法，将右边的鲜花图像进行透视调整，在"透视"对话框内应垂直向下拖曳左上角的白色控制柄。再使用"形状工具"按钮 ，调整透视图像，如图 14-2-10 所示。

3．制作球面文字

（1）单击"文本工具"按钮字，在其"属性栏：文本"属性栏内，设置字体为华文琥珀，大小为 72pt，单击"垂直文本"按钮。在绘图页面外输入"鲜花摄影"四个红色文字。

（2）单击"排列"→"拆分美术字"命令，将"鲜花摄影"文字变成四个单独的文字。在分别将它们移到鲜花摄影的右边，垂直排成一列。

（3）使用工具箱中的"选择工具"按钮 ，选中"鲜"字，单击"位图"→"转换为位图"命令，打开"转换为位图"对话框，按照图 14-2-11 所示进行设置。然后，单击"确定"按钮，即可将选中的文字"鲜"加工成位图。

图 14-2-10　透视图像调整结果

图 14-2-11　"转换为位图"对话框

（4）单击"位图"→"三维效果"→"球面"命令，打开"球面"对话框，按照图 14-2-12 所示进行设置。单击⊞按钮，再将鼠标指针移到图像之上，此时的鼠标指针添加了一个加号，单击图像，单击点即为球面变化的中心点，否则图像的中心点为球面变化的中心点。在"百分比"文本框内输入球面变化的百分数，可从-100%～100%调整数值。其值为负数时，表示向中心点内缩小；其值为正数时，表示从中心点向外凸起。此处输入 25。

图 14-2-12　"球面"对话框

单击"确定"按钮，可将选中的"鲜"文字加工成球面效果，如图 14-2-13（a）所示。

（5）使用工具箱中的"椭圆工具"按钮〇，在页面外边绘制一个圆形图形，其大小比"鲜花"字稍大一些。然后，设置圆轮廓线"宽度"为 1.4mm，颜色为绿色，如图 14-2-13（b）所示。再将圆形图形移到"鲜"字之上，如图 14-2-13（c）所示。然后将"鲜"字和其上的圆形图形一起移到展厅的右上边，如图 14-2-1 所示。

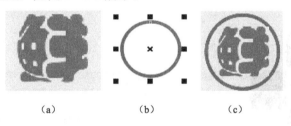

（a）　　　　　　　（b）　　　　　　　（c）

图 14-2-13　球面文字和圆形轮廓线

（6）按照上述方法，依次将文字"花"、"摄"和"影"加工成球面效果，并复制三个圆形图形，分别移到三个文字之上，然后将它们移到展厅的右边，如图 14-2-1 所示。

4．制作黑白相间的大理石地面透视图像

（1）使用工具箱内的"矩形工具"按钮▢，在绘图页面内下边拖曳绘制一幅矩形图形。矩形图形的宽度与鲜花摄影的宽度一样，高度约为绘图页面高度的一半。选中该矩形对象。

（2）单击工具箱中"图样填充"按钮▦，打开"图样填充"对话框，选中"双色"单选钮，单击"图样样式"按钮，打开它的面板，单击该面板内的黑白相间图案，在"宽度"和"高度"数字框内均输入 15.0mm，如图 14-2-14 所示。单击该对话框内的"确定"按钮，即可给矩形图形填充棋盘格图案，如图 14-2-15 所示。

（3）另外，还可以单击"图样填充"对话框内的"创建"按钮，打开"双色图案编辑器"对话框，如图 14-2-16 所示。在"位图尺寸"栏内选择组成图案的点阵个数为"32×32"，在"笔尺寸"

栏内选择笔尺寸为"8×8"。单击绘图框内合适的位置，绘制一个棋盘格图案，如图 14-2-15 所示。

图 14-2-14 "图样填充"对话框

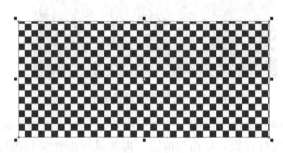

图 14-2-15 填充棋盘格图案

单击"确定"按钮，完成棋盘格图案的创建。单击"图案"右边的 ∨ 按钮，打开"图案"列表框，选中该列表框内的棋盘格图案。然后，单击该对话框内的"确定"按钮，即可给矩形图形填充棋盘格图案，如图 14-2-16 所示。

（4）单击"位图"→"转换为位图"命令，打开"转换为位图"对话框，如图 14-2-11 所示。单击该对话框内的"确定"按钮，即可将选中的矩形图形转换为位图图像。

（5）使用"选择工具"按钮 ▷，将矩形图像在垂直方向调小，移到绘图页面内的下边。

（6）单击"位图"→"三维效果"→"透视"命令，打开"透视"对话框，按照图 14-2-17 所示，水平向右拖曳左上角的白色控制柄。单击"预览"按钮，观察矩形图像的透视效果，如果矩形图像的左上角与左边鲜花图像的右下角没对齐，则单击"透视"对话框内的"重置"按钮，重新进行透视调整。

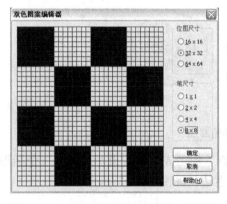

图 14-2-16 "双色图案编辑器"对话框

图 14-2-17 "透视"对话框

（7）如果矩形图像的左上角与左边鲜花图像的右下角对齐，则单击"透视"对话框内的"确定"按钮，完成图像的透视调整。

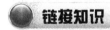 链接知识

1. 矢量图转换为位图

图形和一些图像不能使用一些滤镜，需将它们转换为位图。单击"位图"→"转换为位图"命令，打开"转换为位图"对话框，如图 14-2-11 所示。其中主要选项的作用

如下。

（1）"颜色模式"下拉列表框：可以选择一种合适的颜色模式，可以减小转换中的失真。

（2）"分辨率"下拉列表框：可以选择一种分辨率。图像的分辨率就是指位图的每英寸长度的像素点的个数。分辨率越高，位图质量越好，但所占磁盘空间就越大。

（3）"光滑处理"复选框：选中该复选框，可以改善颜色之间的过渡。

（4）"透明背景"复选框：选中该复选框，可以使位图具有一个透明的背景。

2．三维旋转滤镜

（1）单击"位图"→"三维效果"→"三维旋转"命令，打开"三维旋转"对话框，如图 14-2-18 所示。在该对话框内左边的图像框中，用鼠标拖曳正立方体，以产生三维旋转的设置。也可以修改图像框右边数字栏内的数据。

（2）设置完后，单击"预览"按钮，可以看到位图的三维旋转效果。单击"三维旋转"对话框内左上角的回按钮，可以展开该对话框，同时在该对话框内显示原图像和三维旋转后的效果图。单击"确定"按钮，即可完成位图的三维旋转特效处理，如图 14-2-19 所示。

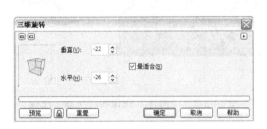

图 14-2-18　"三维旋转"对话框　　　　图 14-2-19　位图三维旋转特效处理效果

3．卷页滤镜

单击"位图"→"三维效果"→"卷页"命令，打开"卷页"对话框，如图 14-2-20 所示。单击"卷页"对话框内左上角的回按钮，可以展开该对话框，同时在该对话框内显示原图像和加工后的效果图。该对话框内主要选项的作用如下。

（1）"定向"栏：用来设定卷页的方向。

（2）"纸张"栏：用来设置卷页图像的背面是否透明。

（3）"颜色"栏：用来设置卷页图像卷边和背景图像的颜色。

（4）"宽度"和"高度"栏：用来设置卷页的形状与大小。

单击该对话框内左边右下角的按钮，产生卷页效果后的图像如图 14-2-21 所示。

图 14-2-20　"卷页"对话框　　　　图 14-2-21　产生卷页效果后的图像

思考练习 14-2

1. 参考【实例43】图像的制作方法，制作一幅"中华名胜摄影展厅"图像。
2. 制作一幅"翻页风景图像"图像。
3. 导入一幅图像，依次对该图形进行各种滤镜处理，调整和观察滤镜处理效果。

14.3　【实例44】日月同辉

"日月同辉"图像如图 14-3-1 所示，它是在如图 14-3-2 所示的"海洋"图像和"飞鸟"图像的基础之上，利用 KPT6 滤镜加工制作而成的。该图像展现的是，刚刚升起的明月和正在落下的太阳同时照耀着大海，天空中漂浮着一层淡淡的云彩，三只小鸟在云中飞翔，形成海上日月同辉的景象。通过该案例的学习，可以掌握 KPT6 滤镜的安装和使用方法等。

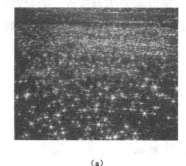

（a）　　　　　　　　　　（b）

图 14-3-1　"日月同辉"图像　　　　　图 14-3-2　"海洋"图像和"飞鸟"图像

　**制作方法**

1. 制作海洋和飞鸟

（1）设置绘图页面的宽度为 100mm，高度为 80mm，背景色为白色。

（2）导入一幅如图 14-3-2 所示的"海洋"图像和一幅"飞鸟"图像。调整"海洋"图像的宽度和高度，使它与绘图页面的宽度和高度一样，刚好将整个绘图页面覆盖。

（3）将"飞鸟"图像移到"海洋"图像之上，如图 14-3-3（a）所示。单击"位图"→"位图颜色遮罩"命令，打开"位图颜色遮罩"泊坞窗。拖曳"容限"滑块，调整容差为 20；单击"颜色选择"按钮，再单击"飞鸟"图像的白色背景，将"飞鸟"图像的白色背景隐藏，如图 7-1-3（b）所示。然后，复制两份"飞鸟"图像。

（4）使用工具箱中的"裁剪"按钮，在"海洋"图像下边拖曳选中下边三分之一部分的"海洋"图像。然后，将剩余的"海洋"图像和三份"飞鸟"图像移到绘图页面的外边。

（5）使用工具箱中的"矩形工具"按钮，在绘图页面内绘制一个填充色为任意颜色的无轮廓线矩形，将整个绘图页面完全遮挡，如图 14-3-4 所示。

（6）选中矩形图形，单击"排列"→"顺序"→"置于此对象后"命令，鼠标指针呈黑箭头状，单击一幅飞鸟图像，将矩形图形置于三幅飞鸟图像的后边。将三幅飞鸟图像和"海洋"图像移到绘图页面内，再将"海洋"图像置于矩形图形之上，如图 14-3-5 所示。然后，将三幅飞鸟图像和"海洋"图像移到绘图页面外。

(a)

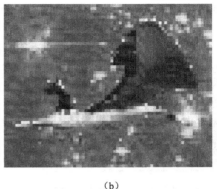
(b)

图 14-3-3 "飞鸟"图像和隐藏背景

图 14-3-4 一幅矩形图形

图 14-3-5 矩形顺序调整后的效果

2. 制作落日和明月

（1）选中矩形图形，单击"位图"→"转换为位图"命令，打开"转换为位图"对话框。在该对话框的"颜色"下拉列表框内选择"RGB 颜色（24 位）"选项，单击"确定"按钮，将矩形图形转换成位图图像。

（2）安装 KPT6 滤镜程序，再按照本节【链接知识】内介绍的方法进行设置。然后，重新启动 CorelDRAW X5 软件，即可在"位图"→"插件"菜单中找到新安装的 KPT6 外部滤镜。

（3）单击"位图"→"插件"→"KPT6"→"KPT SkyEffects"命令，打开 KPT 6 外挂滤镜中的"KPT SkyEffects"对话框，如图 14-3-6 所示。这是一个可以设计有太阳、月亮和彩虹的天空图像的滤镜。

（4）单击该对话框上边的█按钮，打开"Presets"对话框，如图 14-3-7 所示。用来选择天空的类型，选中"Sunrise"按钮，可以切换到日月类型，此时的"Presets"对话框如图 14-3-8 所示。此处，选中图 14-3-8 中第 4 行第 3 列的一种类型。

（5）单击"OK"按钮，关闭"Presets"对话框，回到"KPT SkyEffects"对话框。在"KPT SkyEffects"对话框中，将鼠标指针移到一些图像之上，如果在该对话框的下边提示栏中有相应的提示信息出现，即说明此时拖曳可以进行相应的调整。将鼠标指针移到"Moon"栏内的圆形图像之上，提示栏中会显示"Set Moon Position（HH：MM,X）"提示信息，此时拖曳可以调整月亮的位置。将鼠标指针移到"Sun"栏内的圆形图像之上，提示栏中会显示"Set Sun Position（HH：MM,X）"提示信息，此时拖曳可以调整太阳的位置。

（6）单击"Sun"栏内的██按钮，打开用来确定太阳颜色的颜色板，选中其内的浅红色，设置太阳颜色为浅红色。按照相同的方法，设置月亮的颜色为白色。

图 14-3-6 "KPT SkyEffects"对话框

图 14-3-7 "Presets"对话框

（7）还可以调整的内容有 Camera Focal（相机焦距的），Sun Position（太阳位置），Sky Color（天空颜色），Aura Sun Color（太阳光晕颜色），Moon Position（月亮位置）等。在"KPT SkyEffects"对话框中进行调整，最后效果如图 14-3-9 所示。其中左上角内的显示框中的矩形虚线表示图像的范围。单击"OK"按钮，即可获得图 14-3-10 所示图像。

图 14-3-8 "Presets"对话框

图 14-3-9 "KPT SkyEffects"对话框

（8）将裁剪后的"海洋"图像移到绘图页面下边三分之一部分处，将三幅飞鸟图像移到绘图页面内上边排成一行，如图 14-3-11 所示。

图 14-3-10 滤镜处理效果

图 14-3-11 移入"海洋"和三幅飞鸟图像

（9）使用工具箱中的"交互式透明工具"按钮 🔍，从海洋图像内的下边向上边垂直拖曳，添加透明效果，如图 14-3-12 所示。在其"属性栏：交互式渐变透明"属性栏中"透明度类型"下拉列表框内选择"线性"选项，设置透明度类型为"线性"，其他设置如图 14-3-13 所示。

图 14-3-12 透明效果

图 14-3-13 "属性栏：交互式渐变透明"属性栏

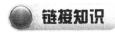

链接知识

1. 加入和删除外挂式滤镜

过滤器又称为滤镜，它是一类加工图像程序的统称。CorelDRAW X5 自己带有许多过滤器，还可以通过外部加入新的过滤器，使用外挂式过滤器，可以获得各种特效的图像。许多外部滤镜都可以在网上下载。滤镜有两类，一类滤镜有它的安装程序，另一类是由扩展名为 ".8bf" 的滤镜文件组成，例如，Flaming Pear 滤镜组中的 "Flood 1.14" 滤镜的名称是 "Flood-114_ch.8bf"。

对于前一类滤镜，安装滤镜文件时，选择存放滤镜文件的路径文件夹是 "C:\Program Files\Corel\CorelDRAW Graphics Suite X5\PLUGINS"，例如，安装 KPT6.0 滤镜，可以将该滤镜文件保存在 "C:\Program Files\Corel\CorelDRAW GRAPHICS SUITE X5\PLUGINS\KPT6" 文件夹中。对于后一类滤镜，只要将该扩展名为 ".8bf" 的滤镜文件和有关文件复制到 CorelDRAW X5 系统所在文件夹内的滤镜文件夹中即可。例如，"C:\Program Files\Corel\CorelDRAW Graphics Suite X5\PLUGINS\DIGIMARC" 文件夹。

对于有安装程序的滤镜，按照安装要求运行安装程序，再按照下面方法进行设置。然后，重新启动 CorelDRAW X5 软件，即可在 "位图" → "插件" 菜单中找到新安装的外部滤镜。

（1）单击 "工具" → "选项" 命令，打开 "选项" 对话框。选择 "选项" 对话框左边的列表框内的 "外挂式" 选项，此时的对话框如图 14-3-14 所示。

（2）单击对话框内的 "添加" 按钮，打开 "浏览文件夹" 对话框，如图 14-3-15 所示。选择外挂式过滤器安装的文件夹，再单击 "确定" 按钮，即可将选定的文件夹名称填入 "选项" 对话框右边栏内。然后，单击 "选项" 对话框内的 "确定" 按钮，关闭 "选项" 对话框，完成加入外挂式过滤器的任务。

（3）如果要删除外挂式过滤器，可在 "选项" 对话框内选择此外挂式过滤器所在的文件夹的名称（选中文件夹名称左边的复选框），再单击 "移除" 按钮即可。

图 14-3-14 "选项"（外挂式）对话框   图 14-3-15 "浏览文件夹"对话框

2. 使用外挂式过滤器

外挂式过滤器的类型不一样，其使用方法也会不一样，但一般操作起来比较简单、方便。下面仅举一例。

（1）选中一幅图像。单击 "位图" → "插件" → "Flaming Pear" → "Flood 1.14" 命令，

打开"Flood 1.14"窗口，如图 14-3-16 所示。

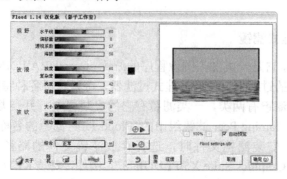

图 14-3-16 "Flood 1.14"窗口

（2）利用"Flood 1.14"窗口内左边各个工具进行加工。在它的右边显示框内会及时地显示出加工的结果。

（3）单击该窗口内的"确定"按钮，关闭该窗口，完成对选中图像的特效加工。

思考练习 14-3

1．制作一幅"日月同辉"图像，如图 14-3-17 所示。该图像展现的是被落日染成红色的大地，漂浮着云彩的天空中，太阳正在落下，月亮已经升起，形成了日月同辉的美丽景观。

2．制作一幅"海上生明月"图像，如图 14-3-18 所示。展现的是一片被刚刚升起的明月照亮的海洋。天空中漂浮着一层淡淡的云彩，三只小鸟在云中飞翔。

图 14-3-17 "日月同辉"图像

图 14-3-18 "海上生明月"图像

3．安装 KPT6 外挂滤镜，然后在 CorelDRAW X5 中添加 KPT6 外挂滤镜。在 CorelDRAW X5 中导入如图 14-3-19 所示的图像，然后使用 KPT6 外挂滤镜中的"KPT Lens Flare"滤镜，给图 14-3-19 所示的图像添加一串彩色灯光效果，如图 14-3-20 所示的图像。

图 14-3-19 图像

图 14-3-20 "KPT Lens Flare"滤镜处理效果

4．利用如图 14-3-21 所示的"别墅"图像制作一幅"玫瑰别墅地产广告"图像，如图 14-3-22 所示。由图可以看出，湖边有两座别墅房屋，有在水波纹的湖水中形成的倒影。提示：需要使用"动态模糊"滤镜、"高斯模糊"滤镜，以及"Flood"外挂滤镜等。

图 14-3-21　　"别墅"图像

图 14-3-22　　"玫瑰别墅地产广告"图像